麝香百合杂种系研究

The Study on Longiflorum Lily Hybrida Group

周厚高 等 著

华中科技大学出版社
http://www.hustp.com
中国·武汉

图书在版编目（CIP）数据

麝香百合杂种系研究 / 周厚高等著. -- 武汉：华中科技大学出版社，2017.5
ISBN 978-7-5680-2697-0

Ⅰ.①麝… Ⅱ.①周… Ⅲ.①百合科－杂交育种－研究 Ⅳ.①Q949.71

中国版本图书馆CIP数据核字（2017）第056683号

麝香百合杂种系研究
Shexiang Baihe Zazhongxi Yanjiu

周厚高 等 著

出版发行：华中科技大学出版社（中国·武汉） 电话：（027）81321913
地　　址：武汉市东湖新技术开发区华工科技园（邮编：430223）
出 版 人：阮海洪

策划编辑：王　斌　　　　　　　　　　　　　责任监印：张贵君
责任编辑：吴文静　　　　　　　　　　　　　装帧设计：百彤文化

印　　刷：广州市人杰彩印厂
开　　本：889 mm × 1194 mm　1/16
印　　张：16.75
字　　数：460千字
版　　次：2017年5月第1版 第1次印刷
定　　价：148.00元（USD 29.99）

投稿热线：020-66636689　　342855430@qq.com
本书若有印装质量问题，请向出版社营销中心调换
全国免费服务热线：400-6679-118 竭诚为您服务
版权所有　侵权必究

作者名单

周厚高　宁云芬　王凤兰　黄子锋

义鸣放　周　焱　刘　伟　刘青林

郁书君　王文通　惠俊爱　马　男

高俊平　张西丽

前　言

中国百合产业发展非常迅速，尤其是百合切花和盆花产业，从20世纪90年代开始至今，百合切花从零星生产发展成跻身中国切花产业前五的大宗切花。中国观赏百合研究的兴起与产业发展同步进行，研究的范围不断扩大，研究的深度不断提升。20世纪90年代为满足市场和生产的快速膨胀，相关机构主要的研究精力集中在新品种的引进和简易栽培技术研发等方面。21世纪以来，研究的队伍快速扩大，研究的内容日趋多样化，专业化程度大为提高。而基础理论研究和应用技术研究也同时开展，主要集中在遗传育种、种球国产化和切花生产技术等领域。

我们团队开展百合研究始于1993年，研究的目标是解决观赏百合产业中的理论和技术难题，推动产业的发展。在各级政府科技部门的支持下，立项研究了百合产业化技术体系的各个环节，从品种引进筛选，到优良引进品种栽培技术配套及推广；从杂交育种选育，自主知识产权品种审定推动到育成新品种的推广；从杂交后代性状的大田变异观察，到分子水平的遗传纯合进度研究和性状遗传参数估算；从种苗繁育，种球生产技术到采后处理的机理和方法的研究。在热带亚热带的华南地区，能够进行全产业链的自主生产的观赏百合目前只有麝香百合杂种系，二十多年来本团队重点开展麝香百合的研究。本书将二十年的研究结果总结于此，为今后的研究提供参考。

本书第一章麝香百合遗传与育种研究，研究了杂交、自交后代的性状变异，分子水平的遗传纯化进程。借助于新铁炮百合实生苗直接生产切花的优势，我们首次估算了百合主要性状的遗传力等遗传参数，为遗传和育种研究提供了理论基础，同时构建了麝香百合杂种系育种技术体系。第二章抗热与热激反应，基于麝香百合为百合中耐热性较强的事实，对其抗热与热激反应的机理进行研究，旨在为耐热育种提供参考。第三章鳞茎形成机理与种苗种球生产技术，研究目的是实现种球国产化，经过本团队的研究，麝香百合种球国产化基本实现，难度远小于东方型百合。第四章种球休眠解除机理与花芽分化研究，为麝香百合种球采后处理技术提供理论支撑，麝香百合采后处理和冷处理打破休眠的技术基本成熟，为麝香百合种球国产化提供了理论与技术的支持。

本书为团队二十多年的研究工作总结，感谢仲恺农业工程学院、中国农业大学、广西大学、华南农业大学各位领导和同仁对团队的关心和支持，感谢团队历年相关博士生、硕士生、本科生的辛劳和贡献，感谢各级科技管理部门的重视和资助。

目　录

第一章　麝香百合遗传与育种研究

前　言

　　通过长期的遗传改良和品种选育，麝香百合（*Lilium longiflorum*）、新铁炮百合（*Lilium×formolongo*）形成了各自的品种群。为集合二者的优良性状，项目组主要开展新铁炮百合品种群与麝香百合品种群的杂交和新铁炮百合的自交试验，探讨后代群体遗传分化、揭示遗传规律、创新种质、培育新品种。大部分百合通常采用无性繁殖，实生苗培育到开花时间长，往往需要长成大的鳞茎，并在第2个生长周期以后才能开花，增加了环境因素对性状表型的影响，给性状遗传参数的估算带来困难。通过新铁炮百合种子繁殖，实生苗能够生产优质切花，生育期短，是揭示遗传规律的好材料。

　　项目组采用新铁炮百合的'雷山'（Ranzan）品种作材料进行自交，研究其遗传学效应。新铁炮百合是日本人西村进从1929年起，用高砂百合（即台湾百合 *L. formosanam*）的自交选育白色后代株系，这些株系再与青轴的早生铁炮（麝香）百合杂交，于1938年在国际上率先育成的种间杂种。此后许多育种家通过回交或其他手段对新铁炮百合进行改良，从而形成了新铁炮百合杂种系。此种百合自交亲和性大，结实率高，种子繁殖10个月能开花，且抗病、耐热性强。由于此种百合是杂交种，F₁代种子从国外购进，价格昂贵，因此生产成本高，而无性繁殖繁殖系数低、运输不便、易带病虫害和传播病毒的缺点制约了品种的推广。本研究试图通过二环系选育自交系的方法进行百合自交纯化，选育出百合纯合自交系，一方面可以利用自交系间杂种优势，提高其观赏价值和产量，并通过自己制种，解决生产成本高和无性繁殖中存在的问题，加速新组合的推广；另一方面百合遗传规律的研究目前在国内基本上处于空白状态，用纯合自交系开展这方面的研究对于指导百合育种工作具有较大的意义。本试验对自交系采用按分离性状进行选择的方法，早代着重进行株高、叶型、花径及花冠反卷等性状的选择，后期结合配合力的测定，以期获得性状较整齐、主要经济性状或部分经济性状较高的优良自交系直接用于生产或作亲本进行杂交育种。

　　试验的目的如下：

　　1. 从自交后代的分离群体内选出优良单株，研究无性系的表现，直接用于生产。

　　2. 通过自交以期获得因某些基因剂量增强而性状遗传力增强的个体用作杂交亲本，同时自交能使基因型纯合，增强杂种优势。

　　3. 多代自交至分离终止时系统趋于同质，可获得植株间发育整齐，性状十分一致的自交系。

　　4. 通过自交了解各株系对某些性状的遗传力强弱，作为选择杂交亲本的依据。

　　5. 选育自交不亲和系，为后期的杂种优势利用提供亲本。

　　6. 通过等位酶分析探讨不同自交世代遗传多样性的变异规律、基因纯合与形态性状纯合的相关性。

　　研究的重点如下：

　　1. 自交后代的主要性状分离情况。

　　2. 主要性状的遗传规律。

3. 主要性状的遗传相关性。

4. 多元统计分析方法、等位酶方法和RAPD方法研究选择株系间的遗传距离和亲缘关系。

第一节　自交后代主要性状的变异

1.1　材料与方法

从新铁炮百合 '雷山'（Ranzan）F_1 代群体开始观察试验。F_1 代群体自交形成 F_2 代，保留 F_1 代种球。播种 F_1 代自交获得种子，形成 F_2 代群体，优选单株，保留 F_2 代群体种球和优选单株种球。以此类推，直到高代。研究各代群体性状的变异、代间的差异。

本试验所用的材料是从新铁炮百合品种 '雷山' 的 F_2 代中选出的一些优良单株，经过鳞片扦插繁育形成的 17 个优良无性繁殖系，以及由它们自交选择而形成的自交一代（F_3）、自交二代（F_4）（表1-1-1）。

田间试验数据中的 1、2、3、4、5、6、7、8、9、10、11、12、13、14 株系分别与英文字母 C、E、F、G、I、K、L、M、N、O、P、Q、U、W 所代表的株系等同。

表1-1-1　田间试验群体与内容

世代	试验内容
原始群体（F_1）	1. 种植 F_1 代杂交种子苗，原始群体因材料少，不设重复
	2. 6～7月自交，主要性状鉴定（营养性状、生殖性状）
	3. 9月中旬选优良单株收获种球、种子
原始群体单株（F_2）	1. 11～12月播种 F_2 代种子
	2. 翌年3月定植
	3. 6～9月选择优良单株，主要性状鉴定，10月收获种球
	4. 11月扦插优良单株的种球鳞片，一株形成一无性系，薄膜覆盖育苗
	5. 翌年3月定植，在无性系群体观测有关性状，6～7月自交形成 F_3 种子，9月收获
F_3 群体	1. 11～12月播种 F_3 代种子
	2. 翌年3月按株系定植 F_3，随机区组排列两次重复
	3. 6～10月田间鉴定成株，入选 F_3 各株系，并自花授粉套袋
	4. 9～12月中旬收获种子种球
F_4 群体	步骤同 F_3
F_5～F_7 群体	将符合目标性状且配合力高的入选植株再自交，观察其性状稳定性，不稳定的继续自交，稳定的品系直接用于生产和杂交试验

田间观察：试验株系田间采取随机区组设计，依材料数而定，2 年试验，2～3 次重复，株行距为 12×12 cm。田间管理同一般大田生产。每一小区随机抽取 10 株定株观测，统计分析。各株系考察的性状

有植株高度、花苞数、花丝厚、中部茎粗、花苞长、花柱长、上部叶长、上部叶宽、中部叶长、中部叶宽、下部叶长、下部叶宽、内轮花瓣长、内轮花瓣宽、外轮花瓣宽、柱头宽、柱头厚、子房长、子房宽、花丝长、花丝宽、叶片密度等主要数量性状，自交系试验方案同上，考察的性状基本相同。

1.2　结果与分析

1.2.1　F$_2$代株系间主要性状的变异

对F$_2$代17个株系的花苞长、内花瓣长、内花瓣宽/长、外花瓣长、外花瓣宽/长、花丝长、花丝宽/长、花丝厚、花柱长、柱头宽、柱头厚、子房长、子房宽/长、花头数、株高、叶密度、茎粗、上部叶长、上部叶长/宽、中部叶长、中部叶长/宽、下部叶长、下部叶长/宽等23个性状进行方差分析，用Duncan检验进行多重比较（表1-1-2）。

各主要性状在整个群体中的稳定程度不同（表1-1-2），花苞长、内花瓣长、内花瓣宽/长、外花瓣长、外花瓣宽/长、花丝长、花丝宽/长、花柱长、柱头宽、柱头厚、子房长、子房宽/长、花头数、株高、叶密度、上部叶长、上部叶长/宽、中部叶长、中部叶长/宽、下部叶长、下部叶长/宽等性状在株系间的差异大，多呈显著或极显著差异，因此这些性状是本试验考察的重要性状。而花丝厚、茎粗等性状在整个群体中比较稳定，差异小，株系间不具显著差异或少有显著差异，因此可作为此群体的基本性状。花苞长度的最大值为株系8的14.887 cm，最小值为株系4的11.97 cm，一般来说，花苞长的其花也长，花型较大，在切花中也较受欢迎，因此在此性状的选择以长花苞为主。花苞长度的度量以花开前1天的花苞长为标准。所选取的花苞以能代表该株系花苞长的花苞为宜，且尽量一致，其他性状的测量与常规方法相同。内轮花瓣长的最大值为株系8的17.83 cm，最小值为株系11的13.96 cm；外轮花瓣长的最大值为株系8的17.798 cm，最小值为株系11的13.96 cm。内、外轮花瓣长与花苞长同理，选育目标一致。内轮花瓣宽/长的最大值为株系4的0.419，最小值为株系3的0.309。外轮花瓣宽/长的最大值为株系14的0.277，其次为株系11、4，其值分别为0.273、0.271，最小值为株系6的0.215，其次为株系9、12的0.217，内外轮花瓣宽/长的值也是花型选育的目标，比值大，花瓣大，作为切花较理想。以上几个性状是本试验花型选育的重点。

花丝长的最大值为株系6的12.216 cm，最小值为株系11的9.753 cm，花丝具有支持花药散粉的作用，对百合而言，其花药低于柱头，如果要选育自交亲和性大的品系，理论上，花丝越长，花药与柱头越接近，花粉散到柱头上的机会也就越多，自我授粉的机会也就越大，其有利自交的机制相对较强。而要选育自交亲和性较小的品系，花丝较短的较适宜。因此，这个性状极端的品系将是我们观测的重点。花丝宽/长的最大值为株系4的0.032，最小值为株系6的0.021。花丝厚度的最大值为株系13、14的0.148 cm，最小值为株系11的0.097 cm。

花柱长度的最大值为株系6的9.448 cm，最小值为株系7的6.855 cm，花柱是花粉管到达子房的通道，理论上而言，花柱短，花粉管到达子房进行授精的时间就短，自交授精成功的可能性大，同时百合花柱高于花药，相对短的花柱其柱头接受花粉的机会也大。此外，其内表面排列特别的细胞，花粉管穿过柱头后在这些细胞上生长。柱头宽的最大值为株系13的1.216 cm，最小值为株系17的0.885 cm，柱头是接受花粉的地方，其上含有丰富的营养，柱头宽的，接受花粉的机会多，人工授粉相对容易，而且含的营养物质较多，其主要成分都为碳水化合物和蛋白质，对花粉壁的形成有作用。柱头分泌物还能刺激花粉粒的萌发和进一步的发育，花粉管易萌发，花粉管到达胚珠受精的机会大，结实量相应大，因此柱头宽是自交亲和品种较为有利的性状。柱头厚的最大值为株系13的0.855 cm，最小值为株系2的0.534 cm。子房长度的最大值为株系5的4.75 cm，最小值为株系4的3.579 cm。子房宽/长的最大值为株系7的0.133，最小值为株系17的0.103。

表1-1-2 F₂代株系间主要性状的统计比较

Table 1-1-2 Statistical comparison of important traits of F₂ generation lines

(注：表格上角为花苞长的统计比较结果，左下方为内花瓣长的统计比较结果)

	{1}	{2}	{3}	{4}	{5}	{6}	{7}	{8}	{9}	{10}	{11}	{12}	{13}	{14}	{15}	{16}	{17}
花苞长	14.514	14.047	12.975	11.970	13.480	14.302	12.073	14.887	14.315	14.000	12.155	13.453	14.175	13.350	13.962	13.467	12.950
{1}		0.467	1.539**	2.544**	1.034**	0.212	2.441**	-0.373	0.199	0.514	2.359**	1.061**	0.339	1.164**	0.552	1.047**	1.564**
{2}	-0.524		1.072**	2.077**	0.567	-0.255	1.974**	-0.840*	-0.268	0.047	1.892**	0.594	-0.128	0.697	0.085	0.580	1.097**
{3}	-2.287**	-1.745**		1.005**	-0.505	-1.327**	0.902*	-1.912**	-1.340**	-1.025*	0.820*	-0.478	-1.200**	-0.375	-0.987**	-0.492	0.025
{4}	-2.871**	-2.329**	-0.584		-1.510**	-2.332**	-0.103	-2.917**	-2.345**	-2.030**	-0.185	-1.483**	-2.205**	-1.380**	-1.992**	-1.497**	-0.980**
{5}	-1.601**	-1.059**	0.686*	1.270**		-0.822*	1.407**	-1.407**	-0.835**	-0.520	1.325**	0.027	-0.695**	0.130	-0.482	0.013	0.530
{6}	-0.109	0.433	2.178**	2.762**	1.492**		2.229**	-0.585	-0.013	0.302	2.147**	0.849**	0.127	0.952**	0.340	0.835**	1.352**
{7}	-2.724**	-2.182**	-0.437	0.147	-1.123**	-2.615**		-2.814**	-2.242**	-1.927**	-0.082	-1.380**	-2.102**	-1.277**	-1.889**	-1.394**	-0.877**
{8}	0.964**	1.506**	3.251**	3.835**	2.565**	1.073**	3.688**		0.572	0.887*	2.732**	1.434**	0.712*	1.537**	0.925**	1.420**	1.937**
{9}	-0.336	0.206	1.951**	2.535**	1.265**	-0.227	2.388**	-1.300**		0.315	2.160**	0.862*	0.140	0.965**	0.353	0.848*	1.365**
{10}	-0.251	0.291	2.036**	2.620**	1.350**	-0.142	2.473**	-1.215**	0.085		1.845**	0.547	-0.175	0.650	0.038	0.533	1.050**
{11}	-2.911**	-2.369**	-0.624	-0.040	-1.310**	-2.802**	-0.187	-3.875**	-2.575**	-2.660**		-1.298**	-2.020**	-1.195**	-1.807**	-1.312**	-0.795**
{12}	-0.789*	-0.247	1.498**	2.082**	0.812*	-0.680	1.935**	-1.753**	-0.453	-0.538	2.122**		-0.722*	0.103	-0.509	-0.014	0.503
{13}	-0.746*	-0.204	1.541**	2.125**	0.855*	-0.637	1.978**	-1.710**	-0.410	-0.495	2.165**	0.043		0.825**	0.213	0.708*	1.225**
{14}	-2.546**	-2.004**	-0.259	0.325	-0.945**	-2.437**	0.178	-3.510**	-2.210**	-2.295**	0.365	-1.757**	-1.800**		-0.612	-0.117	0.400
{15}	-0.591	-0.049	1.696**	2.280**	1.010**	-0.482	2.133**	-1.555**	-0.255	-0.340	2.320**	0.198	0.155	1.955**		0.495	1.012**
{16}	-1.461**	-0.920	0.826*	1.410**	0.140	-1.352**	1.263**	-2.425**	-1.125**	-1.210**	1.450**	-0.672	-0.715**	1.085**	-0.870*		0.526
{17}	-1.633**	-1.091**	0.654*	1.238**	-0.032	-1.524**	1.091**	-2.597**	-1.297**	-1.382**	1.278**	-0.844**	-0.887**	0.913**	-1.042**	-0.172	
内花瓣长	16.866	16.324	14.579	13.995	15.265	16.757	14.142	17.830	16.530	16.615	13.955	16.077	16.120	14.320	16.275	15.405	15.233

* 表格第二行和最后一行数据分别是右上角花苞长和右下方内花瓣长该性状株系间的平均值，单位厘米（cm），其他数值是该性状株系间的差值，下同。

表1-1-2（续）

（注：表右上角为内花瓣宽/长的统计比较结果，左下方为外花瓣长的统计比较结果）

内花瓣宽/长	{1}	{2}	{3}	{4}	{5}	{6}	{7}	{8}	{9}	{10}	{11}	{12}	{13}	{14}	{15}	{16}	{17}
	0.325	0.344	0.309	0.419	0.377	0.342	0.377	0.354	0.344	0.336	0.396	0.335	0.386	0.393	0.344	0.355	0.354
{1}		-0.019**	0.016**	-0.094**	-0.052**	-0.017**	-0.052**	-0.029**	-0.019**	-0.011	-0.071**	-0.010	-0.061**	-0.068**	-0.019*	-0.030**	-0.029**
{2}	-0.567		0.035**	-0.075**	-0.033**	0.002	-0.033**	-0.010	0.000	0.008	-0.052**	0.009	-0.042**	-0.049**	0.000	-0.011	-0.010
{3}	-2.292**	-1.725**		-0.110**	-0.068**	-0.033**	-0.068**	-0.045**	-0.035**	-0.027**	-0.087**	-0.026**	-0.077**	-0.084**	-0.035**	-0.046**	-0.045**
{4}	-2.973**	-2.406**	-0.681*		0.042**	0.077**	0.042**	0.065**	0.075**	0.083**	0.023**	0.084**	0.033**	0.026**	0.075**	0.064**	0.065**
{5}	-1.713**	-1.146**	0.579	1.260**		0.035**	0.000	0.023**	0.033**	0.041**	-0.019**	0.042**	-0.009	-0.016**	0.033**	0.022**	0.023**
{6}	-0.208	0.359	2.084**	2.765**	1.505**		-0.035**	-0.012	-0.002	0.006	-0.054**	0.007	-0.044**	-0.051**	-0.002	-0.013	-0.012
{7}	-2.830***	-2.263**	-0.538	0.143	-1.117**	-2.622**		0.023**	0.033**	0.041**	-0.019**	0.042**	-0.009	-0.016*	0.033**	0.022**	0.023**
{8}	0.820*	1.387**	3.112**	3.793**	2.533**	1.028**	3.650**		0.010	0.018	-0.042**	0.019**	-0.032**	-0.039**	0.010	-0.001	0.000
{9}	-0.448	0.119	1.844**	2.525**	1.265**	-0.240	2.382**	-1.268**		0.008	-0.052**	0.009	-0.042**	-0.049**	0.000	-0.011	-0.010
{10}	-0.356	0.211	1.936**	2.617**	1.357**	-0.148	2.474**	-1.176**	0.092		-0.060**	0.001	-0.050**	-0.057**	-0.008	-0.019**	-0.018
{11}	-3.023***	-2.456**	-0.731**	-0.050	-1.310**	-2.815**	-0.193	-3.843**	-2.575**	-2.667**		0.061**	0.010	0.003	0.052**	0.041**	0.042**
{12}	-0.901**	-0.334	1.391**	2.072**	0.812*	-0.693	1.929**	-1.721**	-0.453	-0.545	2.122**		-0.051**	-0.058**	-0.009	-0.020**	-0.019**
{13}	-0.843*	-0.276	1.449**	2.130**	0.870*	-0.635	1.987**	-1.663**	-0.395	-0.487	2.180**	0.058		-0.007	0.042**	0.031**	0.032**
{14}	-2.678**	-2.111**	-0.386	0.295	-0.965**	-2.470**	0.152	-3.498**	-2.230**	-2.322**	0.345	-1.777**	-1.835**		0.049**	0.038**	0.039**
{15}	-0.663	-0.096	1.629**	2.310**	1.050**	-0.455	2.167**	-1.483**	-0.215	-0.307	2.360**	0.238	0.180	2.015**		-0.011	-0.010
{16}	-1.553**	-0.986**	0.739*	1.420**	0.160	-1.345**	1.277**	-2.373**	-1.105**	-1.197**	1.470**	-0.652	-0.710**	1.125**	-0.890**		0.001
{17}	-1.711**	-1.144**	0.581	1.262**	0.002	-1.503**	1.119**	-2.531**	-1.263**	-1.355**	1.312**	-0.810**	-0.868**	0.967**	-1.048**	-0.158	
外花瓣长	16.978	16.411	14.686	14.005	15.265	16.770	14.148	17.798	16.530	16.622	13.955	16.077	16.135	14.300	16.315	15.425	15.267

表1-1-2（续）

（注：表右上角为外花瓣宽/长的统计比较结果，左下方为花丝长的统计比较结果）

	{1}	{2}	{3}	{4}	{5}	{6}	{7}	{8}	{9}	{10}	{11}	{12}	{13}	{14}	{15}	{16}	{17}
外花瓣宽/长	0.235	0.219	0.219	0.271	0.243	0.215	0.257	0.240	0.217	0.237	0.273	0.217	0.262	0.277	0.230	0.236	0.229
{1}		0.016**	0.016**	-0.036**	-0.008	0.020**	-0.022**	-0.005	0.018**	-0.002	-0.038**	0.018**	-0.027**	-0.042**	0.005	-0.001	0.006
{2}	0.290		0.016	-0.052**	-0.024**	0.004	-0.038**	-0.021**	0.002	-0.018**	-0.054**	0.002	-0.043**	-0.058**	-0.011**	-0.017**	-0.010
{3}	-0.810**	-1.100**		-0.052**	-0.024**	0.004	-0.038**	-0.021**	0.002	-0.018**	-0.054**	0.002	-0.043**	-0.058**	-0.011**	-0.017**	-0.010
{4}	-1.621**	-1.911**	-0.811**		0.028**	0.056**	0.014**	0.031**	0.054**	0.034**	-0.002	0.054**	0.009	-0.006	0.041**	0.035**	0.042**
{5}	-1.026**	-1.316**	-0.216	0.595*		0.028**	-0.014**	0.003	0.026**	0.006	-0.030**	0.026**	-0.019**	-0.034**	0.013**	0.007	0.014*
{6}	0.735**	0.445*	1.545**	2.356**	1.761**		-0.042**	-0.025**	-0.002	-0.022**	-0.058**	-0.002	-0.047**	-0.062**	-0.015**	-0.021**	-0.014*
{7}	-1.508**	-1.798**	-0.698**	0.113	-0.482*	-2.243**		0.017**	0.040**	0.020**	-0.016**	0.040**	-0.005	-0.020**	0.027**	0.021**	0.028**
{8}	0.156	-0.134	0.966**	1.777**	1.182**	-0.579**	1.664**		0.023**	0.003	-0.033**	0.023**	-0.022**	-0.037**	0.010	0.004	0.011
{9}	0.049	-0.241	0.859**	1.670**	1.075**	-0.686**	1.557**	-0.107		-0.020**	-0.056**	0.000	-0.045**	-0.060**	-0.013**	-0.019**	-0.012*
{10}	-0.951**	-1.241**	-0.141	0.670**	0.075	-1.686**	0.557*	-1.107**	-1.000**		-0.036**	0.020**	-0.025**	-0.040**	0.007	0.001	0.008
{11}	-1.728**	-2.018**	-0.918**	-0.107	-0.702**	-2.463**	-0.220	-1.884**	-1.777**	-0.777**		0.056**	0.011	-0.004	0.043**	0.037**	0.044**
{12}	-0.381	-0.671**	0.429	1.240**	0.645**	-1.116**	1.127**	-0.537	-0.430	0.570*	1.347**			-0.060**	-0.013**	-0.019**	-0.012
{13}	-0.551*	-0.841**	0.259	1.070**	0.475	-1.286**	0.957**	-0.707**	-0.600**	0.400	1.177**	-0.170		-0.015	0.032**	0.026**	0.033**
{14}	-1.481**	-1.771**	-0.671**	0.140	-0.455*	-2.216**	0.027	-1.637**	-1.530**	-0.530*	0.247	-1.100**	-0.930**		0.047**	0.041**	0.048**
{15}	0.227	-0.063	1.037**	1.848**	1.253**	-0.508**	1.735**	0.071	0.178	1.178**	1.955**	0.608**	0.778**	1.708**		-0.006	0.001
{16}	-0.675**	-0.965**	0.135	0.946**	0.351	-1.410**	0.833**	-0.831**	-0.724**	0.276	1.053**	-0.294	-0.124	0.806**	-0.902**		0.007
{17}	-0.967**	-1.257**	-0.157	0.654**	0.059	-1.702**	0.541*	-1.123**	-1.016**	-0.016	0.761**	-0.586**	-0.416	0.514*	-1.194**	-0.292	
花丝长	11.481	11.771	10.671	9.860	10.455	12.216	9.973	11.637	11.530	10.530	9.753	11.100	10.930	10.000	11.708	10.806	10.514

0

表 1-1-2（续）

（注：表右上角为株高的统计比较结果，左下方为叶密度的统计比较结果）

	{1}	{2}	{3}	{4}	{5}	{6}	{7}	{8}	{9}	{10}	{11}	{12}	{13}	{14}	{15}	{16}	{17}
株高	129.140	107.050	85.488	105.810	104.720	100.800	91.030	132.260	126.860	93.655	129.430	136.780	110.200	101.950	105.390	106.660	106.280
{1}		22.090**	43.652**	23.330**	24.420**	28.340**	38.110**	-3.120	2.280	35.485**	-0.290	-7.640	18.940**	27.190**	23.750**	22.480**	22.860**
{2}	0.155**		21.562**	1.240	2.330	6.250	16.020**	-25.210**	-19.810**	13.395*	-22.380**	-29.730**	-3.150	5.100	1.660	0.390	0.770
{3}	0.059	-0.096		-20.322**	-19.232**	-15.312**	-5.542	-46.772**	-41.372**	-8.167	-43.942**	-51.292**	-24.712**	-16.462**	-19.902**	-21.172**	-20.792**
{4}	0.147*	-0.008	0.088		1.090	5.010	14.780*	-26.450**	-21.050**	12.155*	-23.620**	-30.970**	-4.390	3.860	0.420	-0.850	-0.470
{5}	-0.090	-0.245**	-0.149**	-0.237**		3.920	13.690*	-27.540**	-22.140**	11.065	-24.710**	-32.060**	-5.480	2.770	-0.670	-1.940	-1.560
{6}	0.091	-0.064	0.032	-0.056	0.181**		9.770	-31.460**	-26.060**	7.145	-28.630**	-35.980**	-9.400	-1.150	-4.590	-5.860	-5.480
{7}	0.020	-0.135*	-0.039	-0.127*	0.110	-0.071		-41.230**	-35.830**	-2.625	-38.400**	-45.750**	-19.170**	-10.920	-14.360*	-15.630*	-15.250*
{8}	-0.078	-0.233**	-0.137*	-0.225**	0.012	-0.169**	-0.098		5.400	38.605**	2.830	-4.520	22.060**	30.310**	26.870**	25.600**	25.980**
{9}	0.010	-0.145*	-0.049	-0.137*	0.100	-0.081	-0.010	0.088		33.205**	-2.570	-9.920	16.660**	24.910**	21.470**	20.200**	20.580**
{10}	0.227**	0.072	0.168**	0.080	0.317**	0.136*	0.207**	0.305**	0.217**		-35.775**	-43.125**	-16.545**	-8.295	-11.735*	-13.005**	-12.625*
{11}	0.310**	0.155**	0.251**	0.163**	0.400**	0.219**	0.290**	0.388**	0.300**	0.083		-7.350	19.230**	27.480**	24.040**	22.770**	23.150**
{12}	-0.082	-0.237**	-0.141*	-0.229**	0.008	-0.173**	-0.102	-0.004	-0.092	-0.309**	-0.392**		26.580**	34.830**	31.390**	30.120**	30.500**
{13}	-0.128*	-0.283**	-0.187**	-0.275**	-0.038	-0.219**	-0.148*	-0.050	-0.138*	-0.355**	-0.438**	-0.046		8.250	4.810	3.540	3.920
{14}	-0.170**	-0.325**	-0.229**	-0.317**	-0.080	-0.261**	-0.190**	-0.092	-0.180**	-0.397**	-0.480**	-0.088	-0.042		-3.440	-4.710	-4.330
{15}	0.049	-0.106	-0.010	-0.098	0.139*	-0.042	0.029	0.127*	0.039	-0.178**	-0.261**	0.131*	0.177**	0.219**		-1.27	-0.890
{16}	0.075	-0.080	0.016	-0.072	0.165**	-0.016	0.055	0.153**	0.065	-0.152*	-0.235**	0.157**	0.203**	0.245**	0.026		0.380
{17}	0.147*	-0.008	0.088	0.000	0.237**	0.056	0.127*	0.225**	0.137*	-0.080	-0.163**	0.229**	0.275**	0.317**	0.098	0.072	
叶密度	0.833	0.988	0.892	0.980	0.743	0.924	0.853	0.755	0.843	1.060	1.143	0.751	0.705	0.663	0.882	0.908	0.980

表1-1-2（续）

（注：表右上角为茎粗的统计比较结果，左下方为上部叶长的统计比较结果）

	{1}	{2}	{3}	{4}	{5}	{6}	{7}	{8}	{9}	{10}	{11}	{12}	{13}	{14}	{15}	{16}	{17}
茎粗	0.933	0.908	0.923	0.972	0.875	0.917	0.852	0.978	1.061	1.009	1.064	0.896	0.937	0.857	0.931	0.880	0.997
{1}		0.025	0.010	-0.039	0.058	0.016	0.081	-0.045	-0.128*	-0.076	-0.131*	0.037	-0.004	0.076	0.002	0.053	-0.064
{2}	-1.680**		-0.015	-0.064	0.033	-0.009	0.056	-0.070	-0.153**	-0.101	-0.156**	0.012	-0.029	0.051	-0.023	0.028	-0.089
{3}	-2.430**	-0.750**		-0.049	0.048	0.006	0.071	-0.055	-0.138*	-0.086	-0.141*	0.027	-0.014	0.066	-0.008	0.043	-0.074
{4}	-1.920**	-0.240	0.518*		0.097	0.055	0.120*	-0.006	-0.089	-0.037	-0.092	0.076	0.035	0.115	0.041	0.092	-0.025
{5}	-1.809**	-0.128	0.621*	0.104		-0.042	0.023	-0.103	-0.186**	-0.134*	-0.189**	-0.021	-0.062	0.018	-0.056	-0.005	-0.122
{6}	-2.242**	-0.562*	0.188	-0.330	-0.434		0.065	-0.061	-0.144*	-0.092	-0.147*	0.021	-0.020	0.060	-0.014	0.037	-0.080
{7}	-1.031**	0.649**	1.399**	0.881**	0.778**	1.211**		-0.045	-0.209**	-0.157**	-0.212**	-0.044	-0.085	-0.005	-0.079	-0.028	-0.145*
{8}	-1.076**	0.604**	1.354**	0.836**	0.733**	1.166**	-0.045		-0.083	-0.031	-0.086	0.082	0.041	0.121*	0.047	0.098	-0.019
{9}	-1.875**	-0.195	0.555**	0.038	-0.066	0.368	-0.844**	-0.799**		0.052	-0.003	0.165**	0.124*	0.204**	0.130*	0.181	0.064
{10}	-1.077**	0.603**	1.353**	0.835**	0.731**	1.165**	-0.046	-0.001	0.797**		-0.055	0.113	0.072	0.152*	0.078	0.129*	0.012
{11}	-1.285**	0.395	1.144**	0.629**	0.525*	0.959**	-0.253	-0.208	0.591*	-0.206		0.168**	0.127*	0.207**	0.133*	0.184**	0.067
{12}	-1.387**	0.293	1.042**	0.525*	0.421	0.855**	-0.356	-0.311	0.487	-0.310	-0.104		-0.041	0.039	-0.035	0.016	-0.101
{13}	-1.586**	0.094	0.844**	0.326	0.223	0.656**	-0.555*	-0.510*	0.289	-0.509*	-0.303	-0.199		0.080	0.006	0.057	-0.060
{14}	-1.776**	-0.096	0.654*	0.136	0.033	0.466	-0.745**	-0.700**	0.099	-0.699**	-0.493*	-0.389	-0.190		-0.074	-0.023	-0.140*
{15}	-2.411**	-0.731**	0.019	-0.499*	-0.603*	-0.169	-1.380**	-1.335**	-0.536*	-1.334**	-1.128**	-1.024**	-0.825**	-0.635*		0.051	-0.066
{16}	-2.870**	-1.190**	-0.440	-0.958**	-1.061**	-0.628*	-1.839**	-1.794**	-0.995**	-1.793**	-1.586**	-1.482**	-1.284**	-1.094**	-0.459		-0.117
{17}	-2.624**	-0.943**	-0.194	-0.711**	-0.815**	-0.381	-1.593**	-1.548**	-0.749**	-1.546**	-1.340**	-1.236**	-1.038**	-0.848**	-0.212	0.246	
上部叶长	M=8.221	M=6.541	M=5.791	M=6.309	M=6.413	M=5.979	M=7.190	M=7.145	M=6.346	M=7.144	M=6.938	M=6.834	M=6.635	M=6.445	M=5.810	M=5.351	M=5.598

8

表1-1-2（续）

（注：表右上角为上部叶长/宽的统计比较结果，左下方为中部叶长的统计比较结果）

	{1}	{2}	{3}	{4}	{5}	{6}	{7}	{8}	{9}	{10}	{11}	{12}	{13}	{14}	{15}	{16}	{17}
上部叶长/宽	2.731	2.413	2.451	2.441	2.591	2.646	2.496	2.929	2.819	2.483	2.432	2.693	2.418	2.284	2.483	2.349	2.436
{1}		0.318**	0.280*	0.290*	0.140	0.085	0.235*	-0.198	-0.088	0.248*	0.299*	0.038	0.313**	0.447**	0.248*	0.382**	0.295*
{2}	-1.355**		-0.038	-0.028	-0.178	-0.233	-0.083	-0.516**	-0.406**	-0.070	-0.019	-0.280*	-0.005	0.129	-0.070	0.064	-0.023
{3}	-1.804**	-0.449		0.010	-0.140	-0.195	-0.045	-0.478**	-0.368*	-0.032	0.019	-0.242*	0.033	0.167	-0.032	0.102	0.015
{4}	-1.012**	0.344	0.793**		-0.150	-0.205	-0.055	-0.488**	-0.378**	-0.042	0.009	-0.252*	0.023	0.157	-0.042	0.092	0.005
{5}	0.383	1.738**	2.186**	1.394**		-0.055	0.095	-0.338*	-0.228*	0.108	0.159	-0.102	0.173	0.307*	0.108	0.242*	0.155
{6}	-1.544**	-0.189	0.260	-0.532	-1.926**		0.150	-0.283*	-0.173	0.163	0.214	-0.047	0.228	0.362**	0.163	0.297*	0.210
{7}	-0.439	0.916**	1.365**	0.573	-0.821**	1.105**		-0.433**	-0.323**	0.013	0.064	-0.197	0.078	0.212	0.013	0.147	0.060
{8}	-1.001**	0.354	0.803**	0.010	-1.384**	0.543	-0.563		0.110	0.446**	0.497**	0.236*	0.511**	0.645**	0.446**	0.580**	0.493**
{9}	-0.561	0.794**	1.243**	0.450	-0.944**	0.982**	-0.123	0.440		0.336**	0.387**	0.126	0.401**	0.535**	0.336**	0.470**	0.380**
{10}	-0.473	0.884**	1.331**	0.539	-0.855**	1.071**	-0.034	0.529	0.089		0.051	-0.210	0.065	0.199	0.000	0.134	0.044
{11}	-0.465	0.890**	1.339**	0.546	-0.848**	1.079**	-0.026	0.536	0.096	0.008		-0.261*	0.014	0.148	-0.051	0.083	-0.004
{12}	-0.946**	0.409	0.858**	0.065	-1.329**	0.598*	-0.508	0.055	-0.385	-0.474	-0.481		0.275*	0.409**	0.210	0.344**	0.257*
{13}	-1.693**	-0.338	0.111	-0.681*	-2.075**	-0.149	-1.254**	-0.691*	-1.131**	-1.220**	-1.228**	-0.746**		0.134	-0.065	0.069	-0.018
{14}	-2.165**	-0.810**	-0.361	-1.154**	-2.548**	-0.621*	-1.726**	-1.164**	-1.604**	-1.693**	-1.700**	-1.219**	-0.473		-0.199	-0.065	-0.152
{15}	-1.933**	-0.578	-0.129	-0.921**	-2.315**	-0.389	-1.494**	-0.931**	-1.371**	-1.460**	-1.468**	-0.986**	-0.240	0.233		0.134	0.047
{16}	-2.099**	-0.744*	-0.295	-1.087**	-2.481**	-0.555	-1.660**	-1.098**	-1.537**	-1.626**	-1.634**	-1.153**	-0.406	0.066	-0.166		-0.087
{17}	-2.610**	-1.255**	-0.806**	-1.599**	-2.993**	-1.066**	-1.609**	-1.409**	-1.849**	-1.938**	-1.945**	-1.464**	-0.718*	-0.245	-0.478	-0.311	
中部叶长	9.305	7.950	7.501	8.294	9.688	7.761	8.866	8.304	8.748	8.834	8.840	8.359	7.613	7.140	7.373	7.206	6.895

表1-1-2（续）

（注：表右上角为中部叶长/宽的统计比较结果，左下方为下部叶长的统计比较结果）

	{1}	{2}	{3}	{4}	{5}	{6}	{7}	{8}	{9}	{10}	{11}	{12}	{13}	{14}	{15}	{16}	{17}
中部叶长/宽	4.020	3.526	3.367	3.923	4.414	3.727	3.518	3.787	4.702	3.399	4.125	4.378	3.461	3.353	3.432	3.440	3.362
{1}		0.494**	0.653**	0.097	-0.394**	0.293**	0.502**	0.233*	-0.682**	0.621**	-0.105	-0.358*	0.559**	0.667**	0.588**	0.580**	0.658**
{2}	-0.484		0.159	-0.397**	-0.888**	-0.201	0.008	-0.261*	-1.176**	0.127	-0.599**	-0.852**	0.065	0.173	0.094	0.086	0.164
{3}	-1.106*	-0.622		-0.556**	-1.047**	-0.360**	-0.151	-0.420**	-1.335**	-0.032	-0.758**	-1.011**	-0.094	0.014	-0.065	-0.073	0.005
{4}	0.369	0.853	1.475**		-0.491**	0.196	0.405**	0.136	-0.779**	0.524**	-0.202	-0.455**	0.462**	0.570**	0.491**	0.483**	0.561**
{5}	0.949*	1.433**	2.055**	0.580		0.687**	0.896**	0.627**	-0.288**	1.015**	0.289**	0.036	0.953**	1.061**	0.982**	0.974**	1.052**
{6}	-0.983*	-0.499	0.123	-1.352**	-1.932**		0.209	-0.060	-0.975**	0.328**	-0.398**	-0.651**	0.266*	0.374**	0.295*	0.287*	0.365*
{7}	-1.469**	-0.984*	-0.362	-1.838**	-2.418**	-0.486		-0.269*	-1.184**	0.119	-0.607**	-0.860**	0.057	0.165	0.086	0.078	0.156
{8}	-0.903	-0.419	0.203	-1.272**	-1.852**	0.080	0.566		-0.915**	0.388**	-0.338**	-0.591**	0.326**	0.434**	0.355**	0.347**	0.425**
{9}	0.319	0.803	1.425**	-0.050	-0.630	1.302**	1.788**	1.222**		1.303**	0.577**	0.324	1.241**	1.349**	1.270**	1.262**	1.340**
{10}	0.814	1.298**	1.920**	0.445	-0.135	1.797**	2.283**	1.717**	0.495		-0.726**	-0.979**	-0.062	0.046	-0.033	-0.041	0.037
{11}	1.134*	1.618**	2.240**	0.765	0.185	2.117**	2.603**	2.037**	0.815	0.320		-0.253	0.664**	0.772**	0.693**	0.685**	0.763**
{12}	-0.784	-0.300	0.322	-1.153*	-1.733**	0.199	0.685	0.149	-1.073**	-1.568**	-1.888**		0.917**	1.025**	0.946**	0.938**	1.016**
{13}	-1.031*	-0.547	0.075	-1.400**	-1.980**	-0.048	0.438	-0.128	-1.350**	-1.845**	-2.165**	-0.277		0.108	0.029	0.021	0.099
{14}	-2.296**	-1.812**	-1.190**	-2.665**	-3.245**	-1.313**	-0.828**	-1.393**	-2.615**	-3.110**	-3.430**	-1.542**	-1.265**		-0.079	-0.087	-0.009
{15}	-0.629	-0.145	0.477	-0.998**	-1.578**	0.354	0.839	0.274	-0.948**	-1.443**	-1.763**	0.125	0.402	1.667**		-0.008	0.070
{16}	-0.649	-0.165	0.457	-1.018*	-1.598**	0.334	0.829	0.254	-0.968**	-1.463**	-1.783**	0.105	0.382	1.647**	-0.020		0.078
{17}	0.150	0.634	1.256**	-0.219	-0.799	1.133*	1.619**	1.053*	-0.169	-0.664	-0.984*	0.904	1.181*	2.446**	0.779	0.799	
下部叶长	M=11.306	M=10.822	M=10.200	M=11.675	M=12.255	M=10.323	M=9.8375	M=10.403	M=11.625	M=12.120	M=12.440	M=10.552	M=10.275	M=9.010	M=10.677	M=10.657	M=11.456

表1-1-2（续）

（注：整个表为下部叶长/宽的统计比较结果）

	{1}	{2}	{3}	{4}	{5}	{6}	{7}	{8}	{9}	{10}	{11}	{12}	{13}	{14}	{15}	{16}	{17}
下部叶 长/宽	5.600	5.067	5.214	5.150	5.957	4.794	4.400	5.009	6.293	5.040	5.435	5.763	5.233	4.910	5.022	4.850	5.210
		0.533**	0.386*	0.450*	-0.357*	0.806**	1.200**	0.591**	-0.693**	0.560**	0.165	-0.163	0.367*	0.690**	0.578**	0.750**	0.390*
			-0.147	-0.083	-0.890**	0.273	0.667**	0.058	-1.226**	0.027	-0.368*	-0.696**	-0.166	0.157	0.045	0.217	-0.143
				0.064	-0.743**	0.420*	0.814**	0.205	-1.079**	0.174	-0.221	-0.549**	-0.019	0.304	0.192	0.364*	0.004
					-0.807**	0.356	0.750**	0.141	-1.143**	0.110	-0.285	-0.613**	-0.083	0.240	0.128	0.300	-0.060
						1.163**	1.557**	0.948**	-0.336*	0.917**	0.522**	0.194	0.724**	1.047**	0.935**	1.107**	0.747**
							0.394*	-0.215	-1.499**	-0.246	-0.641**	-0.969**	-0.439*	-0.116	-0.228	-0.056	-0.416*
								-0.609**	-1.893**	-0.640**	-1.035**	-1.363**	-0.833**	-0.510**	-0.622**	-0.450**	-0.810**
									-1.284**	-0.031	-0.426*	-0.754**	-0.224	0.099	-0.013	0.159	-0.201
										1.253**	0.858**	0.530**	1.060**	1.383**	1.271**	1.443**	1.083**
											-0.395*	-0.723**	-0.193	0.130	0.018	0.190	-0.170
												-0.328*	0.202	0.525**	0.413*	0.585**	0.225
													0.530**	0.853**	0.741**	0.913**	0.553**
														0.323	0.211	0.383*	0.023
															-0.112	0.060	-0.300
																0.172	-0.188
																	-0.360*

表1-1-2（续）

（注：表右上角为花丝宽/长的统计比较结果，左下方为花丝厚的统计比较结果）

	{1}	{2}	{3}	{4}	{5}	{6}	{7}	{8}	{9}	{10}	{11}	{12}	{13}	{14}	{15}	{16}	{17}
花丝宽/长	0.026	0.026	0.024	0.032	0.025	0.021	0.030	0.025	0.024	0.027	0.024	0.028	0.028	0.027	0.023	0.030	0.025
{1}		0.000	0.002*	-0.006**	0.001	0.005**	-0.004**	0.001	0.002	-0.001	0.002	-0.002	-0.002	-0.001	0.003**	-0.004**	0.001
{2}	-0.007		0.002*	-0.006**	0.001	0.005**	-0.004**	0.001	0.002	-0.001	0.002	-0.002	-0.002	-0.001	0.003**	-0.004**	0.001
{3}	0.010	0.017		-0.008**	-0.001	0.003*	-0.006**	-0.001	0.000	-0.003**	0.000	-0.004**	-0.004**	-0.003**	0.001	-0.006**	-0.001
{4}	0.001	0.008	-0.009		0.007**	0.011**	0.002*	0.007**	0.008**	0.005**	0.008**	0.004**	0.004**	0.005**	0.009**	0.002	0.007*
{5}	0.009	0.016	-0.001	0.008		0.004**	-0.005***	0.000	0.001	-0.002*	0.001	-0.003*	-0.003*	-0.002	0.002*	-0.005**	0.000
{6}	0.002	0.009	-0.008	0.001	-0.007		-0.009***	-0.004**	-0.003*	-0.006**	-0.003*	-0.007**	-0.007**	-0.006**	-0.002	-0.009**	-0.004**
{7}	0.002	0.009	-0.008	0.001	-0.007	0.000		0.005**	0.006**	0.003*	0.006**	0.002*	0.002*	0.003**	0.007**	0.000	0.005**
{8}	0.009	0.016	-0.001	0.008	0.000	0.007	0.007		0.001	-0.002	0.001	-0.003*	-0.003*	-0.002	0.002*	-0.005**	0.000
{9}	0.011	0.018	0.001	0.010	0.002	0.009	0.009	0.002		-0.003**	0.000	-0.004**	-0.004**	-0.003**	0.001	-0.006**	-0.001
{10}	0.024*	0.031**	0.014	0.023	0.015	0.022	0.022	0.015	0.013		0.003**	-0.001	-0.001	0.000	0.004**	-0.003*	0.002*
{11}	-0.023*	-0.016	-0.033**	-0.024*	-0.032**	-0.025*	-0.025*	-0.032**	-0.034**	-0.047**		-0.004**	-0.004**	-0.003**	0.001	-0.006**	-0.001
{12}	0.011	0.018	0.001	0.010	0.002	0.009	0.009	0.002	0.000	-0.013	0.034**		0.000	0.001	0.005**	-0.002	0.003*
{13}	0.027*	0.034**	0.017	0.026*	0.018	0.025*	0.025*	0.018	0.016	0.003	0.050**	0.016		0.001	0.005**	-0.002	0.003*
{14}	0.027*	0.034**	0.017	0.026*	0.018	0.025*	0.025*	0.018	0.016	0.003	0.050**	0.016	0.000		0.004**	-0.003**	0.002
{15}	0.006	0.013	-0.004	0.005	-0.003	0.004	0.004	-0.003	-0.005	-0.018	0.029**	-0.005	-0.021	-0.021		-0.007**	-0.002*
{16}	0.011	0.018	0.001	0.010	0.002	0.009	0.009	0.002	0.000	-0.013	-0.085**	0.000	-0.016	-0.016	0.005		0.005**
{17}	0.001	0.008	-0.009	0.000	-0.008	-0.001	-0.001	-0.008	-0.010	-0.023	0.024*	-0.010	-0.026*	-0.026*	-0.005	-0.010	
花丝厚	0.121	0.114	0.131	0.122	0.130	0.123	0.123	0.130	0.132	0.145	0.098	0.132	0.148	0.148	0.127	0.132	0.122

表1-1-2（续）

（注：表右上角为花柱长的统计比较结果，左下方为柱头宽的统计比较结果）

	{1}	{2}	{3}	{4}	{5}	{6}	{7}	{8}	{9}	{10}	{11}	{12}	{13}	{14}	{15}	{16}	{17}
花柱长	8.288	9.126	7.180	7.823	7.180	9.448	6.855	8.635	8.813	7.705	7.245	8.338	7.710	7.420	8.310	7.965	7.518
{1}		-0.838**	1.108**	0.465*	1.108**	-1.160**	1.433**	-0.347	-0.525*	0.583**	1.043*	-0.050	0.578**	0.868**	-0.022	0.323	0.770**
{2}	0.095**		1.946**	1.303**	1.946**	-0.322	2.271**	0.491*	0.313	1.421**	1.881**	0.788**	1.416**	1.706**	0.816**	1.161**	1.608**
{3}	-0.045*	-0.140**		-0.643**	0.000	-2.268**	0.325	-1.455**	-1.633**	-0.525*	-0.065	-1.158**	-0.530*	-0.240	-1.130**	-0.785**	-0.338
{4}	0.002	-0.093**	0.047		0.643**	-1.625**	0.968**	-0.812**	-0.990**	0.118	0.578**	-0.515*	0.113	0.403	-0.487*	-0.142	0.314
{5}	0.003	-0.092**	0.048	0.001		-2.268**	0.325	-1.455**	-1.633**	-0.525*	-0.065	-1.158**	-0.530*	-0.240	-1.130**	-0.785**	-0.338
{6}	0.073**	-0.022	0.118**	0.071**	0.070*		2.593**	2.268**	0.635**	1.743**	2.203**	1.110**	1.738**	2.028**	1.138**	1.483**	1.930**
{7}	0.064**	-0.031	0.109**	0.062*	0.061*	-0.009		-1.780**	-1.958**	-0.850**	-0.390	-1.483**	-0.855**	-0.565**	-1.455**	-1.110**	-0.663**
{8}	0.148**	0.053*	0.193**	0.146**	0.145**	0.075**	0.084**		-0.178	0.930**	1.390**	0.297	0.925**	1.215**	0.325	0.670**	1.117**
{9}	0.140**	0.045	0.185**	0.138**	0.137**	0.067**	0.076**	-0.008		1.108**	1.568**	0.475*	1.103**	1.393**	0.503*	0.848**	1.295**
{10}	0.128**	0.033	0.173**	0.126**	0.125**	0.055*	0.064*	-0.020	-0.012		0.460*	-0.633**	-0.005	0.285	-0.605**	-0.260	0.187
{11}	0.080**	-0.015	0.125**	0.078**	0.077**	0.007	0.016	-0.068**	-0.060*	-0.048		-1.093**	-0.465*	-0.175	-1.065**	-0.720**	-0.273
{12}	0.099**	0.004	0.144**	0.097**	0.096**	0.026	0.035	-0.049*	-0.041	-0.029	0.019		0.628**	0.918**	0.028	0.373	0.820*
{13}	0.258**	0.163**	0.303**	0.256**	0.255**	0.185	0.194**	0.110**	0.118**	0.130**	0.178**	0.159**		0.290	-0.600**	-0.255	0.192
{14}	0.150**	0.055	0.195**	0.148**	0.147**	0.077	0.086**	0.002	0.010	0.022	0.070	0.051	-0.108**		-0.890**	-0.545**	-0.098
{15}	0.025	-0.070	0.070**	0.023	0.022	-0.048*	-0.039	-0.123**	-0.115**	-0.103**	-0.055	-0.074*	-0.233**	-0.125**		0.345	0.792*
{16}	0.150**	0.055	0.195**	0.148**	0.147**	0.077	0.086**	0.002	0.010	0.022	0.070*	0.051	-0.108**	0.000	0.125**		0.447*
{17}	-0.073**	-0.168**	-0.028	-0.075**	-0.076**	-0.146**	-0.137**	-0.221**	-0.213**	-0.201**	-0.153**	-0.172**	-0.331**	-0.223**	-0.098*	-0.223**	
柱头宽	0.958	1.053	0.913	0.960	0.961	1.031	1.022	1.106	1.098	1.086	1.038	1.057	1.216	1.108	0.983	1.108	0.885

表1-1-2（续）

（注：表右上角为柱头厚的统计比较结果，左下方为子房长的统计比较结果）

	{1}	{2}	{3}	{4}	{5}	{6}	{7}	{8}	{9}	{10}	{11}	{12}	{13}	{14}	{15}	{16}	{17}
柱头厚	0.555	0.534	0.622	0.577	0.670	0.608	0.607	0.631	0.571	0.632	0.601	0.594	0.855	0.810	0.571	0.621	0.597
{1}		0.021	-0.067*	-0.022	-0.115**	-0.053	-0.052	-0.076*	-0.016	-0.077**	-0.046	-0.039	-0.300**	-0.255**	-0.016	-0.066	-0.042
{2}	0.081		-0.088**	-0.043	-0.136**	-0.074*	-0.073*	-0.097**	-0.037	-0.098**	-0.067*	-0.060*	-0.321**	-0.276**	-0.037	-0.087**	-0.063*
{3}	0.005	-0.076		0.045	-0.048	0.014	0.015	-0.009	0.051	-0.010	0.021	0.028	-0.233**	-0.188**	0.051	0.001	0.025
{4}	-0.645**	-0.726**	-0.650**		-0.093**	-0.031	-0.030	-0.054	0.006	-0.055	-0.024	-0.017	-0.278**	-0.233**	0.006	-0.044	-0.020
{5}	0.526**	0.445**	0.521**	1.171**		0.062*	0.063*	0.039	0.099**	0.038	0.069*	0.076*	-0.185**	-0.140**	0.099**	0.049	0.073*
{6}	0.094	0.013	0.089	0.739**	-0.432**		0.001	-0.023	0.037	-0.024	0.007	0.014	-0.247**	-0.202**	0.037	-0.013	0.011
{7}	-0.321**	-0.402**	-0.326**	0.324**	-0.847**	-0.415**		-0.024	0.036	-0.025	0.006	0.013	-0.248**	-0.203**	0.036	-0.014	0.010
{8}	0.426**	0.345**	0.421**	1.071**	-0.100	0.332**	0.747**		0.060*	-0.001	0.030	0.037	-0.224**	-0.179**	0.060*	0.010	0.034
{9}	-0.311**	-0.392**	-0.316**	0.334**	-0.837**	-0.405**	0.010	-0.737**		-0.061*	-0.030	-0.023	-0.284**	-0.239**	0.000	-0.050	-0.026
{10}	0.196	0.115	0.191	0.841**	-0.330**	0.102	0.517**	-0.230*	0.507**		0.031	0.038	-0.223**	-0.178**	0.061*	0.011	0.035
{11}	0.246*	0.165	0.241*	0.891**	-0.280**	0.152	0.567**	-0.180	0.557**	0.050		0.007	-0.254**	-0.209**	0.030	-0.020	0.004
{12}	-0.024	-0.105	-0.029	0.621**	-0.550**	-0.118	0.297**	-0.450**	0.287**	-0.220*	-0.270*		-0.261**	-0.216**	0.023	-0.027	-0.003
{13}	0.416**	0.335**	0.411**	1.061**	-0.110	0.322**	0.737**	-0.010	0.727**	0.220*	0.170	0.440**		0.045	0.284**	0.234**	0.258**
{14}	0.206	0.125	0.201	0.851**	-0.320**	0.112	0.527**	-0.220*	0.517**	0.010	-0.040	0.230*	-0.210*		0.239**	0.189**	0.213**
{15}	-0.044	-0.125	-0.049	0.601**	-0.570**	-0.138	0.277**	-0.470**	0.267**	-0.240*	-0.290*	-0.020	-0.460**	-0.250**		-0.050	-0.026
{16}	0.154	0.073	0.149	0.799**	-0.372**	0.060	0.475**	-0.272*	0.465**	-0.042	-0.092	0.178	-0.262*	-0.052	0.198		0.070
{17}	0.224*	0.143	0.219**	0.869**	-0.302**	0.130	0.545**	-0.202	0.535**	0.028	-0.022	0.248*	-0.192	0.018	0.268*	0.070	
子房长	4.224	4.305	4.229	3.579	4.750	4.318	3.903	4.650	3.913	4.420	4.470	4.200	4.640	4.430	4.180	4.378	4.448

表1-1-2（续）

（注：表右上角为子房宽/长的统计比较结果，左下方为花头数的统计比较结果）

	{1}	{2}	{3}	{4}	{5}	{6}	{7}	{8}	{9}	{10}	{11}	{12}	{13}	{14}	{15}	{16}	{17}
子房宽/长	0.116	0.110	0.110	0.125	0.109	0.110	0.133	0.112	0.123	0.110	0.109	0.119	0.121	0.128	0.111	0.127	0.103
{1}		0.006	0.006	-0.009**	0.007	0.006	-0.017**	0.004	-0.007*	0.006	0.007*	-0.003	-0.005	-0.012*	0.005	-0.011**	0.013**
{2}	-0.385		0.000	-0.015**	0.001	0.000	-0.023**	-0.002	-0.013**	0.000	0.001	-0.009**	-0.011**	-0.018**	-0.001	-0.017**	0.007
{3}	-0.230	0.155		-0.015**	0.001	0.000	-0.023**	-0.002	-0.013**	0.000	0.001	-0.009**	-0.011**	-0.018**	-0.001	-0.017**	0.007
{4}	0.875	1.030*	0.875*		0.016**	0.015**	-0.008*	0.013**	0.002	0.015**	0.016**	0.006	0.004	-0.003	0.014**	-0.002	0.022**
{5}	-0.280	0.105	-0.050	-0.925		-0.001	-0.024**	-0.003	-0.014**	-0.001	0.000	-0.010**	-0.012**	-0.019**	-0.002	-0.018**	0.006
{6}	-0.005	0.380	0.225	-0.650	0.275		-0.023**	-0.002	-0.013**	0.000	0.001	-0.009**	-0.011**	-0.018**	-0.001	-0.017**	0.007
{7}	-0.405	-0.020	-0.175	-1.050*	-0.125	-0.400		0.021*	0.010*	0.023**	0.024**	0.014**	0.012**	0.005	0.022**	0.006	0.030**
{8}	0.045	0.430	0.275	-0.600	0.325	0.050	0.450		-0.011**	0.002	0.003	-0.007	-0.009**	-0.016**	0.001	-0.015**	-0.021*
{9}	0.67	1.055*	0.900	0.025	0.950*	0.675	1.075**	0.625		0.013**	0.014**	0.004	0.002	-0.005	0.012**	-0.004	0.020**
{10}	-1.105**	-0.720	-0.875*	-1.750**	-0.825*	-1.100**	-0.700	-1.150**	-1.775**		0.001	-0.009**	-0.011**	-0.018**	-0.001	-0.017**	0.007
{11}	1.620**	2.005**	1.850**	0.975**	1.900**	1.625**	2.025**	1.575**	0.950*	2.725**		-0.010**	-0.012**	-0.019**	-0.002	-0.018**	0.006
{12}	0.195	0.580	0.425	-0.450	0.475	0.200	0.600	0.150	-0.475	1.300**	-1.425**		-0.002	-0.009*	0.008*	-0.008	0.016**
{13}	0.170	0.555	0.400	-0.475	0.450	0.175	0.575	0.125	-0.500	1.275**	-1.450**	-0.025		-0.007	0.010*	-0.006	0.018**
{14}	-0.880*	-0.495	-0.650	-1.525**	-0.600	-0.875*	-0.475	-0.925*	-1.550**	0.225	-2.500**	-1.075**	-1.050*		0.017**	0.001	0.025**
{15}	0.545	0.930*	0.775	-0.100	0.825*	0.550	0.950*	0.500	-0.125	1.650**	-1.075**	0.350	0.375	1.425**		-0.016**	0.008
{16}	-0.755	-0.370	-0.525	-1.400**	-0.475	-0.750	-0.350	-0.800	-1.425**	0.350	-2.375**	-0.950**	-0.925*	0.125	-1.300**		0.024**
{17}	-0.455	-0.070	-0.225	-1.100**	-0.175	-0.450	-0.050	-0.500	-1.125**	0.650	-2.075**	-0.650	-0.625	0.425	-1.000**	0.300	
花头数	3.280	2.895	3.050	3.925	3.000	3.275	2.875	3.325	3.950	2.175	4.900	3.475	3.450	2.400	3.825	2.525	2.825

子房是胚珠生长和受精的场所，发育良好的子房，对胚珠生长有利，结实成功的机会大。由上所知，在选育自交亲和性方面，应对这些性状侧重观测。

花头数的最大值为株系11的5朵，最小值为株系10的2朵，百合作切花销售时，以花头数论价，花头数越多，价格越高，但花头数过多，会导致花小，花质下降，因此我们选育的方向是花大，花头数适宜。

株高的最大值为株系12的136.78 cm，最小值为株系11的85.488 cm，作为切花生产的百合，其理想高度为100 cm左右，过高植株易倒伏，过矮，切花花梗不够长，影响花质，因为花梗长度是花质评价的一个重要标准。茎粗的最大值为株系11的1.064 cm，其次为株系9的1.061 cm，最小值为株系7的0.852 cm，作为切花生产的百合，要求花梗适宜粗壮，花梗粗壮的植株，抗倒伏性强，存储的养分和水分较多，切花采后寿命长且耐运输，但过粗的花梗会增加运输费用，因此应选育花梗适宜（1 cm左右）的植株。

叶片密度的最大值为株系11的1.143叶/cm，最小值为株系14的0.663叶/cm。叶片密度大的植株，光合作用强，生产的养分多，植株长势好，但我们从田间的观察来看，叶片密度较疏且直立性较好的株型观赏价值高，因此选育的目标应是叶密度适宜。上部叶长的最大值为株系1的8.221 cm，最小值为株系16的5.351 cm。上部叶长/宽的最大值为株系8的2.929 cm，最小值为株系14的2.284 cm。中部叶长的最大值为株系5的9.688 cm，最小值为株系17的6.895 cm。中部叶长/宽的最大值为株系9的4.702 cm，最小值为株系14的3.353 cm。下部叶长的最大值为株系11的12.44 cm，最小值为株系4的9.010 cm。下部叶长/宽的最大值为株系9的6.293 cm，最小值为株系7的4.4 cm。叶片是植株进行光合作用，制造养分的地方，同时叶型也是观赏的重点，叶长/宽为3~4 cm的直立性厚叶较佳。上部叶窄下部叶宽的叶型有利于光合作用，耐密植，增加单位面积的产量，且采后储藏运输方便，作切花生产较适宜，同时选育不同叶型的品系能满足不同消费者的欣赏角度。

综上所述，新铁炮选育的目标是植株高度、茎粗、叶密度、花头数适宜、花色纯白、花粉呈黄色，花蕾向横或向上，而无二次花梗者为佳，叶以长/宽为3~4 cm的直立性厚叶为佳，花瓣反卷平顺且大。而在自交亲和性方面，我们着重观测花丝、花柱、子房等性状，用后面的自交试验来验证它们理论上与自交亲和性的关系。通过表1-1-2所有性状的综合观测，结果发现，在本次试验的17个株系中，以上几个性状综合而言较好的为株系1、2、6、8、9、10、17。株系11在以上性状上表现不是很好，但从田间的观测来看，此株系花小是因花头数多而导致的，在抗病性、自交亲和性方面此品系表现较好，因此通过蕾期去蕾的措施，有望提高此株系花的质量。

1.2.2 主要性状的相关分析

由于一因多效和基因的连锁，植物的性状彼此之间存在着不同程度的相关关系，所以对一个性状进行选择时，不可避免地会影响另一些性状的遗传效应。在植物育种实践中，经常要对不同性状间相关大小作出评价，这就有赖于相关系数的估算。利用相关分析，能够从遗传效应上解决育种工作中的一些具体问题，在育种实践中，相关性是间接选择的理论依据。本研究通过对百合主要性状的相关分析，达到利用一些简单性状的选择效应，间接地对某些重要性状的遗传效应作出判断的目的。利用统计分析方法，计算各主要性状的相关系数（表1-1-3）。

生殖性状间的相关性：由表1-1-3知，花苞长、内花瓣长、内花瓣宽、外花瓣宽、花丝长、柱头宽间的相关性显著或极显著，且花苞长与内花瓣长的相关系数高达81%，花苞长对花瓣长的相关程度大于其宽度。花丝宽除与花丝长、花丝厚、子房长不显著相关外，与其他生殖性状显著或极显著相关。花丝厚仅与外花冠宽、柱头宽、柱头厚、子房长、子房宽显著或极显著相关。花柱长除与花丝厚、子房宽、花头数不显著相关外，与其他生殖性状显著或极显著相关。柱头厚仅与花丝长、花头数的相关性不显著，与其他生殖性状显著或极显著相关。子房宽仅与花柱长、花头数不显著相关。花头数仅与内花冠宽、花丝宽显著相关，这说明花头数的增加对其他生殖性状的影响小，与花多则花小的传统观念不相一致。

营养性状间的相关性：营养性状中，株高除与上部叶宽、中部叶宽的相关性不显著外，与其他性状显著或极显著相关。叶密度、茎粗仅与上部叶宽不显著相关，与其他性状显著或极显著相关。上部叶长、中部叶长与其他所有性状显著或极显著相关。上部叶宽仅与上部叶长、中部叶长、中部叶宽极显著相关。中部叶宽与除株高外的其他性状极显著相关。下部叶长、宽仅与上部叶宽不显著相关，与其他性状显著或极显著相关。由以上结果知，不同部位的叶与其他营养性状的相关性不同，上部叶长、中部叶长对其他性状的影响最大，其次为中部叶宽、下部叶长、下部叶宽，上部叶宽的影响最小。

营养性状与生殖性状的相关性：由表1-1-3知，营养性状与生殖性状有一定的相关性，但在统计检验上为显著相关，没有极显著相关。株高与所有生殖性状显著相关，且仅与花丝宽为显著负相关，因此适宜增加株高对提高花质量和花头数有利。叶密度除与内花冠长、花柱长、子房长、花头数不显著相关外，与其他生殖性状显著相关，且仅与花丝宽为极显著正相关，这说明，植株的叶密度应适宜，不能太大，否则，花头数、花瓣大小等有关切花品质的性状将受其影响而表现不良。茎粗与子房长、花丝宽、花丝厚、柱头宽、柱头厚、花头数显著相关，与其他生殖性状的相关性不显著，如果要选育花头数多的品系，对茎粗进行间接选择，有一定效果。

上部叶长除与花丝宽、花柱长不显著相关外，与其他生殖性状显著相关，因此要选育花大、花头数适宜的切花品系，可通过上部叶长进行间接选择。上部叶宽仅与内花瓣宽极显著正相关，与其他生殖性状的相关性不显著。中部叶长与内花瓣长、内花瓣宽、外花瓣宽、花丝厚、柱头宽、柱头厚、子房宽、花头数显著相关，是一个较好的间接选择指标，通过选择中部叶长稍长的植株，将有利于花质量的提高和花头数的增加，中部叶宽与外花瓣宽、花丝厚、花柱长、柱头厚、子房长极显著相关，且与花柱长显著负相关。下部叶长仅与花丝宽、花头数显著相关，下部叶宽仅与花苞长、外花瓣宽显著相关。由此可知，下部叶长、宽与生殖性状的相关性不大，叶型的选择余地大。

表1-1-3　主要性状的相关系数（单位：cm）
Table 1-1-3　Correlation coefficient of important traits

	花苞长	内花瓣长	内花瓣宽	外花瓣宽	花丝长	花丝宽	花丝厚	花柱长	柱头宽	柱头厚	子房长	子房宽	花头数
花苞长	1.000	0.814**	0.455**	0.459**	0.655**	0.097*	0.068	0.594**	0.326*	0.100	0.486**	0.231*	-0.052
内花瓣长	0.814**	1.000	0.623**	0.569**	0.729**	0.140*	0.015	0.708**	0.365*	0.045	0.541**	0.235*	-0.041
内花瓣宽	0.455**	0.623**	1.000	0.739**	0.393*	0.188*	0.057	0.435*	0.476**	0.262*	0.399*	0.337*	0.118*
外花瓣宽	0.459**	0.569**	0.739**	1.000	0.264*	0.140*	0.096*	0.265*	0.357*	0.243*	0.341*	0.286*	-0.004
花丝长	0.655**	0.729**	0.393*	0.264*	1.000	0.056	0.060	0.725**	0.235*	0.002	0.410*	0.172*	0.068
花丝宽	0.097*	0.140*	0.188*	0.140*	0.056	1.000	-0.079	0.196*	0.152*	-0.187*	0.018	0.163*	-0.150*
花丝厚	0.068	0.015	0.057	0.096*	0.060	-0.079	1.000	-0.010	0.196*	0.333*	0.090*	0.209*	-0.031
花柱长	0.594**	0.708**	0.435*	0.265*	0.725**	0.196*	-0.010	1.000	0.314*	-0.162*	0.218*	0.050	0.024
柱头宽	0.326*	0.365*	0.476**	0.357*	0.235*	0.152*	0.196*	0.314*	1.000	0.445**	0.198*	0.517**	0.048
柱头厚	0.100	0.045	0.262	0.243*	0.002	-0.187*	0.333*	-0.162*	0.445**	1.000	0.347*	0.495**	0.060
子房长	0.486**	0.541**	0.399*	0.341*	0.410*	0.018	0.090*	0.218*	0.198*	0.347*	1.000	0.439*	-0.059

子房宽	0.231*	0.235*	0.337*	0.286*	0.172	0.163*	0.209*	0.050	0.517**	0.495**	0.439*	1.000	−0.054
花头数	−0.052	−0.041	0.118*	−0.004	0.068	−0.150*	−0.031	0.024	0.048	0.060	−0.059	−0.054	1.000
株高	0.187*	0.217*	0.239*	0.183*	0.224*	−0.081*	0.145*	0.185*	0.193*	0.196*	0.121*	0.133*	0.370*
叶密度	−0.173*	−0.060	−0.124*	−0.130*	−0.128*	0.167*	−0.288*	0.012	−0.229*	−0.409*	−0.035	−0.275*	−0.060
茎粗	−0.003	0.008	0.105*	0.072	0.044	−0.241*	0.162*	−0.017	0.091*	0.236*	−0.017	−0.019	0.352*
上部叶长	0.149*	0.186*	0.171*	0.240*	0.091*	0.031	0.125*	0.005	0.125*	0.136*	0.095*	0.125*	0.121*
上部叶宽	0.033	0.018	0.049	0.109*	−0.053	0.074	0.003	−0.066	−0.010	0.000	0.042	−0.002	0.014
中部叶长	0.041	0.084*	0.158*	0.127*	0.000	−0.052	0.119	−0.044	0.128*	0.134*	0.020	0.103*	0.162*
中部叶宽	0.003	0.000	0.053	0.153*	−0.057	−0.018	0.113*	−0.219*	0.050	0.196*	0.126*	0.073	−0.025
下部叶长	0.005	0.006	0.079	0.038	−0.037	−0.112*	0.067	−0.032	−0.015	0.051	0.041	−0.064	0.173*
下部叶宽	−0.084*	−0.053	0.074	0.080*	−0.072	0.016	0.002	−0.077	0.003	0.064	0.055	−0.010	0.032

表1-1-3（续）

	株高	叶密度	茎粗	上部叶长	上部叶宽	中部叶长	中部叶宽	下部叶长	下部叶宽
花苞长	0.187*	−0.173*	−0.003	0.149*	0.033	0.041	0.003	0.005	−0.084*
内花瓣长	0.217*	−0.060	0.008	0.186*	0.018	0.084*	0.000	0.006	−0.053
内花瓣宽	0.239*	−0.124*	0.105*	0.171*	0.049	0.158*	0.053	0.079	0.074
外花瓣宽	0.183*	−0.130*	0.072	0.240*	0.109*	0.127*	0.153*	0.038	0.080*
花丝长	0.224*	−0.128*	0.044	0.091*	−0.053	0.000	−0.057	−0.037	−0.072
花丝宽	−0.081*	0.167*	−0.241*	0.031	0.074	−0.052	−0.018	−0.112*	0.016
花丝厚	0.145*	−0.288*	0.162*	0.125*	0.003	0.119*	0.113*	0.067	0.002
花柱长	0.185*	0.012	−0.017	0.005	−0.066	−0.044	−0.219*	−0.032	−0.077
柱头宽	0.193*	−0.229*	0.091*	0.125*	−0.010	0.128*	0.050	−0.015	0.003
柱头厚	0.196*	−0.409*	0.236*	0.136*	0.000	0.134*	0.196*	0.051	0.064
子房长	0.121*	−0.035	−0.017	0.095*	0.042	0.020	0.126*	0.041	0.055
子房宽	0.133*	−0.275*	−0.019	0.125*	−0.002	0.103*	0.073	−0.064	−0.010
花头数	0.370*	−0.060	0.352	0.121	0.014	0.162*	−0.025	0.173*	0.032
株高	1.000	−0.381*	0.586**	0.434*	0.026	0.358*	0.071	0.368*	0.093
叶密度	−0.381*	1.000	−0.097*	−0.290*	−0.051	−0.209*	−0.121*	0.081*	0.156*
茎粗	0.586**	−0.097*	1.000	0.271*	−0.037	0.298*	0.228*	0.445**	0.277*
上部叶长	0.434*	−0.290*	0.271*	1.000	0.241*	0.684**	0.503**	0.281*	0.188*
上部叶宽	0.026	−0.051	−0.037	0.241*	1.000	0.156*	0.215*	0.001	0.003
中部叶长	0.358*	−0.209*	0.298*	0.684**	0.156*	1.000	0.508**	0.466**	0.273*
中部叶宽	0.071	−0.121*	0.228*	0.503**	0.215*	0.508**	1.000	0.198*	0.449**
下部叶长	0.368*	0.081*	0.445**	0.281*	0.001	0.466**	0.198*	1.000	0.534**
下部叶宽	0.093*	0.156*	0.277*	0.188*	0.003	0.273*	0.449**	0.534**	1.000

由以上结果知，各营养性状对生殖性状的影响不一样，株高对所有生殖性状都有影响，而叶密度对生殖性状的影响大都为负影响，同为叶片性状，不同部位的叶影响不一样，上部叶长对生殖性状的影响最大，其次为中部叶长、中部叶宽，上部叶宽、下部叶长、下部叶宽对生殖性状的影响最小。

同时，由表1-1-3知，生殖性状内部或营养性状内部的相关性远大于营养性状与生殖性状间的相关性，因此，通过选择叶密度、茎粗、上部叶宽、中部叶宽、下部叶长、宽等营养性状来间接选择生殖性状的效果可能不大理想，而株高、上部叶长、中部叶长则为较好的间接选择指标，通过它们间接选择所需求的生殖性状，将有一定效果。

1.2.3 不同世代性状的主成分分析

1.2.3.1 F₂代的主成分分析

作物的多数性状是微效多基因控制的数量性状，由于基因的一因多效和连锁，使这些性状间存在着错综复杂的相互关系，主成分分析可以把这些相互关联的性状，归结为少数几个相互独立的综合性状，从而使问题简化，便于抓住研究对象的主要方面，故植物性状的主成分分析在作物多性状分析及其选择，正确选配亲本，提高后代选择效果等方面具有指导作用。

对考察的内花瓣长、内花瓣宽、子房长、花头数、株高、叶密度、茎粗、上部叶长、上部叶宽、中部叶长、中部叶宽、下部叶长、下部叶宽等13个重点观测性状进行主成分分析，由前面的统计分析知，这些性状在各株系间的差异是明显的。通过计算，得13个特征根和13个相应的特征向量，从中选出5个最大特征根，使其累计率达72.23%。入选的特征根及相应的特征向量见表1-1-4。

表1-1-4　F₂代入选的特征根和特征向量
Table 1-1-4　F₂ Eigenvalue and eigenvectors selected

性状	第一主成分	第二主成分	第三主成分	第四主成分	第五主成分
内花瓣长	0.2881	−0.8234	−0.0665	0.1709	−0.0001
内花瓣宽	0.3860	−0.6931	0.0152	0.1913	0.0974
子房长	0.2385	−0.6810	−0.2233	0.2356	−0.0192
花头数	0.3385	0.1161	0.5834	0.0628	0.4546
株高	0.6895	−0.0900	0.5322	−0.0698	−0.0483
叶密度	−0.3025	0.1803	−0.2717	0.6353	0.3828
茎粗	0.6266	0.2329	0.4105	0.2165	0.0087
上部叶长	0.7501	0.0093	−0.1817	−0.3805	−0.0488
上部叶宽	0.1914	−0.0234	−0.3335	−0.4130	0.7339
中部叶长	0.7638	0.1667	−0.1900	−0.2109	−0.0758
中部叶宽	0.5696	0.1971	−0.5559	−0.1558	−0.0932
下部叶长	0.6212	0.3147	0.0002	0.4524	−0.0076
下部叶宽	0.4703	0.3422	−0.3733	0.5045	−0.0667
特征根	3.4774	2.0138	1.5492	1.4239	0.9253
贡献率	0.2675	0.1549	0.1192	0.1095	0.0712

第一主成分向量，以中部叶长的值最大，其次是上部叶长，再次是株高、茎粗、下部叶长，而叶密度为负值，结果表明供试株系中，中部叶长值增加的，上部叶长、株高、茎粗、下部叶长等营养性状值也增加，而叶密度却有减少的趋势。基于对第一主成分贡献大的性状为叶长（上、中、下部分）和植株的高度及茎粗等营养性状，故称第一主成分为源因子Ⅰ，在源因子Ⅰ中，营养性状与生殖性状同向，说明营养性状对生殖性状起促进作用，适当增加营养性状的值有利于生殖性状值的提高。第二主成分向量中，内花瓣长的值最大，其次为内花瓣宽、子房长，内花瓣长、宽值的增加，将导致花头数、叶密度、茎粗、上部叶长、上部叶宽、中部叶长、中部叶宽等值的减少，第二主成分以生殖性状的影响最大，故称第二主成分值为库因子Ⅰ，在第二主成分向量中，生殖性状与营养性状异向，表明营养性状过量将影响生殖性状，选育适当的株高、叶密度、叶长，增加叶宽有利于花大的增加。第三主成分值主要由花头数提供、其次为中部叶宽、株高，故称之为源库因子Ⅰ，花头数多的，株高值大，茎也粗，而内花瓣长、子房长、叶密度，上部叶长、上部叶宽、中部叶长、中部叶宽、下部叶宽的值有减少的趋势。第四主成分中，以叶密度的值最大，其次为下部叶宽，故称之为源因子Ⅱ，随着叶密度的增加，下部叶长、下部叶宽、茎粗、花头数、内花瓣长、内花瓣宽、子房长等性状值也增加，而株高、上部叶长、上部叶宽、中部叶长、中部叶宽的值减少。因此叶密度可以适宜增加。第五主成分以上部叶宽的值最大，称之为源因子Ⅲ，随着上部叶宽的增加，花头数、叶密度、茎粗、内花瓣宽也增加，而其他性状值为负，有减少的趋势。

根据上述分析，若按主成分分析来评价株系间的优劣，以源因子Ⅰ考虑，第一主成分的值较大为好，但也不能太大，否则株高过高，植株易倒伏，同时，叶密度过低，又影响光合产物的制造。从培育大花型的目标而言，第二主成分的值稍大为宜；而培育多花型品种，第二主成分的值应稍小。而对源库因子Ⅰ，作一般切花品种，其值要求适宜，以便使株高、茎粗的值不太大，花型加大，叶部性状值增加，以利于光合产物的制造，如要培育多花型品种，其值可稍大。从提高单株花头数和培育大花型植株而言，第四主成分值较大为好。作一般性切花和大花品种而言，第五主成分值适宜为好，以利于提高光合作用的效率，而对于多花型品种，其值可稍大。综上所述，就培育花头数适宜、花大的切花杂交种而言，其第一、二、四主成分应较大，第三、五主成分适度。而对于盆栽品种，株型是观赏重点，因此第一主成分应稍大，第二、三主成分适宜，第四、五主成分稍小。

按照上述标准，对17个株系作主成分筛选，初步筛选出9个较好的切花株系，其中株系1、11较适于多花型，株系5、6、8、10、12、13、17较适于大花型。入选的9个株系其主成分值见表1-1-5。

表1-1-5　入选的9个株系的5个主成分值
Table 1-1-5　Values of five principal components of 9 lines selected

株系	第一主成分	第二主成分	第三主成分	第四主成分	第五主成分
1	0.5106	0.2170	−0.5928	0.6587	−0.1456
5	0.8966	−0.5283	−0.4142	0.1205	0.1310
6	0.7706	0.4572	−0.3741	0.1571	−0.0503
8	−0.4599	0.7019	0.1563	0.2222	0.3856
10	0.5322	0.7654	0.1741	0.0548	0.0689
11	0.9073	0.2858	0.3476	0.5224	−0.3064
12	0.5466	−0.6827	0.1430	0.1338	0.0746
13	−0.6921	0.6283	0.1355	−0.0402	−0.1525
17	0.3477	−0.6576	0.3078	−0.3586	0.0192

1.2.3.2　F₃代的主成分分析

对考察的13个性状进行主成分分析，由前面的统计分析知，这些性状在各株系间的差异是明显的。通过计算，得13个特征根和13个相应的特征向量，从中选出5个最大特征根，使其累计率达77.66%。入选的特征根及相应的特征向量见表1-1-6。

表1-1-6　F₃代入选的特征根和特征向量

Table 1-1-6　F₃ Eigenvalue and eigenvectors selected

性状	第一主成分	第二主成分	第三主成分	第四主成分	第五主成分
内花瓣长	0.4953	0.4466	0.2618	0.2644	−0.4262
内花瓣宽	0.5521	0.6115	0.2010	0.0070	−0.1040
子房长	0.3738	0.6077	0.4069	0.0234	−0.2217
花头数	0.6487	−0.5525	0.3083	−0.1085	0.0872
株高	0.5675	−0.3271	0.2615	0.2152	−0.0137
叶密度	−0.1957	−0.3722	0.6955	−0.3100	−0.1258
茎粗	0.7604	−0.4705	0.2775	−0.1274	0.0187
上部叶长	0.6801	−0.1921	−0.3677	0.3806	0.0333
上部叶宽	0.6488	0.3287	−0.1565	−0.1398	0.4711
中部叶长	0.7868	−0.2130	−0.2240	0.2770	−0.1086
中部叶宽	0.6644	0.2197	−0.1831	−0.4213	0.3411
下部叶长	0.1693	−0.2865	−0.5364	−0.1399	−0.6194
下部叶宽	0.3224	0.0946	−0.2347	−0.7496	−0.3131
特征根	4.1257	2.0446	1.5849	1.2410	1.0984
贡献率	0.3174	0.1573	0.1219	0.0955	0.0845

从表1-1-6看出，第一主成分的特征向量，以中部叶长的值最大，其次是茎粗，再次是上部叶长、中部叶宽、上部叶宽、花头数、株高，而叶密度为负值，说明供试株系中，中部叶长值增加，茎粗、株高、上部叶长、中部叶宽、上部叶宽、内花瓣长、内花瓣宽、外花瓣长等性状值也增加，而叶密度却有减少的趋势，营养性状与生殖性状同向，表明营养性状对生殖性状起促进作用，适宜选育叶长、宽、茎粗、株高等营养性状值稍大植株有利于具商业价值的生殖性状值的增加。基于中部叶长和茎粗对第一主成分的贡献大，故称第一主成分为源因子Ⅰ。第二主成分向量中，内花瓣宽、子房长、花头数等生殖性状的贡献最大，称之为库因子Ⅰ，在三个贡献最大的生殖性状中，作用的方向是不同的，花头数的增加，将导致花瓣的减小，花大减小，质量下降，因此，花头数应适宜。相量中，株高、叶密度、茎粗、上部叶长、中部叶长、下部叶长的值为负，表明供试株系中，营养生长过量影响生殖性状，选育适当的株高、茎粗、叶密度、叶长，增加叶宽有利于花大的增加。第三主成分值主要由叶密度和下部叶长提供，称之为源因子Ⅱ，向量中上部叶长、上部叶宽、中部叶长、中部叶宽、下部叶长、下部叶宽的值为负，这说明，叶密度的增加，将使各部位叶的长、宽值减少。第四主成分中，以上部叶长的值最大，称为源因子Ⅲ，随着上部叶长的增加，花头数、茎粗、叶密度、上部叶宽、中部叶宽、下部叶长、下部叶宽都有一定程度的减少。第五主成分以上

部叶宽的值最大，称之为源因子Ⅳ，随着上部叶宽的增加，花头数、茎粗、上部叶长、中部叶宽的值也增加，其他性状值有减少的趋势。

根据上述分析，若按主成分分析来评价自交系间的优劣，以源因子Ⅰ考虑，作切花品种，第一主成分的值较大为好，但也不能太大，否则茎太粗，增加运输费用，同时叶密度过低，不利于光合产物的积累，而作为盆栽品种，第一主成分较小为宜，以免植株过高，叶密度过密，株型不雅。从培育大花型的目标而言，第二主成分的值稍大为宜，而对于多花型品种，第二主成分的值稍少为宜。而对源因子Ⅱ，其值可以稍大，以便使花型加大，花头数增多，各部叶的长、宽值减少，适宜密植，以提高单位面积的产花量。第四主成分值在培育大花型品种时，稍大为宜，而对于多花型品种，其值应较小，但不能过分追求。从群体产量和培育大花品种而言，第五主成分值应较小，但不能过分追求，而对于多花型品种，其值较大为宜。综上所述，就培育花头数适宜、花大的切花杂交种而言，其亲本第一、三主成分应较大，第二、四、五主成分适度。而从适宜盆栽的角度考虑，第一主成分应较小，第二、三、五主成分稍大，第四主成分适宜。因自交系太少，这里不进行自交系的筛选。

通过对F_2代和F_3代的主成分分析，可以发现，中部叶长、内花瓣长、上部叶宽在两代的第一、二、五主成分中值都是最大值，而叶密度在F_2代的第四主成分中值最大，在F_3代的第三主成分中最大，花头数、上部叶长的特征向量最大值在不同世代有差异，由此可知，在不同世代我们选育重点基本相同，但个别性状应有所不同。同时由表1-1-4、表1-1-6知，入选的5个最大特征根的累计贡献率在F_3代略有增加，对于特征向量1，F_3代的内花瓣长、内花瓣宽、子房长、花头数、茎粗、上部叶宽、中部叶长、中部叶宽等性状经自交选择后，花瓣增大，茎粗增加，中部叶长，上、中部叶宽值增加，从而在第一主成分中的作用增加，株高、叶密度、下部叶长、下部叶宽等性状在第一主成分中的作用减少，是因为自交选择后F_3植株变矮，叶密度减少、下部叶长、宽减少而导致的。F_3代花头数的值虽减少，但因其变异系数增加，选择潜力大，经自交选择后，其在第一主成分中的作用增加。由此可知，自交结合人工选择能使性状不断满足育种目标，加速育种进程。

1.2.4 性状选择的策略

相关分析的结果表明，生殖性状内部和营养性状内部存在显著或极显著相关，营养性状与生殖性状间有显著相关，株高、上部叶长、中部叶长与花头数、花大小显著相关，是较好的间接选择指标。因此，本文认为对百合株型的选择应以株高、上部叶长、中部叶长为主要选择指标，选择株高适宜，上部叶长、中部叶长稍长的品种。叶密度、上部叶宽、中部叶宽与花头数、花大小的相关性不显著，从观赏角度而言，叶密度可稍稀，从提高单位面积的产量而言，上部叶宽、中部叶宽可稍窄。茎粗、下部叶长与花头数显著相关，因此茎粗、下部叶长应适宜。下部叶宽与花苞长、外花瓣宽显著相关，因此下部叶宽可适宜增加。不过不同地区的自然条件不同，影响花头数、花大小的因素可能发生一定的变化。因此，应从各地区的实际情况出发，确定合理的指标。

对于杂种优势利用来说，按照亲本间主成分互补的原则选配组合，无疑是行之有效的。因为众多性状的生物学信息已凝集在少数的线性组合——主成分值上，则亲本间主成分的差异在很大程度上反映着它们的遗传差异，而选择遗传差异大的亲本杂交，才能产生强的杂种优势。但目前的常规育种要求亲本都具有良好的综合性状，且遗传差异不宜太大。本文利用主成分分析把百合17个株系的13个主要数量性状归为5个主成分。从主成分1到主成分5，贡献率依此减小。对本研究所涉及的17个株系而言，1、11、6、8、10、12、13、17等株系综合性状较好，适宜作杂交亲本。同时由表1-1-4、表1-1-6知，入选的5个最大特征根的累计贡献率在F₃代略有增加，对于特征向量1，F₃代的内花瓣长、内花瓣宽、子房长、花头数、茎粗、上部叶宽、中部叶长、中部叶宽等性状经自交选择后，花瓣增大，茎粗增加，中部叶长、上、中部叶宽值增加，从而在第一主成分中的作用增加，株高、叶密度、下部叶长、下部叶宽等性状在第一主成分中的作用减少，是因为自交选择后F₃植株变矮，叶密度减少、下部叶长、宽减少而导致的。F₃代花头数的值虽减少，但因其变异系数增加，选择潜力大，经自交选择后，其在第一主成分中的作用增加。由此可知，自交结合人工选择能使性状不断满足育种目标，加速育种进程。

第二节　主要性状的遗传力和遗传进度

2.1　材料与方法

利用多元统计分析的数量方法，对百合主要性状进行相关分析，同时通过主成分向量、变异系数、遗传力、遗传进展、相关遗传进展等指标来分析自交群体的遗传分化。利用大型统计软件"STATISTICA"进行方差分析、相关分析、主成分分析，由平均值和表型方差算出变异系数。广义遗传力的计算公式为：$h_B^2=V_{F3}-V_E/V_{F3}$，环境方差用选择出的F₂代的无性系方差估计（高之仁，1986）。以$GS=K\times\delta p\times h_B^2$和$GS'=K\times GCV\times h_B$公式，计算遗传进展和相对遗传进展。按$CGS=rg_{1,2}\times K\times\delta p_1\times h_{B1}\times h_{B2}$预测遗传相关进度，遗传相关系数用表型相关系数估计（栗建光等1990）。相关分析和F₂代主成分分析的数据来自F₂群体无性系两年的数据。

公式中各符号的代表意义如下：h_B^2：广义遗传力；V_{F3}：F₃世代的方差；V_E：环境方差，由F₂世代的无性系方差估计；GS：遗传进展；GS'：相对遗传进展；K：选择压；GCV：遗传变异系数；CGS：相关遗传进度；$rg_{1,2}$：遗传相关系数；δp：表型标准差。

2.2　结果与分析

2.2.1　自交群体各世代主要性状的遗传分析

研究百合主要数量性状的变异特点，能够估计其预期选择效果，揭示其遗传潜力，从而为制定百合育种策略和后期的选育提供理论依据。

2.2.1.1　F₂代主要性状的变异

对F₂代主要性状的变异结果计算如表1-2-1：

表1-2-1　百合F₂群体主要性状的变异系数

Table 1-2-1　The coefficient of variance of important quantitative traits in F₂ populations

性状	平均值 Mean	最小值 Minimum	最大值 Maximum	方差 Variance	标准差 Std.Dev.	变异系数 CV（%）
花头数（头）	3.083	1.000	8.000	2.403	1.550	50.300
花苞长（cm）	13.517	9.600	16.900	1.394	1.181	8.700

内花瓣长（cm）	15.814	11.500	18.700	1.481	1.217	7.700
内花瓣宽/长	0.350	0.277	0.464	0.001	0.037	10.400
外花瓣宽/长	0.235	0.164	0.331	0.001	0.028	11.900
花丝长（cm）	10.876	7.100	13.200	0.898	0.948	8.700
花丝宽/长	0.027	0.018	0.040	0.000	0.004	15.900
花丝厚（cm）	0.114	0.074	0.180	0.000	0.019	16.100
花柱长（cm）	8.102	5.800	10.400	0.680	0.824	10.200
柱头宽（cm）	1.011	0.560	1.324	0.012	0.110	10.900
柱头厚（cm）	0.572	0.340	0.988	0.014	0.120	21.100
子房长（cm）	4.276	3.000	5.400	0.195	0.441	10.300
子房宽/长	0.113	0.063	0.163	0.000	0.014	12.200
株高（cm）	102.276	52.000	170.000	545.703	23.360	22.800
叶密度（片/cm）	0.990	0.231	1.740	0.047	0.216	21.900
茎粗（cm）	0.867	0.470	1.370	0.035	0.186	21.500
上部叶长（cm）	6.294	3.550	10.600	1.389	1.178	18.700
上部叶长/宽	2.447	0.235	5.730	0.152	0.390	16.000
中部叶长（cm）	7.926	4.650	11.300	1.725	1.314	16.600
中部叶长/宽	3.755	2.463	5.545	0.301	0.549	14.600
下部叶长（cm）	10.735	6.050	15.400	3.263	1.806	16.800
下部叶长/宽	5.193	2.340	7.743	0.592	0.769	14.800

　　由表1-2-1知，F_2代群体主要数量性状都有一定变异，其中花头数的变异最大，其变异系数高达50.3%，平均数为3，最少为1朵，最多为8朵。其次株高、茎粗、叶密度、柱头厚的变异也大，株高的变异系数为22.8%，平均数为102.276，最小值为52，最大值为170，茎粗的变异系数为21.5%，平均数为0.867，最大值为1.74，最小值为0.470；叶密度变异系数为21.9%，平均数为0.990，最大值为1.740，最小值为0.231，柱头厚的变异系数为21.1%，平均数为0.572，最大值为0.988，最小值为0.340。其余性状的变异系数相对较小，比较稳定的性状为花苞长、内轮花瓣长、花丝长，其变异系数分别为8.70%、7.70%、8.70%。一般认为育种群体的方差愈大，遗传变异愈广泛，选择的潜力就愈大。由此可知，此群体可为我们的育种工作提供丰富的基因资源，从中可选育出理想的品种。

　　2.2.1.2　F_3代各株系主要性状的变异

表1-2-2　F_3代各株系的主要性状的变异系数
Table 1-2-2　The coefficient of variance of important traits among different lines of F_3

第6株系性状	平均值 Mean	最小值 Minimum	最大值 Maximum	方差 Variance	标准差 Std.Dev.	变异系数 CV（%）
花头数（头）	2.400	1.000	4.000	0.933	0.966	40.900

内花瓣长（cm）	16.453	14.300	19.200	2.641	1.625	9.900
内花瓣宽/长	0.345	0.303	0.389	0.001	0.028	8.200
外花瓣宽/长	0.235	0.187	0.308	0.001	0.027	11.700
花丝长（cm）	11.187	7.700	12.400	1.158	1.076	9.600
花丝宽/长	0.027	0.021	0.042	0.000	0.005	19.800
花丝厚（cm）	0.112	0.100	0.130	0.000	0.010	8.900
花柱长（cm）	7.947	6.900	8.700	0.343	0.585	7.400
柱头宽（cm）	1.021	0.842	1.190	0.011	0.105	10.300
柱头厚（cm）	0.611	0.502	0.840	0.008	0.089	14.500
子房长（cm）	4.313	3.900	5.200	0.144	0.380	8.800
子房宽/长	0.112	0.091	0.131	0.000	0.013	11.300
株高（cm）	76.650	53.500	120.500	587.198	24.232	31.600
叶密度	0.863	0.519	1.084	0.028	0.167	19.400
茎粗（cm）	0.863	0.670	1.094	0.020	0.140	16.300
上部叶长（cm）	6.170	4.300	7.700	1.171	1.082	17.500
上部叶长/宽	2.351	1.522	3.080	0.289	0.538	22.900
中部叶长（cm）	8.560	5.800	10.400	2.334	1.528	17.800
中部叶长/宽	3.177	2.419	4.000	0.239	0.489	15.400
下部叶长（cm）	10.945	7.450	13.200	2.746	1.657	15.100
下部叶长/宽	4.441	3.464	5.318	0.301	0.548	12.300

第8株系性状	平均值 Mean	最小值 Minimum	最大值 Maximum	方差 Variance	标准差 Std.Dev.	变异系数 CV（%）
花头数（头）	3.100	1.000	7.000	4.767	2.183	70.400
内花瓣长（cm）	16.241	15.200	17.700	0.428	0.654	4.000
内花瓣宽/长	0.358	0.276	0.398	0.001	0.028	7.900
外花瓣宽/长	0.238	0.199	0.279	0.000	0.020	8.400
花丝长（cm）	10.947	10.200	11.800	0.203	0.450	4.100
花丝宽/长	0.029	0.024	0.035	0.000	0.003	11.300
花丝厚（cm）	0.114	0.100	0.130	0.000	0.010	9.000
花柱长（cm）	7.506	6.700	8.400	0.286	0.534	7.100
柱头宽（cm）	0.982	0.770	1.178	0.011	0.105	10.600
柱头厚（cm）	0.637	0.480	0.854	0.008	0.089	13.900
子房长（cm）	4.394	3.600	5.200	0.134	0.367	8.300

子房宽/长	0.113	0.091	0.125	0.000	0.009	7.700
株高（cm）	80.620	38.000	112.000	698.531	26.430	32.800
叶密度	0.806	0.565	1.250	0.033	0.181	22.400
茎粗（cm）	0.897	0.650	1.118	0.024	0.155	17.300
上部叶长（cm）	7.130	5.600	8.000	0.513	0.717	10.000
上部叶长/宽	2.477	1.941	3.294	0.210	0.458	18.500
中部叶长（cm）	9.080	6.600	13.000	3.884	1.971	21.700
中部叶长/宽	3.811	2.871	6.500	1.100	1.049	27.500
下部叶长（cm）	11.990	8.000	16.100	6.583	2.566	21.400
下部叶长/宽	4.849	3.636	7.667	1.312	1.145	23.600

第9株系性状	平均值 Mean	最小值 Minimum	最大值 Maximum	方差 Variance	标准差 Std.Dev.	变异系数 CV（%）
花头数（头）	2.667	1.000	4.000	0.606	0.778	29.200
内花瓣长（cm）	16.585	14.800	19.500	2.034	1.426	8.600
内花瓣宽/长	0.340	0.287	0.487	0.003	0.052	15.200
外花瓣宽/长	0.228	0.174	0.273	0.001	0.026	11.600
花丝长（cm）	11.493	9.600	13.000	0.960	0.980	8.500
花丝宽/长	0.026	0.021	0.035	0.000	0.003	12.900
花丝厚（cm）	0.112	0.097	0.150	0.000	0.012	10.500
花柱长（cm）	7.835	5.400	9.000	0.907	0.952	12.200
柱头宽（cm）	0.933	0.620	1.210	0.018	0.134	14.400
柱头厚（cm）	0.550	0.368	0.710	0.010	0.098	17.800
子房长（cm）	4.200	3.100	5.000	0.228	0.478	11.400
子房宽/长	0.114	0.098	0.138	0.000	0.010	8.500
株高（cm）	86.860	44.000	131.500	585.038	24.188	27.800
叶密度	0.857	0.560	1.500	0.076	0.275	32.100
茎粗（cm）	0.836	0.640	1.060	0.022	0.148	17.700
上部叶长（cm）	6.370	5.400	7.800	0.407	0.638	10.000
上部叶长/宽	2.640	1.765	4.000	0.573	0.757	28.700
中部叶长（cm）	8.765	6.600	10.700	1.568	1.252	14.300
中部叶长/宽	4.390	3.148	6.200	1.279	1.131	25.800
下部叶长（cm）	11.425	6.700	13.700	3.993	1.998	17.500
下部叶长/宽	5.571	3.045	7.333	2.360	1.536	27.600

第10株系性状	平均值 Mean	最小值 Minimum	最大值 Maximum	方差 Variance	标准差 Std.Dev.	变异系数 CV（%）
花头数（头）	2.900	1.000	8.000	4.200	2.049	70.700
内花瓣长（cm）	16.630	13.900	19.900	2.174	1.474	8.900
内花瓣宽/长	0.357	0.321	0.405	0.000	0.021	6.000
外花瓣宽/长	0.246	0.207	0.286	0.000	0.018	7.400
花丝长（cm）	10.793	9.200	12.200	0.726	0.852	7.900
花丝宽/长	0.029	0.018	0.039	0.000	0.004	14.500
花丝厚（cm）	0.114	0.094	0.140	0.000	0.013	11.700
花柱长（cm）	7.705	5.500	9.200	0.986	0.993	12.900
柱头宽（cm）	1.016	0.834	1.260	0.008	0.088	8.600
柱头厚（cm）	0.632	0.472	0.778	0.007	0.086	13.600
子房长（cm）	4.410	3.500	6.000	0.295	0.544	12.300
子房宽/长	0.110	0.083	0.133	0.000	0.012	10.400
株高（cm）	76.760	50.500	121.000	491.517	22.170	28.900
叶密度	0.910	0.707	1.118	0.015	0.122	13.400
茎粗（cm）	0.906	0.628	1.340	0.033	0.182	20.100
上部叶长（cm）	6.065	4.400	8.800	1.836	1.355	22.300
上部叶长/宽	2.087	1.235	3.148	0.229	0.479	22.900
中部叶长（cm）	8.283	4.900	13.000	5.568	2.360	28.500
中部叶长/宽	3.037	1.963	5.000	0.644	0.803	26.400
下部叶长（cm）	11.730	7.100	15.600	6.307	2.511	21.400
下部叶长/宽	4.226	2.840	6.450	0.795	0.892	21.100

表1-2-2（续）

第11株系性状	平均值 Mean	最小值 Minimum	最大值 Maximum	方差 Variance	标准差 Std.Dev.	变异系数 CV（%）
花头数（头）	2.714	1.000	5.000	2.571	1.604	59.100
内花瓣长（cm）	14.300	13.000	16.200	0.794	0.891	6.200
内花瓣宽/长	0.395	0.333	0.438	0.001	0.034	8.500
外花瓣宽/长	0.269	0.235	0.291	0.000	0.018	6.700
花丝长（cm）	9.679	6.500	10.800	1.414	1.189	12.300
花丝宽/长	0.030	0.024	0.045	0.000	0.005	18.200
花丝厚（cm）	0.104	0.074	0.130	0.000	0.013	12.700
花柱长（cm）	7.000	5.400	8.100	0.742	0.861	12.300
柱头宽（cm）	0.903	0.740	1.040	0.007	0.086	9.500

柱头厚（cm）	0.547	0.400	0.718	0.011	0.105	19.300
子房长（cm）	4.357	3.800	4.900	0.096	0.311	7.100
子房宽/长	0.106	0.085	0.129	0.000	0.015	13.700
株高（cm）	70.130	52.500	93.700	186.398	13.653	19.500
叶密度	0.812	0.586	1.034	0.029	0.169	20.800
茎粗（cm）	0.742	0.580	0.968	0.020	0.143	19.300
上部叶长（cm）	5.600	4.100	7.700	1.618	1.272	22.700
上部叶长/宽	1.967	1.262	2.870	0.380	0.616	31.300
中部叶长（cm）	7.920	6.300	9.500	1.406	1.186	15.000
中部叶长/宽	3.000	2.088	3.530	0.286	0.535	17.800
下部叶长（cm）	9.890	7.700	12.600	2.634	1.623	16.400
下部叶长/宽	4.181	2.406	5.040	0.691	0.831	19.900

第14株系性状	平均值 Mean	最大值 Minimum	最小值 Maximum	方差 Variance	标准差 Std.Dev.	变异系数 CV（%）
花头数（头）	3.200	1.000	7.000	2.743	1.656	51.800
内花瓣长（cm）	15.633	11.700	17.500	2.162	1.470	9.400
内花瓣宽/长	0.355	0.314	0.453	0.001	0.033	9.300
外花瓣宽/长	0.232	0.197	0.274	0.000	0.017	7.400
花丝宽/长	10.904	8.900	12.400	0.755	0.869	8.000
花丝宽（cm）	0.028	0.023	0.035	0.000	0.003	10.900
花丝厚（cm）	0.108	0.086	0.140	0.000	0.016	14.500
花柱长（cm）	8.103	5.300	12.100	2.224	1.491	18.400
柱头宽（cm）	0.943	0.830	1.060	0.004	0.066	7.000
柱头厚（cm）	0.598	0.416	0.770	0.008	0.088	14.700
子房长（cm）	4.258	3.500	5.100	0.139	0.373	8.800
子房宽/长	0.119	0.099	0.160	0.000	0.015	12.500
株高（cm）	87.841	46.000	122.500	581.486	24.114	27.500
叶密度	0.836	0.606	1.227	0.023	0.151	18.000
茎粗（cm）	0.951	0.640	1.230	0.031	0.176	18.500
上部叶长（cm）	6.332	3.700	8.500	2.217	1.489	23.500
上部叶长/宽	2.231	1.486	3.000	0.239	0.489	21.900
中部叶长（cm）	8.168	6.000	11.500	2.605	1.614	19.800
中部叶长/宽	3.050	2.481	3.917	0.145	0.380	12.500
下部叶长（cm）	11.244	6.900	16.400	7.887	2.808	25.000
下部叶长/宽	4.394	3.000	6.136	0.672	0.820	18.700

由表1-2-2知，F₃各株系主要性状的变异系数不相同。花头数在各株系的变异程度普遍较大，在10、8株系变异系数分别高达70.7%、70.4%，9株系最小为29.2%。各株系变异较大的性状还有株高、中部叶长/宽、下部叶长/宽、叶密度、中部叶长、下部叶长、上部长/宽、茎粗、柱头厚、花丝宽，变异较小的为内花瓣长、花丝长。6株系与F₂群体相比，花头数、内花瓣宽/长、花丝厚、花柱长、柱头厚、子房长、子房宽/长、叶密度、茎粗、上部叶长、下部叶长、下部叶长/宽等性状的变异系数减小，外花瓣宽/长、柱头宽的变异系数不变，而内花瓣长、花丝长、花丝宽/长、株高、上部叶长/宽、中部叶长、中部叶长/宽等性状的变异系数增大。8株系与F₂群体相比，内花瓣长、内花瓣宽/长、外花瓣宽/长、花丝长、花柱长、柱头宽、柱头厚、子房长、子房宽/长、茎粗、上部叶长等性状的变异系数减小，而花头数、花丝厚、花丝宽/长、株高、叶密度、上部叶长/宽、中部叶长、中部叶长/宽、下部叶长、下部叶长/宽等性状的变异系数增大。9株系与F₂群体相比，花头数、外花瓣宽/长、花丝长、花丝宽/长、花丝厚、柱头厚、子房宽/长、茎粗、上部叶长、中部叶长等性状的变异系数减小，而内花瓣长、内花瓣宽/长、花柱长、柱头宽、子房长、株高、叶密度、上部叶长/宽、中部叶长/宽、下部叶长、下部叶长/宽等性状的变异系数增大。10株系与F₂群体相比，内花瓣宽/长、外花瓣宽/长、花丝长、花丝宽/长、花丝厚、柱头宽、柱头厚、子房宽/长、叶密度、茎粗等性状的变异系数减小，而花头数、内花瓣长、花柱长、子房长、株高、上部叶长、上部叶长/宽、中部叶长、中部叶长/宽、下部叶长、下部叶长/宽等性状的变异系数增大。11株系与F₂群体相比，内花瓣长、内花瓣宽/长、外花瓣宽/长、花丝厚、柱头宽、柱头厚、子房长、株高、叶密度、茎粗、中部叶长、下部叶长等性状的变异系数减小，而花头数、花丝长、花丝宽、花柱长、子房宽/长、上部叶长、上部叶长/宽、中部叶长/宽、下部叶长/宽等性状的变异系数增大。16株系与F₂群体相比，内花瓣宽/长、外花瓣宽/长、花丝长、花丝宽/长、花丝厚、柱头宽、柱头厚、子房长、叶密度、茎粗、中部叶长等性状的变异系数减小，而花头数、内花瓣长、花柱长、子房宽/长、株高、上部叶长、上部叶长/宽、中部叶长/宽、下部叶长、下部叶长/宽等性状的变异系数增大。

结合田间观测结果（表1-2-3）可以发现，自交后代的每个性状无一不发生分离变异，只是各个性状的分离程度不同而已。叶型在各株系都以类似于亲本类型（卵状披针形）的个体较多，说明这些性状都有较强的倾亲遗传性，就同一性状在不同株系自交后代之间倾亲性的差异来看，叶型的倾亲性最低的株系为9（0.144），田间表现为绝大部分的披针型叶，最高的为11（0.962）。10株系的叶型分化类型最多，共有5种，11株系的最低，仅2种。其分离比例与孟德尔遗传规律有一定差异。花头数、内瓣长、内花瓣宽/长、外花瓣宽/长、株高等性状也发生严重的分离、变异（表1-2-2），花头数在个体间和株系间的差异都比较明显。花的大小在不同个体和株系间表现不同，但总的来说没有严重退化，株高则明显变矮。对于花头的伸展方向，没有详细记录，但从田间观测看，还是有平展型和直立型的分离。对于花器官的雌雄蕊而言，大部分植株表现与亲本一样，花药低于柱头，部分植株的花器官退化，雄蕊发育不良，花柱变短，花粉散不出，还有些植株出现柱头低于花药的现象。'雷山'种子繁殖自交后代实生苗的生长状况在个体间的差异极明显，有些植株生长正常，有些植株则生活力衰退，生长缓慢或变矮，个别植株甚至变成丛生状，致使田间植株高矮不齐，有些植株株高正常，但不能开花，个别植株消蕾严重。在花期上，不同个体不同株系的差异也比较明显，花期从6月底一直持续到9月中止，11株系的花期最早，为6月22日，最晚花是14株系的，为9月28日。

表1-2-3 各株系性状分离表
Table 1-2-3 The separation of traits among lines

株系	个体总数	卵型	披针型	卵状披针型	长披针型	大叶	倾亲性	生长情况	最早花期	最迟花期
6	54	4	3	47	0	0	0.870	6株不抽薹，1株抽薹不开花	7.5	9.5
8	36	2	5	27	2	0	0.750	13株不抽薹，2株抽薹不开花	7.3	9.5
9	90	0	71	13	6	0	0.144	7株不抽薹，13株抽薹不开花	6.30	9.2
10	320	15	7	96	1	1	0.300	69株不抽薹，44株抽薹不开花	7.2	9.17
11	26	1	0	25	0	0	0.962	5株不抽薹，5株抽薹不开花	6.22	8.8
14	153	3	7	141	2	0	0.922	37株不抽薹，13株抽薹不开花	7.9	9.28

综上所述，合F_3代性状的变异是丰富的，花头数、柱头厚、花丝宽及其营养性状植株的高矮、叶密度、各部位叶型、茎粗等在各株系的变异都是非常丰富的。这表明，在合F_3代各株系中，花头数、柱头厚、花丝宽及营养性状都具有相当丰富的选择潜力，其选择效果将是可观的，但内花瓣长的变异系数较小，选择潜力小。外花瓣宽/长（除6株系与F_2群体相等外）、茎粗在F_3各株系的变异系数都小于F_2群体，上部叶长/宽、下部叶长/宽（除6株系小于F_2群体外）在F_3各株系的变异系数都大于F_2群体，其余性状在不同株系的表现不同。由表1-2-1、表1-2-2还可看出经过自交选择，与F_2群体相比，各株系性状的稳定速度不同，9、10株系自交后，大部分性状的变异系数增大，选择潜力大，其选择效果将是可观的。而6、8株系有较少性状的变异系数增大，因此，经过一代自交，其大部分性状逐渐稳定，选择潜力相对较小。同时，因各性状在不同株系的变异程度不同，在不同株系选择的侧重点也应不同。

2.1.3 F_3各株系与F_2代主要性状的变异比较

将F_3各株系的资料结合起来，获得变异结果，见表1-2-4：

表1-2-4 百合F_3群体主要数量性状的变异系数
Table 1-2-4 The coefficient of variance of important quatitative traits in population of F_3

性状	平均值 Mean	最小值 Minimum	最大值 Maximum	方差 Variance	标准差 Std.Dev.	变异系数 CV（%）
花头数（头）	2.844	1.000	8.000	2.633	1.623	57.1
内花瓣长（cm）	16.059	11.700	19.900	2.265	1.505	9.4
内花瓣宽/宽	0.358	0.276	0.487	0.001	0.036	10.1
外花瓣宽/宽	0.241	0.174	0.308	0.001	0.024	9.9
花丝长（cm）	10.868	6.500	13.000	1.001	1.001	9.2
花丝宽/长	0.028	0.018	0.045	0.000	0.004	14.6
花丝厚（cm）	0.111	0.074	0.150	0.000	0.013	11.6
花柱长（cm）	7.763	5.300	12.100	1.098	1.048	13.5
柱头宽（cm）	0.966	0.620	1.260	0.011	0.106	11.0
柱头厚（cm）	0.601	0.368	0.854	0.009	0.096	15.9
子房长（cm）	4.314	3.100	6.000	0.186	0.431	10.0

子房宽/长	0.113	0.083	0.160	0.000	0.012	10.8
株高（cm）	80.274	38.000	131.500	510.792	22.601	28.2
叶密度	0.847	0.519	1.500	0.030	0.174	20.5
茎粗（cm）	0.875	0.580	1.340	0.029	0.170	19.4
上部叶长（cm）	6.264	3.700	9.400	1.639	1.280	20.4
上部叶长/宽	2.264	1.235	4.000	0.329	0.574	25.3
中部叶长（cm）	8.393	4.900	13.000	3.292	1.814	21.6
中部叶长/宽	3.328	1.963	6.500	0.777	0.882	26.5
下部叶长（cm）	11.348	6.700	17.000	5.749	2.398	21.1
下部叶长/宽	4.561	2.406	7.667	1.108	1.053	23.1

表1-2-5　F_3与F_2主要性状的差值

Table 1-2-5　Differences of important traits between F_3 and F_2

性状	平均值 Mean	最小值 Minimum	最大值 Maximum	方差 Variance	标准差 Std.Dev.	变异系数 CV（%）
花头数（头）	−0.239	0.000	0.000	0.230	0.073	6.800
内花瓣长（cm）	0.245	0.200	1.200	0.784	0.288	1.700
内花瓣宽/长	0.008	−0.001	0.023	0.000	−0.001	0.300
外花瓣宽/长	0.006	0.010	−0.023	0.000	−0.004	2.000
花丝长（cm）	−0.008	−0.600	−0.200	0.103	0.053	0.500
花丝宽/长	0.001	0.000	0.005	0.000	0.000	1.300
花丝厚（cm）	−0.003	0.000	−0.030	0.000	−0.006	4.500
花柱长（cm）	−0.339	−0.500	1.700	0.418	0.224	3.300
柱头宽（cm）	−0.045	0.06	−0.064	−0.001	−0.004	0.100
柱头厚（cm）	0.029	0.028	−0.134	−0.005	−0.024	5.200
子房长（cm）	0.038	0.100	0.600	−0.009	−0.01	0.300
子房宽/长	0.000	0.020	−0.003	0.000	−0.002	1.400
株高（cm）	−22.002	−14.000	−38.5.000	−34.911	−0.759	5.400
叶密度	−0.143	0.288	−0.240	−0.017	−0.042	1.400
茎粗（cm）	0.008	0.110	−0.030	−0.006	−0.016	2.100
上部叶长（cm）	−0.030	0.150	−1.200	0.250	0.102	1.700
上部叶长/宽	−0.183	1.000	−1.730	0.177	0.184	9.300
中部叶长（cm）	0.467	0.250	1.700	1.567	0.500	5.000
中部叶长/宽	−0.427	−0.500	0.955	0.476	0.333	11.900
下部叶长（cm）	0.613	0.650	1.600	2.486	0.592	4.300
下部叶长/宽	−0.632	0.066	−0.076	0.516	0.284	8.300

由表1-2-1、表1-2-4知，花头数、花丝宽/长、花丝厚、花柱长、柱头宽、柱头厚、子房长、子房宽/长、株高、叶密度、茎粗、上部叶长、上部叶长/宽、中部叶长、中部叶长/宽、下部叶长、下部叶长/宽等在F₂群体变异系数较大的性状（大于10%），在F₃代各品系中变异也较大，而内花瓣长、花丝长在两世代的变异系数都小（小于10%）。由表1-2-5知，花头数、花丝长、花丝厚、花柱长、柱头宽、株高、叶密度、上部叶长、上部叶长/宽、中部叶长/宽、下部叶长/宽等性状的平均值差为负，说明经过自交，这些性状出现退化现象，而内花瓣长、内花瓣宽/长、外花瓣宽/长、茎粗、中部叶长、下部叶长等性状不受影响。经过一代自交，花头数、内花瓣长、花丝长、花柱长、上部叶长、上部叶长/宽、中部叶长、中部叶长/宽、下部叶长、下部叶长/宽等性状的方差增加，变异系数也加大，说明这些性状在F₃代有更多的变异可被利用，因此通过进一步自交和人工选择，可进一步提高或降低这些性状的均值。

2.2.2 主要性状的遗传力

我国百合遗传育种起步较晚，对其主要数量性状的遗传基础理论研究也较少。在当前，百合育种中对后代的选择，多是按照性状的表现型进行，由于表现型效应中包含不能遗传的环境效应部分，环境效应又直接影响选择效果，因此，提高研究水平，对百合数量性状的遗传行为与遗传规律进行较为深入的研究和探讨确有必要。本研究从麝香百合的几个主要性状着手，估算了各性状的广义遗传力和遗传进度，欲为百合育种提供理论依据。因为F₃各株系中10株系的植株较多，选择余地大，因此，以株系10为代表，计算遗传力和遗传进度。删掉花丝长、花丝厚、子房宽/长、叶密度等广义遗传力为负的性状，最终结果见表1-2-6：

表1-2-6 主要性状的遗传参数
Table 1-2-6 Genetic coeffients of the important traits

性状	均值	最小值	最大值	表型方差	环境方差	遗传方差	遗传变异系数%	遗传力%
花头数	2.90	1.00	8.00	4.20	0.41	3.79	70.70	90.30
内花瓣长	16.63	13.90	19.90	2.17	1.59	0.58	8.87	26.80
内花瓣宽/长	0.36	0.32	0.41	0.00	0.00	0.00	6.00	29.70
外花瓣宽/长	0.25	0.21	0.29	0.00	0.00	0.00	7.37	62.90
花丝宽/长	0.03	0.02	0.04	1.83	9.84	8.49	14.53	46.30
花柱长	7.71	5.50	9.20	0.97	0.52	0.47	12.88	47.40
柱头宽	1.02	0.83	1.26	0.01	0.00	0.01	8.61	81.60
柱头厚	0.63	0.47	0.78	0.01	0.00	0.00	13.65	56.60
子房长	4.41	3.50	6.00	0.30	0.10	0.20	12.32	66.30
株高	77.34	50.50	121.00	474.08	118.93	355.14	28.15	74.90
茎粗	0.92	0.63	1.34	0.03	0.02	0.01	19.91	34.80
上部叶长	6.02	4.40	8.80	1.79	0.44	1.35	22.21	75.40
上部叶长/宽	2.10	1.24	3.15	0.22	0.05	0.17	22.36	76.50
中部叶长	8.25	4.90	13.00	5.32	0.52	4.80	27.97	90.20
中部叶长/宽	3.04	1.97	5.00	0.61	0.05	0.56	25.73	91.60
下部叶长	11.70	7.10	15.60	6.02	2.57	3.45	20.97	57.40
下部叶长/宽	4.23	2.84	6.45	0.76	0.29	0.47	20.58	61.90

株系 10 主要性状的表型方差、遗传方差、遗传力与遗传变异系数结果（表 1-2-6）表明，17 个性状的遗传变异系数的变幅为 6.00%～70.7%，花头数、花丝宽/长、花丝厚、花柱长、柱头厚、子房长、子房宽、株高、叶密度、茎粗、上部叶长、上部叶长/宽、中部叶长、中部叶长/宽、下部叶长、下部叶长/宽具有较大的遗传变异和丰富的选择潜力，对其选择可获得一定的选择效果。内花瓣长、内花瓣宽/长、外花瓣宽/长、花丝长、柱头宽由于遗传变异潜力小，选择收获不大。花丝长、花丝厚、子房宽/长、叶密度等性状的广义遗传力为负，其原因是环境方差远大于遗传方差，表明这些性状易受环境的影响，在选择时应严格控制选择标准，进行连续选择，以巩固其遗传效应。其他主要性状遗传力的变幅为 26.8%～91.6%.以中部叶长/宽最大，为 91.6%，中部叶长、花头数次之，分别为 90.2%、90.3%，内轮花瓣长最低，为 26.8%，其次为内轮花瓣宽/长，29.7%。茎粗、花丝宽/长、花柱长、柱头厚、下部叶长、外轮花瓣宽/长、下部叶长/宽、子房长、株高、上部叶长、上部叶长/宽、柱头宽等性状的遗传力介于 34.8%～81.6% 间。遗传力可作为依表型选株时确定性状宽严度的指标，对遗传力值较高，且遗传变异系数较大的性状选择，一般收效较大。如表 1-2-6 所列，花头数、花丝宽/长、花柱长、柱头厚、子房长、株高、茎粗、上部叶长、上部叶长/宽、中部叶长、中部叶长/宽、下部叶长、下部叶长/宽等性状的遗传力较高，且遗传变异系数较大，因此选择的收效较大。而内花瓣长、内花瓣宽/长、外花瓣宽/长、柱头宽等性状或遗传力较小，或遗传变异系数较小，甚至两者都小，对其选择可能遗传进度不大。因此，选择不宜过严，或在较高世代进行。

2.2.3　主要性状的遗传进度

为预测子代选择的增量，我们在 5% 和 10% 的选择压下，估测了遗传进度和相对遗传进度（表 1-2-7）。遗传进度是指根据性状遗传力预测在一定选择强度下，下一代比亲代可能增加的数量，为了便于比较不同群体，不同性状的不同世代的估计值，而用相对值来表示的遗传进度称之相对遗传进度。通过遗传进度的估计，能为本试验采用的选择方案的有效性提供一个测定和比较依据，能预测对所从事的群体进行选择所应获得的遗传进度。

表 1-2-7　百合主要性状的遗传进度
Table 1-2-7　Genetic advance of some important traits from lily

性状	遗传进度		相对遗传进度	
	5%	10%	5%	10%
花头数	3.812	4.940	138.400	179.400
内花瓣长	0.813	1.054	9.460	12.300
内花瓣宽	0.013	0.017	6.740	8.700
外花瓣宽	0.024	0.031	12.040	15.600
花丝宽/长	0.004	0.005	20.370	26.400
花柱长	0.970	1.257	18.270	23.700
柱头宽	0.147	0.191	16.020	20.800
柱头厚	0.101	0.130	21.150	27.400
子房长	0.743	0.963	20.660	26.800

株高	33.600	43.550	50.180	65.000
茎粗	0.131	0.169	24.190	31.400
上部叶长	2.078	2.693	39.730	51.500
上部叶长/宽	0.739	0.958	40.290	52.200
中部叶长	4.287	5.556	54.720	70.900
中部叶长/宽	1.477	1.914	50.730	65.800
下部叶长	2.898	3.756	32.730	42.400
下部叶长/宽	1.109	1.438	33.360	43.200

由表1-2-7知，在选择压为5%时，遗传进度以株高为最大，达33.6 cm，花丝宽/长最小，仅0.004 cm。相对遗传进度以花头数的预期选择效果最好，高达138.4%，内花冠瓣/长的最差，为6.74%，其次为内花瓣长，9.46%。

综上所述，花头数、花丝宽/长、花柱长、柱头厚、子房长、株高、茎粗、上部叶长、上部叶长/宽、中部叶长、中部叶长/宽、下部叶长、下部叶长/宽等性状遗传力、遗传进度均表现较高且遗传变异系数大，说明这几个性状的加性效应是重要的，为此依表型严格选择，可以得到较大的遗传改良效率。

直接对内花瓣长、内花瓣宽/长、外花瓣宽/长、柱头宽等性状进行选择，效果较差，而遗传相关的研究有助于根据与之有密切联系而遗传力较高的性状的选择，来提高选择效果。因此可根据前面的相关性研究结果，在具体选择时灵活运用，以达到最优的综合改良效果。

2.2.4　相关遗传进度

因为株高、茎粗、上部叶长、上部叶长/宽、中部叶长、中部叶长/宽、下部叶长、下部叶长/宽等遗传力较高，因此这里用简单相关系数代替遗传相关系数来估算对花头数和内花瓣长的相关遗传进度。相关遗传进度是指由性状1，2的遗传相关关系得到的性状2的遗传进度。相关遗传进度能通过对一个性状的选择来预测另一个性状的遗传进度。计算结果见表1-2-8：

表1-2-8　对花头数的相关遗传进度

Table 1-2-7　Correlation genetic advance to flower heads、inner-petal length

性状	相关系数	对花头数的相关遗传进度			
		相关遗传进度		相对效率	
		5%	10%	5%	10%
株高	0.37	1.28	1.72	33.70	34.80
茎粗	0.35	0.83	1.11	21.70	22.50
上部叶长	0.12	0.42	0.56	11.00	11.30
上部叶长/宽	0.10	0.35	0.46	9.20	9.20
中部叶长	0.16	0.61	0.82	16.00	16.50
中部叶长/宽	0.20	0.77	1.00	20.10	20.10
下部叶长	0.17	0.52	0.69	13.60	14.00
下部叶长/宽	0.16	0.51	0.65	13.20	13.20

对内花瓣长的相关遗传进度

性状	相关系数	相关遗传进度		相对效率	
		5%	10%	5%	10%
株高	0.22	0.30	0.40	36.90	38.00
茎粗	0.01	0.01	0.01	1.10	1.10
上部叶长	0.19	0.26	0.35	31.90	33.00
上部叶长/宽	0.21	0.29	0.38	35.50	35.60
中部叶长	0.08	0.12	0.16	14.60	15.20
中部叶长/宽	0.09	0.14	0.18	16.60	16.70
下部叶长	0.01	0.01	0.017	1.50	1.50
下部叶长/宽	0.07	0.09	0.11	10.70	10.60

相关遗传进度分析表明，株高等8个性状对花头数的相关，以株高、茎粗、中部叶长/宽较大，在5%的选择强度下，它们对花头数的相关遗传增量分别为1.28、0.83、0.77头，其余各性状均在0.6头以下。株高等8个性状对内花瓣长的相关，以株高、上部叶长/宽较大，在5%的选择强度下，它们对内花瓣的相关遗传增量分别为0.300 cm、0.259 cm、0.289 cm，其余各性状均在0.2 cm以下。这里还须看到，各性状对花头数、内花瓣长的遗传相关增量远远低于选择花头数、内花瓣长的直接效应3.91头、0.81 cm，即使相关遗传进度较高的性状株高，也仅分别相当于花头数、内花瓣长直接选择效应的33.70%、36.90%。看来对各性状的单个选择效果不会理想，为此必须对多个不同组合性状综合选择。

第三节　基于等位酶的自交遗传纯合进度

采用等位酶方法，研究不同世代群体中等位基因的组成和频率变化，探讨自交纯合的进度。

3.1　材料与方法

材料与处理。样品选用各株系及其自交一代（F_3）、二代（F_4）的幼嫩植株的叶片，取样个体数量取决于居群大小，13个F_2代无性系分别取3株，自交一代F_3的12个株系和自交二代F_4的6个株系取10～12株，材料用1～2滴提取缓冲液在冰浴中研磨提取。研磨提取液为Mitton等（1979）的复杂磷酸提取缓冲液配方，泌子（Wicks）选用新华3#滤纸，制成2 mm×6 mm大小，直接置于研磨后的提取液中，因无 -70 ℃冷冻箱，所以采用每天磨样的方法。电泳与染色：采用水平切片淀粉凝胶电泳技术，使用由中科院植物所王中仁研究员设计，北京"六一"仪器厂生产的"SG—WZ"型号170 mL水平切片淀粉凝胶电泳槽，淀粉胶浓度为12%，选用三种凝胶缓冲液系统，检测14个不同的酶系统，所采用的凝胶缓冲液系统为：1#、电极缓冲液：0.4M柠檬酸三钠 pH 7.0;胶缓冲液：0.02M盐酸组氨酸 pH 7.0。6#、电极缓冲液：0.4M柠檬酸三钠 pH 7.0;胶缓冲液：0.02M盐酸组氨酸 pH 7.0。R#、电极缓冲液：0.04M Tris、0.105M Ctric Acid.H_2O pH 8.0;胶缓液：0.009M Tris、0.005M h–Histridins.HCl pH 8.0。电泳在4℃冰箱中进行，选用30mA稳流，电泳4～5小时，待溴酚蓝指示剂移至电泳槽的顶端，停止电泳，切胶染色。AAT、LAP采用液染，其余酶系统均采用胶染。染色液配方采用Soltis等（1983）和王中仁（1996）使用的配方。染色后及时记录酶带和照相。

酶谱分析与数据处理。酶谱的遗传分析参考前人的工作，结合谱带在居群中的分离式样和酶分子结构推断。酶谱记录和解释参照王中仁资料（1994a，1994b）。通过电泳分析获得二倍体基因型频率进而计算有关参数。数据结果用BIOSYS–1软件（Swofford和Selander,1989）进行聚类分析、群体等位基因频率、遗传多样性及居群遗传学结构的度量。

3.2　结果与分析

3.2.1　各世代遗传变异性

本研究共测定14种酶系统，其中11种酶系统获得清晰和稳定的谱带，共受15个基因位点编码，有分化的酶系统有5种，共受7个基因位点编码，本文以上述11种酶系统15个位点为遗传标记进行居群遗传学分析，这些酶系统的种类，编码位点的数目，检测所用的凝胶缓冲系统详见表1-3-1。

表1–3–1　电泳检测的酶系统、凝胶缓冲液系统和位点数目
Table 1–3–1　Enzyme systems screened, gel buffers and the number of loci

酶系统 Enzyme system	缩写 Abbreviation	酶分类编码 EC No.	缓冲系统 Gel buffer	位点数目
乙醇脱氢酶 Alcohol dehydrogenase	ADH	E.C.1.1.1.1	R#	1
还原型辅酶I心肌黄酶 NADH-Diaphorase	DIA	E.C.1.6.2.2	R#	2
异柠檬酸脱氢酶 Isocitrate dehydrogenase	IDH	E.C.1.1.1.42	R#	1
苹果酸酶 Malic enzyme	ME	E.C.1.1.1.40	R#	2
磷酸葡萄糖变位酶 Phosphoglucomutase	PGM	E.C.5.4.2.2	R#	1
莽草酸脱氢酶 Shikimate dehydrogenase	SKD	E.C.1.1.1.25	R#	2
谷氨酸脱氢酶 Glutamate dehydrogenase	GDH	E.C.1.4.1.2	R#	1
苹果酸脱氢酶 Malate dehydrogenase	MDH	E.C.1.1.1.37	R#	1
6-磷酸葡萄糖酸脱氢酶 6-phosphogluconate dehydrogenase	PGD	E.C.1.1.1.44	R#	1

磷酸葡萄糖异构酶 Phosphoglucoisomerase	PGI	E.C.5.3.1.9	R[#]	2
亮氨酸氨基肽酶 Aminopeptidase	LAP	E.C.3.4.11.1	R[#]	1

3.2.1.1　F_2世代的遗传变异

对通过等位酶实验所获得的每个酶位点的等位基因组成情况和出现频率的结果进行数理统计分析，就可以衡量居群的遗传变异性，常用的表示居群内遗传变异水平的指标有：多态位点的百分数P，平均每个位点的等位基因数A，平均每个位点的预期杂合度He和平均每个位点的实际杂合度Ho等。其计算方法如下：P=（多态位点数/检测位点总数）x 100%，A=各位点等位基因数的总和/检测位点总数，Ho=杂合体个数/样本大小，He=Σhe/n,he=$1-\Sigma P_i^2$，P_i为单个位点上第i个等位基因的频率，n为检测位点的总数。

对F_2群体的分析表明，在所确立的15个位点上有5个位点（SKD-1、GDH、MDH、PGD、PGI-2）为多态位点（有2个以上的等位基因），其余10个位点均为单态（只有一个等位基因），多态位点的比率为33.33%。表1-3-2为15位点等位基因种类及其在F_2群体中的频率。由表1-3-2知，5个多态位点中MDH、GDH有3个等位基因，SKD-1、PGD、PGI-2有两个等位基因。根据表1-3-2数据计算出群体变异水平的几个指标于表1-3-3。结果表明：F_2群体平均每位点等位基因数为1.5,群体内多态位点百分率为33.3%,种群内实际杂合度为0.241,期望杂合度为0.16。

表1-3-2　F_2群体在15个位点上的基因频率
Table 1-3-2　Allele frequencies at 15 loci in the F_2 population of lily

位点	ADH	DIA-1	DIA-2	IDH	LAP	ME-1	ME-2	PGM	SKD-1		SKD-2
等位基因	A	A	A	A	A	A	A	A	A	B	A
频率	1.000	1.000	1.000	1.000	1.000	1.000	1.000	1.000	0.500	0.500	1.000

表1-3-2（续）

位点	GDH	MDH	PGD	PGI-1	PGI-2				SKD-1	SKD-2	
等位基因	A	B	C	A	B	C	A	B	A	A	B
频率	0.885	0.077	0.038	0.269	0.500	0.231	0.500	0.500	1.000	0.385	0.615

表1-3-3　F_2群体的遗传变异性指标
Table 1-3-3　Genetic variability in the F_2 population of lily

取样大小 Sample size	每个位点等位基因平均数 Mean No. alleles of per locus	多态位点百分率 Percentage ofloci polymorphic*	平均观测杂合度 Average observed heterozygosity	平均期望杂合度 Average expected heterozygosity **
13	1.500	33.300	0.241	0.160

3.2.1.2　F_3世代的遗传变异

分析F_3世代的等位基因数目和频率（表1-3-4），结果表明，各株系具有相同的等位基因数，在检测的

13个位点上（F₃以后SKD酶不做）有3个位点（MDH、PGD、PGI-2）为多态位点（有2个以上的等位基因），其余10个位点均为单态（只有一个等位基因），多态位点的比率为23.08%。表1-3-4中的为F₃群体的13位点等位基因种类及其在各居群的频率。结果表明，3个多态位点中MDH有3个等位基因、PGD、PGI-2有两个等位基因。根据表1-3-4数据计算出群体遗传变异水平的几个指标列于表1-3-5。由表1-3-5可知，F₃群体各居群平均每位点等位基因数差异不大，介于1.1～1.3间，不同株系多态位点数目有一定变化，L、M、N、Q、W等居群较高（P=23.1），C、E、G居群均较低（P=7.7），所有居群的平均值为16.8。杂合度是对群体遗传变异较为精确的度量，它反映的是一个随机交配群体中随机选出两个配子基因型不同的概率。同一居群不同位点的杂合度不同，同一位点在不同居群间的杂合度不同。各居群观测杂合度（Ho）以L居群的最高（0.154），C、G的最小（0.013）。各居群期望杂合度（He）以W居群最大（0.117），C、G最小（0.022）。F₃总群体的平均观测杂合度为0.069,平均期望杂合度为0.064。与F₂群体相比，F₃的遗传多态性有较大幅度的下降.从形态变异幅度看，K、M、N、O、P群体在F₃世代的变异幅度都较大，与其多态性程度高有一定的相关性，对比单个群体，可以发现O群体的形态变异大于K群体，但其观测杂合度小于K群体，预期杂合度大于K群体，这或许是田间试验中K群体的个体数远小于O群体，一些形态变异没有表现的缘故。

表1-3-4　F₃群体在13个位点上的基因频率
Table 1-3-4　Allele frequencies at 13 loci in the F₃ populations of lily

Locus	居群 Population										
	1（C）	2（E）	3（G）	4（K）	5（L）	6（M）	7（N）	8（O）	9（P）	10（Q）	11（W）
ADH											
（N）	12	12	12	10	12	10	10	10	10	12	12
A	1.00	1.00	1.00	1.00	1.00	1.00	1.00	1.00	1.00	1.00	1.00
DIA-1											
（N）	12	12	12	10	12	10	10	10	10	12	12
A	1.00	1.00	1.00	1.00	1.00	1.00	1.00	1.00	1.00	1.00	1.00
DIA-2											
（N）	12	12	12	10	12	10	10	10	10	12	12
A	1.00	1.00	1.00	1.00	1.00	1.00	1.00	1.00	1.00	1.00	1.00
IDH											
（N）	12	12	12	10	12	10	10	10	10	12	12
A	1.00	1.00	1.00	1.00	1.00	1.00	1.00	1.00	1.00	1.00	1.00
LAP											
（N）	12	12	12	10	12	10	10	10	10	12	12
A	1.00	1.00	1.00	1.00	1.00	1.00	1.00	1.00	1.00	1.00	1.00
ME-1											
（N）	12	12	12	10	12	10	10	10	10	12	12
A	1.00	1.00	1.00	1.00	1.00	1.00	1.00	1.00	1.00	1.00	1.00

ME-2											
（N）	12	12	12	10	12	10	10	10	10	12	12
A	1.00	1.00	1.00	1.00	1.00	1.00	1.00	1.00	1.00	1.00	1.00
PGM											
（N）	12	12	12	10	12	10	10	10	10	12	12
A	1.00	1.00	1.00	1.00	1.00	1.00	1.00	1.00	1.00	1.00	1.00
GDH											
（N）	12	12	12	10	12	10	10	10	10	12	12
A	1.00	1.00	1.00	1.00	1.00	1.00	1.00	1.00	1.00	1.00	1.00
MDH											
（N）	12	12	12	10	12	10	10	10	10	12	12
A	0.00	0.54	0.00	0.00	0.42	0.45	0.80	0.00	0.60	0.00	0.00
B	1.00	0.00	1.00	1.00	0.58	0.55	0.20	0.35	0.40	0.33	0.58
C	0.00	0.46	0.00	0.00	0.00	0.00	0.00	0.65	0.00	0.67	0.42
PGD											
（N）	12	12	12	10	12	10	10	10	10	12	12
A	0.83	1.00	0.83	0.95	0.50	0.15	0.90	1.00	1.00	0.50	0.50
B	0.17	0.00	0.17	0.05	0.50	0.85	0.10	0.00	0.00	0.50	0.50
PGI-1											
（N）	12	12	12	10	12	10	10	10	10	12	12
A	1.00	1.00	1.00	1.00	1.00	1.00	1.00	1.00	1.00	1.00	1.00
PGI-2											
（N）	12	12	12	10	12	10	10	10	10	12	12
A	0.00	0.00	0.00	0.55	0.92	0.35	0.90	0.80	0.85	0.92	0.38
B	1.00	1.00	1.00	0.45	0.08	0.65	0.10	0.20	0.15	0.08	0.63

表1-3-5 F_3群体的遗传变异性指标

Table 1-3-5 Genetic variability in the F_3 populations of lily

居群 Population	每个位点 的样本数 Mean sample Size per locus	每个位点等位 基因平均数 Mean No. Alleles per locus	多态位点百分率 Percentage of loci Polymorphic*	平均观察杂合度 Mean observed Heterozygosity	平均期望杂合度 Mean expected Heterozygosity **
1（CF3）	12	1.10	7.70	0.01	0.02
2（EF3）	12	1.10	7.70	0.06	0.04
3（GF3）	12	1.10	7.70	0.01	0.02
4（KF3）	10	1.20	15.40	0.05	0.05
5（LF3）	12	1.20	23.10	0.15	0.09

6（MF3）	10	1.20	23.10	0.12	0.10
7（NF3）	10	1.20	23.10	0.02	0.05
8（OF3）	10	1.20	15.40	0.04	0.06
9（PF3）	10	1.20	15.40	0.02	0.06
10（QF3）	12	1.20	23.10	0.13	0.09
11（WF3）	12	1.20	23.10	0.15	0.12

注：等位基因频率不超过0.99,则为多态性；** 无偏估计（Nei, 1928）。

* A locus is considered polymorphic if the frequency of the most common allele does not exceed .99.** Unbiased estimate（see Nei, 1978）。

3.2.1.3　F₄世代的遗传变异

分析 F_4 世代的等位基因数目和频率（表1-3-6），结果表明，各居群与 F_3 代一样具有相同的等位基因，在所确立的13个位点上（F_3 以后SKD酶不做）有3个位点（MDH、PGD、PGI-2）为多态位点（有2个以上的等位基因），其余10个位点均为单态（只有一个等位基因），多态位点的比率为23.08%。表1-3-6为 F_4 群体的13位点等位基因种类及其在各居群的频率分布。由表1-3-6知，3个多态位点中MDH有3个等位基因，PGD、PGI-2有两个等位基因，具纯合基因型的居群较多，不同居群纯合的位点和程度略有差异。根据表1-3-6数据计算出群体变异水平的几个指标于表1-3-7。结果表明：F_4 群体各居群平均每位点等位基因数差异不大，介于1.0—1.2间，不同居群多态位点数目有一定变化，M1-10居群最高（P=23.1），K1-4、K2-2、K2-4、O1-8、P1-2等居群最低（P=0），所有居群的平均值为6.05。各居群观测杂合度（Ho）、期望杂合度（He）均以P1-10亚居群的最高（分别为0.096、0.073），K1-4、K2-2、K2-4、O1-8、P1-2等亚居群的最小（0）。F_4 总群体的平均观测杂合度和期望杂合度分别为0.022、0.02。同时由表1-3-5知，由 F_3 代不同居群选择而来的不同个体形成的亚居群（株系）间多态位点的比率不同，由K居群而来的各亚居群内仅有PGI具多态性，而由O居群而来的各亚居群内MDH、PGD、PGI都具多态性，由P居群而来的各亚居群内MDH、PGI具多态性。对位点MDH而言，不同居群纯合的位点不同，K居群所有亚居群都在B位点纯合，O居群纯合亚居群的纯合位点在C，P居群纯合亚居群的纯合位点在A。对位点PGD而言，大部分居群的纯合位点在A，仅O1-8居群纯合位点为B。对位点PGI-2而言，K、P居群纯合的位点都为A，O居群的三个亚居群有两个在A位点纯合，一个在B位点。通过系谱追踪，可以发现，由同一居群不同个体形成的亚居群间纯合速度不同，如K群体中，对于检测的特定酶系统K2-2、K2-4在 F_3 代已纯合，K1-4到 F_4 代才纯合，而K1-2在 F_4 代仍具一定杂合性。

表1-3-6　F₄群体在13个位点上的基因频率

Table 1-3-6　Allele frequencies at 13 loci in the F₄ populations of lily

Loci	Population													
	1	2	3	4	5	6	7	8	9	10	11	12	13	14
ADH														
（N）	7	12	12	6	12	12	6	12	12	12	12	12	6	12
A	1.00	1.00	1.00	1.00	1.00	1.00	1.00	1.00	1.00	1.00	1.00	1.00	1.00	1.00

DIA-1														
（N）	7	12	12	6	12	12	6	12	12	12	12	12	6	12
A	1.00	1.00	1.00	1.00	1.00	1.00	1.00	1.00	1.00	1.00	1.00	1.00	1.00	1.00
DIA-2														
（N）	7	12	12	6	12	12	6	12	12	12	12	12	6	12
A	1.00	1.00	1.00	1.00	1.00	1.00	1.00	1.00	1.00	1.00	1.00	1.00	1.00	1.00
IDH														
（N）	7	12	12	6	12	12	6	12	12	12	12	12	6	12
A	1.00	1.00	1.00	1.00	1.00	1.00	1.00	1.00	1.00	1.00	1.00	1.00	1.00	1.00
LAP														
（N）	7	12	12	6	12	12	6	12	12	12	12	12	6	12
A	1.00	1.00	1.00	1.00	1.00	1.00	1.00	1.00	1.00	1.00	1.00	1.00	1.00	1.00
ME-1														
（N）	7	12	12	6	12	12	6	12	12	12	12	12	6	12
A	1.00	1.00	1.00	1.00	1.00	1.00	1.00	1.00	1.00	1.00	1.00	1.00	1.00	1.00
ME-2														
（N）	7	12	12	6	12	12	6	12	12	12	12	12	6	12
A	1.00	1.00	1.00	1.00	1.00	1.00	1.00	1.00	1.00	1.00	1.00	1.00	1.00	1.00
PGM														
（N）	7	12	12	6	12	12	6	12	12	12	12	12	6	12
A	1.00	1.00	1.00	1.00	1.00	1.00	1.00	1.00	1.00	1.00	1.00	1.00	1.00	1.00
GDH														
（N）	7	12	12	6	12	12	6	12	12	12	12	12	6	12
A	1.00	1.00	1.00	1.00	1.00	1.00	1.00	1.00	1.00	1.00	1.00	1.00	1.00	1.00
MDH														
（N）	7	12	12	6	12	12	6	12	12	12	12	12	6	12
A	0.00	0.00	0.00	0.00	0.00	0.04	0.58	0.00	0.00	0.00	1.00	0.25	1.00	0.50
B	1.00	1.00	1.00	1.00	1.00	0.96	0.42	0.00	0.54	0.33	0.00	0.75	0.00	0.50
C	0.00	0.00	0.00	0.00	0.00	0.00	0.00	1.00	0.46	0.67	0.00	0.00	0.00	0.00
PGD														
（N）	7	12	12	6	12	12	6	12	12	12	12	12	6	12
A	1.00	1.00	1.00	1.00	1.00	0.04	1.00	0.00	1.00	1.00	1.00	1.00	1.00	1.00
B	0.00	0.00	0.00	0.00	0.00	0.96	0.00	1.00	0.00	0.00	0.00	0.00	0.00	0.00

PGI-1													
（N）	7	12	12	6	12	12	6	12	12	12	12	12	6	12
A	1.00	1.00	1.00	1.00	1.00	1.00	1.00	1.00	1.00	1.00	1.00	1.00	1.00	1.00
PGI-2													
（N）	7	12	12	6	12	12	6	12	12	12	12	12	6	12
A	0.14	1.00	1.00	1.00	0.83	0.96	1.00	0.00	1.00	0.00	1.00	1.00	1.00	0.71
B	0.86	0.00	0.00	0.00	0.17	0.04	0.00	1.00	0.00	1.00	0.00	0.00	0.00	0.29

表1-3-7 F_4群体的遗传变异性指标

Table 1-3-7　Genetic variability in the F_4 populations of lily

居群 Population	每个位点的样本数 Mean sample Size per locus	每个位点等位 基因平均数 Mean No. Alleles per locus	多态位点百分率 Percentage of loci Polymorphic*	平均观察杂合度 Mean observed Heterozygosity	平均期望杂合度 Mean expected Heterozygosity **
1（K1-2F4）	7	1.10	7.70	0.00	0.02
2（K1-4F4）	12	1.00	0.00	0.00	0.00
3（K2-2F4）	12	1.00	0.00	0.00	0.00
4（K2-4F4）	6	1.00	0.00	0.00	0.00
5（K2-6F4）	12	1.10	7.70	0.00	0.02
6（M1-10F4）	12	1.20	23.10	0.02	0.02
7（N1-21F4）	6	1.10	7.70	0.06	0.04
8（O1-8F4）	12	1.00	0.00	0.00	0.00
9（O1-13F4）	12	1.10	7.70	0.05	0.04
10（O2-31F4）	12	1.10	7.70	0.05	0.04
11（P1-2F4）	12	1.00	0.00	0.00	0.00
12（P1-4F4）	12	1.10	7.70	0.04	0.03
13（P1-5F4）	6	1.00	0.00	0.00	0.00
14（P1-10F4）	12	1.20	15.40	0.10	0.07

对F_4群体的分析表明，综上所述，在人工辅助自交和选择作用下，随着世代的增加，多态位点的比率下降，每个位点平均等位基因数略有降低，所有居群多态位点数目的平均值也有较大程度的下降，同时由于选择作用，居群间纯合的位点和速度不同，各世代居群间的遗传分化增加。观测杂合度和期望杂合度的值也随着世代的增加而下降，这说明自交结合强大的人工选择压，能使居群在等位基因上的人工"进化"，比自然变异、自然选择、天然进化要快得多，人工选择往往置其他等位基因或其他性状的遗传多样性而不顾，因此，人为因素使它们被迫丢失了一些等位基因。同时首轮自交、选择的效果明显，观测杂合度从0.241下降到0.069，期望杂合度从0.16下降到0.064，进一步自交的纯合速度减慢，这是因为经过一代自交、选择，居群的纯合性已较高，在高度纯合的群体内继续自交、选择，效果减弱。以上结果验证了自交导致异质基因分离、等位基因纯合这一遗传效应。

3.2.2 居群遗传学结构的度量

一个居群是由许多亚居群组成的，许多居群再组成一个种，有了居群内的每个位点的等位基因组成成分和比例情况以后，还需要了解它们在各个层次（亚居群、居群、种）内和相互之间的分布情况，这种分布格局可以反映该类群的繁殖方式、基因交流程度、隔离程度、分化程度等。内繁育系数是衡量一个居群是否随机交配的主要指标，它是一个个体在某个基因位点上从上代得到两个等同的等位基因——其两个等位基因来自一个亲本的同一个等位基因的两份完全相同的拷贝的概率，其计算公式为 $F=1-Ho/He$；衡量居群之间遗传学分化程度常用的指标有 Writht 的 F-统计量和 Nei 的基因分化系数 Gst，本文使用 F-统计量，其基本公式为：$1-F_{IT}=(1-F_{IS})(1-F_{ST})$ 公式中 "F_{IT}" 和 "F_{IS}" 分别表示个体相对于总居群和它所在的亚居群的固定指数，"F_{IT}" 表示在总居群中基因型的实际频率和理论预期频率的离差，"F_{IS}" 表示在亚居群中基因型的实际频率和理论预期频率的离差。而 "F_{ST}" 则表示随机取自每个亚居群两个配子间的相互关系，它用来测量亚居群间的遗传分化程度。F_{IT} 和 F_{ST} 可以是正值，也可以是负值，而 F_{ST} 总是正值，当亚居群间没有分化时，$F_{ST}=0$，而当 $F_{ST}=1$ 时，说明亚居群间的等位基因完全不同。

根据表 1-3-4 和表 1-3-6 计算 F_3、F_4 的基因多样度，结果见表 1-3-8、表 1-3-10、表 1-3-11、表 1-3-12、表 1-3-13：

表1-3-8 F_3 的 MDH、PGD、PGI的FIS值

Table 1-3-8 FIS values of MDH、PGD、PGI in F_3

MDH	Subpopulation							
Allele	2（E）	5（L）	6（M）	7（N）	8（O）	9（P）	10（Q）	11（W）
A	−0.510	−0.714	−0.818	0.375	...	0.583	...	...
B	...	−0.714	−0.818	0.375	−0.099	0.583	−0.500	0.657
C	−0.510	...	...	...	−0.099	...	−0.500	0.657
Mean	−0.510	−0.714	−0.818	0.375	−0.099	0.583	−0.500	0.657

PGD	Subpopulation							
Allele	1（C）	3（G）	4（K）	5（L）	6（M）	7（N）	10（Q）	11（W）
A	0.400	0.400	−0.053	−1.000	−0.176	−0.111	−1.000	−1.000
B	0.400	0.400	−0.053	−1.000	−0.176	−0.111	−1.000	−1.000
Mean	0.400	0.400	−0.053	−1.000	−0.176	−0.111	−1.000	−1.000

PGI	Subpopulation							
Allele	4（K）	5（L）	6（M）	7（N）	8（O）	9（P）	10（Q）	11（W）
A	−0.010	−0.091	0.341	1.000	1.000	0.608	1.000	−0.600
B	−0.010	−0.091	0.341	1.000	1.000	0.608	1.000	−0.600
Mean	−0.010	−0.091	0.341	1.000	1.000	0.608	1.000	−0.600

表1-3-9　F₃单个位点的F—统计量

Table 1-3-9　F—statistics for F₃ individual alleles

MDH				PGD				PGI			
Allele	F（IS）	F（IT）	F（ST）	Allele	F（IS）	F（IT）	F（ST）	Allele	F（IS）	F（IT）	F（ST）
A	-0.266	0.311	0.455	A	-0.521	0.065	0.385	A	0.267	0.669	0.549
B	-0.095	0.364	0.419	B	-0.521	0.065	0.385	B	0.267	0.669	0.549
C	-0.107	0.406	0.464	Mean	-0.521	0.065	0.385	Mean	0.267	0.669	0.549
Mean	-0.151	0.359	0.443								

表1-3-10　F₃所有位点的F—统计量

Table 1-3-10　F—statistics for F₃ at all loci

Locus	F（IS）	F（IT）	F（ST）
MDH	−0.151	0.359	0.443
PGD	−0.521	0.065	0.385
PGI-2	0.267	0.669	0.549
Mean	−0.142	0.392	0.467

F_3的基因多样度的比率见表1-3-8、1-3-9、1-3-10，MDH以W居群的FIS最大（0.657），M居群的最小（-0.818），PGD以C、G居群的最大（0.400），L、Q、W居群的FIS最小（-1.000），PGI-2以N、O、Q的最大（1.000），W居群的最小（-0.6）。对各酶系统的每个等位基因而言，FIS、FIT的差异不大，仅MDH的三个等位基因间略有差异。对各位点而言，PGI-2的FST最大（0.549），PGD的最小（0.385）。由此可知，不同居群不同酶位点的基因多样度间存在差异，不同居群杂合程度不同。居群间所有位点的基因多样度比率为0.472。

表1-3-11　F₄的MDH、PGD、PGI的FIS值

Table 1-3-11　F_{IS}（IK）values of MDH、PGD、PGI in F_4

MDH	Subpopulation					
Allele	6（M1-10）	7（N1-21）	9（O1-13）	10（O2-31）	12（P1-4）	14（P1-10）
A	-0.043	-0.714	...		-0.333	
B	-0.043	-0.714	-0.175	-0.500	-0.333	-1
C	...	...	-0.175	-0.500		-1
Mean	-0.043	-0.714	-0.175	-0.500	-0.333	-1

表1-3-11（续）

PGI	Subpopulation			
Allele	1（K1-2）	5（K2-6）	6（M1-10）	14（P1-10）
A	1	1	-0.043	0.395
B	1	1	-0.043	0.395
Mean	1	1	-0.043	0.395

表1-3-12　F₄单个位点的F—统计量

Table 1-3-12　F—statistics for F₄ individual alleles

	MDH				PGD			PGI		
Allele	F（IS）	F（IT）	F（ST）	Allele	F（IS）	F（IT）	F（ST）	F（IS）	F（IT）	F（ST）
A	−0.677	0.528	0.719	A	−0.043	0.953	0.955	0.672	0.935	0.801
B	−0.539	0.451	0.643	B	−0.043	0.953	0.955	0.672	0.935	0.801
C	−0.328	0.653	0.739	Mean	−0.043	0.953	0.955	0.672	0.935	0.801
Mean	−0.539	0.524	0.691							

表1-3-13　F₄所有位点的F—统计量

Table 1-3-13　F—statistics for F₄ at all loci

Locus	F（IS）	F（IT）	F（ST）
MDH	−0.539	0.524	0.691
PGD	−0.043	0.953	0.955
PGI-2	0.672	0.935	0.801
Mean	−0.174	0.720	0.762

F4的基因多样度的比率见表1-3-11,1-3-12,1-3-13，MDH以P1-10居群的FIS最小（−1.000），M1-10居群的最大（−0.043),所有居群都具一定程度的杂合性，P1-10居群在该位点完全杂合。PGD仅M1-10居群有F_{IS}，为−0.043，故表略。PGI仅K1-2、K2-6、M1-10、P1-10居群具FIS，K1-2、K2-6居群的最大（1.000），M1-10居群的最小（−0.043），由此可知，不同居群对各酶系统的每个等位基因而言，FIS、FIT的差异不大，仅MDH的三个等位基因间略有差异。对各位点而言，PGD的Fst最大（0.955),MDH的最小（0.691），说明PGD在F4已比较纯合。居群间所有位点的基因多样度比率为0.785，表明了群体间的遗传分化越来越大。

综上所述，可以发现经过自交，F₄代的基因多样度比率（Fst）与F₃代的相比，有一定程度的增加，这说明居群内的变异减少，居群间的变异增加，同时各位点的FIS也增加，逐步趋向纯合。

3.2.3　居群遗传分化与亲缘关系的分析

用等位酶资料进行居群的遗传分化与亲缘关系的分析，可以增加"种"这个基本分类单位在遗传上的凝聚力，可以帮助我们选择种内或种间更可靠的形态鉴别特征，并推断这些种形成的可能方式和时间。度量居群遗传分化的指标有遗传一致性（I）和遗传距离（D），两个亲缘关系越近的居群或种类，在所有位点上的所有等位基因频率越接近，遗传一致性系数越接近1；两个亲缘关系越远的种类，在所有位点上的所有等位基因频率差别越大，遗传一致性系数越接近0。遗传一致性和遗传距离的计算公式如下：I=Σ XiYi/Σ Xi2Σ Yi2，其中，Xi=X群体第i个等位基因频率；Yi=Y群体第i个等位基因频率，D=−lnI。

根据F₃、F₄各居群基因频率计算出遗传一致度和遗传距离（表1-3-14、1-3-15），

表1-3-14 F₃群体的遗传一致性和遗传距离矩阵

Table 1-3-14 Genetic identity and distance coefficients of F₃ populations

Population	1	2	3	4	5	6	7	8	9	10	11
1（CF3）	*****	0.938	1.000	0.975	0.909	0.936	0.884	0.913	0.911	0.887	0.966
2（EF3）	0.064	*****	0.938	0.915	0.888	0.909	0.922	0.930	0.927	0.893	0.942
3（GF3）	0.000	0.064	*****	0.975	0.909	0.936	0.884	0.913	0.911	0.887	0.966
4（KF3）	0.025	0.089	0.025	*****	0.958	0.927	0.939	0.960	0.963	0.936	0.967
5（LF3）	0.095	0.119	0.095	0.043	*****	0.962	0.971	0.951	0.976	0.971	0.960
6（MF3）	0.066	0.095	0.066	0.075	0.038	*****	0.912	0.895	0.917	0.933	0.973
7（NF3）	0.124	0.081	0.124	0.063	0.029	0.092	*****	0.955	0.996	0.938	0.921
8（OF3）	0.091	0.073	0.091	0.040	0.050	0.110	0.046	*****	0.968	0.978	0.960
9（PF3）	0.093	0.076	0.093	0.037	0.024	0.086	0.004	0.033	*****	0.946	0.937
10（QF3）	0.120	0.114	0.120	0.066	0.029	0.069	0.064	0.022	0.056	*****	0.970
11（WF3）	0.035	0.060	0.035	0.034	0.041	0.027	0.083	0.041	0.065	0.031	*****

注：对角线下面的数值为Nei（1978）无偏遗传距离；对角线上面的数值为Nei（1978）无偏遗传一致度。

Notes:The values below diagonal are Nei（1978）unbiased genetic distance;The values above diagonal are Nei（1978）unbiased genetic identity.

从表1-3-14可看出，居群间遗传一致度较高，C与G的遗传一致度高达1，说明这两个居群完全一样，没有分化，C、G与N的遗传一致度最小，0.884，说明这三个居群间存在一定程度的遗传分化。对遗传距离的观察发现，居群间遗传距离比较小，最大的为C、G居群与N居群间，0.124，最小的为C、G居群间，遗传距离为0，此结果也表明居群间的分化较小。由上可知，根据形态差异从同一栽培品种选出的各株系间在大分子水平上的差异较小，它们在形态学上的较为明显的区别可能建立在个别基因的基础上或者由于强大的选择压力，各株系形成的速度是如此之快，以至于它们的酶基因还没来得及按照分子突变的速率产生新的等位酶变化，用等位酶对它们检测无效。

根据各居群间的遗传距离，采用平均距离法（UPGMA）对它们进行聚类（图1-1），可以明显的分为两大类，C、G、K、M、W、E为一类，L、N、P、O、Q为另一类，其中第一类又可分为3小类，C、G、K为一小类，M、W为第二小类，E为第三小类，第二类可分为2小类，L、N、P为1小类，O、Q为一小类。

表1-3-15 F₄群体的遗传一致性和遗传距离矩阵

Table 1-3-15 Genetic identity and distance coefficients of F₄ populations

Population	1	2	3	4	5	6	7	8	9	10	11	12	13	14
1（K1-2F4）	*****	0.944	0.944	0.944	0.964	0.877	0.917	0.921	0.927	0.965	0.866	0.938	0.866	0.957
2（K1-4F4）	0.058	*****	1.000	1.000	0.998	0.929	0.975	0.846	0.985	0.888	0.923	0.996	0.923	0.976
3（K2-2F4）	0.058	0.000	*****	1.000	0.998	0.929	0.975	0.846	0.985	0.888	0.923	0.996	0.923	0.976
4（K2-4F4）	0.058	0.000	0.000	*****	0.998	0.929	0.975	0.846	0.985	0.888	0.923	0.996	0.923	0.976
5（K2-6F4）	0.037	0.002	0.002	0.002	*****	0.927	0.973	0.869	0.982	0.911	0.921	0.994	0.921	0.981

6（M1-10F4）	0.132	0.074	0.074	0.074	0.075	*****	0.906	0.783	0.913	0.823	0.858	0.925	0.858	0.906
7（N1-21F4）	0.086	0.025	0.025	0.025	0.027	0.099	*****	0.864	0.980	0.891	0.988	0.994	0.988	0.996
8（O1-8F4）	0.082	0.167	0.167	0.167	0.141	0.244	0.146	*****	0.900	0.992	0.846	0.859	0.846	0.902
9（O1-13F4）	0.076	0.016	0.016	0.016	0.018	0.091	0.020	0.106	*****	0.918	0.942	0.989	0.942	0.977
10（O2-31F4）	0.036	0.119	0.119	0.119	0.093	0.195	0.116	0.008	0.085	*****	0.862	0.895	0.862	0.932
11（P1-2F4）	0.144	0.080	0.080	0.080	0.083	0.154	0.012	0.167	0.060	0.149	*****	0.957	1.000	0.976
12（P1-4F4）	0.063	0.004	0.004	0.004	0.006	0.078	0.006	0.152	0.011	0.111	0.044	*****	0.957	0.991
13（P1-5F4）	0.144	0.080	0.080	0.080	0.083	0.154	0.012	0.167	0.060	0.149	0.000	0.044	*****	0.976
14（P1-10F4）	0.044	0.025	0.025	0.025	0.019	0.098	0.004	0.103	0.023	0.070	0.025	0.009	0.025	*****

注：对角线下面的数值为Nei（1978）无偏遗传距离；对角线上面的数值为Nei（1978）无偏遗传一致度。

Notes:The values below diagonal are Nei（1978）unbiased genetic distance;The values above diagonal are Nei（1978）unbiased genetic identity.

从表1-3-15可看出，居群间遗传一致度较高，K1-4、K2-2、K2-4间的遗传一致度高达1，说明这三个居群完全一样，没有分化，M1-10与O1-8间的遗传一致度最小，0.783，说明这两群间存在一定-程度的遗传分化。对遗传距离的观察发现，居群间遗传距离比较小，最大的为M1-10与O1-8间，0.244,最小的为K1-4、K2-2、K2-4间，遗传距离为0，此结果表明居群间的分化较小，但与F₃群体相比，分化程度有一定增加。同时由于自交与选择作用，不同居群等位基因纯合的方向和程度不同，由同一居群而来的各亚居群间的遗传一致性有的小于与来自不同居群的亚居群间的遗传一致性。

根据各居群间的遗传距离，采用平均距离法（UPGMA）对它们进行聚类（图1-2），可以明显的分为两大类，K1-2、O1-8、02-31为一大类，第二大类分为三小类，K1-4、K2-2、K2-4、K2-6、P1-4、O1-13为一类，N1-21、P1-10、P1-2、P1-5为一类，M1-10单独为一类。由图1-1、图1-2知，两世代聚类的结果有一定差异，F₄代中来自同一株系的各亚居群大部分聚在一起，个别亚居群聚于其他株系居群中，突破了株系居群的界限。

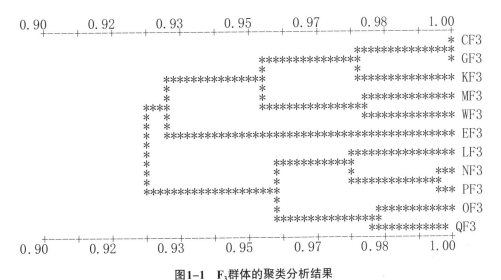

图1-1 F₃群体的聚类分析结果

Fig 1-1 Tree diagram of F₃ populations

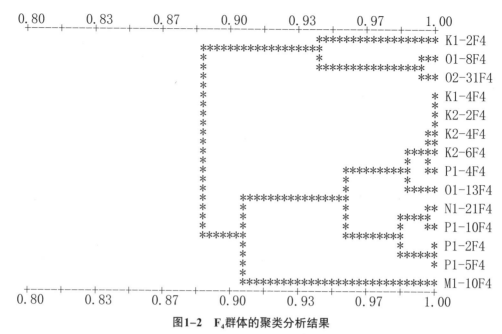

图1-2　F4群体的聚类分析结果

Fig 1-2　Tree diagram of F4 populations

3.2.4　等位酶的纯合与形态性状的稳定的相关性

Hamrick 和 Godt（1989）根据165属，449种植物共633篇等位酶研究比较了不同植物的遗传多样性水平。结果表明植物物种水平的平均多态位点比率为50%，平均预期杂合度为14.9%，而居群内平均多态位点比率为34%，平均预期杂合度为11%。从分类群上看，裸子植物变异水平最高，一年生，短寿多年生与长寿多年生植物水平接近；从繁育系统看，以异交为主的物种变异水平最高，自交和异交混合的次之，自交植物最低。作为常异交植物的百合栽培品种'雷山'，其遗传多样性指标与物种的平均水平相比，稍偏低，这是因为栽培品种经过人工选择，丢失了一些等位基因，但由于'雷山'为种间杂交种，其交配方式及分化程度以及不断天然杂交和不断自然选择等因子，很有可能是其遗传多样性指标不太低的主要原因。因这方面的研究做得比较少，其合理的解释有待进一步研究得出。

对居群水平的遗传变异而言，植物多态位点的遗传变异有78%是发现在居群内，22%存在居群间。异交种比自交种或兼性生殖的种具有更高的遗传变异水平。居群间的多样性差异受繁育系统的影响很大，自交种植物有51%的遗传变异性保持在居群之间，而风媒异交种只有9.9%，虫媒异交种介于自交种和风媒种之间，为21%。新铁炮百合'雷山'F3的基因多样度比率为0.472，低于物种平均水平，略高于自交种，这或许与其亲本为常异交种有关。F4的基因多样度比率为0.785，与一代相比，有一定提高，说明居群间的分化逐渐增大，居群内的分化逐渐减少。在居群分化指标上，已表明F3、F4代各居群间的差异不明显，根据形态差异从同一栽培品种选出的各株系间在大分子水平上的差异较小，它们在形态学上的较为明显的区别可能建立在个别基因的基础上或者由于强大的选择压力，各株系形成的速度是如此之快，以至于它们的酶基因还没来得及按照分子突变的速率产生新的等位酶变化，用等位酶对它们检测无效。F4代中来自同一株系的各亚居群大部分聚在一起，个别亚居群聚于其他株系居群中，突破了株系居群的界限，这也许是自交结合人工选择导致居群内不同等位基因纯合的结果。

稳定的形态变异是有遗传学基础的、能够反映到基因水平，由于等位酶是基因编码的产物，可作为基因的标志，因此当对等位酶进行检测时，形态分化就会表现出来。在本文的研究中，从形态变异幅度看，K、

M、N、O、P群体在F₃世代的变异幅度都较大，与其等位酶多态性程度高有一定的相关性，对比单个群体，可以发现O群体的形态变异大于K群体，但其观测杂合度小于K群体，预期杂合度大于K群体，这或许是田间试验中K群体的个体数远小于O群体，一些形态变异没有表现的缘故。同时由于种种原因，F₃代田间观测的群体数少，不同群体的个体数差异大，C、G等等位酶程度低的群体缺失，致使相关性的研究结果不具代表性，因此有必要对这方面继续进行研究。

第四节 新铁炮百合RAPD反应体系及自交后代遗传变异研究

前言

对传统方法而言，作物株系之间的遗传鉴定以及亲缘关系是综合其形态学及农艺学特征或是通过生化分析方法检验（如同工酶分析）来确定的。但是这些方法容易受环境的影响，而且人们对其评估遗传亲缘关系的总体可靠性也存在一定的争论。因此DNA水平上的多态性信息对于评判遗传亲缘关系是较可靠的。通过用分子生物学方法作出植物个体的特征性遗传指纹图谱具有极重要的经济和科研应用价值。目前百合子代早期鉴定多采用染色体核型（范小峰，2000；朱学南，2002）和等位酶谱带（刘选明，1996；周厚高，2002）等方法进行。先进的分子生物学标记技术如RAPD、RFLP、AFLP等尚未见研究报道。

PCR是一项体外特异复制特定DNA片段的核酸合成技术，其意义和影响甚至比限制性内切酶和Southern印迹更为深远（Clark MS，1998）。广泛应用于基因检测、测序、克隆和遗传分析等研究实践中。实验通常需要两个待扩增片段两侧的寡聚核苷酸引物，这些引物分别与待扩增片段的两条链互补并定向，使两引物之间的区域得以通过聚合酶而扩增。

RAPD（Random Amplified Polymorphic DNA），即随机扩增多态性DNA技术，是由美国科学家Williams和Welsh于1990年分别研究提出的，又称任意引物PCR。它的应用是基于这样一个推理：对于同一模板DNA，用一个特定引物进行扩增，所得到的电泳带谱应是一致的，引物不同，带谱会有差异。而对不同的模板DNA，用同一引物扩增既可能得到相同的带谱，也可能得到不同的带谱。仅在某一特定模板中出现的条带就可作为该模板的分子标记。扩增的基本过程是：DNA受热变性，引物与相应互补序列退火结合，然后在DNA聚合酶作用下进行延伸，如此重复几轮，由于延伸后得到的产物仍然可与引物结合。因而每一轮循环后模板DNA的量都可加倍，于是位于两引物之间的DNA片段将以指数形式扩增。在PCR反应中，不同物种的基因组内与引物相匹配的碱基序列空间位置和数目都可能不同，所以扩增产物的大小和数量也可能不同，这些差异可通过凝胶电泳显示出来。

Williams等（WILLIAMS J G K，1990）将通常PCR反应中使用的两个特定序列的引物改为单一的由10个碱基进行扩增，并运用大量的不同序列的随机引物扩增，使基因组DNA多态性充分展现出来，这种扩增的DNA多态性称为随机扩增多态性DNA（random amplified polymorphic DNA，RAPD）。Welsh McClelland（WELSH J，1990）用20或30bp的任意引物通过PCR扩增基因组DNA获得成功，称这为任意引物PCR（arbitrary primer PCR，AP-PCR）。Gaetano-Anolles等（Caetano AnollesG，1991）用5、8和10个碱基的寡核苷酸片段为引物扩增DNA成功，称这为扩增长度多态性（amplification fragment length polymorphism，

AFLP）。RAPD、AP-PCR和AFLP本质上都是任意引物随机扩增，只是所用引物的长度不同而已，现在一般将这种扩增多态性统称为RAPD。

RAPD标记有其独到的优势，使用的是随机引物，不需要预知序列资料；不需要研究对象的克隆库或其他分子形式，只需少量的DNA即可；并且不需要用放射性标记核苷酸，而且测试的基因组样本是任意的。由于引物是随机选择的，因此任何生物体都能用相同的一套引物进行作图。另外由于RAPD技术操作简便，实验周期短，能在较短的时间筛选大量样品。引物具有普遍适应性，费用低廉，适用于自动化操作分析。因此在植物遗传学研究中应用较广，RAPD技术的出现在很大程度上促进了植物遗传学的研究发展。

但RAPD技术在目前仍属探索阶段，亦存在一定的局限性。如RAPD片段的基因组来源不明（细胞核或细胞器），凝胶电泳迁移率相同的谱带的核苷酸同源性不明等情形易造成干扰，有时电泳迁移率相同的片段并非同源，RAPD反应条件繁杂而严格，扩增产物的稳定性难以控制。RAPD技术进行分析的标记通常是显性的，不可将纯合子与杂合子区别开，这是因为任意引物PCR多态性产生的基础可能是与引物结合位点的序列不匹配或序列的插入与缺失有关，这样就导致有或没有扩增产物。所有这些缺点将导致信息量的减少。但RAPD实验允许在未知DNA序列的情况下检测基因组中存在的多态性，大大方便和拓宽了对基因组的研究，广泛应用于分子生物学的各个方面。

对10碱基或长一些的引物来说，RAPD指纹越复杂，它的重复性似乎越好，可是过多的产物也使图谱难以分析。因此选择能产生中等复杂随机引物就可获得可靠的指纹。从指纹分析目的来，通常最好以成对混合的方式使用任意引物，特别是同源性较高，多态性较低时。双引物即两个单引物等量混合进行扩增，其反应能够比单引物反应扩增出更多的多态性片段。分子杂交结果表明，双引物扩增出的新片段与单引物扩增片段无同源性（沈法富，1998）。双引物RAPD分析与单引物RAPD分析相比，具有以下优点：（1）增加了所分析材料的多态性片段，可以提高分子标记对植物基因组的标记，更有利于重要性状的标记、定位克隆以及分子标记辅助选择。（2）增加RAPD反应的次数，有利于覆盖植物的整个基因组。标准的RAPD标记一般为10个寡聚核苷酸，引物由于受 G+C 含量、回文结构、引物间自身退火互补的影响，因此RAPD反应的引物实际上是有限的，利用单引物RAPD分析，一个引物只能反应一次，反应次数与引物数相等。利用双引物RAPD分析，n个引物可以进行n（n-1）/2次反应，增加了反应次数。因此可以覆盖整个基因组所有位点。

莫结胜等（莫结胜，2001）以单引物（OPD09）和双引物（OPD12和OPK12）产生的这两组特征谱带作为分子标记分别对杂交油葵种子纯度进行鉴定。李培金等（李培金，2000）研究表明双引物组合扩增可以检测到一些为单引物所不能检测到的位点，能提高所拥有引物的利用率。李子银等（李子银，999）对农垦58S大黑矮生标记基因系FL2组合组建可育集团和不育集团，并以亲本为对照进行了RAPD和双引物RAPD、RFLP分析，结果第12染色体上的一个单拷贝标记G2140与光敏核不育基因连锁遗传。邹继军等（邹继军，1998）发现双引物比单引物扩增的小片段数增多。左开井等（左开井，1997）研究表明双引物扩增带型与单引物相比可以检测到更多的品种间遗传差异。

遗传多样性是指地球上所有生物所携带的遗传信息的总和，但通常所说的遗传多样性是指种内不同种群之间或一个种群内不同的个体的遗传变异程度。魏伟等（魏伟，1999）利用 RAPD标记研究了毛乌沙地6个柠条群体的遗传多样性，发现82.4%的分子变异存在于柠条群体之内，而只有17.6%的分子变异存在于群体之间；并提出硬梁和硬梁覆沙群体的遗传多样性最小，滩地覆沙群体具有较高水平。汪小全等（汪小全，1996）利用RAPD标记研究了银杉的遗传多样性，提出了银杉遗传多样性水平偏低，并且发现遗传变异水平与生境的复杂程度有一定的相关性。李春香等（李春香，1999）利用RAPD方法对四川、湖南和湖北交界处的7个水杉样本进行了分析，具有较高的遗传多样性，并提出了水杉个体间的遗传距离与个体的地理分布相关。赵桂仿等（赵桂仿，2000）利用RADP技术，研究沿一个海拔梯度研究阿尔卑斯山黄花茅居群内的遗传分化，提出了亚居群的遗传分化与海拔高度有正相关。李建民等（李建民，2002）利用RAPD标记对马褂木全分布区15个种群的遗传多样性进行了分析。研究发现，马褂木具有丰富的遗传多样性。朱青竹等（朱青竹，2002）为了挖掘棉花种质资源潜力并充分利用这些资源进行杂交育种工作，对35个棉花品种进行了RAPD分析，并对各品种的指纹图谱进行了聚类分析，明确了这些品种（系）的遗传多样性。解新明等（解新明，2002）采用RAPD技术对蒙古冰草6个天然居群和2个栽培品种（系）的45个个体进行了遗传多样性检测，多样性指数分析的结果表明，遗传多样性在居群内和居群间的分布存在不均衡现象，这是由蒙古冰草异花、风媒传粉的外繁育系统所决定的。戴思兰等（戴思兰，1994）用RAPD标记对部分栽培菊花品种若干近缘野生种进行了亲缘关系分析，揭示了菊花品种起源的重要线索。

DNA分子标记是在DNA水平上遗传多态性的直接反映，RAPD广泛应用于遗传多样性及系统学的研究。陈亮等（陈亮，2002）对张宏达系统山茶属茶组植物24种、变种的遗传多样性和分子系统学进行了RAPD分析。陈向明等（陈向明，2002）对蔷薇属的玫瑰、月季、蔷薇3个种的15个品种进行RAPD分析。张太平等（张太平，2001）就柚的传统分类与分子系统分类相对照，对柚类种质资源的分类鉴定进行了初步讨论与分析，可以看出，将传统分类方法与分子标记技术结合起来，更能科学有效地分类鉴定柚类种质。分子标记已经成为分子水平的种质亲缘关系及检测种质资源多样性的有效工具。利用RAPD标记可以确定亲本之间的遗传距离，为利用优良种质资源的抗病抗逆及优良农艺性状提供遗传基础的依据。

对于自交系选择研究最多的作物是玉米，随着遗传理论与育种方法的深入研究，自交系育种取得迅速发展，用自交系育成的品种中占当今栽培种的比例越来越大。高明刚等（高明刚，2002）以杂交种及其亲本自交系为材料，利用RAPD分子标记技术进行遗传差异分析，结果表明RAPD分子标记技术可以从分子水平上检测出玉米自交系的遗传多样性。王茅雁等（王茅雁，2001）利用RAPD标记对8个油用向日葵自交系进行了鉴定和遗传分析。吴敏生等（吴敏生，2000）研究以17个优良玉米自交系为亲本，按照双列杂交配组合，利用RAPD技术分析了17个自交系的多态性以及RAPD标记。袁力行等（袁力行2000）利用RFLP、SSR、AFLP和RAPD 4种分子标记方法研究了15个玉米自交系的遗传多样性，同时对4种标记系统进行比较。赵久然等（赵久然，1999）利用RAPD分子标记技术，对我国目前25个主要玉米自交系进行亲缘关系类群划分。孙致良等（孙致良，1999）通过对我国正在使用的12个玉米骨干自交系的RAPD分析，将供试自交系分成3个类群。赵久然等（赵久然，1999）对我国28个玉米骨干自交系进行分析，证明RAPD技术在玉米自交系鉴别方面有得天独厚的优势，得出应用RAPD分子标记测得的自交系间遗传距离与其杂交优势显著正相关，遗传距离60可作为预测强杂交优势的临界值。彭泽斌等（彭泽斌，1998）以来源不同的15个玉米自交系为材料，进行了遗传距离的测定，并用6个引物将其分成6个类群。结果与已知系谱基本一致，认为RAPD对玉米自交系类群划分的结果比系谱分析更准确，更接近实际。吴敏生等（吴敏生，1999）以24个优良玉米自交系材料利用RAPD技术预测杂种优势、杂种产量作用有限，应进一步研究与杂种优势有关的数量性状位点（QTL），从而使育种家预测高产组合成为可能。

分子标记用于辅助选择育种可提高选择的准确和效率，缩短育种年限。RAPD标记用于辅助选育种已取得很大进展，定位了许多有价值的目标性状基因。胡英考等（胡英考，2001）采用分离群体分组分析法

（BSA）进行小麦合成种M53抗白粉病基因连锁的分子标记研究，结果表明，RAPD标记OPL09-1700与显性单基因控制的M53的抗白粉病基因连锁。Liu等（Liu Z，1999）得到了一个来自簇毛麦的白粉病抗性基因Pm21的RAPD标记OPH17-1400，并转化为特异的SCAR1265标记，可检测不同遗传背景下Pm21等位基因的有无。Miklas等（Miklas P N，2000）利用近等基因系和混合分离群体法得到一个与bc-1紧密连锁的RAPD标记，并转化为SCAR标记SBD5-1300，为菜豆的抗病育种提供了一个新的分子标记。利用RAPD技术已找到多种植物抗病基因的分子标记，从而可以在不具备发病条件时直接筛选抗病品种，提高抗病育种的效率，为进一步的标记辅助育种奠定了基础。Barloy等（Barloy D，2000）通过作图定位了3个与Rkn-mn1基因连锁的RAPD标记，认为可通过标记辅助选择把Rkn-mn1基因引入不同的小麦栽培种中。索广力等（索广力，2001）用280个引物对耐盐性差的"冀麦24"和经诱变后获得的耐盐突变体进行RAPD分析，35个引物扩增出DNA多态性，在对应的耐盐和不耐盐DNA池之间进行RAPD分析，得到与耐盐突变位点紧密连锁的RAPD分子标记。

作物品种数量很多，同物异名，同名异物的情况十分普遍；在部分作物无性系中，株系间判别不十分明显。采用以往的形态学、细胞学、孢粉学、同功酶和生理生化特征比较法很难对其品种进行准确的鉴定与分类。潘新法等（潘新法，2002）运用RAPD分析技术，对16个枇杷品种的基因组DNA进行RAPD分析，表明不同枇杷品种基因型间存在着极为丰富的遗传多样性。林同香等（林同香 1998）用RAPD成功地对龙眼进行了品种分类。Torres（Torres A M，1998）利用8个引物将5个玫瑰品种分开。Mailer等（Mailer R J，1994）用6个引物将其研究的23个甘蓝型油菜品种区分开来。杜道林等（杜道林 2001）用RAPD技术对香蕉33个品种的遗传变异进行了研究。

RAPD技术应用于百合研究的文献不多，国内的研究更是少见。RAPD标记能灵敏地揭示两个亲缘关系相近的个体之间的遗传变异，可应用于百合分类、居群遗传结构分析、基因定位和遗传图谱构建等。Lee等（LEE W B，1993）应用RAPD技术对百合进行分类，根据15个多态性的标记，对韩国的百合进行了分组。Yamagishi等（YAMAGISHI M，1995）用RAPD标记对百合属植物进行了种和种间杂种的鉴定，用RAPD标记可以很容易将这些百合区分开来。Persson等（PERSSON H A，1998）和Wen等（WEN C S，1999）用RAPD标记分析了星叶百合和麝香百合居群内和居群间的遗传变异。Muisers等（MUISERS J J M，1995）从278个RAPD标记中找到1个与百合花的寿命基因紧密连锁的RAPD标记。Straathof等（Straathof Th.P，1994）用RAPD技术对部分抗性基因的遗传作了探讨。Lee等（Lee J.S，1994）用RAPD技术推测常规方法培育出来百合品种的遗传关系。赵祥云等（赵祥云，1995）用RAPD技术鉴定百合品种间的遗传关系。分子生物学技术在百合上的应用才刚刚起步，离实用化阶段仍有一定的距离，尤其在遗传转化方面。

本次试验采用新铁炮百合品种作材料进行自交，研究其遗传学效应。新铁炮百合自交亲和性大，结实率高，种子繁殖十个月就能开花，且可鳞片繁殖其抗病、抗热性强。通过株系选育，培育出纯合自交系，一方面可以进行杂种优势利用，提高观赏价值和产量。另一方面百合分子标记的遗传规律研究目前在国内基本上是处于空白阶段，用自交株系开展这方面的工作对指导百合育种具有较大的意义。

本次实验目的如下：以培育的新铁炮百合自交株系为材料，采用单因素和正交设计，确定新铁炮百合的RAPD反应体系；探讨株系的遗传变异规律，综合评价株系的遗传分化，为百合自交系育种提供分子生物学的参考资料。

研究的重点：（1）RAPD体系的建立；（2）实验设计的优化；（3）引物的筛选；（4）株系间遗传分化评价。

4.1 材料与方法

4.1.1 植物材料

本试验所用材料是从新铁炮百合品种'雷山'的F_1代（麝香百合×台湾百合）自交形成的F_2世代群体，选择出来的一些优良单株，经无性繁殖形成的4个优良株系，以及由它们自交选择而形成的F_3世代群体、F_4世代群体。通过RAPD技术的检测，可了解其遗传分化。

各新铁炮百合株系及其遗传关系见下图：

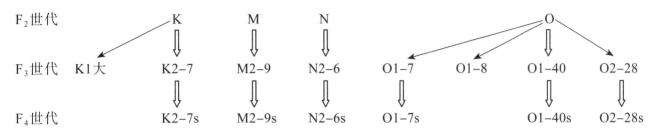

4.1.2 试剂

随机引物（见附表4-3）、λDNA/EcoRⅠ+HindⅢ分子量标准物（marker）、Taq聚合酶、dNTPs、琼脂糖、Tris、矿物油、CTAB、EDTA、Rnase A（上述试剂购于上海生工公司）、EB、点样缓冲液（购于宝泰克生物工程公司），试剂的配制参照附表4-2。

4.1.3 仪器设备

PE-2400型PCR仪（Perkin Elmer Cetus公司）、紫外透射检测仪、电泳仪、琼脂糖平板电泳槽、台式高速离心机、恒温水浴锅、分析天平、-20℃低温冰箱及数码相机等。

4.1.4 试验方法

4.1.4.1 DNA的制备与纯化

采用2×CTAB法制备模板DNA。参照Couch JA（Couch JA，1990）的微量分离DNA法。具体步骤如下：

① 取1-2片嫩叶液氮研磨，化冻前将粉末转移至1.5 mL离心管。

② 加入400 μL的2×CTAB提取缓冲液和2%的2-巯基乙醇，60℃水浴30 min，不时颠倒混匀。

③ 冷却至室温后加入400 μL氯仿/异戊醇，颠倒混匀至乳浊状。8000 rpm/min离心10 min，分层。

④ 上清转移至一干净离心管中，加入5 μL Rnase A贮液，室温下保持30 min。

⑤ 加入600 μL异丙醇，颠倒混匀，但不要振荡，DNA沉淀成絮状。置于-20℃冰箱两个小时以上或过夜。

⑥ 将絮状沉淀转移至冷洗液76%乙醇沉淀DNA，再用冷70%乙醇洗涤，小心倒掉乙醇。

⑦ 在超净工作台上风干，将DNA沉淀溶解于40 μL TE缓冲液中，-20℃保存备用。

4.1.4.1 DNA浓度和纯度的估测

通过DNA-溴化乙锭斑点法和琼脂糖凝胶电泳方法来定量定质。由于EB一旦和DNA结合，它能在紫外光的激发下产橘黄色荧光，结合于DNA分子之上的EB的量与DNA分子长度和数量成正比，则荧光强度可以表示DNA量的多少。若DNA不够纯，总DNA条带会呈片状模糊，由机械或化学降解引起，多是由于在液氮研磨时未在粉末化冻前加入CTAB提取液，细胞内的酶降解DNA所致；或是提取过程中振荡过于激烈，特别是在异丙醇沉淀DNA后，DNA片段易断裂。若靠近凝胶底部的模糊条带出现，则是样品DNA中混杂的RNA所致，加入适量的Rnase A可消除。

（1）DNA-溴化乙锭斑点法

样品DNA与溴化乙锭混匀后，点在一干净培养皿面部上，与标准分子量（marker）的DNA-溴化乙锭复合物斑点的荧光强度比较，以确定DNA的浓度。这是一种简单易行的DNA定量方法。

参照邹喻苹等（邹喻苹，2001），具体方法如下：

① 在未知浓度的4μL样品DNA溶液中加入4μL浓度为1μg/mL的溴化乙锭混匀。

② 用标准分子量制备浓度一个梯度：0μg/mL、1μg/mL、2.5μg/mL、5μg/mL、7.5μg/mL、10μg/mL、20μg/mL。

③ 将上述标准和样品DNA-溴化乙锭溶液依次点在培养皿上，比较未知浓度DNA与标准DNA的荧光强度，估测未知DNA样品的浓度。

（2）琼脂糖凝胶电泳法

琼脂糖凝胶电泳法是最通常用来分离和鉴定DNA的简单而高效的方法。在低浓度琼脂糖凝胶（0.5%）中加入不同量的标准分子量，并加入未知浓度的DNA，比较样品DNA条带与标准分子量条带的亮度可对样品DNA进行定量。通过肉眼比较条带的强度可对DNA含量粗略估计（±10ng），但通过图像处理设备和凝胶分析软件，例如用BandScan软件可进行更高精度的分析。

参照Lutz,C（Lutz,C，1989），具体方法如下：

① 制备0.5%（w/v）的琼脂糖凝胶，高温熔化，混匀，冷却至60℃，加入EB，浓度0.5μg/mL。

② 待胶凝固后，除去封带，拔出梳子，放入有足够的1×TBE缓冲液的电泳槽中。

③ 适量的10×点样缓冲液制备DNA样品，然后点样。

④ 接通电源，电压为4V/cm，直到溴酚蓝迁移至琼脂糖凝胶的2/3处。

⑤ 取出胶，在波长302nm的紫外透射仪下观察并拍照记录。

4.1.5　RAPD扩增及扩增产物的检测

4.1.5.1　RAPD扩增的反应体系

扩增条件采用经优化的反应体系：

反应试剂	分装浓度	体积（单/双引物）	终浓度（单/双引物）
Reagents	stored concentration	Volume	Final concentration
dNTPs	2mmol/L	1.5/2.0μL	150/200μmol/L
Mg^{2+}	10mmol/L	3.0/4.0μL	1.5/2 mmol/L
Taq聚合酶	1U/μL	1.0/1.5μL	1/1.5U
引物primer	10μmol/L	0.6/0.8μL	0.3/0.4μmol/L
Buffer	10×	2/2μ	1/1×
模板DNA	50ng/μL	1.0/1.0μL	50/50ng
dd H_2O		10.9/8.7μL	

反应总体积：20μL

稍离心混匀后，加入20μ矿物油，在PE2400型（Perkin Elmer Cetus公司）扩增仪进行RAPD反应，并设计阴性对照，重复两次。

4.1.5.2　RAPD扩增参数的建立

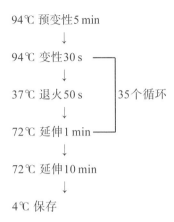

94℃ 预变性5 min

↓

94℃ 变性30 s

↓

37℃ 退火50 s　　35个循环

↓

72℃ 延伸1 min

↓

72℃ 延伸10 min

↓

4℃ 保存

4.1.5.3　RAPD扩增产物检测

配制1.4%（w/v）琼脂糖凝胶，含EB 0.5 μg/mL。在1×ＴＢＥ缓冲液中电泳，以λDNA/EcoRⅠ+HindⅢ为分子量标准，电压6V/cm电泳3个小时，UV透射仪302nm下观察记录并用数码相机拍照。

4.1.6　数据统计分析

对凝胶上的带型，以列为株系，行为扩增片段，在同一迁移距离，如果有带则定为1，没有带则定为0，能稳定重复的弱带也记为1。作为DNA多态性标记位点的条带是应该可重复的，重复性好是最重要的取舍指标，而带的强弱不应该作为取舍的指标。统计清晰可辨、可重复的RAPD谱带，建立数据矩阵。

4.1.6.1　多态位点百分比（P）

对某一位点而言，变异个体的频率大于0.01时，此位点即为多态位点（汪小全，1996）。

P=K/n*100%

式中K代表多态性位点的数目，n所测定RAPD位点的总数。

4.1.6.2　相对多态性谱带的频度

具有多态性谱带的株系占总株系的百分率称相对多态性谱带的频度（Belaj A，2001）。

4.1.6.3　遗传多样性指数

遗传多样性指数（Genetic diversity index），也称Shannon指数（Nei M，1978）。

各群体遗传多样性指数：$Ho=-\Sigma\pi_i\ln\pi_i$

总群体遗传多样性指数：$Hsp=-\Sigma\pi\ln\pi$

群体内遗传多样性指数：$Hpop=1/n\Sigma Ho$

其中：π_i是一条扩增带在第i个群体中出现的频率，π是一条扩增带在总群体中出现的频率。n为所研究的群体数。根据以上指数估测遗传多样性在群体内的分布Hpop/H sp和群体间的分布（Hsp−Hpop）/Hsp。

4.1.6.4　株系间的相似系数和遗传距离

用RAPDistance（2.00）软件（Armstrong J，1996）计算，运用Nei&Li系数算出相似系数（Genetic Similarity）（Nei, M，1979）。

GS =2*n11/[（2*n11）+n01+n10]

式中n11为两个体均"有"的片段数目，n01、n10为一个株系"有"另一个"无"的片段数目，遗传距离（Genetic distance）GD =1−GS，得出遗传距离矩阵。

4.1.6.5　聚类分析

根据株系间的遗传距离，利用统计软件STATISTICA的非加权算术平均数对群聚类法UPGMA（Unweighted Pair Group Method Using Arithmetic Average）法构建株系间的系统聚类树图。

4.2 结果与分析

RAPD技术有很强的特异性和敏感性，但大量研究表明反应条件具有通用性，稍作改动，可满足一般样品RAPD扩增。但由于反应条件不太适合，仍然会有假阴性和假阳性现象发生。而且每个反应都有各自的特点，为达到最佳的扩增效果，在具体的试验中，反应条件还应当具体优化。

4.2.1 试验设计优化反应条件

4.2.1.1 正交设计优化

正交设计是利用正交表为安排与分析多因素的一种试验设计方法。从试验中的全部水平组合中，挑选部分有代表性的水平组合进行试验。由于正交法具有正交性，正交法安排的试验就会有均衡分散和整齐可比的特性。通过对这部分试验结果的分析了解全面试验的情况，寻求最优水平组合，是一种高效率的试验设计方法。

选用$L_{25}(5^6)$正交表，设计包括各反应成分水平表（表1-4-1）及试验表，确定单引物的反应成分浓度。

表1-4-1 正交设计试验因素表
Table 1-4-1 Concentrations and levels of each factor by orthogonal design

	DNA（ng）	Primer（μmol/L）	Taq（U）	dNTPs（μmol/L）	Mg^{2+}（mmol/L）
1	10.0	0.1	0.5	100.0	1.0
2	20.0	0.2	1.0	150.0	1.5
3	50.0	0.3	1.5	200.0	2.0
4	80.0	0.4	2.0	250.0	2.5
5	100.0	0.5	2.5	300.0	3.0

用三条单引物S21、S11、S17进行扩增，部分效果见图1-3。依扩增条带的敏感性与特异性即条带强弱及杂带的多少作1~9分计分，分数越高，表示敏感性、特异性越好（何正文，1998）。

表1-4-2 单引物反应成分$L_{25}(5^6)$正交设计表及试验结果
Table 1-4-2 Result of $L_{25}(5^6)$ orthogonal design in condictions of single primer reaction

试验号order	DNA	Primer	Taq	DNTPs	Mg^{2+}	S21	S11	S17	AVERAGE
1	10（1）	0.1（1）	1.0（2）	250（4）	2.0（3）	7	4	4	5
2	20（2）	0.1（1）	2.5（5）	300（5）	3.0（5）	1	1	3	1.667
3	40（3）	0.1（1）	2.0（4）	100（1）	2.5（4）	5	7	8	6
4	80（4）	0.1（1）	0.5（1）	200（3）	1.0（1）	0	0	0	0
5	100（5）	0.1（1）	1.5（3）	150（2）	1.5（2）	7	7	8	7.333
6	10（1）	0.2（2）	1.5（3）	200（3）	2.5（4）	0	0	0	0

7	20（2）	0.2（2）	1.0（2）	150（2）	1.0（1）	2	5	1	2.667
8	40（3）	0.2（2）	2.5（5）	250（4）	1.5（2）	2	3	4	3
9	80（4）	0.2（2）	2.0（4）	300（5）	2.0（3）	5	4	6	5
10	100（5）	0.2（2）	0.5（1）	100（1）	3.0（5）	6	3	3	4
11	10（1）	0.3（3）	0.5（1）	300（5）	1.5（2）	5	9	7	7
12	20（2）	0.3（3）	1.5（3）	100（1）	2.0（3）	6	2	7	5
13	40（3）	0.3（3）	1.0（2）	200（3）	3.0（5）	9	9	9	9
14	80（4）	0.3（3）	2.5（5）	150（2）	2.5（4）	9	8	8	8.333
15	100（5）	0.3（3）	2.0（4）	250（4）	1.0（1）	0	0	0	0
16	10（1）	0.4（4）	2.0（4）	150（2）	3.0（5）	8	4	6	4.267
17	20（2）	0.4（4）	0.5（1）	250（4）	2.5（4）	7	5	5	5.667
18	40（3）	0.4（4）	1.5（3）	300（5）	1.0（1）	0	0	0	0
19	80（4）	0.4（4）	1.0（2）	100（1）	1.5（2）	6	6	3	5
20	100（5）	0.4（4）	2.5（5）	200（3）	2.0（3）	4	3	5	4
21	10（1）	0.5（5）	2.5（5）	100（1）	1.0（1）	2	3	7	4
22	20（2）	0.5（5）	2.0（4）	200（3）	1.5（2）	4	4	4	4
23	40（3）	0.5（5）	0.5（1）	150（2）	2.0（3）	7	7	6	6.667
24	80（4）	0.5（5）	1.5（3）	250（4）	3.0（5）	4	5	6	5
25	100（5）	0.5（5）	1.0（2）	300（5）	2.5（4）	3	7	7	5.667
K1	4.053	4	4.667	4.8	1.333				
K2	3.8	2.933	5.467	5.853	5.267				
K3	4.933	5.8667	3.467	5.667	5.133				
K4	4.667	3.787	2.853	3.733	5.133				
K5	4.2	5.067	4.2	3.867	4.787				
R	1.133	2.933	2.613	2.12	3.933				

在利用正交表进行择优试验中常用到两种方法（石磊，1997），一种是直观分析法，另一种是极差分析法。直观分析法是从所选取的试验点中找出使指标值达到某种优良状态的试验条件或参数组合，即直接选出得分最高的组合。从评分结果（见表1-4-2）可以直观地看出试验13的分数最高，其成分组合为：DNA 50 ng，Primer 0.3 μmol/L，Taq 1.0 U，dNTPs 200 μmol/L，Mg^{2+} 3.0 mmol/L。

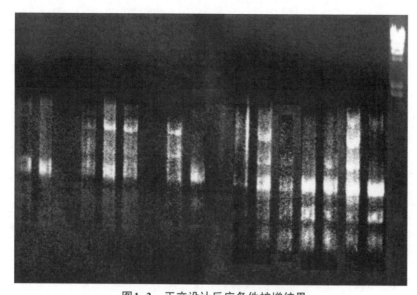

图1-3 正交设计反应条件扩增结果

Fig.3 The amplification result of orthogonal design

泳道1~16(从左至右)代表正交设计试验的9~25号试验；引物S21，泳道17为 λ DNA/EcoR Ⅰ +Hind Ⅲ

通过极差分析法，结果稍有差异。极差分析法则是通过每个因素在不同水平上的平均指标值的极差发现该因素的显著程度，并从中找出最好的组合。假设正交表的1~5列上分别安排试验因素 A_i（i=1,…，5）的试验条件。令 K_{ij}（i=1,…，5，j=1,…，5）表示 A_i 列上数码"j"所对应观测值的平均，则 A_i 因素的极差值为：

$$R_i = Max(K_{ij}) - Min(K_{ij})$$

极差 R_i 的大小可以用来衡量试验中相应因素作用的大小。极差大的因素意味着它的不同水平造成的差别较大，从极差分析中可以得到一个好的试验条件。逐个考查每一个因素，可得到一组好的试验搭配组合：DNA 80 ng，Primer 0.3 μmol/L，Taq 1.0U，dNTPs 200 μmol/L，Mg^{2+} 3.0 mmol/L。和直观法有点差异，除DNA浓度不一外，其他成分完全相同。也说明DNA浓度对RAPD试验的影响中最小的。且五个因素的显著性程度依次为：Mg^{2+}>Primer>Taq>dNTPs>DNA，也就是说对RAPD试验影响最大因素的先后次序为 Mg^{2+}、Primer、Taq、dNTPs、DNA。

虽然利用正交设计可在较短时间内确定反应成分，效率高并可得到较多的信息量，如对RAPD试验影响大小次序，是单因素试验所得不到的。但每个反应成分不一，过程较为繁琐，极易配错浓度，导致试验失败。单因素设计直观简便，可对逐个因素进行优化。对正交设计结果的验证，比较两个设计的优缺点，进行了单因素逐项优化试验，包括了单、双引物的反应条件。

4.2.1.2 单因素逐项优化

用两条单引物S21、S17和一组双引物S176+S179进行扩增。扩增效果评价同单引物正交设计。按排名前后打分，5分最好，1分最差。

（1）模板DNA对RAPD扩增的影响

高质量的模板DNA是RAPD成功的保证，但RAPD试验对模板DNA的要求并不高，质量和浓度的影响较小（Wilkie S E 1993）。本试验采用2×CTAB法提取的总DNA（见图1-4）电泳检测无明显拖尾现象，总分子量为20kb，可适用于RAPD分析。为了探索出适应新铁炮百合RAPD分析的模板DNA浓度，设计了以下浓度梯度：10、20、50、80、100 ng/反应。结果表明适应新铁炮百合RAPD分析的模板DNA浓度范围为：20~80 ng，扩增的主要条带没有差异，但扩增的强度略有不同，浓度不同对扩增效果无明显影响，说明模板浓度在一定的范围内不会影响RAPD结果。但最佳反应浓度为50 ng/反应（表1-4-3）。

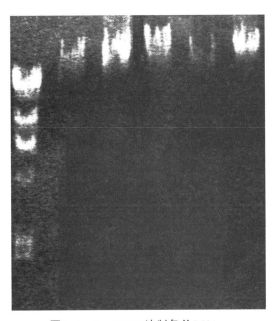

图1-4　2×CTAB法制备总DNA

Fig1-4　The total DNA extracted by 2×CTAB

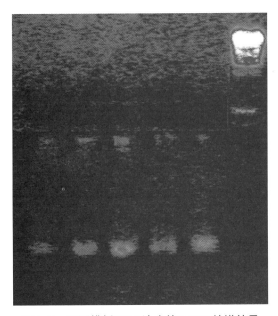

图1-5　不同模板DNA浓度的RAPD扩增结果

Fig.1-5　The RAPD amplification result of different concentrations of DNA template

泳道（从左至右）1-5 DNA浓度依次为：10、20、50、80、00 ng/反应；泳道6为λDNA/EcoRⅠ+HindⅢ。引物S21

表1-4-3　不同模板DNA浓度对单/双引物RAPD扩增的影响

Table 1-4-3　The amplification result of the different concentrations of DNA template

DNA（ng/反应）	Primer0.2/0.2μmol/L	Taq1.0/1.0U	dNTPs200/200μmol/L	Mg^{2+}2.0/2.0mmol/L	Buffer 1/1×
	10	20	50	80	100
S21	1	3	5	4	2
S17	1	2	5	4	3
S176+S179	1	4	5	3	2

（2）引物浓度对RAPD扩增的影响

随机引物是RAPD反应中的起始点，只有同模板DNA稳定结合的引物，才能扩增出稳定产物。引物浓度低时，与模板碰撞机会减少，结合概率降低，扩增受到影响；引物浓度过高时，引起错配和非特异性扩增，且可增加引物之间形成二聚体或多聚体的机会，以加入适量为好。通常，引物浓度为0.2～0.3 mmol/L就足够了。为此，设计了五个浓度（表1-4-4）梯度0.1、0.2、0.3、0.4、0.5 μmol/（L.反应）。单引物浓度达到浓度0.4 mmol/（L.反应）时，凝胶电泳时出现非特异性条带。而双引物扩增时浓度0.4 mmol/（L.反应）效果最好。经筛选最佳单引物浓度为：0.3 mmol/（L.反应），最佳双引物浓度0.4mmol/（L.反应）。

表1-4-4　不同引物浓度对单/双引物RAPD扩增的影响
Table 1-4-4　The amplification result of different concentrations of single and double primer

Primer（μmol/L反应）	DNA50/50ng	Taq1.0/1.0U	dNTPs200/200μmol/L	Mg^{2+}2.0/2.0mmol/L	Buffer 1/1×
	0.1	0.2	0.3	0.4	0.5
S21	2.0	4.0	5.0	3.0	1.0
S17	2.0	4.0	5.0	4.0	3.0
S176+S179	1.0	3.0	4.0	5.0	2.0

（3）Taq聚合酶对RAPD扩增的影响

目前应用最多的耐热DNA聚合酶是Taq，一般用量为1.0～2.0U/反应。浓度过高，易造成非特异性扩增；浓度过低则导致效率降低，延伸不完全。

表1-4-5　不同Taq聚合酶浓度对单/双引物RAPD扩增的影响
Table 1-4-5　The RAPD amplification result of the different concentrations of Taq polymerase

Taq（U/反应）	DNA50/50ng	Primer0.3/0.4μmol/L	dNTPs200/200μmol/L	Mg^{2+}2.0/2.0mmol/L	Buffer 1/1×
	0.5	1.0	1.5	2.0	2.5
S21	1.0	5.0	4.0	3.0	2.0
S17	2.0	5.0	4.0	3.0	1.0
S176+S179	1.0	2.0	5.0	4.0	3.0

本文分别研究了0.5、1.0、1.5、2.0、2.5U的5个Taq聚合酶梯度对RAPD的影响。发现1-2U扩增结果一致，2.5U出现非特异性扩增而导致主带相连，模糊难以辨认；0.5U则无扩增产物出现。从试验效果（见表1-4-5）和成本原则上考虑，单引物最佳浓度1.0U/反应，双引物扩增最佳浓度为1.5U/反应。另外，还发现不同批次购买的Taq酶活性有差异，导致扩增结果不一，因此建议购买大剂量Taq酶，然后分装，以获得较好的重复效果。

（4）dNTPs对RAPD扩增的影响

dNTPs作为RAPD反应的原料，其量的多少直接影响产物的多少。浓度过高会产生错误掺入，也会使扩增带数减少，甚至无扩增带型。可能是因为dNTPs浓度高，与Taq酶竞争，结合了Mg^{2+}，降低了Taq酶活性的缘故。而浓度过低会降低产量，不利于试验准确性。常用浓度范围为150～250 μmol/L。dNTPs终浓度小于150 μmol/L影响扩增产量，条带表现为较弱。达到300 μmol/L时扩增出条带模糊或者无带，降低了扩增反应的精确性。本试验（见表1-4-6）dNTPs在单引物最佳浓度为150 μmol/L，双引物反应中最佳浓度为200 μmol/L时，取得了较理想的效果，条带清晰，而且提高了特异性扩增。

表1-4-6 不同dNTPs浓度对单/双引物RAPD扩增的影响

Table 1-4-6 the RAPD amplification results of dNTPs from different concentrations

dNTPs（μmol/L/反应）	DNA50/50ng	Primer0.3/0.4μmol/L	Taq1.0/1.5U	Mg²⁺2.0/2.0mmol/L	Buffer 1/1×
	100	150	200	250	300
S21	1	5	4	3	2
S17	1	5	4	3	1
S176+S179	1	4	5	3	2

（5）Mg^{2+}浓度对RAPD扩增的影响

Mg^{2+}是Taq DNA聚合酶活性所必需的，对反应有显著影响。浓度过低，酶的活力降低，浓度过高，则催化非特异性扩增。若样品中有EDTA或其他螯合物，可适当增加Mg^{2+}浓度。研究发现合适的Mg^{2+}浓度是非常重要的（见图6）。其浓度过低或过高均不能得到好的扩增结果，这是因为Mg^{2+}浓度过低对Taq聚合酶的活化作用不够，过高又会抑制该酶的活性。该反应体系（表1-4-7）Mg^{2+}的范围是：1.5～2.0 mmol/L，单引物最佳浓度为1.5 mmol/L，双引物为2.0 mmol/L。

表1-4-7 不同Mg^{2+}浓度对单/双引物RAPD扩增的影响

Table 1-4-7 The RAPD amplification result of Mg^{2+} from different concentrations

Mg2+ (mmol/L反应)	DNA50/50ng	Primer0.3/0.4μmol/L	Taq1.0/1.5U	dNTPs150/200μmol/L	Buffer 1/1×
	1.0	1.5	2.0	2.5	3.0
S21	3.0	5.0	4.0	2.0	1.0
S17	3.0	5.0	4.0	2.0	1.0
S176+S179	1.0	4.0	5.0	3.0	2.0

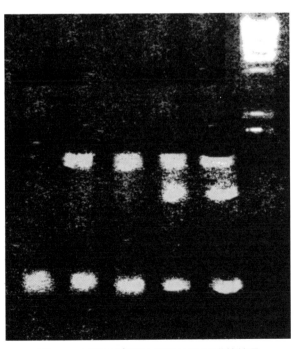

图1-6 不同Mg^{2+}浓度的RAPD扩增的结果

Fig.1-6 The RAPD amplification result of Mg^{2+} from different concentrations

泳道（从左至右）1-5Mg^{2+}浓度依次为：1.0、1.5、2.0、2.5、3.0 mmol/L；泳道6为λDNA/EcoRⅠ+HindⅢ。引物S21

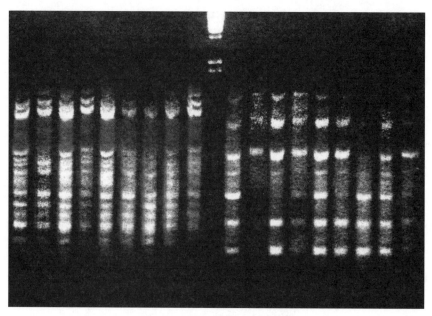

图1-7 交设计优化反应参数

Fig.1-7 Orthogal design to confirm amplification reaction parameters

泳道（从左至右）1-9为引物S29的正交设计扩增试验1-9号

泳道（从左至右）11-19为引物S32的正交设计扩增试验1-9号

泳道10为 λ DNA/EcoR Ⅰ +Hind Ⅲ

4.2.2 反应参数对RAPD的影响

4.2.2.1 正交设计优化反应参数

复性温度对RAPD的特异性十分关键，过高会使引物和模板结合不上，过低会导致引物与模板非特异性下降；延伸时间主要根据欲扩增片段的长度来确定；循环次数决定扩增片段的产量。用引物S29、S32进行扩增，按$L_9(3^4)$进行正交设计。扩增效果（图1-7）按好坏打分评价。反应参数设计见水平表1-4-8。

表1-4-8 反应参数的优化正交设计水平表

Table 1-4-8 Reaction parameters and levels of each fators

水平因素	复性温度（℃）annealing temperature	复性时间（s）annealing time	延伸时间（s）elongation time	循环（次）number of cycle
1	36	30	60	30
2	37	40	90	35
3	38	50	120	40

表1-4-9 反应参数的优化$L_9(3^4)$正交设计表及试验结果

Table 1-4-9 Result of $L_9(3^4)$ orthogonal design in reaction parameters

试验号 order	复性温度 annealing temperature	复性时间 annealing time	延伸时间 elongation time	循环次数 number of cycles	引物S29 primer S29	引物S32 primer32	AVERAGE
1	36（1）	30（1）	120（3）	35（2）	9	4	6.5
2	37（2）	30（1）	60（1）	30（1）	1	1	1
3	38（3）	30（1）	90（2）	40（3）	7	7	7

4	36（1）	40（2）	90（2）	30（1）	4	3	3.5
5	37（2）	40（2）	120（3）	40（3）	5	9	7
6	38（3）	40（2）	60（1）	35（2）	2	6	4
7	36（1）	50（3）	60（1）	40（3）	3	5	4
8	37（2）	50（3）	90（2）	35（2）	8	8	8
9	38（3）	50（3）	120（3）	30（1）	6	2	4
K1	4.667	4.833	3.00	2.833			
K2	5.333	4.833	6.167	6.167			
K3	5.000	5.333	5.833	6.000			
R	0.667	0.500	3.167	3.333			

从表1-4-9中可以看出，不同水平的复性温度、复性时间、延伸时间和循环次数的极差值大小为：0.667、0.5、3.167、3.333。其大小顺序为：循环次数＞延伸时间＞复性温度＞复性时间。因此，这四个因素的显著性程度依次为：循环次数、延伸时间、复性温度、复性时间。

直观分析法得到的最好参数组合为试验8，其平均分为8，反应参数组合为：复性温度37℃，复性时间50 s，延伸时间90 s，循环35次。用极差法得到好的参数组合为：复性温度37℃，复性时间50 s，延伸时间60 s，循环35次。除延伸时间外，其他因素的条件是一致的。

4.2.2.2 单因素设计确定反应参数

对退火温度和时间、变性时间、延伸时间和循环次数进行3水平单因子试验，逐项优化择优。优化前这四个因素的值分别为复性温度37℃，变性时间40 s，延伸时间90 s，循环次数35次。设计方案如下：

（1）复性温度：36℃，37℃，38℃。

（2）复性时间：30 s，40 s，50 s。

（3）延伸时间：60 s，90 s，120 s。

（4）循环次数：30次，35次，40次。

用引物S29、S32进行扩增。程序参数的优化结果表明：复性温度37℃比36℃、38℃的效果好，但差异不明显（图1-9）；而该试验中的复性时间（图1-8）以50 s的扩增产物条带清晰，30 s、40 s的条带较为模糊；不同延伸时间以60 s、90 s的带型清晰，带型一致，120 s条带模糊。最佳的延伸时间为90 s；循环次数不同，扩增产物的量也不一样，但过多易产生非特异性条带，以35次循环效果最佳。

根据单因素和正交设计试验的结果，确定新铁炮百合的扩增程序：

（1）94℃预变性5 min 1个循环；（2）94℃变性30 s，退火50 s，72℃延伸1 min，35个循环；（3）72℃延伸10 min 1个循环；（4）4℃保存，待用。

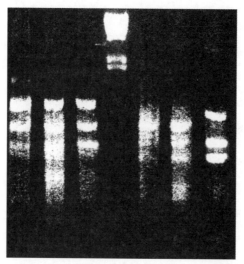

图1-8　不同复性时间的RAPD扩增结果

Fig1-8　the amplification result of different annealing time

泳道1～3为复性时间30 s，40 s，50 s。引物S30。

泳道5～7为复性时间30 s，40 s，50 s；引物S31。

泳道4为Marker

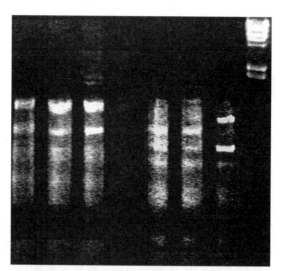

图1-9　不同的复性温度的RAPD扩增结果

Fig1-9　the amplification result of different annealing temperature

泳道1～3为复性时间36℃，37℃，38℃。引物S30。泳道4为阴性对照。

泳道5～7为复性时间36℃，37℃，38℃；引物S31。

泳道8为Marker.

4.2.3　引物的筛选

用株系N为材料，从102条10碱基随机单引物和123个双引物中筛选出11条单引物和8个双引物（表1-4-11）用于新铁炮百合的RAPD扩增，筛选的依据主要是多态性程度和扩增的重现性。在11个单引物所扩增得到的118条可重复谱带中，每个单引物扩增的谱带在数在7～14之间，平均10.7条/引物，分子量在200～2100 bp间；有91条是多态的，平均8.3/引物；在8个双引物扩增得到80条可重复谱带；每个引物扩增的谱带在数在7～13之间，平均10.0条/引物，分子量在200～2400 bp间；双引物S469+S19扩增的分子量最大片段达2400 bp，其他与单引物扩增产物的分子量相当。有72条谱带是多态的，平均9.0条/引物。引物扩增谱带数最多的是单引物S11和双引物S210+S181，多达14和13条。

单引物是随机取样的，为探讨双引物的规律，不可能把所有的单引物两两混合进行筛选。所以，将经过筛选的单引物人为分成三类："强""弱"和"无"。"强"代表谱带稳定、谱带亮度大，分段性好，易于识别。"弱"指代谱带亮度不明显，分界不明显，较模糊。"无"指代无扩增条带出现。然后对这三类进行组合："强强""强弱""强无""弱弱""弱无""无无"。各类组合间的取样也是随机的，所用引物组合参照表1-4-10。

用双引物扩增结果发现每个组合均有谱带产生，即使是"无无"组合（见表1-4-10）。双引物谱带的产生和单引物的谱带无必然关系。双引物扩增出的新多态性片段可以作为独立的分子标记。双引物可以扩增出单引物所没有的DNA片段，但也可能会连单引物的谱带也扩增不出来。如"强强"组合中S11+S12、S50+S52，"强弱"组合中S55+S99则无扩增产物；而"无无"组合中的S210+S181和S303+S1366能产生稳定，且产生多态性高谱带。从产生谱带的平均值来看，有"强"单引物参与的组合产生的谱带是较多的，其中"强弱"组合最高；"弱""无"间组合产生谱带较少；"无无"仍能产生扩增产物。所以，对双引物进行筛选也是必要的。

4.2.4　遗传多样性分析

多态百分比和相对多态性频度是检验种群内遗传多样性的常用指标，是从基因频率的角度度量种群的遗传多样性。从表1-4-12中可以看出，扩增总谱带达198条，相当于检测到198个位点，其中35条是单态的，163条谱带是多态的，多态百分比达81.8%。其中引物S19、S303+S1366、S19+S210、S469+S19、S55+S30的多态百分比均为100%，表现极高的多态性，用这几个引物就能很容易区分这些株系。相对多态性频度指具有多态性谱带的株系占总株系的百分率。相对多态性频度在0.053至0.947之间，总平均相对多态性频度达0.620。F_2世代、F_3世代、F_4世代的多态性谱带分别是117、112、95，多态性百分比分别为59.1%、56.6%、48.0%。多态性百分比呈现出下降的趋势，这是在选择育种作用下，特别是自交选育过程中，基因趋向纯合，多态性位点减少所致。

从总谱带的世代间变化也可以看出其遗传多样性的变化趋势（表1-4-11），总谱带随着世代增加，总带数都有减少的趋势。但不同株系间降低的程度是不一样的。O株系和其子代下降的幅度较大，经过两次自交选择后，总谱带数分别减少了34.5%、53.8%、50.9%，表现急剧下降的趋势。四个株系经过两个世代自交选育后，总谱带数下降了38.3%。

在评价群体内遗传多样性的参数中，虽然多态性百分率计算简单直观，能够反映一定的遗传多样性程度，在研究中得到了广泛的应用，但是它不能确定各条带在频率上的均匀程度，且受到样本大小和谱带总数的影响，它只是群体遗传多态性的粗略估计值。在这种情况下，基于条带表型频率的Shannon遗传多样性指数是更为可信的衡量指标。所估算的F_2世代、F_3世代、F_4世代间的遗传多样性及其在总变异中所占的比率见表1-4-13。

表1-4-10　双引物扩增筛选结果

Table 1-4-10　The RAPD amplification result of double primer

"强强"	带数	"强弱"	带数	"强无"	带数	"弱弱"	带数	"弱无"	带数	"无无"	带数
S3+S11	4	S17+S29	4	S17+S1360	4	S173+S176	3	S1360+S173	3	S1360+S98	1
S11+S12	0	S3+S99	2	S3+S68	4	S101+S29	1	S68+S101	2	S68+S202	2

S12+S13	11	S19+S469	5	S19+S210	9	S183+S45	3	S210+S183	2	S210+S181	10
S13+S17	7	S13+S30	4	S13+S348	7	S354+S99	2	S348+S354	1	S348+S236	0
S17+S19	3	S31+S44	1	S31+S520	3	S274+S469	4	S520+S274	0	S520+S342	1
S19+S27	3	S11+S29	4	S11+S452	11	S189+S30	1	S452+S189	2	S452+S270	4
S27+S31	2	S27+S99	2	S27+S303	2	S180+S44	2	S303+S180	2	S303+S1366	8
S31+S32	2	S66+S469	2	S66+S321	2	S173+S101	3	S321+S179	2	S321+S203	1
S32+S50	2	S32+S30	3	S32+S98	2	S101+S183	1	S98+S176	2	S1360+S68	3
S50+S52	0	S1058+S44	2	S1058+S202	3	S183+S354	1	S202+S29	3	S68+S210	2
S52+S55	2	S265+S29	5	S265+S181	0	S354+S274	3	S181+S45	3	S210+S348	0
S55+S66	4	S55+S99	0	S55+S236	8	S274+S189	0	S236+S99	0	S348+S520	1
S66+S265	3	S12+S469	5	S12+S342	2	S189+S180	3	S342+S469	3	S520+S452	2
S265+S1021	1	S52+S30	12	S52+S270	1	S180+S179	5	S270+S30	1	S452+S303	2
S1021+S1058	2	S50+S44	1	S50+S1366	0	S179+S176	4	S1366+S44	1	S303+S321	0
S3+S32	3	S1021+S29	2	S1021+S203	1	S176+S29	2	S98+S173	2	S321+S98	0
S11+S50	1	S32+S29	2	S32+S1360	1	S29+S45	2	S202+S101	2	S98+S202	2
S12+S52	3	S1058+S99	2	S1058+S68	2	S45+S99	0	S181+S183	3	S202+S181	2
S13+S55	4	S265+S469	3	S265+S210	2	S99+S469	1	S236+S354	1	S181+S236	0
S17+S66	0	S55+S30	4	S55+S348	2	S469+S30	4	S342+S274	0	S236+S342	0
		S12+S44	2	S12+S520	0					S342+S270	1
AVERAGE	2.85		3.19		3.14		2.25		1.75		2

表1-4-11　各株系不同世代间总谱带数的变化

Table 1-4-11　Change of total bands of among different line generations

F₂	总带数	F₃	总带数	降低率（%）	F₄	总带数	降低率（%）	总降低率（%）
K	164	K2-7	133	23.308	K2-7s	130	2.308	26.154
M	136	M2-9	116	17.241	M2-9s	92	26.087	47.826
N	148	N2-6	139	6.475	N2-6s	120	15.833	23.333
O	160	O1-7	141	13.475	O1-7s	119	18.487	34.454
O	160	O1-40	137	16.788	O1-40s	104	31.731	53.846
O	160	O2-28	135	18.519	O2-28s	106	27.358	50.943
average	154.7		133.5	15.968		111.8	20.301	38.301

表1-4-12　随机单引物和双引物扩增的总带数和多态性带数

Table 1-4-12　Total bands,polymorphic bands and polymorphic frequency of random single primer and double primer

引物 primer	引物序列5'-3' Sequence 5'-3'	总谱带数 Total bands	多态性谱带 Polymorphic bands	多态性百分比（%） percentage of Polymorphic bands	F₂	F₃	F₄	相对多态性频度 Relative Polymorphism frequency	min	max
S11	GTAGACCCGT	14	13	92.857	10	9	9	0.571	0.056	0.833
S12	CCTTGACGCA	13	7	53.846	6	6	5	0.709	0.278	0.944
S13	TTCCCCCGCT	7	4	57.143	4	3	2	0.611	0.111	0.778
S17	AGGGAACGAG	9	8	88.889	7	6	2	0.451	0.056	0.778
S19	ACCCCGAAG	9	9	100.000	5	6	6	0.636	0.111	0.944
S32	TCGGCGATAG	9	6	66.667	5	5	4	0.735	0.167	0.944
S50	GGTCTACACC	10	6	60.000	5	4	3	0.750	0.056	0.944
S52	CACCGTATCC	12	9	75.000	7	7	6	0.583	0.056	0.667
S55	CATCCGTGCT	11	8	72.727	5	5	5	0.697	0.056	0.889
S66	GAACGGACTC	11	9	81.818	5	5	5	0.672	0.111	0.944
S1021	GGCATCGGCT	13	12	92.308	11	10	9	0.611	0.056	0.889
S210+S181	CCTTCGGAAG+CTACTGCGCT	13	11	84.615	6	6	5	0.692	0.056	0.944
S12+S342	CACCGTATCC+CCCGTTGGGA	9	7	77.778	6	6	5	0.648	0.111	0.944
S303+S1366	TGGCGCAGTG+CCTTCGGAGG	11	11	100.000	8	8	6	0.455	0.056	0.833
S19+S210	ACCCCGAAG+CCTTCGGAAG	12	12	100.000	6	6	6	0.561	0.053	0.947
S469+S19	GTGGTCCGCA+ACCCCGAAG	11	11	100.000	6	5	5	0.569	0.053	0.947
S27+S303	GAAACGGGTG+TGGCGCAGTG	10	8	80.000	7	7	6	0.650	0.167	0.778
S55+S30	AGAGGGCACA+TCTGGTGAGG	7	7	100.000	4	4	3	0.571	0.056	0.944
S13+S17	TTCCCCCGCT+AGGGAACGAG	7	5	71.429	4	4	3	0.603	0.056	0.889
total		198	163		117	112	95			
average		10.421	8.579	81.846	59.1%	56.6%	48.0%	0.620		

表1-4-14　单引物扩增的遗传距离/相似系数矩阵

Table 1-4-14　Matrix of genetic distance and genetic similarity by single primer

株系line	K	M	N	O	K1大	K2-7	M2-9	N2-6	O1-7	O1-8	O1-40	O2-28	K2-7s	M2-9s	N2-6s	O1-7s	O1-40s	O2-28s
K		0.804	0.789	0.810	0.812	0.726	0.782	0.760	0.835	0.765	0.769	0.859	0.643	0.790	0.775	0.716	0.699	0.687
M	0.196		0.768	0.776	0.797	0.773	0.887	0.767	0.808	0.748	0.787	0.779	0.730	0.736	0.707	0.717	0.692	0.676
N	0.211	0.232		0.793	0.765	0.805	0.744	0.890	0.800	0.793	0.817	0.810	0.778	0.691	0.820	0.755	0.721	0.726
O	0.190	0.224	0.207		0.761	0.800	0.764	0.828	0.912	0.847	0.894	0.864	0.761	0.643	0.741	0.763	0.730	0.636
K1大	0.188	0.203	0.235	0.239		0.919	0.800	0.803	0.792	0.706	0.824	0.816	0.767	0.667	0.717	0.657	0.656	0.656
K2-7	0.274	0.227	0.195	0.200	0.081		0.775	0.830	0.833	0.723	0.852	0.844	0.797	0.656	0.735	0.662	0.662	0.667
M2-9	0.218	0.113	0.256	0.236	0.200	0.225		0.781	0.824	0.762	0.789	0.767	0.729	0.769	0.705	0.715	0.672	0.671
N2-6	0.240	0.233	0.110	0.172	0.197	0.170	0.219		0.836	0.805	0.854	0.847	0.815	0.701	0.859	0.792	0.732	0.715
O1-7	0.165	0.192	0.200	0.088	0.208	0.167	0.176	0.164		0.832	0.932	0.888	0.753	0.656	0.732	0.781	0.705	0.794
O1-8	0.235	0.252	0.207	0.153	0.294	0.277	0.238	0.195	0.168		0.825	0.830	0.824	0.677	0.829	0.867	0.826	0.750
O1-40	0.231	0.213	0.183	0.106	0.176	0.148	0.211	0.146	0.068	0.175		0.906	0.758	0.662	0.776	0.760	0.739	0.741
O2-28	0.141	0.221	0.190	0.136	0.184	0.156	0.233	0.153	0.112	0.170	0.094		0.803	0.667	0.808	0.805	0.730	0.729
K2-7s	0.357	0.270	0.222	0.239	0.233	0.203	0.271	0.185	0.247	0.176	0.242	0.197		0.732	0.883	0.853	0.748	0.729
M2-9s	0.210	0.264	0.309	0.357	0.333	0.344	0.231	0.299	0.344	0.323	0.338	0.333	0.268		0.754	0.733	0.722	0.717
N2-6s	0.225	0.293	0.180	0.259	0.283	0.265	0.295	0.141	0.268	0.171	0.224	0.192	0.117	0.246		0.887	0.800	0.766
O1-7s	0.284	0.283	0.245	0.237	0.343	0.338	0.285	0.208	0.219	0.133	0.240	0.195	0.147	0.267	0.113		0.844	0.810
O1-40s	0.301	0.308	0.279	0.270	0.344	0.338	0.328	0.268	0.295	0.174	0.261	0.270	0.252	0.278	0.200	0.156		0.825
O2-28s	0.313	0.324	0.274	0.364	0.344	0.333	0.329	0.285	0.206	0.250	0.259	0.271	0.271	0.283	0.234	0.190	0.175	

注：对角线下面的值为遗传距离；对角线上的数值为相似系数。

Notes:The values below diagonal are genetic distance;The values above diagonal are genetic similarity.

表1-4-15 双引物扩增的遗传距离和相似系数矩阵

Table 1-4-15 Matrix of genetic distance and genetic similarity by double primer

株系line	K	M	N	O	K1大	K2-7	M2-9	N2-6	O1-7	O1-8	O1-40	O2-28	K2-7s	M2-9s	N2-6s	O1-7s	O1-40s	O2-28s
K		0.735	0.839	0.781	0.850	0.750	0.727	0.748	0.736	0.768	0.764	0.832	0.712	0.705	0.729	0.717	0.782	
M	0.230		0.721	0.797	0.747	0.822	0.906	0.750	0.771	0.700	0.792	0.808	0.785	0.755	0.707	0.752	0.740	0.769
N	0.265	0.279		0.779	0.660	0.647	0.673	0.889	0.750	0.779	0.733	0.727	0.706	0.710	0.809	0.729	0.758	0.707
O	0.161	0.203	0.221		0.812	0.789	0.778	0.774	0.865	0.765	0.833	0.811	0.771	0.700	0.713	0.757	0.745	0.792
K1大	0.219	0.253	0.340	0.188		0.822	0.764	0.713	0.761	0.723	0.854	0.805	0.733	0.667	0.683	0.762	0.771	0.782
K2-7	0.150	0.178	0.353	0.211	0.178		0.822	0.695	0.760	0.725	0.825	0.842	0.898	0.764	0.689	0.761	0.747	0.821
M2-9	0.250	0.094	0.327	0.222	0.236	0.175		0.745	0.747	0.711	0.771	0.766	0.784	0.818	0.697	0.747	0.733	0.766
N2-6	0.273	0.250	0.111	0.226	0.287	0.305	0.255		0.763	0.818	0.766	0.783	0.758	0.721	0.874	0.764	0.795	0.761
O1-7	0.252	0.229	0.250	0.135	0.239	0.240	0.253	0.237		0.731	0.848	0.804	0.740	0.681	0.696	0.872	0.796	0.804
O1-8	0.264	0.300	0.221	0.235	0.277	0.275	0.289	0.182	0.269		0.711	0.727	0.747	0.780	0.771	0.753	0.810	0.750
O1-40	0.232	0.208	0.267	0.167	0.146	0.175	0.229	0.234	0.152	0.289		0.872	0.722	0.705	0.697	0.769	0.756	0.787
O2-28	0.236	0.192	0.273	0.189	0.195	0.158	0.234	0.217	0.196	0.273	0.128		0.758	0.698	0.759	0.787	0.773	0.848
K2-7s	0.168	0.215	0.294	0.229	0.267	0.102	0.216	0.242	0.260	0.253	0.278	0.242		0.787	0.778	0.804	0.791	0.842
M2-9s	0.288	0.245	0.290	0.300	0.333	0.236	0.182	0.279	0.319	0.220	0.295	0.302	0.213		0.765	0.747	0.756	0.767
N2-6s	0.295	0.293	0.191	0.287	0.317	0.311	0.303	0.126	0.304	0.229	0.303	0.241	0.222	0.235		0.786	0.819	0.805
O1-7s	0.271	0.248	0.271	0.243	0.238	0.239	0.253	0.236	0.128	0.247	0.231	0.213	0.196	0.253	0.214		0.894	0.899
O1-40s	0.283	0.260	0.242	0.255	0.229	0.253	0.267	0.205	0.204	0.190	0.244	0.227	0.209	0.244	0.181	0.106		0.864
O2-28s	0.218	0.231	0.293	0.208	0.218	0.179	0.234	0.239	0.196	0.250	0.213	0.152	0.158	0.233	0.195	0.101	0.136	

注：对角线下面的值为遗传距离；对角线上的数值为相似系数。

Notes:The values below diagonal are genetic distance;The values above diagonal are genetic similarity.

表1-4-16 总遗传距离和相似系数矩阵

Table 1-4-16 Matrix of genetic distance and genetic similarity

株系line	K	M	N	O	K1大	K2-7	M2-9	N2-6	O1-7	O1-8	O1-40	O2-28	K2-7s	M2-9s	N2-6s	O1-7s	O1-40s	O2-28s
K		0.746	0.777	0.809	0.799	0.827	0.736	0.761	0.755	0.797	0.766	0.767	0.848	0.672	0.757	0.757	0.717	0.734
M	0.254		0.749	0.784	0.777	0.794	0.895	0.760	0.792	0.729	0.789	0.791	0.753	0.744	0.707	0.732	0.712	0.723
N	0.223	0.251		0.788	0.727	0.744	0.716	0.890	0.781	0.788	0.785	0.779	0.750	0.698	0.816	0.745	0.736	0.689
O	0.191	0.216	0.212		0.780	0.796	0.770	0.807	0.894	0.816	0.871	0.844	0.765	0.667	0.730	0.760	0.736	0.754
K1大	0.201	0.223	0.273	0.220		0.882	0.786	0.770	0.780	0.712	0.835	0.812	0.754	0.667	0.705	0.696	0.701	0.694
K2-7	0.173	0.206	0.256	0.204	0.118		0.795	0.780	0.805	0.724	0.841	0.843	0.837	0.701	0.717	0.700	0.696	0.726
M2-9	0.264	0.105	0.284	0.230	0.214	0.205		0.767	0.794	0.743	0.782	0.767	0.751	0.790	0.702	0.728	0.698	0.710
N2-6	0.239	0.240	0.110	0.193	0.230	0.220	0.233		0.809	0.810	0.822	0.824	0.794	0.709	0.864	0.782	0.757	0.707
O1-7	0.245	0.208	0.219	0.106	0.220	0.195	0.206	0.191		0.795	0.900	0.856	0.748	0.667	0.718	0.816	0.741	0.752
O1-8	0.203	0.271	0.212	0.184	0.288	0.276	0.257	0.190	0.205		0.784	0.794	0.795	0.717	0.809	0.826	0.820	0.777
O1-40	0.234	0.211	0.215	0.129	0.165	0.159	0.218	0.178	0.100	0.216		0.893	0.744	0.679	0.747	0.763	0.746	0.765
O2-28	0.233	0.209	0.221	0.156	0.188	0.157	0.233	0.176	0.144	0.206	0.107		0.785	0.679	0.790	0.798	0.747	0.784
K2-7s	0.152	0.247	0.250	0.235	0.246	0.163	0.249	0.206	0.252	0.205	0.256	0.215		0.755	0.843	0.834	0.766	0.777
M2-9s	0.328	0.256	0.302	0.333	0.333	0.299	0.210	0.291	0.333	0.283	0.321	0.321	0.245		0.759	0.739	0.737	0.740
N2-6s	0.243	0.293	0.184	0.270	0.295	0.283	0.298	0.136	0.282	0.191	0.253	0.210	0.157	0.241		0.850	0.808	0.781
O1-7s	0.243	0.268	0.255	0.240	0.304	0.300	0.272	0.218	0.184	0.174	0.237	0.202	0.166	0.261	0.150		0.864	0.847
O1-40s	0.283	0.288	0.264	0.264	0.299	0.304	0.302	0.243	0.259	0.180	0.254	0.253	0.234	0.263	0.192	0.136		0.842
O2-28s	0.266	0.277	0.311	0.246	0.306	0.274	0.290	0.293	0.248	0.223	0.235	0.216	0.223	0.260	0.219	0.153	0.158	

注：对角线下面的值为遗传距离；对角线上的数值为相似系数。

Notes:The values below diagonal are genetic distance;The values above diagonal are genetic similarity.

表1-4-13　不同群体的遗传多样性指数
Table 1-4-13　The genetic diversity index of different populations

primer	F$_2$（Ho）	F$_3$（Ho）	F$_4$（Ho）	Hsp	Hpop	Hpop/Hsp	（Hsp-Hpop）/Hsp
S11	3.073	2.257	2.495	3.495	2.608	0.746	0.254
S12	1.818	1.710	1.434	2.194	1.654	0.754	0.246
S13	1.255	0.736	0.518	1.018	0.836	0.822	0.178
S17	2.295	1.675	0.665	2.181	1.545	0.708	0.292
S19	1.471	1.259	1.662	1.994	1.464	0.734	0.266
S32	1.210	1.233	1.039	1.470	1.161	0.789	0.211
S50	1.210	0.994	0.602	1.342	0.935	0.697	0.303
S52	2.034	2.416	1.676	2.590	2.042	0.788	0.212
S55	1.471	1.111	1.524	1.750	1.369	0.782	0.218
S66	1.340	1.362	1.211	2.080	1.304	0.627	0.373
S1021	3.027	2.122	2.374	2.992	2.508	0.838	0.162
S210+S181	1.425	1.613	1.149	2.279	1.396	0.613	0.387
S12+S342	1.687	1.940	1.143	1.864	1.590	0.853	0.147
S303+S1366	2.119	1.990	1.676	2.532	1.928	0.761	0.239
S19+S210	1.949	1.404	1.518	2.004	1.624	0.810	0.190
S469+S19	1.949	1.364	1.239	1.764	1.517	0.860	0.140
S27+S303	1.641	2.006	1.490	2.313	1.712	0.740	0.260
S55+S30	1.125	0.697	0.456	1.045	0.759	0.726	0.274
S13+S17	1.125	1.178	0.670	1.211	0.991	0.818	0.182
average	1.749	1.530	1.292	2.006	1.523	0.762	0.238

　　Shannon法所估算的遗传多样性在不同引物间存在着较大差异，19个引物所估计的18个株系中，不同引物标记的总群体遗传多样性指数以S11和S1021较高，为3.495和2.992。从遗传多样性公式可看出，π是指一条扩增带在总群体中出现的频率，当某一DNA片段同源性高时，即无多态性时，频率为1，则遗传多样性指数为0；随着自交选育的过程，某些DNA片段会缺失，遗传多样性反而会上升。由于新铁炮百合株系间的亲缘关系较近，且随着自交选育的进程，某些DNA片段会缺失，所以有些引物的遗传多样性指数并没有呈现出随世代降低的现象，如引物S12、S19、S32、S52、S55、S1021、S12+S342、S19+S210、S27+S303、S13+S17没有出现明显下降趋势，而是呈波浪状起伏，占所用引物的52.6%。但从整体来看，三个世代的遗传多样性指数分别为：1.749、1.530、1.292，呈现下降的趋势。总群体遗传多样性指数值为2.006；群体内遗传多样性指数为1.523。群体间遗传多样性指数为0.483。在总变异中，群体内的分布Hpop/Hsp和群体间分布（Hsp-Hpop）/Hsp遗传多样性所占的比率分别为76.2%和23.8%，表现出群体内大于群体间的趋势。

4.2.5 株系间亲缘关系探讨

RAPD标记能灵敏地揭示两个亲缘关系十分相近的株系之间的遗传差异，因此适合于检测株系间的亲缘关系。根据Rapdistance软件的Nei&Li系数计算出株系间的遗传距离和相似系数矩阵。对两种不同引物扩增结果，即单引物、双引物及两者总的结果比较分析，分别用遗传距离通过UPGMA法构建株系间的系统聚类树。

4.2.5.1 单引物扩增结果确定的亲缘关系

由于株系间的亲缘关系较近，遗传距离较小，相似系数较大。单引物扩增结果计算出的遗传距离和相似系数见表1-4-14，部分引物扩增效果见图8、9、10、11。遗传距离范围0.068～0.364，O1-40和O1-7的距离最小，O2-28s和K1大的遗传距离最大，其均值为0.229。相似系数0.636～0.932，其均值为0.771。通过聚类可以看出其系统发育树状图。从图1-14中可以看出，聚类树状图并不能精确反映其系谱情况。可将其分成五个组：①株系K、O1-8、K2-7s、N2-6s、O1-7s；②O1-40s、O2-28s；③M、M2-9④N、N2-6、O、O1-7、O1-40、O2-28、K1、K2-7；⑤M2-9s。同一株系的子代大都聚为一组。O株系及其后代聚在两组内。而M2-9s比较特别，与其他组最后聚类，这表明M2-9s通过多代选育后与其他株系遗传分化较大。

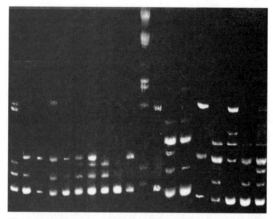

图1-10　利用S13对群体多态性的RAPD鉴定结果

Fig.1-10　The RAPD amplification result of populations with primer S13

泳道1-10（从左至右）：N、N2-6、O、O2-28、O1-7、O1-40、K2-7、K1大、M2-9、M

泳道12-19（从左至右）：O1-8、K、M2-9s、K2-7s、N2-6s O1-7s、O1-40s、O2-28s

泳道11：marker

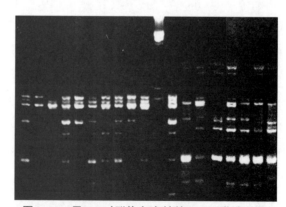

图1-11　用S19对群体多态性的RAPD鉴定结果

Fig.1-11　The RAPD amplification result of populations with primer S19

泳道1-10（从左至右）：N、N2-6、O、O2-28、O1-7、O1-40、K2-7、K1大、M2-9、M

泳道12-19（从左至右）：O1-8、K、M2-9s、K2-7s、N2-6s O1-7s、O1-40s、O2-28s

泳道11：marker

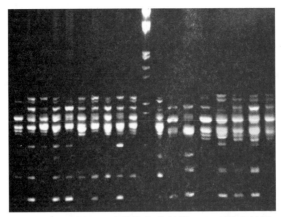

图1-12　利用S55对群体多态性的RAPD鉴定结果

Fig.1-12　The RAPD amplification result of populations with primer S55

泳道1-10（从左至右）：N、N2-6、O、O2-28、O1-7、O1-40、K2-7、K1大、M2-9、M

泳道12-19（从左至右）：O1-8、K、M2-9s、K2-7s、N2-6s O1-7s、O1-40s、O2-28s

泳道11：marker

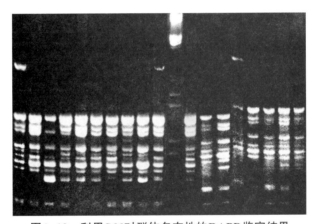

图1-13　利用S66对群体多态性的RAPD鉴定结果

Fig.1-13　The RAPD amplification result of populations with primer S66

泳道1-10（从左至右）：N、N2-6、O、O2-28、O1-7、O1-40、K2-7、K1大、M2-9、M

泳道12-19（从左至右）：O1-8、K、M2-9s、K2-7s、N2-6s O1-7s、O1-40s、O2-28s

泳道11：marker

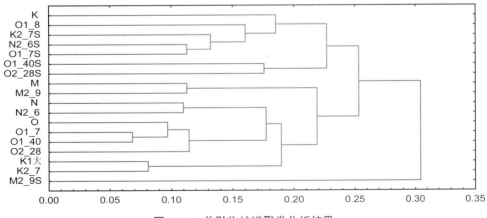

图1-14　单引物扩增聚类分析结果

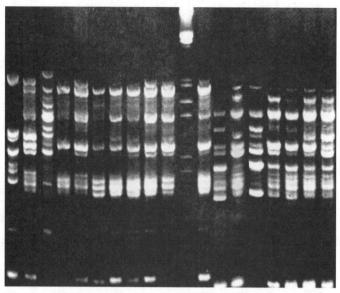

图1-15　利用双引物S210+S181对群体多态性的RAPD鉴定结果

Fig.1-15　The RAPD amplification result of populations with primer S210+S181

泳道1-10（从左至右）：N、N2-6、O、O2-28、O1-7、O1-40、K2-7、K1大、M2-9、M

泳道12-19（从左至右）：1-8、K、M2-9s、K2-7s、N2-6s O1-7s、O1-40s、O2-28s

泳道11：marker

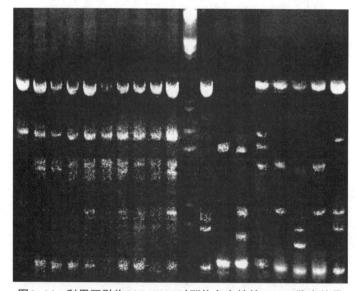

图1-16　利用双引物S27+S303对群体多态性的RAPD鉴定结果

Fig.1-16　The RAPD amplification result of populations with primer S27+S303`

泳道1-10（从左至右）：N、N2-6、O、O2-28、O1-7、O1-40、K2-7、K1大、M2-9、M

泳道12-19（从左至右）：O1-8、K、M2-9s、K2-7s、N2-6s O1-7s、O1-40s、O2-28s

泳道11：marker

4.2.5.2　双引物扩增结果确定的亲缘关系

根据双引物扩增结果算出的遗传距离和相似系数见表1-4-15，部分引物扩增效果见图1-15、图1-16。遗传距离范围0.094～0.353，M2-9和M的距离最小，N和K2-7的遗传距离最大，其均值为0.232。相似系数0.647～0.906，其均值为0.768。通过聚类图1-15可以看出，M2-9s还是最后聚类，而且也没有和M、M2-9聚成一类。可以把群体分成六组：①株系K、K2-7、K2-7s；②株系M、M2-9；③株系O、O1-7、

K1大、O1-40、O2-28；④株系O1-7s、O2-28s、O1-40s；⑤株系N、N2-6、N2-6s、O1-8；⑥株系M2-9s。相对而言，比用单引物结果聚类更精确些，株系K和其子代K2-7、K2-7s聚在一组，其他株系间聚类基本反映了其系谱情况。说明双引物更适用于亲缘关系相近的株系间的鉴定，更能反映其真实结果。

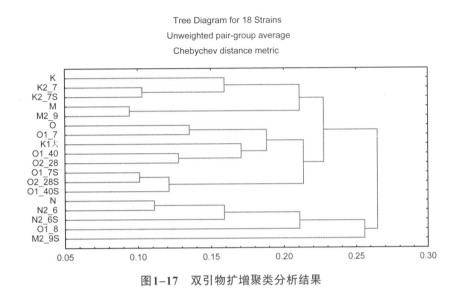

图1-17 双引物扩增聚类分析结果

4.2.5.3 亲缘关系总体评价

根据单引物和双引物两种引物扩增结果算出的遗传距离和相似系数见表1-4-16。18个株系材料之间有一定的差异。株系M2-9s与株系K、N、O、K1大、O1-7、O1-40、O2-28之间，株系O2-28s与株系N、K1大之间的遗传距离高达0.302～0.333。而株系M与M2-9、N与N2-6、K1大与K2-7、O1-7与O1-40、O1-40与O2-28的较低，在0.100-0.118之间。其他株系间的遗传距离变幅为0.144～0.299。O1-7和O1-40的遗传距离最小。株系M2-9与O、K1大和O1-7间的遗传距离最大，都为0.333。遗传距离平均值为0.229。相似系数0.667-0.900，其均值为0.723。虽然它们的来源相同，但相互间的相似系数差别较大，其主要原因与自交代数以及在分离群体中对不同基因型个体的选择有关。同时也说明自交后代中遗传距离偏小，未能根据遗传距离的大小选配亲本进行杂种优势利用的育种工作，还要进一步自交选育，增大株系间的遗传距离。

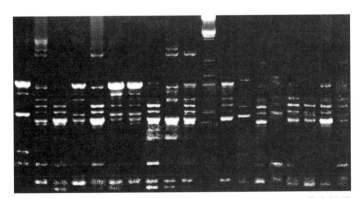

图1-18 利用双引物S303+S1366对群体多态性的RAPD鉴定结果

Fig.1-18 The RAPD amplification result of populations with primer S303+S1366

泳道（从左至右）1-10：N、N2-6、O、O2-28、O1-7、O1-40、K2-7、K1大、M2-9、M

泳道（从左至右）12-19：O1-8、K、M2-9s、K2-7s、N2-6s O1-7s、O1-40s、O2-28s

泳道11：marker

从同一株系和其后代的遗传距离（表1-4-17）也可以看出，随着世代的增加，遗传距离不断增大，并且株系有差异。株系M及其后代M2-9、M2-9s增大的幅度最大，自交第一代后，遗传距离增加了50.0%。再进行自交选育后，F_4世代时达到58.9%，但F_3世代与F_4世代间的差异并不大，只有8.9%。株系N在F_3世代时遗传距离增幅只有18.7%，但从F_3到F_4世代，遗传距离增幅达40.2%，相比F_3世代，增加了21.3%

表1-4-17　遗传距离在世代间的差异

Table 1-4-17　Differentiation between genetic distance and generations

F_2	遗传距离	F_3	遗传距离	增加百分率（%）	F_4	遗传距离	增加百分率（%）
M	0.105	M2-9	0.210	50.019	M2-9s	0.256	58.984
N	0.110	N2-6	0.136	18.783	N2-6s	0.184	40.160
O	0.106	O1-7	0.184	42.080	O1-7s	0.240	55.589
O	0.129	O1-40	0.259	49.928	O1-40s	0.264	50.948
O	0.156	O2-28	0.248	36.915	O2-28s	0.246	36.446
averge	0.121		0.207	39.545		0.238	48.425

通过聚类分析（图1-19）可以看出，除 M2-9s 比较特别外，其他基本能反映其系谱情况。同一株系的后代可以聚成一组，可分为7个小组：①K、K2-7s；②N、N2-6、N2-6s；③O1-8、O1-7s、O1-40s、O2-28s；④M、M2-9；⑤O、O1-7、O1-40、O2-28；⑥K1、K2-7；⑦M2-9s。可看出K、O和M株系及其后代的聚类结果都分成两组，这可能受选育的目标性状不一致影响，而产生的遗传分化，具体原因有待进一步研究。

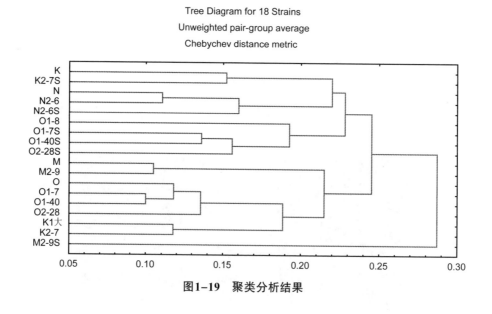

Tree Diagram for 18 Strains

Unweighted pair-group average

Chebychev distance metric

图1-19　聚类分析结果

4.3　讨论

4.3.1　RAPD的反应体系的建立

RAPD分析是利用随机引物对基因组DNA进行体外扩增的一种分子检测方法。它可以使纳克水平的

DNA链的某些序列在短时间内扩增出$10^6 \sim 10^9$倍的拷贝，这些RAPD产物的多态性反映了来自基因组的遗传信息。本文对RAPD条件优化采用了正交设计优化和单因素优化，发现在条件一致的情况下，RAPD的重复性是很高的。

4.3.1.1　RAPD扩增的反应成分与反应参数的影响

由于RAPD的反应体系中存在许多成分，包括模板DNA、随机引物、Taq聚合酶、Mg^{2+}、dNTPs及反应缓冲液等，另外反应的条件也很复杂，故影响结果的因素很多，又没有统一标准，所以RAPD的重复并不在于此技术的本身，而是由于这些影响因素没有一个统一标准。

一般来说，RAPD对模板DNA的质量要求不高，对DNA纯度要求较低。汪小全等认为DNA样品中含有一定的RNA、蛋白质与多糖，这些物质对RAPD无明显影响。经常在提取DNA时样品中的去污剂CTAB及蛋白质沉淀剂如氯仿、乙醇或异丙醇等小分子物质未被除尽直接影响Taq聚合酶活性而影响扩增。模板DNA浓度的轻微变化不影响扩增产物的带型，故可允许有一定范围的变动。本文发现新铁炮百合的模板DNA用量为50ng/反应最佳，但在$20 \sim 80$ng的范围内也可获得稳定的、条带清楚的指纹图谱。浓度过高带型不够清晰甚至呈弥散状。

本研究采用的是10bp的随机单引物和两个随机单引物等量混合的双引物。如果引物浓度过大易造成非特异扩增，不稳定弱带增加；如果引物浓度过低，则造成扩增产物的强带变弱或消失，弱带消失，而不能反映扩增的真实情况。随机引物与模板DNA的量之间有一种协同作用，当随机引物量变化时，模板DNA的量可能会成为制约因素。当随机引物达到一定的浓度时，出现随机引物争夺模板DNA的情况，这时只有部分位点可以和随机引物结合。优先结合的是那些产生强带的位点，会导致弱带的消失。对单引物进行正交设计优化和单因素优化，对双引物进行单因素优化，筛选不同浓度梯度，得出新铁炮百合的最佳单引物浓度0.3 μmol/L，双引物浓度0.4 μmol/L。

在RAPD反应中Taq聚合酶的用量受到反应体积、酶活性、酶的耐热性等因素制约，因此需要适合的Taq聚合酶量。使用高浓度的Taq聚合酶不仅会造成经济上的浪费，而且容易产生非特异扩增产物的积累，从而影响试验结果；浓度过低则导致效率降低，延伸不完全，所进行优化是必要的。经过优化试验，确定了反应的最佳Taq聚合酶的用量：单引物1U/反应，双引物1.5U/反应。

Mg^{2+}是Taq聚合酶反应所必须具备的，选择合适的Mg^{2+}浓度，对RAPD反应至关重要。一般RAPD反应所使用的Mg^{2+}浓度在$1.5 \sim 2.0$ mmol/L之间。浓度太低不能扩增出全部的带甚至不能扩增出带，而太高扩增出的带数目减少甚至不能扩增出带。Mg^{2+}过多，就易螯合dNTPs，造成扩增失败，这是由于dNTPs消耗殆尽，无延伸反应，扩增产物单链化。Mg^{2+}过少，又造成dNTPs螯合Mg^{2+}可降低Taq聚合酶活性。同样Mg^{2+}也直接影响随机引物与模板DNA的结合，从而导致RAPD结果改变。因此，须对其进行优化择优。经优化试验，该反应体系的Mg^{2+}最佳浓度：单引物反应为1.5 mmol/L，双引物反应为2.0 mmol/L。

dNTPs浓度的影响是底物对反应的影响。dNTPs是作为RAPD反应的原料参与新链DNA的合成过程。一般使用浓度在$150 \sim 250$ μmol/L之间，dNTPs过高会使核苷酸错误掺入，但过低的dNTPs浓度又会影响合成效率，甚至会因dNTPs过早耗尽而使产物单链化而影响扩增效果。因此系统反应时应确定最适的dNTPs浓度。经优化试验，该反应体系的dNTPs最佳浓度：单引物反应为150 μmol/L，双引物反应为200 μmol/L。

根据RAPD反应特点，双引物的条件优化也是非常必要的。而其他文献的双引物反应都是采用单引物优化出来的条件，这是不严谨或不科学的。从结果来看，除模板DNA的浓度一样外，双引物的最佳反应条件都要比单引物的要高一个等级。究其原因可能是双引物参与的反应，其引物间竞争结合模板DNA，反应更为激烈，消耗的反应物也相应增加。

在进行RAPD试验中，不同的反应程序会造成其产物在凝胶电泳后呈现较大的差异。因此，本文对RAPD影响较大的反应参数复性温度、复性时间、延伸时间和循环次数进行了优化。

复性温度对RAPD的特异性十分关键，过高会使引物和模板结合不上，过低会导致引物与模板的非特异结合，引起特异性下降。本文使用37℃的复性温度获得的RAPD标记带既稳定又有丰富的多态性。本文就复性时间的三个不同水平30 s，40 s，50 s进行了研究。用正交设计和单因素优化得出的结果是50 s效果最佳，但高于50 s的复性时间效果没有数据，所以最优效果只能相对其他二个水平而言。

延伸时间过多能够导致非特异扩增，延伸时间过少产物片段大小不稳定。一般一说，60～120 s是比较常用的，能够充分延伸。经过优化择优，筛选出60 s为最佳延伸时间。

RAPD的循环次数决定着扩增产量。最适循环次数主要取决于靶序列的初始浓度，循环次数太少PCR产物量极低，不能扩增出带，只是一些拖带，说明反应不完全；循环次数过多，一旦达到平台期，以后的循环不会使产物明显增加，反而可能引起非特异扩增。因此在进行系统反应之前也要先筛选合适的循环次数。经过筛选，35次循环次数可达到最佳效果。

一旦反应条件和反应参数确定，保持反应的一致性是非常必要的。只有反复摸索，建立最佳反应条件才能准确、稳定地反映不同模板的遗传差异，使结果更可信。

4.3.1.2 RAPD试验的非技术影响

除了上述的技术条件要规范化外，一些非技术同样要列入考虑范围。不同厂家的试剂如Taq、dNTPs和缓冲液都会对RAPD的扩增产生影响。为了使试验结果是在同样条件下得到的，建议在RAPD分析之前，根据优化反应条件计划购买足够的Taq、dNTPs、引物，同时每一个引物的RAPD反应试验条件必须一致，所有个体需在同一条件下进行反应，这样得出的结果才具有精确性和可比性。一般认为RAPD是一种简单而快速的技术，但是由于RAPD的结果对反应条件的改变较敏感，在实际操作中，需要认真细致地工作才能取得较好的结果。

温度的梯度率也是十分重要的，特别是退火与延伸之间的梯度尤为重要。各种仪器的控温、升降温性能均有差别，一些仪器（如一些旧型号的仪器）在到达特定的温度前就开始计时，一些PCR仪显示的温度与实际温度会有差异。这些在设计程序和结果分析时有必要考虑。所以注明所用仪器的生产厂家、品牌、规格，就显得很有必要。对于同一批试验，注意控制在同样的温度条件下进行反应，结果才有可比性。不同试验室RAPD带型不具重复性的另一原因之一是因为使用的PCR仪器不同。因此，在RAPD试验时，为了使试验结果能够重复稳定，需要选择合适的仪器，并且在整个试验过程中始终使用一种仪器。

RAPD反应中由于各组分的用量都较少，一般以微升计，虽采有高精度的微量移液器，也难以保证各反应管中的组分完全一致，从而影响RAPD反应的结果。可将除模板DNA或引物以外的各组分预先混合，充分混匀后分装到反应管，再加入模板或引物，可最大限度地保持反应管中各组分浓度的一致性。

另外RAPD的统计包含许多主观性因素，例如由于片段出现的强弱不同，有些很弱的带是否统计在内，这主要取决于做重复性试验。若在重复试验中仍然出现则将此带统计在内，否则不统计，以最大限度地消除误差。

4.3.1.3 引物的筛选

引物标记的稳定性一直是较受关注的问题。在RAPD结果分析中常碰到某些引物产生条带使图谱比较复杂，一些条带不稳定的问题，给检测分析带来困难。Roy（Roy A，1992）认为分析时，只看那些主要片段产物，它们出现与否不是模棱两可的，有些弱带看起来若有若无，不予考虑。汪小全等（汪小全，1996）认为重复性好的弱带可以记录，重复性好是最重要的取舍指标。赵姝华等（赵姝华，1999）建议在RAPD分析中，剔除扩增结果不稳定的引物，选取易于区分的有重复性引物。本研究采用汪小全等的方法，重复性好的弱带作记录，取得较为满意的效果。

本文选用了102条单引物和123条双引物进行引物筛选，从中选出11条单引物和8条双引物用于新铁炮百合的RAPD扩增。从单双引物的扩增结果来看，平均每个引物扩增的总谱带是差不多的，单引物为10.7条/引物，双引物为10.0条/引物。扩增出的DNA片段分子量也是相当。但平均每个引物扩增出多态性谱带是双引物的高些，达9.0条/引物，而单引物只有8.3条/引物。说明双引物更利于检测出多态性位点。

将筛选过的单引物分成"强"、"弱"、"无"三组，对三个组引物随机组合进行扩增。结果发现，双引物的谱带的产生和单引物的谱带并没有必然的关系。单引物扩增的个别条带在双引物中有可能消失，但双引物组合可能会检测到两单引物所不能检测到的位点。

4.3.2　RAPD试验设计比较

当反应体系复杂，实行多因素联合优化是适宜的。比较理想的方法是正交设计，能用较少的试验次数得到较多的信息，缩短了试验周期。用正交设计所得的结果和单因素优化的结果是一致的，也说明了正交设计的可行性。并且对正交试验结果进行评分，可以近似作为计量资料处理。采用正交设计常用的两种评价方法，直观法和极差分析法。从结果可看出两种评价方法，结果是较为一致的。从科学性而言，极差分析法更具有说服力。

用极差分析法推算出对RAPD试验影响因素的顺序。在反应条件中五个因素的显著性程度依次为：Mg^{2+}>Primer>Taq>dNTPs>DNA。Mg^{2+}浓度的变化对RAPD试验的效果影响是最大的，而DNA浓度的变化对反应影响最小，从单因素设计的结果可以得到证实。在反应参数中的四个因素的显著性程度依次为：循环次数＞延伸时间＞复性温度＞复性时间。循环次数在这三个水平变化时对扩增的效果影响最大，而复性时间影响最小，这与三个水平间的差异程度有一定关系。

很多试验对RAPD最佳条件的优化采用单因素试验，单因素逐项优化其表达方式直观，能从几个水平中轻易择优。但另一方面也忽略各因素的相互作用，把各因素看成独立的因子。然而，RAPD试验中，各因素间是有一定的内在联系的。在RAPD反应混合物中模板DNA、引物和dNTPs均可与Mg^{2+}结合，而Taq酶需要的是游离的 Mg^{2+}。没有考虑因素的相互作用，往往导致重复性差。最佳的试验方法是先用正交设计优化，然后对不是很明确的单因素再进行单因素试验，可达到最佳的优化效果。本研究采用了正交设计和单因素优化试验反应条件，充分考虑各因素变化对RAPD反应的影响。结果表明试验体系扩增条带数较多、谱带清晰、重复性好。

4.3.3　单、双引物应用于RAPD试验比较

一般RAPD的引物为10bp，单引物能有效地进行多态性分析。对于亲缘关系较远的资源，所用的引物少；对一些亲缘关系较近的资源则必须用较多的引物才能揭示出遗传差异。当两者基因组差异较小时，只有筛选到结合位点在表现小区段差异的引物时，RAPD才有效。然而这种概率较小，因此给鉴定工作带来一定困难，双引物的应用可有效解决这一难题。双引物更利于检测出多态性位点，从平均每个引物检测出的多态性谱带总数来看，双引物稍高些。用于扩增群体株系DNA时，双引物S303+S1366、S19+S210、S469+S19和S55+S30的多态百分比都达到了100%，占所用双引物的50%；而单引物只有S19多态百分比达到了100%，只占所用单引物的9.1%。由此可见，双引物的应用于亲缘关系相近的株系间的鉴定是可行的，而且是高效的。

单引物扩增时，DNA的两条链必须都有该引物的结合位点，且两个结合位点需处于相对的方向、两位点间的距离要在 RAPD 所能扩增的范围之内。双引物扩增时，除了2个引物分别找到各自的结合位点扩增外，双引物还能共同扩增出 DNA 片段，形成在单引物扩增中所不能扩增的产物。在双引物筛选可以看出原单引物没有谱带产生的或产生谱带是较弱的，但经过两个引物的组合后可以产生清晰稳定的谱带。如双引物组合"无无"中的 S210+S181 和 S303+S1366，分别作为单引物筛选时没有扩增出谱带，但组合后都能产生稳定，且产生多态性高谱带。相反，原单引物能清晰稳定的谱带的，两两组合后却没有扩增谱带产生。如"强强"组合中 S11+S12、S50+S52，"强弱"组合中 S55+S99 则没有能产生扩增谱带。产生在单引物中的个别条带在双引物扩增中消失，这可能是由反应体系中引物间的竞争引起的。

利用双引物扩增出单引物所没有的 DNA 片段，其产生的原因可能有4种。第一种可能，在某段基因组 DNA 中，引物1和引物2各有两个反向互补结合位点，单个引物均能扩增出一个多态性片段，双引物能够产生两个多态性片段。第二种可能，在某段基因组 DNA 中，引物1有两个反向互补位点，引物2在引物1两反向互补点之间有一个结合位点，单个引物1可以扩增出1个DNA片段，单个引物2不能扩增出多态性片段，双引物时，则能够产生两个DNA片段，增加一个小的 DNA 片段。第三种可能，在某段基因组 DNA 中，引物1有两个反向互补结合位点，引物2在引物1的一个结合位点外附近有一个结合位点，引物1单独扩增可以产生一个DNA片段，引物2单独扩增不出多态性片段，双引物扩增时，可以产生2个DNA片段，增加了一个大的 DNA 片段。第四种可能，在某段基因组 DNA 中，引物1和引物2都有两个同向互补结合位点，单个引物1和引物2都不能扩增出片段，但双引物时能够产生两个新的DNA片段。

4.3.4　遗传多样性分析

生物多样性是地球是生命进化的结果，在人工选择条件下，特别是自交等往往出现遗传上的衰退，即遗传多样性下降。对其进行RAPD研究，能使充分和利用各种基因和基因型资源，预期重要经济性状的变异并加以科学地利用。

植物的繁育系统是指植物群体中远交（或近交）所占的比例，它和植物的繁殖方式都是影响植物群体生物学最重要的因素，因为二者不仅决定了群体未来世代的基因频率从而决定了群体遗传结构的式样，还影响到群体的基因流和选择等其他进化因素（Hamrick J L，1990）。近交不管是自交还是亲缘个体间的交配，均会增加结合配子之间的一致性，降低重组从而导致株系内的个体更加一致，株系间出现遗传分化。从某种意义上来说，在其他条件基本一致的情况下，植物群体具有什么样的遗传结构将取决于群体中自交或近交所占的比例（钱迎倩，1995）。

本试验用RAPD技术检测了新铁炮百合群体的遗传多样性，探讨了自交世代的遗传分化。相对多态性频度在0.053至0.947之间，总平均相对多态性频度达0.620。F_2世代、F_3世代、F_4世代的多态性谱带分别是117、112、95，多态性百分比分别为59.1%、56.6%、48.0%。多态性百分比呈现出下降的趋势，这是在选择育种作用下，特别是自交选育过程中，基因趋向纯合，多态性位点减少所致。

基于条带表型频率的Shannon遗传多样性指数是更为可信衡量群体遗传多态性指标。从整体来看，三个世代的遗传多样性指数分别为：1.749、1.530、1.292，呈现下降的趋势。总群体遗传多样性指数值为2.006；群体内遗传多样性指数为1.523。群体间遗传多样性指数为0.483。在总变异中，群体内的分布Hpop/Hsp和群体间分布（Hsp-Hpop）/Hsp遗传多样性所占的比率分别为76.2%和23.8%，表现出群体内大于群体间的趋势，这和新铁炮百合繁育系统有关。新铁炮百合是通过有性繁殖和无性繁殖（营养繁殖）切花品种。营养繁殖不涉及到有性过程，因而其基因型在世代间保持不变，只有通过突变才能引起遗传变异。自交和选择导致遗传多样性的减少，随着世代的增加，多态性百分比和Shannon遗传多样性指数都呈现下降趋势。这说明自交结合强大的人工选择压，能使株系按着目标方向"进化"，在周厚高等[19]的等位酶的分析中也得到一致的结论。在人工选择条件下，使得某些DNA片段缺失。从株系K、M、N、O总谱带的世代间变化也可以看出，总谱带数分别减少了34.5%、53.8%、50.9%，表现急剧下降的趋势（表1-4-11）。

Dawson等（Dawson I K 1993）曾采用RAPD技术研究了来自以色列的10个天然大麦居群，结果发现所检测的57%变异来自居群之内，43%的变异来自居群之间，这和该种以其自交为主的繁育系统是相符合的。和本文研究的结论也是一致的。

育种工作者都希望将尽可能多的优良性状集中于单个品种上，该育种方向可能造成物种遗传背景趋向单一，从而成为遗传资源丧失的一个重要原因。因此，检测各种农作物品种的遗传多样性，对保护农作物遗传资源以及指导育种都具有重要的意义。

4.3.5　亲缘关系分析比较

种间关系的分析是分子系统学的重要研究内容，DNA分子标记被越来越多地用于种级的分类和种间亲缘关系甚至株系的分析。用RAPD试验数据资料探讨自交世代间的亲缘关系可以增加对自交和选择进程的监测和判断。度量株系亲缘关系的指标有遗传距离和相似系数。两个株系的亲缘关系越近时，表现在RAPD谱带上相同位点的谱带出现的频率相同，相似系数接近1，遗传距离接近0。株系间遗传距离变幅为0.100～0.333。O1-7和O1-40的遗传距离最小。株系M2-9与O、K1大和O1-7间的遗传距离最大，都为0.333。遗传距离平均值为0.229。相似系数0.667-0.900，其均值为0.723。虽然它们的来源相同，但相互间的相似系数差别较大，其主要原因与自交代数以及在分离群体中对不同基因型个体的选择有关。从同一株系和其后代的遗传距离也可以看出，随着世代的增加，遗传距离有不断增大的趋势，三个株系M、N、O经过两个世代后，平均遗传距离下降了48.4%。同时也说明自交株系间遗传距离尚偏小，未能根据遗传距离的大小选配亲本进行杂种优势利用的育种工作，还要进一步自交选育，增大株系间的遗传距离。

本文采用三个不同的评价方式，即采用单引物扩增产生的数据集、双引物扩增产生的数据集和两者总结果产生的数据集，分别对亲缘关系作了系统研究。单引物扩增结果确定的遗传距离范围0.068～0.364，O1-40和O1-7的距离最小，O2-28s和K1大的遗传距离最大，其均值为0.229。相似系数0.636-0.932，其均值为0.771。双引物扩增结果确定的遗传距离范围0.094～0.353，M2-9和M的距离最小，N和K2-7的遗传距离最大，其均值为0.232。相似系数0.647-0.906，其均值为0.768。从两者结果可以看出，单、双引物扩增结果得出的遗传距离是很相当的，差异不大。这同时也证实双引物应用的可靠性。

在分析比较三个数据集产生的聚类分析图时，结果是有差异的。双引物扩增更利于多态性位点的检测已经得到证实。在比较亲缘关系聚类分析时也得到相同的结论。单引物扩增结果的聚类图由于株系间的亲缘关系较近，并不能精确反映系谱关系。而双引物扩增结果的聚类图却更能精确反映系谱关系，说明双引物的应用是解决亲缘关系相近的株系间分类鉴定问题有效方法。从总的结果看，同一株系和其后代都聚成一组，能反映出系谱的真实情况。

不少专家应用RAPD技术研究近缘种或品种间的关系，并取得明显效果。师丽华等（师丽华，2002）利用RAPD标记技术对毛竹（Ph .edulis）种下的7个变型或栽培型及其同属的2个近缘种进行遗传关系的研究。结果表明RAPD技术能将7个毛竹的变型或栽培型与同属的两个近缘种明显区别开来。李周岐等（李周岐，2001）利用随机扩增多态（RAPD）分子标记技术对31个杂种马褂木无性系的研究结果表明无性系间的遗传多态性相对较小，聚类分析的结果证明RAPD指纹图谱在一定程度上反映了无性系间的亲缘关系，因此可用于谱系分析。翁尧富等（翁尧富，2001）确定了鉴别板栗优良品种（无性系）的较为理想的试验程序，得了RAPD良好的重复性，建立了较完整的板栗RAPD分析的技术体系，用大田苗进行初步验证，结果可靠。林凤等（林凤1999）根据RAPD标记建立的亲缘关系图与已知系谱的亲缘关系基本一致。

有鉴于此，我们认为RAPD技术是一种遗传关系分析的有力工具。

4.3.6 RAPD试验的可行性

基于PCR的RAPD技术具有样品用量少、灵敏度高、容易检测、引物的无限性及不受环境影响等优点，严格控制试验条件就能克服假阳性、重复性差的缺点而获得较高的重复性。

鉴于上述的分析，笔者提出以RAPD技术研究亲缘关系相系的株系时，应从以下方面考虑。要使RAPD鉴定结果具有较高的重复性，确保其可靠性，有必要加强以下两点：①应用双引物扩增，并对其反应条件加以优化；②增加重复次数，重复次数是控制误差与提高可靠性有效途径。增加引物的筛选数目和对同一引物的鉴定结果进行多次重复验证。

4.4 结论

新铁炮百合是台湾百合和麝香百合种间杂种，以种子繁殖生产切花为特色。株系间亲和性较大，又可保留种球，适合研究世代的遗传分化过程。本试验通过对自交株系的RAPD检测，确定其遗传多样性和亲缘关系。

4.4.1 新铁炮百合的RAPD反应条件与反应参数

通过优化设计确定了新铁炮百合的反应条件和反应程序参数：

单引物反应：dNTPs150 µmol/L，Mg^{2+}1.5 mmol/L，Taq聚合酶1U，引物primer0.3 µmol/L，模板DNA50 ng，反应总体积为20 µL。

双引物反应：dNTPs 200 µmol/L，Mg^{2+}2 mmol/L，Taq聚合酶1.5U，引物primer0.4 µmol/L，模板DNA50 ng，反应总体积为20 µL。双引物反应成分的最佳浓度比单引物的要高。

反应程序参数:(1)94 ℃预变性5 min 1个循环;(2)94 ℃变性30 s，退火50 s，72℃延伸1 min，35个循环;(3)72 ℃延伸10 min 1个循环;(4)4 ℃保存，待用。

4.4.2 试验设计方案的选择

本文采用正交设计和单因素逐项优化法，两者能得到一致的结果，但各有优缺点。正交设计能排除反应条件成分各因素的相互影响，得到较多的信息量，而且试验周期短。利用正交设计的极差法得出影响RAPD试验因素的大小顺序：①反应条件因素显著性程度依次为：Mg^{2+} > Primer > Taq > dNTPs > DNA；②反应参数因素显著性程度依次为：循环次数>延伸时间>复性温度>复性时间。

单因素逐项优化其表达方式直观，能从几个水平中轻易择优，但工作量较大，且信息量相对少。最好的试验方法是先用正交设计优化，然后对不是很明确的单因素再进行单因素试验，可达到最佳的优化效果。

4.4.3 引物的筛选

102条10碱基随机单引物和123个双引物中筛选出11条单引物和8个双引物用于新铁炮百合的RAPD扩

增。双引物谱带的产生和单引物的谱带无必然关系。双引物可以扩增出单引物所没有的DNA片段，但也可能会连单引物的谱带也扩增不出来。双引物更利于检测出多态性位点。由此可见，双引物的应用于亲缘关系相近的株系间的鉴定是可行的，而且是高效的。

4.4.4 遗传多样性

用多态百分率、多态性频度和Shannon遗传多样性指数评价世代间的遗传多样性变化。扩增总谱带达198条，163条谱带是多态的，多态百分比达81.8%。其中引物S19、S303+S1366、S19+S210、S469+S19、S55+S30的多态百分比均为100%。F_2世代、F_3世代、F_4世代多态性百分比分别为59.1%、56.6%、48.0%。多态性百分比呈现出下降的趋势，总谱带数也有下降的趋势。这是因为在选择育种作用下，特别是自交选育过程中，基因趋向纯合，多态性位点减少所致。

从整体来看，三个世代的遗传多样性指数分别为：1.749、1.530、1.292，呈现下降的趋势。总群体遗传多样性指数值为2.006；群体内遗传多样性指数为1.523。在总变异中，群体内的分布Hpop/Hsp和群体间分布（Hsp-Hpop）/Hsp遗传多样性所占的比率分别为76.2%和23.8%，表现出群体内大于群体间的趋势，这与新铁炮百合的繁育系统相符合的。

4.4.5 亲缘关系

根据Nei&Li系数用Rapdistance软件计算出株系间的遗传距离和相似系数矩阵，通过UPGMA法构建株系间的系统聚类树。随着世代选育的进程，株系间的遗传距离有增大的趋势。从三个不同聚类结果可以看出，其聚类树状图基本反应系谱的关系；双引物扩增结果能较精确反映其系谱关系。在亲缘关系相近的株系，用RAPD方法能比较准确地推测到世代间的遗传多样性、遗传分化的细小变化。

附表4-1：缩略词表

BME	β-Mercaptoethanol	β-巯基乙醇
Bp	Base pair	碱基对
CTAB	Cetyl-trimethyl-ammonium bromide	十六烷基-三甲基-溴化铵
dNTP	Deoxyribonucleoside triphosphate	脱氧核糖核苷三磷酸
EB	Ethirum bromide	溴化乙锭
EDTA	Ethylenediaminetetraacetic aced	乙二胺四乙酸
PCR	polymerase chain reaction	聚合酶链式反应
RAPD	Random amplified polymorphic DNA	随机扩增多态DNA
Rnase	Ribonuclease	核糖核酸酶
TBE	Tris-broate-EDTA	Tris-硼酸
Tris	Tris(hydroxymethy)aminomethane	三羟甲基氨基甲烷

附表4-2 试剂成分与配制

CTAB提取缓冲液：2%CTAB,1.4%mol/LNaCl,20mmol/LEDTA,100mmol/LTril-HCl（pH8.0）。用前加入2%（v/v）2-巯基乙醇。

氯仿/异戊醇：24：1（v/v），体积比。

Rnase A10 mg/mL：溶解Rnase A于10 mmol Tris-HCl（pH7.5），15 mmolNaCl，配成10 mg/mL，100℃水浴加热15 min，

冷却至室温，分装于–20℃存放。

Tris–HCl1mol/l：121 g Tris碱溶解于蒸馏水，用HCl调至所需要的pH值，定容到1000 mL。

EDTA 0.5 mol/l：186.1 gEDTA加入800 mL蒸馏水中，在磁力搅拌器是剧烈搅拌，用NaOH调PH至8.0，定容至1000 mL，高压灭菌备用。

TE缓冲液：10 mmol/L Tril–HCl，1 mmol/L EDTA pH8.0

10×TBE：108 gTris碱，55硼酸40 mL0.5 mol/lEDTA，pH8.0，溶解加蒸馏水至1000 mL。用时稀释10倍。

附表4-3 本文研究中所用102条单引物及其序列

S1	GTTTCGCTCC	S18	CCACAGCAGT
S2	TGATCCCTGG	S19	ACCCCCGAAG
S3	CATCCCCCTG	S20	GGACCCTTAC
S4	GGACTGGAGT	S21	CAGGCCCTTC
S5	TGCGCCCTTC	S26	GGTCCCTGAC
S6	TGCTCTGCCC	S27	GAAACGGGTG
S7	GGTGACGCAG	S28	GTGACGTAGG
S8	GTCCACACGG	S29	GGGTAACGCC
S9	TGGGGGACTC	S30	GTGATCGCAG
S10	CTGCTGGGAC	S31	CAATCGCCGT
S11	GTAGACCCGT	S32	TCGGCGATAG
S12	CCTTGACGCA	S44	TCTGGTGAGG
S13	TTCCCCCGCT	S45	TGAGCGGACA
S14	TCCGCTCTGG	S50	GGTCTACACC
S15	GGAGGGTGTT	S51	AGCGCCATTG
S16	TTTGCCCGGA	S52	CACCGTATCC
S17	AGGGAACGAG	S53	GGGGTGACGA
S54	CTTCCCCAAG	S261	CTCAGTGTCC
S55	CATCCGTGCT	S263	GTCCGGAGTG
S56	AGGGCGTAAG	S265	GGCGGATAAG
S57	TTTCCCACGG	S270	TCGCATCCCT
S58	GAGAGCCAAC	S272	TGGGCAGAAG
S59	CTGGGGACTT	S274	CTGCTGAGCA
S60	ACCCGGTCAC	S278	TTCAGGGCAC
S66	GAACGGACTC	S290	CAAACGTGGG
S67	GTCCCGACGA	S293	GGGTCTCGGT
S68	TGGACCGGTG	S295	AGTCGCCCTT
S69	CTCACCGTCC	S302	TTCCGCCACC

S70	TGTCTGGGTG	S303	TGGCGCAGTG
S97	ACGACCGACA	S321	TCTGTGCCAC
S98	GGCTCATGTG	S324	AGGCTGTGCT
S99	GTCAGGGCAA	S329	CACCCCAGTC
S100	TCTCCCTCAG	S340	ACTTTGGCGG
S101	GGTCGGAGAA	S342	CCCGTTGGGA
S145	TCAGGGAGGT	S348	CATACCGTGG
S170	ACAACGCGAG	S354	CACCCGGATG
S172	AGAGGGCACA	S452	CAGTGCTGTG
S173	CTGGGGCTGA	S469	GTGGTCCGCA
S176	TCTCCGCCCT	S520	ACGGCAAGGA
S179	AATGCGGGAG	S1021	GGCATCGGCT
S180	AAAGTGCGGC	S1058	GGCTAGGTGG
S181	CTACTGCGCT	S1342	TGCGAAGGCT
S183	CAGAGGTCCC	S1360	TCATTCGCCC
S188	TTCAGGGTGG	S1366	CCTTCGGAGG
S189	TCCTGGTCCC	S2160	AGCACTGGGG
S193	GTCGTTCCTG		
S199	GAGTCAGCAG		
S200	TCTGGACGGA		
S202	GGAGAGACTC		
S203	TCCACTCCTG		
S210	CCTTCGGAAG		
S211	TTCCCCGCGA		
S236	ACACCCCACA		
S237	ACCGGCTTGT		
S238	TGGTGGCGTT		
S249	CCACATCGGT		
S260	ACAGCCCCCA		

第五节 新品种特异性的RAPD标记鉴定

RAPD分子标记技术已成功地应用于物种遗传多样性分析及杂交后代的鉴定。但利用此技术进行百合品种间杂交种早期鉴定的研究报道非常少，除了东方百合Sorbonne与Marco Polo品种间杂交及其后代的RAPD标记鉴定以及对亚洲百合俄维农（Avignon）为母本，麝香百合雪皇后（Snow Queen）为父本的杂交种真实性鉴定外，尚未见其他百合杂交新品种的RAPD标记鉴定的报道。本研究以麝香百合品种间杂交种为材料，用RAPD-PCR扩增成功地对杂交后代进行了苗期鉴定，为麝香百合新品种的鉴定提供了行之有效的方法，同时为百合新品种的DUS测试，即特异性（Distinctness）、一致性（Uniformity）和稳定性（Stability）测试提供分子生物学依据，并且进一步为RAPD技术在百合杂交种早期鉴定中的应用提供理论和事实依据。

5.1 材料与方法

5.1.1 材料

以新铁炮百合'雷山'（*Lilium×formolongii*'Raizan'）（母本）、麝香百合品种'白森林'（*Lilium longiflorum*'White Forest'）（父本）及其杂交F$_1$代优选株与'白森林'回交选育而成的新品种'白玉'（*Lilium longiflorum*'Baiyu'）（2006年通过广东省品种审定）的嫩叶为材料。在种植场剪取长势好、无病虫害的幼嫩叶片放入塑料封口袋，封口后装入冰盒，当天带回实验室置于–80℃超低温冰箱保存。

5.1.2 方法

DNA提取采用改良的CTAB法。提取的DNA用P×2 Thermal Cycler PCR仪进行扩增。Taq酶、dNTPs、PCR buffer等购自北京普博欣生物科技有限责任公司；琼脂糖、电泳点样缓冲液、分子量标准（λDNA/*EcoR* I +*Hind* III）等购自上海生工工程有限公司；PCR反应体系为：dNTP（2 mmol/L）1.5 μL，Primer（5 μmol/L）1.5 μL，Taq DNA酶（2 U/μL）0.5 μL，DNA（20 ng/μL）1.0 μL，Buffer（含Mg^{2+} 15 mmol/L）2.5 μL，ddH$_2$O 18.0 μL，总体积25 μL。扩增程序为：94℃ 2 min；94℃ 30 s，37℃ 50 s，72℃ 90 s，40个循环；72℃延伸10 min；4℃保温。

扩增产物在1.5%的琼脂糖凝胶（含EB 0.5%），1×TBE电泳缓冲液中，5V/cm的稳压条件下电泳。电泳结束后，紫外反射透射仪下观察、凝胶成像系统照相。用SPSS统计软件对带谱进行分析。条带清晰、多态性好的引物重复2次。

5.2 结果与分析

5.2.1 RAPD扩增的带型分析

经多次试验，从150条引物中最终选出13条引物用于新品种白玉的鉴定。这13条引物扩增出来的条带一部分具有多态性好、条带清晰的特点，一部分具有条带清晰、特异性好的特点，都能很好地区分两个亲本和子代。被选定的13条引物的碱基序列见表1–5–1。

表1-5-1　选定的随机引物及其碱基序列
Table 1-5-1　The sequence of the primer

引物编号 No. of Primers	碱基序列 sequence of primers	引物编号 No. of primers	碱基序列 sequence of primers	引物编号 No. of primers	碱基序列 sequence of primers
L2	AGCGCCATTG	L12	CAATCGCCGT	L14	CCCCGGTAAC
L26	CCCAGCTAGA	L28	CACCGTATCC	L36	GGACGGCGTT
L4	AACGGCGACA	L43	TGGCGCAGTG	H14	GTGACGTAGG
Z35	AGCCGTTCAG	Z16	CCGCCGGTAA	H15	GGGTAACGCC
H16	CAATCGCCGT				

13条引物共扩增出143条带，扩增图谱见图1-20、图1-21，参照罗凤霞及 A. K. Shasany 的处理方法，将扩增出来的条带分为7种类型（见表1-5-2）。选取能说明问题的4种类型条带进行分析，这4种类型的条带分别是：（1）双亲本与'白玉'共有带型；（2）'雷山'与'白玉'共有带型；（3）'白森林'与'白玉'共有带型；（4）'白玉'特有带型。其中（1）型带69条，占总条带数的48.3%，（2）型带4条，占总条带数的2.8%，（3）型带22条，占总条带数的15.4%，（4）型带10条，占总条带数的7.0%。

表1-5-2　引物对'雷山''白森林''白玉'扩增出的7种类型的RAPD条带数
Table 1-5-2　The number and type of three lilies by RAPD-PCR with 13 primers

类型（Type）	①	②	③	④	⑤	⑥	⑦
白森林（White Forest）	+	−	+	−	−	+	+
白玉（Baiyu）	+	+	+	+	−	−	−
雷山（Raizan）	+	+	−	−	+	−	+
Z16	6	1	0	1	0	2	5
Z35	9	0	5	0	3	0	0
H14	4	1	0	3	2	0	0
L43	6	0	1	0	3	0	0
H15	3	1	1	2	4	1	0
H16	4	0	4	0	3	0	0
L2	6	0	1	0	1	0	0
L12	5	0	0	0	3	0	1
L26	3	0	2	0	1	0	0
L4	5	0	4	0	3	0	2
L14	7	1	1	0	0	1	0
L36	4	0	3	1	0	1	0
L28	7	0	0	2	1	0	1
总计	69	4	22	10	24	5	9
占总条带的百分数	48.3%	2.8%	15.4%	7.0%	16.8%	3.5%	6.3%

注：+/−：分别表示条带的有无。

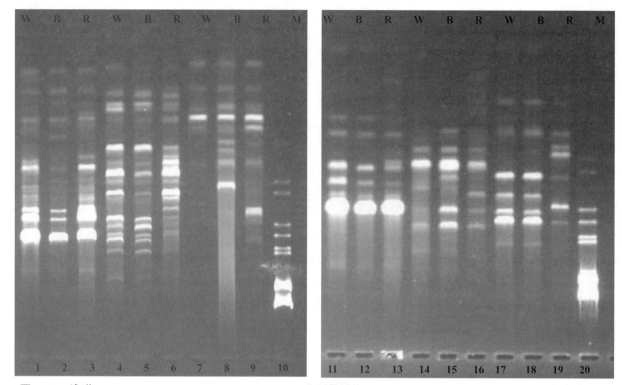

图1-20　泳道1-3，4-6，7-9，11-13，14-16，17-19分别是引物Z16，Z35，H14，L43，H15，H16的电泳图谱

W：白森林；B：白玉；R：雷山；M：λ DNA/*Eco*R Ⅰ +Hind Ⅲ。

Fig．1-20　The RAPD amplification result of three lilies with primer Z16，Z35，H14，L43，H15 and H16

W：White forest；B：Baiyu；R：Raizan；M：λ DNA/*Eco*R Ⅰ +Hind Ⅲ。

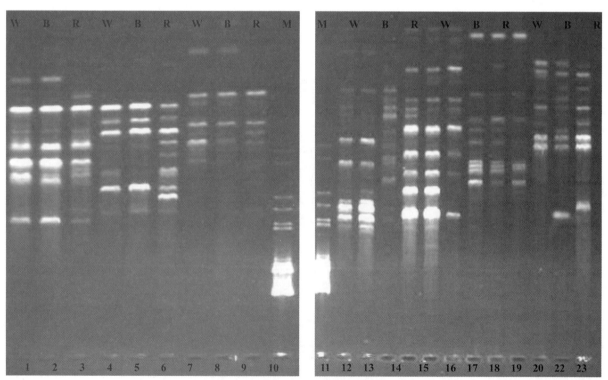

图1-21　泳道1-3，4-6，7-9，12-14，15-17，18-20，21-23分别是引物L2，L12，L26，L4，L14，L36，L28的电泳图谱；

10-11：Marker

W：白森林；B：白玉；R：雷山；M：λ DNA/*Eco*R Ⅰ +Hind Ⅲ

Fig．1-21　The RAPD amplification result of three lilies with primer L2，L12，L26，L4，L14，L36 and L28

W：White Forest；B：Baiyu；R：Raizan；M：λ DNA/*Eco*R Ⅰ +Hind Ⅲ

5.2.2　杂交种的RAPD特异性分析

由于是麝香百合杂种系内品种间的杂交，因此杂交亲和力较强，相似性高，这可以由RAPD扩增出来的条带类型说明。本试验中，① 型带有69条之多，占总条带数的48.3%，说明父母本之间的亲和力较高，①、②、③三种类型的条带占总条带数的66.5%，而且都在子代中出现，同时也是父母本或者单方亲本所具有的条带，说明子代的大部分基因来自亲本的稳定遗传；② 型带的存在能将亲本中的'白森林'区分开来；③ 型带的存在则可将'雷山'鉴别出来。子代中新的特异带型的出现是鉴定新杂交种的标志，本试验中的13条引物共扩增出10条新的特异性带，占总条带数的7.0%，其中引物H4扩增出来的带谱中就有三条特异性带（见图1-20），说明新品种'白玉'具有在亲本中不存在的基因型，其特异性能在RAPD带谱中显现，由此能充分将新品种'白玉'从亲本中鉴定出来，同时说明，在利用RAPD进行品种鉴定时，引物筛选的成功与否，对扩增结果有巨大的影响。

5.2.3　杂交种亲本溯源分析

鉴于RAPD扩增的真实性，可以从杂交后代与亲本共有条带的多少来推断子代与亲本亲缘关系的远近。比较'雷山'与'白玉'共有条带数和'白森林'与'白玉'共有条带数，可以看出：新品种'白玉'与亲本'雷山'的共有带（4条）比其与回交亲本'白森林'的共有带（22条）少，说明其与回交亲本的亲缘关系比其与'雷山'的亲缘关系近，这与'白玉'是亲本杂交后F_1代与'白森林'回交所得相符。

同时，将13条引物扩增出来的所有条带用SPSS统计软件进行相似性系数及聚类分析。从表1-5-3可以看出，'白玉'与回交亲本'白森林'的相似性系数为0.765明显高于'白玉'与'雷山'的相似性系数0.529，说明子代与回交亲本的亲缘关系比较近。再看聚类分析图（图1-22），'白森林'与'白玉'的遗传距离较'雷山'与'白玉'的遗传距离要近得多。由此可见：无论是从带型分析、相似性系数分析还是聚类分析，所得结果完全相同，杂交育种上的加性效应在本试验中得到充分体现。从这个结论可以推出：如果想要得到某一亲本的优良性状，选择用子代与此亲本进行回交有望得到试验所需的结果。

表1-5-3　Jaccard相似性系数矩阵

Table 1-5-3　Proximity Matrix

Case	Matrix File Input		
	白森林	白玉	雷山
白森林	1.000	0.765	0.586
白玉	0.765	1.000	0.529
雷山	0.586	0.529	1.000

本实验在分子标记技术的基础上，从带型、相似性系数及系统聚类三方面对麝香百合杂交后代宄本溯源，说明杂交后代更多的遗传了回交亲本的基因，子代与回交亲本具有更高的相似性系数和更近的亲缘关系，因此能够继承更多回交亲本的性状。由此推出，在今后麝香百合杂交育种过程中，为了获得某些优良性状，可以考虑多用回交的方法，即充分利用遗传规律中的加性效应，为培育优良百合新品种增加成功概率。

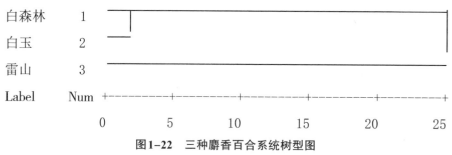

图1-22　三种麝香百合系统树型图

Fig.1-22　Dendrogram using Single Linkage

5.2.4　RAPD标记研究结果

（1）采用改良CTAB法成功地提取了适合RAPD-PCR的DNA，并通过单因素优化试验，建立了适合麝香百合RAPD扩增的优化体系：dNTP（2 mmol/L）1.5 μL，Primer（5 μmol/L）1.5 μL，Taq DNA酶（2 U/μL）0.5 μL，DNA（20 ng/μL）1.0 μL，Buffer（含Mg^{2+} 15 mmol/L）2.5 μL，ddH$_2$O 18.0 μL，总体积25 μL。

（2）14条有效引物共扩增出142条带，其中多态性条带106条，多态百分比为74.65%，总体多态百分比不是很高，说明各品系之间亲缘关系较近，遗传变异不是很大。通过分析说明筛选出来的这些引物能有效地区分这18个品系，这些引物扩增出来的条带的多态性均在50%以上，个别的多态性甚至达到100%，也说明RAPD分子标记能较好地标记出麝香百合不同品种的特异性，能显示出麝香百合在基因位点上的差异性，是一种能区分鉴定麝香百合品种有效的分子标记技术。将此技术用于麝香百合DUS测试可以有效地证明品种之间的特异性，是值得应用的一项DUS测试技术。

（3）根据RAPD扩增出来的谱带计算出的遗传距离和相似性系数，遗传距离范围0.170～0.513，平均为0.368，通过聚类得到树状系统图，可将其分成4个组：K2-7、N、K1-4、K2-4、N2-6、06、白天堂聚成一组；K早株系单独成一组；M、C、17-2、59四个品种聚成一组；00-14、48-2、61、46-2、M2-9、Q1-3聚成一组。同一组的品种之间亲缘关系比其他组的品种近。

（4）通过对已知亲缘关系的三个品种进行杂交新品种特异性的RAPD标记鉴定，结果13条引物扩增得到143条共7种类型的条带，其中子代特有带型能很好地标记出杂交子代的特异性。通过究本溯源分析，说明RAPD技术能清楚明了麝香百合新品种与亲本之间的亲缘关系。进一步说明RAPD技术能够在苗期鉴定出品种间的杂交种，能够鉴别品种的真伪，为DUS测试提供了真实可信的分子生物学依据，可以用于百合新品种的鉴定及DUS测试。

5.3　讨论

花卉申报的新品种极少，相关花卉DUS测试的研究鲜见，其中少量的研究也只是形态特征方面的研究。由于形态特征取决于遗传和环境两个因素，且主要由遗传因素决定，所以不能仅仅从部分形态特征来判断物种之间的差异性、遗传稳定性和遗传一致性。同样还有很多生理特性受环境和遗传的影响，如光合作用强弱、对矿质元素的吸收利用、对水分的吸收利用等都可作为评价一个物种品质好坏的指标。虽然有研究表明形态变化与分子趋异（divergence）是彼此独立的，反映了不同的进化压力和不同规则，这些形态和生理指标基本上还是能通过遗传基因来说明。麝香百合作为一种花卉商品，在新品种审定、新品种测试时也只有形态方面的研究，包括各种形态特征的量化和细化，还未涉及到生理和分子特性的研究，因此，尚有许多需要研究的方向。首先，怎样从一个或几个确定的形态、生理指标判断该品种同其他品种之间的差异性，而从另一个或几个确定的形态、生理指标判断其稳定性和一致性；这些特征如何获得？其次，是否可以通过分子生物学技术，检测某一特异的基因序列，进而说明其与其他品种之间的差异性，有哪些分子生物学技术可以在这方面应用；第三，从哪些方面来验证形态、生理及分子标记的真实性、可靠性。

遗传标记（genetic marker）是指可追踪染色体、染色体某一节段或者某个基因座在家系中传递的任何一种遗传特性。它具有两个基本特征，即可遗传性和可识别性。遗传标记是生物育种的重要工具，到目前为止共有4种类型，即形态标记（morphological marker）、细胞学标记（cytological marker）、生化标记（biochemical marker）和分子标记（molecular marker）。其中，前三种遗传标记都是以基因表达的结果为基础的，是对基因的间接反映；而DNA分子标记则是DNA水平遗传变异的直接反映。RAPD作为DNA分子标记的类型之一，自然也是对遗传变异的直接反映。而且从已有的RAPD标记技术用于植物系统学研究中可以看出RAPD标记完全适用于种内、种间乃至近缘属间亲缘关系的研究，这一点得到很多研究者的证实，因此，RAPD在分子标记上对基因位点分析的真实性是毋庸置疑的。

RAPD标记技术已经用于遗传多样性研究、种质资源鉴定、遗传资源分类、品种纯度鉴定与杂交育种、基因标记等方面，但明确提出将RAPD标记技术用于新品种审定中DUS的测定的有关研究和报道还没有。本研究通过多条引物的筛选和利用，从RAPD-PCR产物中分析了麝香百合品种之间的遗传多样性，并从顺反两个方向对已知亲本和杂交后代进行标记分析，得出的结果和真实结果完全一致，不仅说明了杂交后代与亲本亲缘关系的远近，也很好地标记出了杂交种的特异性，从而说明新品种与其他品种在分子生物学方面的差异性，为新品种的DUS测试提供了分子生物学方面的资料和参考。

第六节 麝香百合杂种系育种技术体系构建

麝香系（Longiflorum Hybrids）百合以其花冠大型、洁白、芳香深受我国消费者欢迎。尽管近年亚洲系（Asiatic Hybrids）百合、东方系（Oriental Hybrids）百合在切花市场快速拓展，但是麝香型百合的市场占有率仍有拓展的趋势。

我国麝香系百合切花生产品种主要是来源于国外，国内尚未育成有竞争力的品种。改革开放后最早大量生产的品种首推'广州土铁炮'，该品种为较早引入、名称不详的麝香杂种系品种，在珠江三角洲地区年产量2000万支以上，在冬春供应量大而且集中。其他常见引进栽培品种为白狐（White Fox）、爱维塔（Avita）、新铁炮系列（Lilium formolongi）。新铁炮系列品种切花生产扩展非常快，逐步取代了'广州土铁炮'。

我国麝香系百合切花生产用种球大部分是利用外来品种自育自繁的，少量进口。进口种球价格高，与麝香百合切花市场中低价位不相适应，蕾形以斜、横为主，不适应包装运输。为培育适应我国产区的自然环境、生产力水平和市场需求的优良新品种，提高竞争力，20年来我们致力于麝香百合杂种系品种改良，在育种实践中不断探索、不断创新，逐步形成了比较有效的育种技术体系。作者总结近年研究的初步经验，旨在抛砖引玉，推进我国百合育种工作的进步。

6.1 麝香百合的育种历程

麝香百合系大致分为3个品种系列：麝香百合（Lilium longiflorum）种内品种、台湾百合（Lilium

formosanum)种内品系，麝香百合与台湾百合杂交的种间杂种——新铁炮百合。

6.1.1 麝香百合的改良

麝香百合原产日本和我国台湾，育种工作始于日本（林 角郎，1990；郭志刚，张 伟，1999）。早在明治时代（1866）开始利用野生种栽培观赏，同时不断从野生种中逐步选拔培育优良的株系。后来麝香百合传到欧美，欧美致力于盆花品种培育。日本着重切花品种的培育，1928年西村育成（林 角郎，1990）铁炮百合，1951年登录为铁炮1号。到1950年前后，全球品种约60余个，在此期逐步筛选淘汰，到1965年优良品种左右，优良品种仅20余个，目前生产上常用的品种也不过20多品种。

6.1.2 台湾百合野生种的改良

该种生长于台湾低海拔地区，具有种子苗生育期短开花快的特点，但有抗病力差，花瓣颜色不纯的缺点。1926—1927年，伊藤东一（林 角郎，1990）将其改良，去除花瓣背面的紫斑，培育成花色纯白、叶形较宽的台湾百合优良品系。1929年西村通过自交也选育形成了白色系统。

6.1.3 新铁炮百合的育种

1929年西村用白色的台湾百合品系与早花的青轴铁炮杂交（林角郎，1990），1938年育成种间杂种——新铁炮百合，其后再与青轴铁炮回交，选育形成一批早生品系，在这些品系间交配，育成'西村铁炮'——1951年品种登录（31号）。同期，日本新铁炮百合育种活跃，先后育成了'BS铁炮'、'BS super'、'伊那铁炮'、'真木铁炮'等系统，也育成了三倍体铁炮，各大公司也培育了一些特异的品种，形成了值得夸耀的品种群。

在中国，我们进行新铁炮的研究的比较早。1992年引入，1993年开始系统观察，并进行常规的自交、杂交、回交育种研究，选育优良株系，重点在自交系培育、抗热育种、非光周期品种选育（周厚高，周 焱，宁云芬，等，2001a，2001b，2001c，2002；周焱，周厚高，宁云芬，等2001），摸索出了一套初步的育种技术。

6.2 常规育种技术体系构建

麝香百合育种技术体系由育种目标、亲本选配、技术组合和指标体系构成。

2.6.1 育种目标

麝香百合主要沿着盆花育种和切花育种两个方向发展。欧美重点发展盆花品种，日本重点培育切花品种。我国消费市场以切花为主。本文结合作者的育种实践，初步建立我国麝香型百合育种目标体系。

长势旺，植株高。我国切花生产技术和设施比较落后，不能满足进口品种的生产技术要求，生产的产品往往达不到优质切花的标准。比如进口的'白狐'小规格种球在设施差的情况下，往往植株低矮。长势旺、植株高的品种可以弥补生产设施的缺陷，因此具有该类性状的品种是今后育种的重要目标。

抗逆性强。我国切花生产不能有效控制环境，难以造就最佳生长条件，今后培育的新品种应有较强的抗逆性，在简易的设施下，能生产优质切花。抗逆性主要表现在抗热性、抗寒性、抗病性。

温度反应敏感快速。我国的消费旺季是冬春季节，切花生产在低温时期，能在低温环境正常生长的品种无疑有良好前景。

光周期非敏感性。麝香百合杂种系对光周期的反应程度差异很大。大部分铁炮品种是量性的长日照植物，少量是光周期中性品种，其生育期主要受温度调节，而新铁炮百合属质性长日照植物。我国麝香系百合切花生产大多在冬季短日照条件下进行，选育对光周期非敏感性品种有重要意义。

种球休眠打破的一致性。大部分麝香百合品种同地同批次种球休眠程度不同，生产中有打破休眠不一致的现象，造成设施、场地利用率降低、成花率低、成本上升、效益降低的问题。培育种球休眠程度一致的优良品种在生产上有实际意义。

我国麝香百合育种目标构建立足于适应我国自然环境条件、市场需求模式和生产力水平，育成品种在生产设施不先进、生产技术水平不太高的条件下，能生产出质优价廉的切花产品。

6.2.2　亲本选配

根据上述目标体系和现行的麝香百合品种资源的特性，确定亲本组合。通过对铁炮品种群、新铁炮品种群的性状观察评估，我们确立了以新铁炮百合'雷山'为主干亲本，以铁炮百合'白狐'、'爱维塔'等为主要亲木，进行常规育种试验。

新铁炮百合具有长势旺盛、植株高、抗热抗寒性较强、花头直立、种球休眠较浅的特点，但其质的长日性限制其冬春的生产潜力。

'白狐''爱维塔'生育期短，在低温、短日条件下也能快速发育，花朵大型美观，但是株型较矮，长势不旺，花朵横生或斜上，种球休眠深。

上述品种的抗病性均不强，特别是对灰霉病的抗性不强，尚需发掘抗病种质资源。

经过近10年的育种实践，作者认为这套亲本组合是能够出成果的好组合。

6.2.3　育种技术方法

麝香百合的常规育种方法主要是采用杂交、自交、回交方法。由于百合的高度杂合性，F_1代性状的变异也是很大的，选择可在杂交F_1代开始。作为杂交育种，F_2代选择后就可进入株系比较阶段。如果是自交系培育，可继续自交选育到纯合时为止，自交系的培育工作我们已进行了7年研究，此法是可行的。

由于麝香百合的营养繁殖特性，优良单株可通过营养繁殖迅速扩大无性系群体，采用现代技术——组织培养技术是实现这一目标的最佳选择。快速繁殖能大大缩短育种时间，提高育种效率。

杂交（回交）——后代选择——优株组培快繁——株系（品系）比较——推广，这是以百合为代表的营养繁殖花卉结合现代组培技术构建的最快捷有效的育种程序，经过我们多年的实践这套程序是可行的。

6.2.4　选择指标体系

作为切花的麝香百合品种选育，建立科学的、适应市场需求的和适应现阶段生产力发展水平的选择评价指标体系是重要的。

目标是培育扦插苗生产切花和种球生产切花的麝香百合新品种，因此评价指标中强调生长势、种球的促成栽培性能等。

6.2.4.1　扦插繁殖性能

扦插繁殖容易，出籽球快，发芽出叶快而整齐。扦插苗长势旺盛，新叶数量增长快，鳞茎膨胀速度快。苗期感受低温敏感性中等，过于敏感易于抽薹，导致早抽薹，植株细弱，达不到切花要求；过于迟钝，抽薹率低，成花率低，开花迟而不整齐，成本高，经济效益差。

6.2.4.2 种球及促成栽培性能

种球发育快，物质积累快。种球最低成花周径小，较小规格的种球能生产标准切花，8~10 cm周径是生产单头切花种球的选择标准。市场对铁炮百合花头的需求，单头、双头的需求量远远大于三头、四头、多头。

种球促成栽培性能好。冬春季节要求生育期短，15周左右，夏秋季节10周左右，无明显光周期现象，正常发育的最低温度低。

6.2.4.3 植物学性状

植株高，长势旺盛。夏秋植株高度在1.0~1.1 m，冬春在1.3~1.4 m，茎的粗度0.8~1.0 cm。

叶形叶色。叶色深绿——灰绿都可以接受。叶密度较小，平均间隔1.2~1.5 cm，叶斜上。茎中下部的叶披针形，茎上部的叶卵形、卵状披针形，较小为主。上部叶的大小经研究与花蕾的大小正相关显著[6]，因此上部叶的大小应适当，太大遮盖花蕾，增加切花重量，增加运输成本，太小影响花蕾质量，降低观赏价值。

花蕾性状。花蕾着生方向以直立为优，斜上也可。横向、斜下则市场难以接受。花蕾大形，外形优美，耐挤压，不开口，吸水后花蕾易恢复原形，无二次枝梗现象。

花型。花形好，花冠开口大，两轮花被排列紧密，花瓣上部微向外卷，六枚花瓣的排列、伸展方向及反卷程度均匀一致。花枝吸水性好，瓶插寿命较长。

6.2.4.4 抗逆性

抗病性。较强的抗灰霉病、鳞茎腐烂病、丝核菌的能力。

抗热性。有一定的抗热性，适应夏秋生产需要。

抗寒性。有一定的耐低温能力，冬春较低温度也能正常生长。

6.3 麝香系百合主要性状的遗传趋势

6.3.1 性状遗传研究的难度

百合以无性繁殖为主，杂合性程度高。对于性状的遗传特性研究相对于种子繁殖的植物难度大，性状遗传研究少。同时，百合育种家和生产者更注重新品种的直接生产性能，较少关注性状的遗传变异。即使试图以种子繁殖的途径研究百合的遗传规律，但由于欧美百合研究发达国家重点研究的东方型、亚洲型类群，这些类群播种到开花的时间长、环节多，培育到开花时，已经不是实生苗的性状反映了，没有可比性。

新铁炮百合种子繁殖的特性和自交系培育的进展（周厚高，周 焱，宁云芬，等，2001a，2001b，2001c，2002；周 焱，周厚高，宁云芬，等2001），为百合（至少是麝香百合）的性状遗传机理研究奠定了基础。下面根据我们积累的资料和观察试验，简述麝香系百合主要性状遗传变异的基本趋势。

6.3.2 主要性状的遗传变异

株高、茎粗。是数量性状，受环境因素的影响大。温度、光照强度、光周期均影响其表型。性状与温度、光照强度成反比。质性长日照的百合在冬季短日照下不仅高度较高，茎也较粗壮。种球大小与株高、茎粗成正比。

叶数、叶密度。为数量性状。叶数受影响的因素有种球大小、光周期性。在短日条件下，叶数有增多的明显趋势。叶密度受温度、种球打破休眠程度的影响。

叶形、叶色。前者是数量性状，后者是质量性状。叶形在百合植株的不同部位是不同的。

生育期。实生苗成花的品种的生育期比较明显地反映遗传的差异。但在扦插苗成花、种球成花的情况下，生育期会被扦插苗的强弱、种球的大小所干扰。

光周期。麝香百合中，质性的长日照与量性的长日照品种杂交，其质性被打破，成为量性长日照。

花头数。是一个变异相当大的性状，但其遗传力强。花头数受温度影响大，高温会导致花头数减少，花头数明显与种球质量（大小）成正比。

花蕾方向。花蕾伸展方向受市场左右较大。选育的方向是直立和斜上。这是一个数量性状。直立品种与横向品种杂交后代横向为主，F_2代表现出较广泛的分离，下垂的超亲分离占不少比例。花蕾的方向除受遗传基因影响外，往往受花蕾数的影响，单花蕾为直立或斜上型，但2个以上往往会表现横向。但直立多花蕾型在单花蕾时仍是直立的。因此在选育中，直立单花蕾应再观察其多花蕾时才能最终确定花蕾的方向。

二次支梗。在麝香型百合中二次支梗的发生受遗传因素影响较大，受环境影响较小。亚洲型百合的某些品种，低温会促进二次支梗的发生。

花型。花型是一个复杂的概念，在麝香百合中，它是由花被的排列方式、花冠开口大小、开口方向等构成，最终以整体效果展现的。庆幸的是花形受遗传的控制程度较大，环境往往影响其开口的大小和花的长度。

耐热性。品种间的耐热性差异是客观存在的，耐热性的田间评价缺乏科学的可靠方法，实验室方法可以判断，但缺乏与大田相一致且被大田验证的对应性。杂交试验证实耐热性是一个数量性状。

鳞茎休眠性。不同品种休眠性不同，欧美培育的麝香百合品种休眠程度较高，新球在发育过程中不易发芽，对种球生产比较有利。新铁炮百合某些品种休眠程度浅，新球在发育过程中容易发芽，不利于种球生产。两类品种的杂交后代的休眠性表现出广泛的分离，为选育提供了较大的空间。

6.3.3　营养繁殖与性状的稳定性

在理论上，营养繁殖是不会导致遗传结构的变异，不过大部分性状是数量性状，在生产中受环境影响较大。从分离世代获得的优良株系，通过营养繁殖的方式扩大基数，群体性状与优良单株性状之间的相关性仍然是关心的问题。通过我们选育、扩繁的实践表明，叶色、生育期、花蕾方向（选择多花品系）、光周期、耐热性、二次支梗、花形和鳞茎休眠性等性状通过营养繁殖上下世代间是一致的。株高、茎粗、叶数、叶形、花头数等受环境影响大，变异幅度大。

第二章　抗热与热激反应

前　言

　　百合（*Lilium* spp.）是单子叶植物亚纲百合科（Liliaceae）百合属（*Lilium*）的所有种类的总称。百合由于花姿优美、花色诱人、四季有花、清香晶莹、气度不凡，寓意美好，历来受到世界各国人民的喜爱。西方人把百合当作圣洁的象征，同时有怀念之意。我国人民自古对百合就怀有深厚的感情，每逢喜庆吉日，常以百合馈赠。百合是集温馨友爱、团结互助、思念回忆、祝愿期望等美好感情的花卉，人们在生活中很常用。

　　全世界的百合约有90多种，主要分布在北半球的温带和寒带地区，少数种类分布在热带高海拔山区（赵祥云等，2000）。我国是百合属植物的故乡，有50多种分布于全国27（省）市自治区，以西南、华中地区最多。

　　百合耐寒性强，抗热性差，喜冷凉湿润气候，生长适温白天为20 ℃～25 ℃，夜间为10 ℃～15 ℃，5 ℃以下或28 ℃以上生长会受到影响，麝香百合属于高温性百合，白天生长适温25 ℃～28 ℃，夜间适温18 ℃～20 ℃。西南、华中地区多处高温地带，夏季天气燥热，日照强烈，气温可高达35 ℃～38 ℃，这对麝香百合的生长十分不利。越夏的百合经常出现生长缓慢、植株低矮、病虫害严重、花朵小、茎杆软等现象，严重影响切花质量和造成百合种球退化。常年供应大量的、优质的百合是市场的需要，通过抗热育种，培育耐高温品种是解决夏季百合生产困难的主要途径。

　　抗热育种是重要的育种目标之一。目前抗热育种主要采用传统的育种方法进行选育，其中主要运用杂交技术进行选育。二十多年来，育种者利用国外引进的或筛选的优良抗热材料，采用适当的育种方法，在其他植物方面已成功地育出了许多抗热品种应用于生产。湖南省蔬菜研究所（张继仁，1993）利用湖南省丰富的辣椒抗热资源，大力开展杂种优势利用，成功地选育了目前我国抗热性较强的'湘研五号''湘研六号'品种；张雪清（1995）用雄性不育系与优良自交系选育成抗热力强的萝卜新品种'夏抗40天'；韩泰利（1997）利用从台湾、浙江引进的两个自交不亲和系配制了极早熟杂种一代抗热大白菜'潍白1号'；陈广（1995）、李树贤（1993）等也选育出了'北京小杂60''新白一号'等抗热大白菜新品种；李世忠等（2013）通过有性杂交技术和系统选育方法，培育出青菜耐热新品种'闵青101'。

　　随着基因工程技术的日益完善，人们开始注重使用细胞工程这一新技术进行抗热性育种。利用离体培养技术诱导不结球大白菜抗热变异体，得到了比原始材料更抗热的变异体，而且这种变异体可以通过无性繁殖固定下来（黄剑华等，1995）；适当地使用选择压力，用乌菜的下胚轴、茎尖进行快繁，有10.6%的抗热变异体再生植株，在大田延后栽培的高温下，30%的再生植株能正常结实（陈静娴等，1995）。

　　有关百合抗热性指标的检测在国际上同类研究不多，国内未见开展，所以开展百合抗热研究十分必要。其他植物抗热性的研究已取得不少成果，确定了某些鉴定指标和评价方法，为百合的抗热研究提供了有用的信息。

　　在高温胁迫下，植物的生长发育会受到不同程度的影响，表观体现于形态结构变化上。高温下，植物叶片茸毛、蜡质、角质层厚度、气孔密度和开度以及栅栏细胞的排列均发生变化。抗热性强的植物种类、品种有较大的叶片厚度、栅栏组织厚度、栅栏组织/海绵组织比例以及较高的气孔密度（彭永宏等，1995）。韩笑冰等（1997）研究表明，高温胁迫下，萝卜耐热品种比感热品种叶表皮气孔密度大、体积小、开度小，叶肉细胞排列紧密，很少出现质壁分离，叶柄维管束总面积大，具有发达的形成层及厚壁组织，这些结构均是与保持水分、免受高温失水伤害相适应的。高温胁迫会使植物发生多种生理症状，主要症状有：叶片萎蔫和水浸状，发育期缩短，叶片由绿转灰白色继而变黄；花芽数减少，花瓣和花药枯萎失水，雄性不育等。可以按照科学设计方法在控制条件下或者田间自然高温条件下进行，然后根据症状出现时间的早晚和严重程度来鉴定植物的抗热性（尚庆茂等，1996）。但是该法带有主观性，此外，难以和其他逆境区分开来。

在高温胁迫下，植物内部的生理生化过程发生不同程度的变化。因此，可以通过对热胁迫下植物体内一些生理生化过程的研究，探寻其变化机理，从而找到一些与抗热性关系密切的指标，作为抗热性鉴定指标。

渗透调节是植物忍耐和抵御高温逆境的重要生理机制，而水分在其中扮演了重要的角色。热胁迫下耐热品种对水分的吸收和丧失能在较大范围内保持平衡，从而表现有较强的抗热能力。相对含水量反映了在高温胁迫和水分胁迫下植物组织在蒸腾时耗水补充程度和恢复能力的差异，高温胁迫下相对含水量较高的植物抗热（王向阳等，1992；叶陈亮等，1996；Xu等，2006）。一般认为束缚水含量与耐热性呈正相关，束缚水/自由水比例越大，植物越抗热；已在大白菜（叶陈亮等，1996）、萝卜（陈火瑛等，1992）等植物上应用。束缚水可减慢高温胁迫下植物蛋白质的降解速率（刘祖祺等，1995），抗热品种可溶性蛋白质下降的幅度低于不抗热品种（叶陈亮等，1996）。一般情况下，蒸腾速率高的植物受热害的影响较小（刘祖祺等，1994）。叶陈亮等（1996）研究发现，大白菜的抗热性与蒸腾速率呈正相关，但与高温胁迫下蒸腾速率提高的比率呈负相关。在高温等条件下，植物常在细胞内主动积累各种无机和有机渗透调节物质，以降低渗透势，增强吸水能力，维持细胞膨压，从而提高对环境的适应性（Sakamoto等，2002）。植物细胞的渗透势主要取决于液泡的溶质浓度，即渗透势与原生质体黏度有着密切的关系，可用测细胞的渗透势的方法测定原生质体黏度，黏度大的品种抗热。

叶绿素是光合作用不可缺少的重要物质。高温胁迫下，抗热性强的品种叶绿素含量下降的速度比抗热性弱的慢，这已在柚、桃（陈立松等，1997）、小麦（王向阳等，1992；Vierling等，1992）、芒果（李绍鹏，1993）等植物上得到证实。但罗少波（1996）、杨丽薇（1996）、马德华（1999）、黄莺（2001）等对大白菜、黄瓜和玉米的研究表明，叶绿素含量的变化没有一定的规律性或与其对温度逆境的抗性无明显的相关性，因此认为叶绿素含量变化率不能作为抗热性的一个生理指标。

脯氨酸是植物在高温胁迫下进行渗透调节的重要物质。在植物生长的各个阶段受旱都会导致游离脯氨酸的积累，并且主要发生在叶内。彭永宏（1995）、叶陈亮（1996）、肖顺元（1990）等报道，高温胁迫下脯氨酸积累量是比较敏感的抗热性指标，脯氨酸积累多的品种较抗热，积累少的品种较不抗热。但关义新等（1996）认为，干旱下玉米叶片中游离脯氨酸的积累与品种的抗旱性没有必然的联系。

细胞膜热稳定性是反映植物抗热性的一个重要指标。1972年，Sullivan（1993）首先将测定细胞膜热稳定性的电导法应用于高粱和大豆耐热品种和选择。至今为止，人们已就热胁迫对膜的影响效应进行了许多研究。植物在受到高温胁迫后，细胞生物膜系统受损，膜透性加大，导致胞液外渗（刘少卿等，2013；张景云等，2014）。在冬小麦中，Saadalla等（1990）以电解质外渗作为膜的热胁迫下的相对损伤率，对不同品种苗期和开花期的热稳定性进行测定，结果表明基因型间存在显著差异。马德华（1999）、谷崇光（1991）、罗少波（1997）等对黄瓜的研究表明，用电导百分率法测定黄瓜不同品种的耐热性是有效的。尚庆茂等

（1996）介绍用分光光度法测定组织浸出液在260nm处的光密度值，以此测定电解质渗透率，计算不同处理的高温致死时间作为蔬菜抗热性鉴定指标。周伟华等（1999）对小白菜的试验研究表明，田间鉴定茎间节长、单株重、商品产量等三项耐热性评价指标与电解质渗透率的相关性达极显著水平。罗少波（1996）、陆世均（1990）、杨丽薇（1996）等对早熟大白菜耐热性鉴定技术研究的结果表明，电导百分率法的测定结果与田间鉴定结果有大致对应关系，耐热性与植株电导率呈明显的负相关，电导法是测定大白菜耐热性较可靠的方法。司家钢等（1995）认为电导百分率、半致死时间结合高温胁迫后，它们的变化能更好地反映品种间的耐热性差异。

丙二醛（MDA）是高活性的脂过氧化物，能交联脂类、核酸、糖类及蛋白质，在逆境下，其在细胞中的积累量常导致质膜伤害（1991）。因此，丙二醛在植株内的含量也被试图作为抗热性鉴定指标之一。李成琼（1998）、叶陈亮（1996）等试验表明，耐热性强的材料在受热胁迫后，其MDA含量低于耐热性弱的材料。刘维信等（1992）发现不结球白菜经38/28℃高温处理3天后，MDA含量迅速降低。在3种高温处理中，景天属植物的MDA含量基本呈现上升趋势（周媛等，2014）。姚元干等（1998）研究表明，辣椒叶片MDA含量随着温度的升高而上升，温度越高上升的幅度越大，同时表明MDA含量的变化大致可以了解辣椒叶片MDA含量与其耐热性的关系，但难以准确地判断品种间的差异，故此法不宜在辣椒上采用。

Martireau等（1979）指出，植物在高温胁迫下的膜伤害与质膜透性的增加是高温伤害的本质之一。由于高温下细胞体内的超氧自由基、羟自由基、MDA的产生和消除的平衡受到破坏，而造成这三者的积累，引起膜中蛋白质聚合和交联以及膜中内脂的变化，从而直接影响膜的流动性和透性，对植物体产生伤害（Fridovich，1975；陈少裕，1989）。植物酶促防御系统，包括过氧化氢酶（CAT）、超氧化物歧化酶（SOD）、过氧化物酶（POD）、抗坏血酸过氧化物酶（ASP）等都具清除自由基的能力，因而成为植物抗热生理基础之一（陈少裕，1989）。目前有关保护酶系的研究结果不尽一致。周人纲等（1995）研究报道，34℃的热锻炼（1d～5d）可提高小麦叶片膜的热稳定性、CAT活性、SOD活性，抗热品种提高的程度大大高于感热品种。叶陈亮等（1997）对大白菜的酶性和非酶性活性氧清除能力与耐热性的研究表明，大白菜经高温胁迫后，O-2含量明显增加，CAT、SOD、ASP活性提高。吴国胜等（1995）报道，高温导致POD活性降低，CAT活性升高，抗热性强的大白菜品种POD活性高于抗热性弱的品种，且SOD活性在高温下也较稳定。刘维信等（1992）在不结球大白菜上都得到耐热品种能保持较高POD活性的结果。陈火英等（1990）对萝卜的研究也表明，耐热品种在高温胁迫后，其POD活性上升，同工酶带数增加。张兴国等（1992）对魔芋的研究表明，魔芋叶片SOD酶活性随着高温处理时间延长而降低。经30℃～34℃高温处理后，草莓叶片SOD、POD、CAT酶活性值均有所升高（杨再强等，2012）。而肖顺元（1990）、彭永宏（1995）、姚元干（1998）等的研究发现，在高温胁迫下，POD活性的变化没有一定的规律，与品种的抗热性无关。可见，抗热性与POD等酶活性关系比较复杂，常因植物材料、高温处理时间及温度的差异而使研究得出不同的结果，这一现象还有待进一步的研究。

本试验的目的是：以20个麝香百合基因型为材料，采用室内模拟高温的方法，研究幼苗的若干形态及生理生化的变化规律，综合有关指标鉴定和评价百合抗热性的可行性，以期为抗热育种及资源鉴定与筛选提供理论依据。同时建立一套百合抗热性评价指标体系和筛选技术。

本文将从以下几个方面开展研究：（1）最佳热锻炼温度的选择；（2）抗热性鉴定指标的比较分析；（3）抗热性鉴定指标的相关性；（4）基因型抗热性的综合评价。

第一节　麝香百合杂种系不同基因型的抗热性评价

1.1　材料与方法

1.1.1　材料

本试验所用的材料是麝香百合（*Lilium longiflorum*）品种 'White Forest' 与新铁炮百合（*Lilium formolongi*）的杂交F1和新铁炮百合自交后代的18个基因型：M，O，Q，N，M1-10，M2-8，M2-9，N1-1，N2-6，O-卵，O1-13，O2-10，O2-28，Q1-2，U1-2，P1-1，K2-7，K1-4以及麝香百合品种 'White Forest'（周厚高，1999）。采用鳞片扦插繁殖形成的幼嫩的植株及其叶片。在试验过程中，为了方便，把这二十个基因型分别编号为：1，2，3，4，5，6，7，8，9，10，11，12，13，14，15，16，17，18，19，20。

1.1.2　方法

1.1.2.1　常温条件下抗热指标的测定方法

（1）叶片形态解剖结构的测定方法

测量叶片厚度、栅栏组织厚度、海绵组织厚度的方法采用切片法，每个基因型取5株幼嫩植株的叶片，制成临时玻片，用物镜测微尺测量。测量气孔密度采用下述方法（华东师范大学生物系植物生理教研组，1985）：

各取5株个体的新鲜叶片表皮制成临时玻片→在显微镜下计算视野中气孔的数目→移动制片，在表皮的不同部位进行3次计数，求其平均值→用物镜测微尺量得视野的直径→按公式$S=\Pi r^2$计算视野面积，用视野中气孔的平均数/视野面积，即可求出气孔密度。

（2）原生质体黏度的测定方法

原生质体黏度采用的是质壁分离法。用1 mol/kg蔗糖水溶液依C1V1=C2V2配制0.06，0.07，0.08，0.09，0.10，0.11，0.12，0.13，0.14，0.15，0.16，0.17，0.18，0.19，0.20，0.21，0.22，0.23，0.24，0.25，0.26（单位：mol/kg）等一系列不同浓度的蔗糖水溶液，贮于试剂瓶中。用镊子剥取百合叶片的下表皮，放入0.03%的中性红染色5 min左右，吸去切片表面水分，再放入配制好的不同浓度的蔗糖溶液中浸泡20 min，取出在显微镜下观察，记录结果，同时记录室温。

1.1.2.2　高温条件下抗热指标的测定方法

（1）热锻炼温度的选择

选取抗热性较强的基因型，将幼苗分别置于28 ℃～40 ℃、梯度为2 ℃的光照培养箱中处理24 h后测定细胞膜50 ℃热致死时间，然后以处理温度为横坐标、热致死时间为纵坐标作图，找出热致死时间最长时的处理温度，将该温度作为麝香百合热锻炼的最佳温度。

（2）试验设置及取样

在大田中扦插20个麝香百合基因型的鳞片至成苗，将具4片真叶的小苗移栽至装有泥炭土的方形筛子中，把筛子放入光照培养箱中（光照度3000Lx，气温约20 ℃）按常规管理培养。幼苗长至5～6叶期时将温度调至28℃培养72 h后对部分供试植株进行第一次取样，随后将箱温调至已选出的高温锻炼温度，48 h后对另一部分供试植株进行第二次取样。每次取样均剪取植株部位较一致的叶子供测试。每项生理生化指标测定均重复3次。

（3）抗热性鉴定的方法

① 相对含水量的测定

参照邹琦（2000）的方法，按鲜重法测定。剪取叶片准确称重后，将叶片浸入蒸馏水中8小时，取出用吸水纸擦干表面水分，称重，然后烘干，称出干重。

② 束缚水含量的测定

参照李合生等（李合生等，1999）的方法。稍加修改：不用打孔器钻取小圆片，而将叶片剪成0.6×0.6 cm小段，自由水用阿贝折射仪测定浸渍叶片后的蔗糖浓度降低值计算，以叶片总含水量减去自由水量求束缚水含量。

③ 脯氨酸含量的测定

参照李合生等（1999）的方法。准确称取叶片0.2 g，剪碎后置于大试管中，加入5 mL 3%磺基水杨酸溶液，于沸水浴中浸提10 min。取出试管，吸取上清液2 mL，加2 mL冰醋酸和2 mL酸性茚三酮试剂，在沸水中加热30 min，冷却后加入4 mL甲苯萃取脯氨酸，用分光光度计比色测定。

④ 丙二醛含量的测定

参照李合生等（1999）的方法。取0.5 g叶片，加5%三氯乙酸5 mL，研磨后所得匀浆在3000 r/min下离心10 min。取上清液2 mL，加0.67%硫代巴比妥酸2 mL，混合后在沸水浴中煮30 min，冷却后再离心一次，测定上清液的吸光度值，计算丙二醛含量。

⑤ 叶绿素含量的测定

参照李合生等（1999）的方法。称取叶片0.2 g，剪碎后放入研钵中，加入少许石英砂和碳酸钙及2～3 mL 95%乙醇，研成匀浆，再加乙醇10 mL，继续研磨至组织变白，静置3～5 min后过滤，用乙醇定容25 mL，摇匀后用UV-754型分光光度计测定OD665、OD649，计算色素含量。

⑥ 细胞膜热稳定性的测定

采用李合生等的方法（1999），略加改变：用蒸馏水冲洗3次，再用洁净滤纸吸净表面水分，称取三份，各重0.5 g，将其剪成0.6×0.6 cm小段，用尼龙网包裹后放入小烧杯中，在杯中准确加入20 mL蒸馏水，浸没叶片。以DDS-12A型数字电导率仪测定叶片外渗液电导率的变化，以相对电导率表示细胞膜透性。

⑦ 蒸腾强度的测定

选定待测叶片，将叶片从植株上剪下，在切口涂少许凡士林后，立即在电子天平（感量0.1 mg）上准确称重（W1）；然后迅速将叶片放回原处（用夹子将叶片固定在原株上），使其在原来环境条件下蒸腾，过3 min，迅速取下该叶片进行第二次称重（W2）。按上述步骤，在尽可能短的时间内做2次重复，求3次测定的平均值。将称重数据按下式计算蒸腾强度Tr：

$$Tr = (W1 - W2) \times 60 \div (3W1) \ (mg \cdot g^{-1} \cdot h^{-1}) \ (1.2.2.3.7)$$

⑧ 溶性蛋白含量的测定

参照李合生等（1999）的方法，采用考马斯亮蓝G-250染色法进行测定。准确称取叶片0.2 g，用5 mL磷酸缓冲液（pH=7.0）研磨成匀浆后，10000 r/min离心10 min，取上清液0.1 mL（加磷酸缓冲液4.9 mL稀释）于试管中，加入考马斯亮蓝G-250溶液5 mL进行染色反应2～5 min，放置2 min后在595 nm下比色，记录吸光度，并通过标准曲线查得蛋白质含量。

⑨ 过氧化氢酶（CAT）活性的测定

参照邹琦（2000）的方法，采用紫外吸收法进行测定。准确称取叶片0.2 g，用5 mL磷酸缓冲液（pH=7.8）研磨成匀浆后，于4000 r/m冰冻离心机离心15 min，样品上清液在20～30 ℃范围内保温（25 ℃预热）。取0.2 mL样品上清液，加入1.5 mL磷酸缓冲液（pH=7.8）、1 mL蒸馏水、0.3 mL H_2O_2（0.1 mol/l）进行反应，并在加入H_2O_2时立即计时。反应3 min后立即在240 nm波长下测其吸光度。

⑩ 超氧化物歧化酶（SOD）活性的测定

参照李合生等（1999）的方法，采用氮蓝四唑（NBT）法进行测定。精确称取叶片0.2 g，用5 mL磷酸缓冲液（PH=7.8）研磨成匀浆后，于10000 r/m冰冻离心机离心15 min，吸取样品上清液0.02 mL，依次加入磷酸缓冲液1.5 mL，130 mmol/l Met溶液0.3 mL，750 μmol/l NBT溶液0.3 mL，100 μmol/l EDTA–Na溶液0.3 mL，20 μmol/l核黄素0.3 mL。混匀后立即置于4000 lx日光下反应20 min。至反应结束后在560 nm下测定吸光度。

（4）数值分析方法

利用多元统计分析的数量方法，对麝香百合的形态、生理生化等多个抗热性鉴定指标进行方差分析、相关分析，并用模糊数学中隶属函数的方法进行综合评价分析，系统地研究品种间的抗热性差异，从中选择抗热性强的优良品种。同时探寻适宜百合抗热性鉴定的指标。主要采用大型统计软件"STATISTICA"进行运算。

抗热性综合评价是依照刘学义等用的模糊数学中隶属函数的方法，对品种各个抗热性指标求其隶属值，累加，求其平均数，比较品种间的抗热性（宋洪元等，1998）。具体方法如下：

① 分别对所测的抗热指标用下式求出每个品种各指标的具体隶属值：

X（ij）=（Xij－Ximin）/（Ximax－Ximin）（1.2.2.4.1）

式中，Xij为I品种j性状值，Ximin为j性状最小值，Ximax为j性状最大值。

② 若某一指标与抗热性呈负相关，可通过反隶属函数计算其抗热性隶属函数值。

X（ij）=1－（Xij－Ximin）/（Ximax－Ximin）（1.2.2.4.2）

③ 将各个待鉴定品种各指标的具体抗热性隶属值进行累加，并求取平均数，平均数越大，其抗热性越强。

1.2 结果与分析

1.2.1 常温条件下抗热性鉴定指标的比较分析

1.2.1.1 叶片形态解剖结构比较

本试验对上角质层厚度、上表皮层厚度、栅栏组织厚度、海绵组织厚度、栅栏组织/海绵组织比值、下表皮层厚度、下角质层厚度、叶片厚度、气孔密度等9项叶片形态指标进行了方差分析，用最小显著差数法（LSD）进行多重比较。

由表2-1-1可知，各叶片形态指标在各个基因型间的差异程度不同，栅栏组织厚度、海绵组织厚度、栅栏组织/海绵组织比值、叶片厚度、气孔密度等指标在基因型间的差异大，多呈显著或极显著差异，尤其是叶片厚度和气孔密度。因此，这些指标是本研究考察的主要形态指标。

上角质层最厚的是M（基因型）的0.008 mm；其次是F1、O2-10、White Forest、N2-6、Q1-2、K2-7、K1-4；最小的是M1-10、N的0.005 mm。下角层最厚的是M2-9的0.007 mm；其次是M、White Forest、O2-28、K2-7、K1-4；最小的是M1-10的0.003 mm。上表皮层最厚的是N2-6、O2-28、O1-13

的0.052 mm；其次是K2-7的0.05 mm；最小的是M、M2-9、N的0.037 mm。下表皮层最厚的是O1-13的0.051 mm；其次是Q1-2的0.047 mm；最小的是N1-1，仅有0.031 mm。上角层厚度、上表皮层厚度、下角质层厚度、下表皮厚度在各基因型间差异小，基因型间不具显著差异或少有显著差异。因此根据这些指标进行麝香百合杂种系抗热性选育表现不是很理想。

栅栏组织厚度的最大值为M的0.096 mm；其次是M2-8和Q1-2，其值分别为0.083 mm和0.082 mm；最小的是N的0.053 mm。从本试验结果分析，在所测百合中，抗热性的强弱顺序可能为：M>M2-8>Q1-2>N2-6>U1-2>N1-1>F1>O2-10>O2-28>O1-13>K2-7>O>M2-9>White Forest>K1-4>P1-1>O-卵>Q>M1-10>N。栅栏组织/海绵组织比值最大的是M的0.405 mm；其次是O1-13和M2-8，分别为0.397 mm和0.392 mm；最小的是K1-4的0.229 mm。

叶片厚度的最大值是N2-6的0.460 mm；最小的是O，只有0.334 mm。20个基因型的抗热性的强弱顺序可能为：N2-6>K1-4>O2-10>M>U1-2>Q1-2>F1>O2-28>K2-7>M2-8>N1-1>Q>P1-1>O-卵>O1-13>N>M2-9>M1-10>White Forest>O。

气孔密度的最大值为N的67.801(气孔数/mm2)；其次为M和Q1-2，其值分别为64.890和53.701(气孔数/mm2)；最小的是K1-4，仅为30.218(气孔数/mm2)。在所测百合中，抗热性的强弱顺序可能为：N>O2-10>Q1-2>O-卵>M>O2-28>N2-6>Q>K2-7>U1-2>O1-13>M2-8>O>F1>M1-10>White Forest>P1-1>N1-1>M2-9>K1-4。

综上所述，叶片较厚、栅栏组织较厚、栅栏组织/海绵组织比值较大、气孔密度较大的基因型有望成为抗热性百合选育的目标。

表2-1-1 麝香百合基因型间叶片形态解剖结构的统计比较

Table 2-1-1 Statistical comparison of the morphological structure of leaves among Lilium longiflorum genotypes

（注：表右上角为上角质层厚度的统计比较结果，表左下角为下角质层厚度的统计比较结果）

基因型 genotype	{1}	{2}	{3}	{4}	{5}	{6}	{7}	{8}	{9}	{10}	{11}	{12}	{13}	{14}	{15}	{16}	{17}	{18}	{19}	{20}
上角质层厚度（mm）	0.007	0.008	0.006	0.006	0.005	0.005	0.006	0.006	0.006	0.007	0.005	0.006	0.007	0.006	0.007	0.006	0.006	0.007	0.007	0.007
{1}		0.001	-0.001	-0.001	-0.002*	-0.002*	-0.002	-0.001	-0.001	0.000	-0.002	-0.001	-0.001	-0.001	0.000	-0.001	-0.001	0.000	0.000	-0.000
{2}	-0.001		-0.002	-0.002	-0.003*	-0.003**	-0.002	-0.002	-0.001	-0.001	-0.003*	-0.001	-0.001	-0.002	-0.001	-0.001	-0.002	-0.001	-0.001	-0.001
{3}	0.001	0.001		0.000	-0.001	-0.001	0.000	0.000	0.001	0.001	-0.001	0.001	0.001	0.000	0.001	0.001	0.000	0.001	0.001	0.001
{4}	0.000	0.001	-0.001		-0.001	-0.001	0.000	0.000	0.001	0.001	-0.001	0.001	0.001	0.000	0.001	0.001	0.000	0.001	0.001	0.001
{5}	0.002	0.002*	0.001	0.002		0.000	0.001	0.001	0.002	0.002	0.000	0.002	0.002	0.001	0.002*	0.002	0.001	0.002	0.002	0.002
{6}	0.002*	0.002**	0.001	0.002	0.000		0.001	0.001	0.002	0.002	0.000	0.002	0.002	0.001	0.002*	0.002	0.001	0.002*	0.002	0.002
{7}	0.000	0.001	0.000	0.000	-0.001	0.000		0.000	0.001	0.001	-0.001	0.001	0.001	0.000	0.002	0.001	0.000	0.002	0.001	0.001
{8}	-0.001	-0.001	-0.002*	-0.001	-0.003**	-0.003**	-0.002		0.000	0.000	-0.002	-0.001	0.000	0.000	0.001	0.000	0.000	0.001	0.000	0.001
{9}	0.000	0.000	-0.001	0.000	-0.002*	-0.002*	0.000	0.001		0.000	-0.001	0.000	0.000	0.000	0.001	0.000	0.000	0.001	0.001	0.001
{10}	0.000	0.001	-0.001	0.000	-0.002*	-0.002*	0.000	0.001	0.000		-0.001	0.000	0.000	0.000	0.001	0.000	0.000	0.000	0.000	0.000
{11}	0.001	0.002	0.001	0.001	-0.001	-0.001	0.001	0.002*	0.001	0.001		0.001	0.002	0.001	0.002	0.001	0.001	0.002	0.002	0.002
{12}	0.000	0.001	-0.001	0.000	-0.002	-0.002*	0.000	0.001	0.000	0.000	-0.001		0.000	-0.001	0.001	0.000	-0.001	0.001	0.001	0.000
{13}	0.000	0.000	-0.001	0.000	-0.002*	-0.002*	0.000	0.001	0.000	0.000	-0.002	0.000		-0.001	0.001	0.000	-0.001	0.000	0.000	0.000
{14}	0.000	0.000	-0.001	-0.001	-0.002*	-0.002	-0.001	0.001	0.000	0.000	-0.001	0.000	0.000		0.001	0.000	0.000	0.001	0.001	0.001
{15}	0.000	0.000	0.000	0.000	-0.001	-0.001	0.000	0.002*	0.001	0.001	-0.001	0.000	0.001	0.001		-0.001	-0.001	0.000	0.000	-0.000
{16}	0.001	0.001	0.000	0.001	-0.001	-0.001	0.000	0.002*	0.001	0.001	-0.001	0.001	0.001	0.001	0.000		0.000	0.001	0.001	0.001
{17}	0.001	0.001	0.000	0.001	-0.001	-0.001	0.001	0.002*	0.001	0.001	0.000	0.001	0.001	0.001	0.000	0.000		0.001	0.001	0.001
{18}	-0.001	-0.001	-0.002	-0.001	-0.003**	-0.003**	-0.001	0.000	-0.001	-0.001	-0.002*	-0.001	-0.001	-0.001	-0.001	-0.002	-0.002*		0.000	-0.000
{19}	0.000	0.000	-0.001	-0.001	-0.002*	-0.002*	-0.001	0.001	0.000	0.000	-0.002	0.000	0.000	0.000	-0.001	-0.001	-0.001	0.001		-0.000
{20}	0.000	0.000	-0.001	0.000	-0.002*	-0.002*	-0.001	0.001	0.000	0.000	-0.001	0.000	0.000	0.000	-0.001	-0.001	-0.001	0.001	0.000	
下角质层厚度（mm）	0.005	0.006	0.005	0.005	0.004	0.003	0.005	0.007	0.005	0.005	0.004	0.005	0.005	0.006	0.005	0.005	0.005	0.006	0.006	0.006

*，**分别表示0.05和0.01的显著水平（以下同）。Significant at the 0.05 and 0.01 probability levels, respectively

表2-1-1（续）

（注：表右上角为上表皮层厚度的统计比较结果，表左下角为下表皮层厚度的统计比较结果）

基因型 genotype	{1}	{2}	{3}	{4}	{5}	{6}	{7}	{8}	{9}	{10}	{11}	{12}	{13}	{14}	{15}	{16}	{17}	{18}	{19}	{20}
上表皮层厚度（mm）	0.038	0.037	0.046	0.045	0.037	0.043	0.045	0.037	0.046	0.052	0.042	0.052	0.041	0.052	0.044	0.041	0.043	0.050	0.048	0.041
{1}		-0.001	0.008	0.007	-0.001	0.005	0.008	-0.001	0.008	0.015**	0.004	0.014**	0.003	0.014**	0.006	0.003	0.005	0.012*	0.010	0.004
{2}	0.004		0.009	0.007	0.000	0.006	0.008	0.000	0.008	0.015**	0.005	0.015**	0.004	0.015**	0.006	0.004	0.006	0.013*	0.010	0.004
{3}	-0.002	-0.006		-0.001	-0.009	-0.003	0.000	-0.009	0.000	0.007	-0.004	0.006	-0.005	0.006	-0.002	-0.005	-0.003	0.004	0.002	-0.004
{4}	0.001	-0.003	0.003		-0.008	-0.002	0.001	-0.007	0.001	0.008	-0.003	0.007	-0.003	0.007	-0.001	-0.003	-0.002	0.005	0.003	-0.003
{5}	0.006	0.001	0.007	0.005		0.006	0.008	0.000	0.009	0.015**	0.005	0.015**	0.004	0.015**	0.007	0.004	0.006	0.013*	0.010*	0.004
{6}	0.006	0.002	0.008	0.005	0.001		0.002	-0.006	0.003	0.009	-0.001	0.009	-0.002	0.009	0.001	-0.002	0.000	0.007	0.004	-0.002
{7}	0.001	-0.003	0.003	0.000	-0.004	-0.005		-0.008	0.000	0.007	-0.003	0.006	-0.004	0.006	-0.002	-0.004	-0.002	0.004	0.002	-0.004
{8}	0.002	-0.003	0.003	0.001	-0.004	-0.005	0.000		0.008	0.015**	0.005	0.015**	0.004	0.015**	0.006	0.004	0.006	0.013*	0.010	0.004
{9}	0.009	0.004	0.011*	0.008	0.003	0.003	0.008	0.007		0.007	-0.004	0.006	-0.004	0.006	-0.002	-0.004	-0.002	0.004	0.002	-0.004
{10}	-0.003	-0.008	-0.002	-0.004	-0.009	-0.009	-0.005	-0.005	-0.012*		-0.010*	-0.001	-0.011*	-0.001	-0.009	-0.011*	-0.009	-0.003	-0.005	-0.011*
{11}	0.003	-0.001	0.005	0.002	-0.002	-0.003	0.002	0.002	-0.006	0.007		0.010	-0.001	0.010	0.002	-0.001	0.001	0.008	0.006	-0.001
{12}	-0.012*	-0.016**	-0.010*	-0.013*	-0.017**	-0.018**	-0.013*	-0.013**	-0.021**	-0.008	-0.015**		-0.011*	0.000	-0.008	-0.011*	-0.009	-0.002	-0.004	-0.011*
{13}	-0.001	-0.005	0.001	-0.002	-0.006	-0.007	-0.002	-0.002	-0.009	0.003	-0.004	0.011*		0.011*	0.002	0.000	0.002	0.009	0.006	0.000
{14}	0.001	-0.003	0.003	0.000	-0.004	-0.005	0.000	0.000	-0.008	0.004	-0.002	0.013*	0.002		-0.008	-0.011*	-0.009	-0.002	-0.004	-0.010*
{15}	-0.007	-0.011*	-0.005	-0.008	-0.012*	-0.013*	-0.008	-0.008	-0.016**	-0.003	-0.010*	0.005	-0.006	-0.008		-0.002	0.000	0.006	0.004	-0.002
{16}	0.006	0.002	0.008	0.005	0.001	0.000	0.005	0.005	-0.002	0.010	0.003	0.018**	0.007	0.005	0.013**		0.002	0.009	0.006	0.000
{17}	-0.004	-0.009	-0.003	-0.005	-0.010*	-0.010*	-0.006	-0.006	-0.013**	-0.001	-0.008	0.007	-0.004	-0.006	0.002	-0.011*		0.007	0.004	-0.002
{18}	0.002	-0.003	0.003	0.001	-0.004	-0.005	0.000	0.000	-0.007	0.005	-0.002	0.013**	0.002	0.000	0.008	-0.005	0.006		-0.002	-0.009
{19}	-0.006	-0.011*	-0.005	-0.007	-0.012*	-0.012*	-0.008	-0.008	-0.015**	-0.003	-0.010	0.005	-0.006	-0.008	0.000	-0.013**	-0.002	-0.008		-0.006
{20}	0.006	0.002	0.008	0.005	0.001	0.000	0.005	0.005	-0.003	0.010	0.003	0.018**	0.007	0.005	0.013**	0.000	0.011*	0.005	0.013*	
下表皮层厚度（mm）	0.040	0.035	0.041	0.039	0.034	0.034	0.039	0.038	0.031	0.043	0.036	0.051	0.040	0.039	0.047	0.033	0.044	0.038	0.046	0.034

表2-1-1（续）

（注：表右上角为栅栏组织厚度的统计比较结果，表左下角为海绵组织厚度的统计比较结果）

基因型 genotype	{1}	{2}	{3}	{4}	{5}	{6}	{7}	{8}	{9}	{10}	{11}	{12}	{13}	{14}	{15}	{16}	{17}	{18}	{19}	{20}
栅栏组织厚（mm）	0.073	0.096	0.064	0.057	0.053	0.054	0.083	0.063	0.074	0.077	0.061	0.067	0.071	0.070	0.082	0.075	0.061	0.066	0.063	0.063
{1}		0.022**	-0.010	-0.016*	-0.020*	-0.019*	0.010	-0.010	0.001	0.003	-0.012	-0.007	-0.002	-0.004	0.009	0.002	-0.012	-0.007	-0.010	-0.010
{2}	0.010		-0.032**	-0.039**	-0.042**	-0.041**	-0.013	-0.032**	-0.022**	-0.019*	-0.034**	-0.029**	-0.024**	-0.026**	-0.014	-0.021*	-0.034**	-0.029**	-0.032**	-0.033**
{3}	0.089**	0.079**		-0.007	-0.010	-0.009	0.019*	-0.001	0.010	0.013	-0.003	0.003	0.008	0.006	0.018*	0.011	-0.003	0.002	-0.001	-0.001
{4}	0.024	0.014	-0.065**		-0.004	-0.003	0.026**	0.006	0.017*	0.020*	0.004	0.010	0.014	0.013	0.025**	0.018*	0.004	0.009	0.006	0.006
{5}	0.022	0.012	-0.067**	-0.002		0.001	0.030*	0.010	0.021*	0.023**	0.008	0.013	0.018*	0.016	0.028**	0.022**	0.008	0.013	0.010	0.010
{6}	0.053*	0.043*	-0.036	0.029	0.030		0.029**	0.009	0.020**	0.022**	0.007	0.012	0.017*	0.015	0.028**	0.021*	0.007	0.012	0.009	0.009
{7}	0.042*	0.032	-0.048*	0.018	0.019	-0.011		-0.020*	-0.009	-0.006	-0.022**	-0.016*	-0.012	-0.013	-0.001	-0.008	-0.022**	-0.017*	-0.020*	-0.020*
{8}	0.046*	0.036	-0.043*	0.022	0.023	-0.007	0.004		0.011	0.014	-0.002	0.004	0.008	0.006	0.019*	0.012	-0.002	0.003	0.000	0.000
{9}	0.031	0.022	-0.058**	0.008	0.009	-0.021	-0.010	-0.014		0.003	-0.013	-0.007	-0.003	-0.004	0.008	0.001	-0.013	-0.008	-0.011	-0.011
{10}	-0.014	-0.024	-0.103**	-0.038	-0.037	-0.067**	-0.056**	-0.060**	-0.046*		-0.016	-0.010	-0.005	-0.007	0.005	-0.002	-0.015	-0.011	-0.014	-0.014
{11}	0.029	0.019	-0.060**	0.005	0.006	-0.024	-0.013	-0.017	-0.003	0.043*		0.006	0.010	0.008	0.021*	0.014	0.000	0.005	0.002	0.002
{12}	0.067**	0.057**	-0.022	0.043*	0.045*	0.014	0.025	0.021	0.036	0.081**	0.038		0.005	0.003	0.015	0.008	-0.005	-0.001	-0.004	-0.004
{13}	-0.016	-0.026	-0.105**	-0.040*	-0.039	-0.069**	-0.058**	-0.062**	-0.048*	-0.002	-0.045*	-0.083**		-0.002	0.010	0.004	-0.010	-0.005	-0.008	-0.008
{14}	0.011	0.001	-0.078**	-0.013	-0.011	-0.042*	-0.030	-0.035	-0.020	0.025	-0.018	-0.056**	0.028		0.012	0.005	-0.008	-0.003	-0.006	-0.007
{15}	0.019	0.009	-0.070**	-0.005	-0.004	-0.034	-0.023	-0.027	-0.013	0.033	-0.010	-0.048*	0.035	0.008		-0.007	-0.021*	-0.016	-0.019*	-0.019*
{16}	-0.006	-0.016	-0.095**	-0.030	-0.029	-0.059**	-0.048**	-0.052**	-0.038	0.008	-0.035	-0.073**	0.010	-0.017	-0.025		-0.014	-0.009	-0.012	-0.012
{17}	0.035	0.025	-0.054**	0.012	0.013	-0.017	-0.006	-0.010	0.004	0.050*	0.007	-0.032	0.052*	0.024	0.017	0.042*		0.005	0.002	0.002
{18}	0.028	0.018	-0.062**	0.004	0.005	-0.025	-0.014	-0.018	-0.004	0.042*	-0.001	-0.039	0.044*	0.016	0.009	0.034	-0.008		-0.003	-0.003
{19}	-0.015	-0.025	-0.104**	-0.038	-0.037	-0.067**	-0.056**	-0.060**	-0.046**	0.000	-0.043**	-0.082**	0.002	-0.026	-0.033	-0.008	-0.050*	-0.042*		0.000
{20}	0.068**	0.058**	-0.021	0.044*	0.045*	0.015	0.026	0.022	0.036	0.082**	0.039	0.001	0.084**	0.056**	0.049**	0.074**	0.032	0.040**	0.082**	
海绵组织厚（mm）	0.262	0.252	0.173	0.238	0.239	0.209	0.220	0.216	0.230	0.276	0.233	0.195	0.278	0.251	0.243	0.268	0.226	0.234	0.276	0.194

表2-1-1（续）

（注：表右上角为栅栏组织/海绵组织比值的统计比较结果，表左下角为叶片厚度的统计比较结果）

基因型 genotype	{1}	{2}	{3}	{4}	{5}	{6}	{7}	{8}	{9}	{10}	{11}	{12}	{13}	{14}	{15}	{16}	{17}	{18}	{19}	{20}
栅栏组织/海绵组织比值	0.296	0.405	0.376	0.245	0.232	0.278	0.392	0.295	0.326	0.287	0.275	0.397	0.258	0.284	0.339	0.296	0.279	0.286	0.229	0.330
{1}		0.108*	0.080	-0.052	-0.064	-0.018	0.096	-0.001	0.029	-0.010	-0.022	0.101*	-0.039	-0.012	0.043	0.000	-0.017	-0.011	-0.067	0.034
{2}	-0.008		-0.028	-0.160**	-0.172**	-0.126*	-0.012	-0.110*	-0.079	-0.118*	-0.130*	-0.007	-0.147**	-0.120*	-0.065	-0.108*	-0.125*	-0.119*	-0.176**	-0.074
{3}	0.091**	0.100**		-0.132**	-0.144**	-0.098	0.016	-0.081	-0.051	-0.090	-0.102*	0.021	-0.118*	-0.092	-0.037	-0.080	-0.097	-0.090	-0.147**	-0.046
{4}	0.036	0.044	-0.055*		-0.012	0.033	0.148**	0.050	0.081	0.042	0.030	0.152**	0.013	0.040	0.095	0.052	0.035	0.041	-0.016	0.086
{5}	0.053*	0.061*	-0.038	0.017		0.046	0.160**	0.063	0.093	0.054	0.042	0.165**	0.026	0.052	0.107*	0.064	0.047	0.054	-0.003	0.098
{6}	0.077**	0.085**	-0.014	0.041	0.024		0.114*	0.017	0.047	0.008	-0.004	0.119*	-0.020	0.006	0.061	0.018	0.001	0.008	-0.049	0.052
{7}	0.027	0.036	-0.064*	-0.009	-0.025	-0.050*		-0.098	-0.067	-0.106*	-0.118*	0.005	-0.135**	-0.108*	-0.053	-0.096	-0.113*	-0.107*	-0.164**	-0.062
{8}	0.058*	0.066**	-0.033	0.022	0.005	-0.019	0.031		-0.025	-0.008	-0.020	0.102*	-0.037	-0.011	0.045	0.002	-0.016	-0.009	-0.066	0.035
{9}	0.033	0.041	-0.058*	-0.003	-0.020	-0.044	0.005	-0.025		-0.039	-0.051	0.072	-0.068	-0.041	0.014	-0.029	-0.046	-0.040	-0.097	0.005
{10}	-0.035	-0.027	-0.126**	-0.071**	-0.088**	-0.112**	-0.063*	-0.093**	-0.068**		-0.012	0.111*	-0.029	-0.002	0.053	0.010	-0.007	-0.001	-0.058	0.044
{11}	0.043	0.052*	-0.048	0.007	-0.009	-0.034	0.016	-0.015	0.011	0.079**		0.123*	-0.017	0.010	0.065	0.022	0.005	0.011	-0.046	0.056
{12}	0.049	0.057*	-0.043	0.013	-0.004	-0.028	0.021	-0.009	0.016	0.084**	0.005		-0.139**	-0.113*	-0.058	-0.101*	-0.118*	-0.111*	-0.168**	-0.067
{13}	-0.018	-0.010	-0.109**	-0.054*	-0.071**	-0.095**	-0.045	-0.076**	-0.051*	0.017	-0.061*	-0.067*		0.026	0.082	0.039	0.021	0.028	-0.029	0.072
{14}	0.003	0.011	-0.088**	-0.033	-0.050*	-0.074*	-0.024	-0.055*	-0.030	0.038	-0.040	-0.046	0.021		0.055	0.012	-0.005	0.002	-0.055	0.046
{15}	-0.002	0.007	-0.093**	-0.038	-0.055*	-0.079**	-0.029	-0.060*	-0.035	0.033	-0.045	-0.051*	0.016	-0.005		-0.043	-0.060	-0.054	-0.110*	-0.009
{16}	-0.003	0.005	-0.094**	-0.039	-0.056*	-0.080**	-0.031	-0.061*	-0.036	0.032	-0.047	-0.052*	0.015	-0.006	-0.001		-0.017	-0.011	-0.067	0.034
{17}	0.040	0.048	-0.051*	0.004	-0.013	-0.037	0.013	-0.018	0.007	0.075**	-0.004	-0.009	0.058*	0.037	0.042	0.043		0.007	-0.050	0.051
{18}	0.023	0.032	-0.068**	-0.013	-0.030	-0.054*	-0.004	-0.035	-0.010	0.058*	-0.020	-0.025	0.041	0.020	0.025	0.026	0.007		-0.057	0.044
{19}	-0.021	-0.012	-0.112**	-0.057*	-0.073**	-0.098**	-0.048	-0.079**	-0.053*	0.015	-0.064*	-0.069*	-0.003	-0.024	-0.019	-0.017	-0.060*	-0.044		0.101*
{20}	0.081**	0.089**	-0.010	0.045	0.028	0.004	0.053*	0.023	0.048	0.116***	0.037	0.032	0.099**	0.078**	0.083**	0.084**	0.041	0.058*	0.101**	
叶片厚度（mm）	0.425	0.434	0.334	0.389	0.372	0.348	0.398	0.367	0.392	0.460	0.382	0.376	0.443	0.422	0.427	0.428	0.385	0.402	0.446	0.344

表2-1-1(续)

（注：整个表为气孔密度的统计比较结果）

基因型 genotype	{1}	{2}	{3}	{4}	{5}	{6}	{7}	{8}	{9}	{10}	{11}	{12}	{13}	{14}	{15}	{16}	{17}	{18}	{19}	{20}
(气孔数/mm2)	40.284	47.001	40.477	43.459	67.801	38.308	40.982	30.463	31.094	45.160	47.703	41.477	64.890	46.685	53.701	42.775	33.515	43.406	30.218	37.092
{1}		6.717*	0.193	3.174	27.517	-1.976	0.698	-9.821**	-9.190**	4.875	7.418*	1.193	24.605	6.401*	13.416**	2.490	-6.770*	3.122	-10.067**	-3.192
{2}			-6.524*	-3.543	20.800	-8.693**	-6.019*	-16.538**	-15.907**	-1.841	0.702	-5.524	17.888**	-0.316	6.699*	-4.227	-13.487**	-3.595	-16.784**	-9.909**
{3}				2.981	27.324	-2.169	0.505	-10.014**	-9.383**	4.683	7.226*	1.000	24.413	6.208*	13.223**	2.297	-6.962*	2.929	-10.260**	-3.385
{4}					24.342	-5.150	-2.476	-12.995**	-12.364**	1.701	4.244	-1.982	21.431	3.227	10.242**	-0.684	-9.944**	-0.053	-13.241**	-6.366*
{5}						-29.493	-26.819	-37.338	-36.706	-22.641	-20.098	-26.324	-2.911	-21.115	-14.100**	-25.026	-34.286	-24.395	-37.583	-30.709
{6}							2.674	-7.845**	-7.214*	6.851*	9.394**	3.169	26.581	8.377**	15.392**	4.466	-4.794	5.098	-8.091**	-1.216
{7}								-10.519**	-9.888**	4.177	6.720*	0.494	23.907	5.703	12.718**	1.792	-7.468*	2.424	-10.765**	-3.890
{8}									0.631	14.697**	17.240**	11.014**	34.427	16.222**	23.237	12.311**	3.052	12.943**	-0.246	6.629*
{9}										14.065**	16.608**	10.382**	33.795	15.591**	22.606	11.680**	2.420	12.311**	-0.877	5.998*
{10}											2.543	-3.683	19.730	1.526	8.541**	-2.385	-11.645**	-1.754	-14.942**	-8.067**
{11}												-6.226*	17.187**	-1.017	5.998*	-4.928	-14.188**	-4.297	-17.485**	-10.610**
{12}													23.413	5.209	12.224**	1.298	-7.962**	1.929	-11.259**	-4.384
{13}														-18.204**	-11.189**	-22.115	-31.375	-21.484	-34.672	-27.797
{14}															7.015*	-3.911	-13.171**	-3.280	-16.468**	-9.593**
{15}																-10.926**	-20.186	-10.295**	-23.483	-16.608**
{16}																	-9.260**	0.631	-12.557**	-5.682
{17}																		9.891**	-3.297	3.578
{18}																			-13.188**	-6.314*
{19}																				6.875*
{20}																				

1.2.1.2 原生质体黏度的鉴定

用质壁分离方法测定原生质体的黏度。由表2-1-2的数据分析可知,基因型间的渗透势有一定的差异性。其中,O2-28的渗透势最低;其次是K1-4、N2-6、K2-7、Q1-2,其值均低于-4.000巴;White Forest的渗透势最高,值为-1.859巴。从本研究的结果推断,所测百合基因型的抗热性强弱顺序可能为:O2-28>K1-4>N2-6>K2-7>Q1-2>F1>M2-8>O2-10>N1-1>O-卵>M>Q>O1-13>M2-9>O>M1-10>N>U1-2>P1-1>White Forest。

表2-1-2　麝香百合不同基因型的渗透势
Table 2-1-2　The osmotic potential of different genotypes in Lilium formolongi

基因型	渗透势(巴)	基因型	渗透势(巴)
F1	-3.928	O-卵	-3.058
M	-2.957	O1-13	-2.639
O	-2.519	O2-10	-3.287
Q	-2.818	O2-28	-4.333
N	-2.399	Q1-2	-4.032
M1-10	-2.429	U1-2	-2.099
M2-8	-3.731	P1-1	-1.979
M2-9	-2.549	K2-7	-4.092
N1-1	-3.178	K1-4	-4.272
N2-6	-4.152	White Forest	-1.859

1.2.2 高温条件下抗热性鉴定指标的比较分析

1.2.2.1 最佳热锻炼温度的选择

将(由田间观测得知)抗热性较强的基因型K1-4以7个梯度的温度(28℃、30℃、32℃、34℃、36℃、38℃、40℃)处理24小时后,测定其细胞膜50℃热致死时间,测定值分别为41.000 min、50.833 min、73.833 min、85.333 min、83.333 min、136.667 min、93.667 min。经作图(图2-1)发现,在处理温度28℃至38℃之间,50℃热致死时间大致都随着温度的升高而增加,在38℃时达到最大值,当处理温度超过38℃时,其50℃热致死时间急剧降低,说明k1-4的最佳热锻炼温度为38℃。由此本试验将38℃作为麝香百合杂种系抗热性鉴定的热锻炼温度。

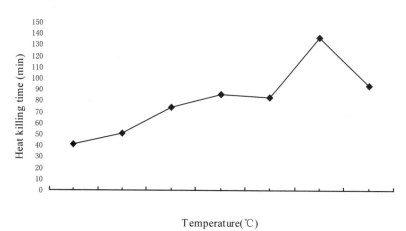

图2-1　抗热性鉴定的热锻炼温度
Fig.2-1　The temperature of heat acclimation in heat resistance identification

1.2.2.2　生理生化指标的比较分析

（1）高温对叶片水分状况的影响

① 相对含水量（RWC）

经高温处理后，麝香百合各基因型的相对含水量均有不同程度地降低。而K1-4仍保持很高的RWC，其值为90.736%；N1-1、N2-6的RWC仅次于K1-4；O2-10和P1-1的RWC较低，仅分别为84.604%和84.376%。由统计分析结果（表2-1-3）可以看出，基因型间叶片含水量存在着差异。K1-4、N1-1、N2-6与其他的大部分基因型间存在显著或极显著差异。因此可推测，K1-4、N1-1、N2-6这三个基因型的抗热性较强，抗热性较弱的基因型为P1-1、White Forest，其余为中等抗热基因型。

表2-1-3　高温胁迫下叶片水分状况的统计比较

Table 2-1-3　Statistical comparison of the water state in leaves under high temperature stress

（注：表右上角为相对含水量的统计比较结果，表左下角为自由水含量的统计比较结果）

基因型 genotype	{1}	{2}	{3}	{4}	{5}	{6}	{7}	{8}	{9}	{10}	{11}	{12}	{13}	{14}	{15}	{16}	{17}	{18}	{19}	{20}
相对含水量（%）	85.524	88.540	85.428	87.447	88.497	85.311	86.151	84.633	89.657	89.470	85.724	84.677	84.604	88.370	87.699	84.806	84.376	87.964	90.736	84.624
{1}		3.017*	-0.096	1.924	2.973*	-0.213	0.627	-0.890	4.133**	3.946**	0.201	-0.847	-0.919	2.847*	2.175	-0.717	-1.147	2.440	5.213**	-0.900
{2}	3.106		-3.113*	-1.093	-0.043	-3.230*	-2.389	-3.907**	1.117	0.929	-2.816*	-3.864**	-3.936**	-0.170	-0.842	-3.734**	-4.164**	-0.576	2.196	-3.917**
{3}	8.731	5.625		2.020	3.069*	-0.117	0.723	-0.795	4.229**	4.042**	0.297	-0.751	-0.823	2.943*	2.271	-0.621	-1.051	2.536	5.309**	-0.804
{4}	5.708	2.602	-3.023		1.050	-2.137	-1.296	-2.814*	2.210	2.022	-1.723	-2.771*	-2.843*	0.923	0.251	-2.641	-3.071*	0.517	3.289*	-2.824*
{5}	4.307	1.201	-4.424	-1.401		-3.186*	-2.346	-3.864**	1.160	0.973	-2.773*	-3.820**	-3.893**	-0.127	-0.798	-3.691**	-4.121**	-0.533	2.239	-3.873**
{6}	0.786	-2.320	-7.945	-4.922	-3.520		0.840	-0.678	4.346**	4.159**	0.414	-0.634	-0.706	3.060*	2.388	-0.504	-0.935	2.653	5.426**	-0.687
{7}	1.510	-1.596	-7.221	-4.198	-2.797	0.724		-1.518	3.506*	3.319*	-0.427	-1.474	-1.547	2.219	1.548	-1.345	-1.775	1.813	4.585**	-1.527
{8}	3.417	0.311	-5.314	-2.291	-0.890	2.631	1.907		5.024**	4.836**	1.091	0.044	-0.029	3.737**	3.066*	0.173	-0.257	3.331*	6.103**	-0.009
{9}	-2.094	-5.200	-10.825*	-7.802	-6.401	-2.880	-3.604	-5.511		-0.187	-3.933**	-4.980**	-5.053**	-1.287	-1.958	-4.851**	-5.281**	-1.693	1.079	-5.033**
{10}	2.795	-0.311	-5.936	-2.913	-1.512	2.009	1.285	-0.622	4.889		-3.745**	-4.793**	-4.865**	-1.099	-1.771	-4.663**	-5.093**	-1.506	1.267	-4.846**
{11}	6.719	3.613	-2.012	1.011	2.412	5.933	5.209	3.302	8.813*	3.924		-1.048	-1.120	2.646	1.974	-0.918	-1.348	2.240	5.012**	-1.101
{12}	3.180	0.074	-5.551	-2.528	-1.126	2.394	1.670	-0.237	5.274	0.385	-3.539		-0.072	3.694**	3.022*	0.130	-0.300	3.287*	6.060**	-0.053
{13}	5.404	2.298	-3.327	-0.304	1.097	4.618	3.894	1.987	7.498	2.609	-1.315	2.224		3.766**	3.094*	0.202	-0.228	3.360*	6.132**	0.019
{14}	6.510	3.404	-2.221	0.802	2.203	5.724	5.000	3.093	8.604	3.715	-0.209	3.330	1.106		-0.672	-3.564**	-3.994**	-0.406	2.366	-3.747**
{15}	3.034	-0.071	-5.697	-2.673	-1.272	2.248	1.525	-0.383	5.128	0.240	-3.684	-0.146	-2.370	-3.475		-2.892*	-3.322*	0.265	3.038*	-3.075*
{16}	1.368	-1.737	-7.362	-4.339	-2.938	0.582	-0.141	-2.048	3.463	-1.426	-5.350	-1.812	-4.035	-5.141	-1.666		-0.430	3.158*	5.930**	-0.183
{17}	1.191	-1.914	-7.540	-4.516	-3.115	0.405	-0.318	-2.226	3.285	-1.603	-5.527	-1.989	-4.213	-5.318	-1.843	-0.177		3.588*	6.360**	0.247
{18}	3.297	0.191	-5.434	-2.411	-1.010	2.511	1.787	-0.120	5.391	0.502	-3.422	0.117	-2.107	-3.213	0.263	1.928	2.106		2.772	-3.340*
{19}	3.671	0.566	-5.059	-2.036	-0.635	2.885	2.162	0.255	5.766	0.877	-3.047	0.491	-1.732	-2.838	0.637	2.303	2.480	0.375		-6.113**
{20}	-0.334	-3.440	-9.065*	-6.042	-4.641	-1.120	-1.844	-3.751	1.760	-3.129	-7.053	-3.514	-5.738	-6.844	-3.368	-1.703	-1.525	-3.631	-4.006	
自由水含量（%）	74.353	71.247	65.622	68.645	70.046	73.567	72.843	70.936	76.447	71.558	67.634	71.173	68.949	67.843	71.318	72.984	73.161	71.056	70.681	74.687

表2-1-3（续）

（注：表右上角为束缚水含量的统计比较结果，表左下角为束缚水/自由水比值的统计比较结果）

基因型 genotype	束缚水含量(%)	{1}	{2}	{3}	{4}	{5}	{6}	{7}	{8}	{9}	{10}	{11}	{12}	{13}	{14}	{15}	{16}	{17}	{18}	{19}	{20}
{1}	17.027		2.939	7.575	5.216	4.205	0.754	0.806	2.773	-2.709	1.491	5.384	4.588	5.338	5.448	2.566	1.652	0.342	2.684	3.375	-2.462
{2}	19.965	-0.046		4.636	2.277	1.266	-2.185	-2.133	-0.166	-5.648	-1.447	2.445	1.649	2.400	2.510	-0.373	-1.287	-2.597	-0.254	0.436	-5.401
{3}	24.601	-0.142	-0.096		-2.359	-3.370	-6.821	-6.769	-4.802	-10.284*	-6.084	-2.191	-2.987	-2.237	-2.127	-5.009	-5.923	-7.233	-4.891	-4.200	-10.037*
{4}	22.242	-0.101	-0.055	0.041		-1.011	-4.462	-4.410	-2.443	-7.925	-3.725	0.168	-0.628	0.122	0.232	-2.650	-3.564	-4.874	-2.532	-1.841	-7.678
{5}	21.231	-0.101	-0.055	0.041	0.000		-3.451	-3.399	-1.432	-6.914	-2.714	1.179	0.383	1.134	1.243	-1.639	-2.553	-3.863	-1.521	-0.830	-6.667
{6}	17.780	-0.010	0.036	0.132	0.091	0.091		0.052	2.019	-3.463	0.737	4.630	3.834	4.585	4.694	1.812	0.898	-0.412	1.931	2.621	-3.216
{7}	17.833	-0.022	0.024	0.119	0.078	0.078	-0.012		1.967	-3.515	0.685	4.578	3.782	4.532	4.642	1.760	0.846	-0.464	1.878	2.569	-3.268
{8}	19.799	-0.045	0.001	0.097	0.056	0.056	-0.035	-0.023		-5.482	-1.282	2.611	1.815	2.565	2.675	-0.207	-1.121	-2.431	-0.089	0.602	-5.235
{9}	14.317	0.030	0.076	0.172	0.131	0.131	0.040	0.053	0.075		4.200	8.093	7.297	8.048	8.157	5.275	4.361	3.051	5.393	6.084	0.247
{10}	18.518	-0.027	0.019	0.114	0.073	0.073	-0.018	-0.005	0.017	-0.058		3.893	3.097	3.847	3.957	1.075	0.161	-1.149	1.193	1.883	-3.954
{11}	22.410	-0.136	-0.090	0.006	-0.035	-0.035	-0.126	-0.114	-0.091	-0.166	-0.108		-0.796	-0.045	0.064	-2.818	-3.732	-5.042	-2.699	-2.009	-7.846
{12}	21.615	-0.080	-0.034	0.061	0.020	0.020	-0.070	-0.058	-0.035	-0.111	-0.053	0.056		0.750	0.860	-2.022	-2.936	-4.246	-1.904	-1.213	-7.050
{13}	22.365	-0.101	-0.055	0.040	-0.001	-0.001	-0.091	-0.079	-0.056	-0.132	-0.074	0.035	-0.021		0.110	-2.773	-3.687	-4.996	-2.654	-1.964	-7.801
{14}	22.475	-0.158	-0.112	-0.016	-0.057	-0.057	-0.148	-0.135	-0.113	-0.188*	-0.130	-0.022	-0.077	-0.056		-2.882	-3.796	-5.106	-2.764	-2.074	-7.911
{15}	19.592	-0.042	0.004	0.100	0.059	0.059	-0.032	-0.020	0.003	-0.072	-0.015	0.094	0.038	0.059	0.116		-0.914	-2.224	0.119	0.809	-5.028
{16}	18.678	-0.029	0.017	0.112	0.072	0.072	-0.019	-0.007	0.016	-0.059	-0.002	0.107	0.051	0.072	0.129	0.013		-1.310	1.033	1.723	-4.114
{17}	17.369	-0.044	0.002	0.098	0.057	0.057	-0.034	-0.021	0.001	-0.074	-0.016	0.092	0.037	0.058	0.114	-0.001	-0.014		2.342	3.033	-2.804
{18}	19.711	-0.053	-0.007	0.089	0.048	0.048	-0.043	-0.030	-0.008	-0.083	-0.025	0.083	0.028	0.049	0.105	-0.011	-0.024	-0.009		0.690	-5.147
{19}	20.401	-0.059	-0.013	0.082	0.041	0.041	-0.049	-0.037	-0.014	-0.090	-0.032	0.077	0.021	0.042	0.098	-0.017	-0.030	-0.016	-0.007		-5.837
{20}	14.564	0.038	0.083	0.179	0.138	0.138	0.047	0.060	0.082	0.007	0.065	0.173	0.118	0.139	0.195*	0.080	0.067	0.081	0.090	0.097	
束缚水/自由水比值		0.235	0.281	0.376	0.336	0.335	0.245	0.257	0.280	0.204	0.262	0.371	0.315	0.336	0.392	0.277	0.264	0.278	0.287	0.294	0.197

②束缚水含量（Va）

结果表明，在高温胁迫下，所测基因型的叶片自由水含量均降低，而束缚水含量有所升高。从表2-1-3可见，在高温条件下，不同基因型的自由水和束缚水含量差异均较小。从束缚水/自由水含量比值来看，基因型间具有一定的差异，基因型O、O2-28与White Forest，O2-28与N1-1之间的差异均达到显著水平。从叶片水分存在的状态可知，O2-28和O的Va比例较其他基因型的高，为0.392和0.376；而White Forest则最低，仅为0.197。由此推断，O2-28和O这两个基因型较抗热，White Forest抗热性最弱，其余为中等抗热。

（2）高温对脯氨酸的影响

经38 ℃高温处理48小时后，各基因型的脯氨酸含量均有大幅度上升。由表2-1-4可以看出，基因型间的差异很大。O2-28的脯氨酸积累量最大，高达89.416 μg/g；其次是N1-1和M，脯氨酸含量分别为85.056 μg/g和73.766 μg/g。O2-28和N1-1的脯氨酸含量与另外18个基因型均呈显著或极显著差异。相比之下，K2-7的脯氨酸积累量最小，仅为22.260 μg/g，其与其他基因型间存在一定的差异。

20个基因型的脯氨酸含量排列顺序为：O2-28＞N1-1＞M＞N2-6＞Q1-2＞O＞K1-4＞F1＞O2-10＞O-卵＞N＞M2-9＞Q＞P1-1＞U1-2＞M2-8＞O1-13＞M1-10＞White Forest＞K2-7。因此可推测，上述的脯氨酸含量排列顺序为各基因型抗热性强弱顺序。

（3）高温对丙二醛（MDA）的影响

由表2-1-4可知，基因型间存在着不同程度的差异。O-卵的MDA含量最低，为1.153 nmol/g；而White Forest的MDA含量最高，为2.982 nmol/g。这两个基因型与其他基因型的差异较为明显。初步判断：O-卵最抗热，White Forest最感热，其余为中等抗热。

本试验结果表明，丙二醛的含量没有一定的规律性（见表2-1-5）。经高温处理后，大部分基因型的MDA含量有所降低。除Q、N、M2-8、M2-9的MDA含量有所上升之外，其余的16个基因型均呈下降趋势。本试验结果难以准确地判断基因型抗热性的强弱，因此不宜采用测定MDA含量的方法来鉴定麝香百合的抗热性。

表2-1-4 高温胁迫下叶片脯氨酸含量和MDA含量的统计比较

Table2-1-4 Statistical comparison of the proline content and MDA content in leaves under high temperature stress

（注：表右上角为脯氨酸含量的统计比较结果，表左下角为丙二醛含量的统计比较结果）

基因型 genotype	脯氨酸含量(mg/g)	{1}	{2}	{3}	{4}	{5}	{6}	{7}	{8}	{9}	{10}	{11}	{12}	{13}	{14}	{15}	{16}	{17}	{18}	{19}	{20}
脯氨酸含量(mg/g)		47.721	73.766	51.850	39.818	44.879	30.786	36.976	44.178	85.056	62.398	45.717	33.093	45.888	89.416	54.651	37.093	38.261	22.260	50.991	29.618
{1}	47.721		26.045*	4.129	-7.903	-2.842	-16.935	-10.745	-3.543	37.334**	14.677	-2.004	-14.628	-1.833	41.695**	6.930	-10.628	-9.460	-25.461*	3.270	-18.103
{2}	73.766	-1.040*		-21.915	-33.948**	-28.887*	-42.979**	-36.789**	-29.587*	11.290	-11.368	-28.049*	-40.673**	-27.878*	15.650	-19.115	-36.673**	-35.505**	-51.505**	-22.774**	-44.147**
{3}	51.850	-0.053	0.987*		-12.032	-6.971	-21.064	-14.874	-7.672	33.205**	10.548	-6.133	-18.757	-5.963	37.565**	2.800	-14.757	-13.589	-29.590*	-0.859	-22.232
{4}	39.818	-1.189**	-0.149	-1.136**		5.061	-9.032	-2.842	4.360	45.237**	22.580*	5.899	-6.725	6.070	49.598**	14.833	-2.725	-1.557	-17.558	11.173	-10.200
{5}	44.879	-0.667	0.373	-0.614	0.522		-14.093	-7.903	-0.701	40.176**	17.519	0.838	-11.786	1.009	44.537**	9.772	-7.786	-6.618	-22.619*	6.112	-15.261
{6}	30.786	0.409	1.449**	0.462	1.599**	1.076*		6.190	13.392	54.269**	31.612**	14.931	2.307	15.102	58.630**	23.864*	6.307	7.475	-8.526	20.205	-1.168
{7}	36.976	-0.579	0.461	-0.526	0.610	0.088	-0.989*		7.202	48.079**	25.422*	8.741	-3.883	8.912	52.440**	17.675	0.117	1.285	-14.716	14.015	-7.358
{8}	44.178	-0.785	0.255	-0.732	0.404	-0.118	-1.195**	-0.206		40.877**	18.220	1.539	-11.085	1.709	45.237**	10.472	-7.085	-5.917	-21.918	6.813	-14.560
{9}	85.056	-0.426	0.614	-0.372	0.764	0.242	-0.835*	0.154	0.360		-22.658**	-39.339**	-51.963**	-39.168**	4.360	-30.405**	-47.963**	-46.795**	-62.795**	-34.064**	-55.437**
{10}	62.398	-0.882*	0.158	-0.828*	0.308	-0.214	-1.291**	-0.302	-0.096	-0.456		-16.681	-29.305*	-16.510	27.018*	-7.747	-25.305*	-24.137*	-40.137**	-11.407	-32.780**
{11}	45.717	0.494	1.534**	0.547	1.684**	1.161**	0.085	1.074*	1.280**	0.920*	1.376**		-12.624	0.171	43.699**	8.934	-8.624	-7.456	-23.457*	5.274	-16.099
{12}	33.093	0.185	1.225**	0.238	1.375**	0.852*	-0.224	0.764	0.971*	0.611	1.067*	-0.309		12.795	56.323**	21.558	4.000	5.168	-10.832	17.898	-3.475
{13}	45.888	-0.126	0.914*	-0.073	1.064*	0.541	-0.535	0.453	0.660	0.300	0.756	-0.620	-0.311		43.528**	8.763	-8.795	-7.627	-23.627*	5.103	-16.269
{14}	89.416	-0.662	0.378	-0.609	0.527	0.005	-1.072*	-0.083	0.123	-0.237	0.219	-1.157**	-0.847*	-0.536		-34.765**	-52.323**	-51.155**	-67.155**	-38.425**	-59.797**
{15}	54.651	-1.097**	-0.057	-1.044**	0.092	-0.430	-1.507**	-0.518	-0.312	-0.672	-0.216	-1.592**	-1.282**	-0.971*	-0.435		-17.558	-16.390	-32.390**	-3.659	-25.032*
{16}	37.093	0.168	1.208**	0.221	1.358**	0.835*	-0.241	0.748	0.954*	0.594	1.050*	-0.326	-0.017	0.294	0.831*	1.266**		1.168	-14.833	13.898	-7.475
{17}	38.261	-0.790	0.250	-0.737	0.400	-0.123	-1.199**	-0.210	-0.004	-0.364	0.092	-1.284**	-0.975*	-0.664	-0.127	0.308	-0.958*		-16.000	12.730	-8.643
{18}	22.260	-0.786	0.254	-0.733	0.403	-0.119	-1.196**	-0.207	-0.001	-0.361	0.095	-1.281**	-0.971*	-0.660	-0.124	0.311	-0.954*	0.003		28.731*	7.358
{19}	50.991	-0.552	0.488	-0.499	0.638	0.115	-0.961*	0.027	0.234	-0.126	0.330	-1.046*	-0.737	-0.426	0.110	0.545	-0.720	0.238	0.234		-21.373
{20}	29.618	-1.335**	-0.295	-1.282**	-0.145	-0.668	-1.744**	-0.755	-0.549	-0.909*	-0.453	-1.829**	-1.520**	-1.209**	-0.672	-0.237	-1.503**	-0.545	-0.548	-0.783	
丙二醛含量(nmol/g)		1.647	2.687	1.700	2.836	2.314	1.238	2.226	2.433	2.073	2.529	1.153	1.462	1.773	2.309	2.744	1.479	2.437	2.433	2.199	2.982

表2-1-5　高温对叶片MDA含量和叶绿素含量的影响

Table 2-1-5　Effects of high temperature on the MDA content and chlorophyll content in leaves

基因型	MDA含量（nmol/g）			叶绿素的含量（mg/g）		
	28℃	38℃	变化率（%）	28℃	38℃	变化率（%）
F1	1.862	1.647	−11.518	0.625	0.456	−27.091
M	2.754	2.687	−2.443	1.109	0.940	−15.241
O	3.516	1.700	−51.648	1.200	0.831	−30.748
Q	2.161	2.836	31.250	1.246	1.114	−10.550
N	2.126	2.314	8.875	0.961	0.924	−3.796
M1−10	2.291	1.238	−45.969	1.376	1.030	−25.168
M2−8	1.865	2.226	19.354	0.756	0.879	16.337
M2−9	2.075	2.433	17.246	1.356	1.070	−21.084
N1−1	2.304	2.073	−10.060	0.990	0.947	−4.272
N2−6	2.627	2.529	−3.743	1.308	0.830	−36.558
O−卵	2.859	1.153	−59.685	0.847	0.518	−38.846
O1−13	2.696	1.462	−45.778	1.182	0.998	−15.559
O2−10	3.034	1.773	−41.559	0.913	1.055	15.589
O2−28	3.432	2.309	−32.707	0.892	0.669	−24.935
Q1−2	3.031	2.744	−9.457	1.297	1.168	−9.912
U1−2	2.430	1.479	−39.151	0.814	0.663	−18.533
P1−1	3.122	2.437	−21.961	1.087	0.971	−10.704
K2−7	2.867	2.433	−15.130	0.772	0.933	20.850
K1−4	2.470	2.199	−10.966	0.777	0.942	21.221
White Forest	3.101	2.982	−3.849	1.449	1.236	−14.706

（4）高温对叶绿素的影响

高温胁迫下，各基因型的叶绿素含量都有较大的变化，从表2-1-6可以看出基因型间的差异。然而，由表2-1-5的数据分析发现，叶绿素含量变化没有一定的趋势。众多的基因型中，16个基因型的叶绿素含量在高温下或多或少地降低，多者下降三十几个百分点，少者下降几个百分点。而另外4个基因型（M2-8、O2-10、K2-7、K1-4）的叶绿素含量却在升高。由此说明叶绿素含量变化机理的复杂性。

叶绿素含量变化受多方面因素影响，当热处理后叶细胞受到破坏，便会加速叶绿素的分解，但另一方面热处理又可使酶失活或钝化从而阻止或抑制叶绿素的分解，其变化机理复杂。因此，叶绿素含量受高温影响并不表现一定趋势的相应变化。本研究结果也表明，叶绿素含量变化率不能作为麝香百合抗热性的鉴定指标。

表2-1-6 高温胁迫下叶片叶绿素含量和细胞膜热稳定性的统计比较

Table 2-1-6 Statistical comparison of the chlorophyll content and membrane thermostability of leaves under high temperature stress

（注：表右上角为叶绿素含量的统计比较结果，表左下角为相对电导率的统计比较结果）

基因型 genotype	{1}	{2}	{3}	{4}	{5}	{6}	{7}	{8}	{9}	{10}	{11}	{12}	{13}	{14}	{15}	{16}	{17}	{18}	{19}	{20}
叶绿素的含量（mg/g）	0.456	0.940	0.831	1.114	0.924	1.030	0.879	1.070	0.947	0.830	0.518	0.998	1.055	0.669	1.168	0.663	0.971	0.933	0.942	1.236
{1}		0.484**	0.375**	0.659**	0.468**	0.574**	0.423**	0.615**	0.491**	0.374**	0.062	0.542**	0.600**	0.214*	0.713	0.207*	0.515**	0.477**	0.487**	0.780
{2}	-0.491		-0.108	0.175*	-0.015	0.090	-0.060	0.131	0.008	-0.110	-0.421**	0.058	0.116	-0.270**	0.229**	-0.276**	0.031	-0.007	0.003	0.297**
{3}	-0.920	-0.429		0.283**	0.093	0.199*	0.048	0.239**	0.116	-0.002	-0.313**	0.167*	0.224**	-0.162*	0.337**	-0.168*	0.140	0.102	0.111	0.405**
{4}	0.730	1.222	1.650*		-0.190*	-0.084	-0.235**	-0.044	-0.167*	-0.285**	-0.596**	-0.116	-0.059	-0.445**	0.054	-0.451**	-0.143	-0.181*	-0.172*	0.122
{5}	0.964	1.456	1.885*	0.234		0.106	-0.045	0.146	0.023	-0.094	-0.406**	0.074	0.131	-0.255**	0.244**	-0.261**	0.047	0.009	0.018	0.312**
{6}	-2.478**	-1.987*	-1.558*	-3.209**	-3.443**		-0.151	0.040	-0.083	-0.200*	-0.512**	-0.032	0.026	-0.361**	0.138	-0.367**	-0.059	-0.097	-0.088	0.206*
{7}	-1.475	-0.983	-0.555	-2.205**	-2.439**	1.004		0.191*	0.068	-0.050	-0.361**	0.119	0.176*	-0.210**	0.289**	-0.216**	0.092	0.054	0.063	0.357**
{8}	-2.621**	-2.129**	-1.701**	-3.351**	-3.585**	-0.142	-1.146		-0.123	-0.241**	-0.552**	-0.072	-0.015	-0.401**	0.098	-0.407**	-0.099	-0.137	-0.128	0.166*
{9}	-0.841	-0.350	0.079	-1.571*	-1.806*	1.637*	0.634	1.780*		-0.118	-0.429**	0.051	0.108	-0.278**	0.221**	-0.284**	0.024	-0.014	-0.005	0.289**
{10}	1.620*	2.112**	2.541**	0.890	0.656	4.099**	3.095**	4.241**	2.462**		-0.311**	0.168*	0.226**	-0.160*	0.339**	-0.166*	0.141	0.103	0.113	0.407**
{11}	0.897	1.389	1.818*	0.167	-0.067	3.376**	2.372**	3.518**	1.739*	-0.723		0.480**	0.537**	0.151	0.650**	0.145	0.453**	0.415**	0.424**	0.718
{12}	-1.609*	-1.117	-0.688	-2.339**	-2.573**	0.870	-0.134	1.012	-0.768	-3.229**	-2.506**		0.058	-0.329**	0.170*	-0.335**	-0.027	-0.065	-0.055	0.238**
{13}	-1.472	-0.980	-0.551	-2.202**	-2.436**	1.007	0.003	1.149	-0.631	-3.092**	-2.369**	0.137		-0.386**	0.113	-0.392**	-0.085	-0.123	-0.113	0.181*
{14}	2.480**	2.971**	3.400**	1.749**	1.515	4.958**	3.954**	5.100**	3.321**	0.859	1.582	4.088**	3.951**		0.499**	-0.006	0.302**	0.264**	0.273**	0.567**
{15}	1.313	1.805*	2.234**	0.583	0.349	3.792**	2.788**	3.934**	2.155**	-0.307	0.416	2.922**	2.785**	-1.166		-0.505**	-0.197**	-0.235**	-0.226**	0.068
{16}	-1.926*	-1.434	-1.005	-2.656**	-2.890**	0.553	-0.451	0.695	-1.085	-3.546**	-2.823**	-0.317	-0.454	-4.405**	-3.239**		0.308**	0.270**	0.279**	0.573**
{17}	-3.308**	-2.817**	-2.388**	-4.039**	-4.273**	-0.830	-1.834*	-0.687	-2.467**	-4.929**	-4.206**	-1.700*	-1.837*	-5.788**	-4.622**	-1.383		-0.038	-0.029	0.265**
{18}	1.231	1.723*	2.151**	0.501	0.267	3.710**	2.706**	3.852**	2.072**	-0.389	0.334	2.840**	2.703**	-1.248	-0.082	3.157**	5.190**		0.010	0.303**
{19}	1.882*	2.373**	2.802**	1.152	0.918	4.361**	3.357**	4.503**	2.723**	0.262	0.985	3.491**	3.354**	-0.598	0.569	3.808**	0.225	0.651		0.294**
{20}	-3.084**	-2.592**	-2.163**	-3.814**	-4.048**	-0.605	-1.609*	-0.463	-2.243**	-4.704**	-3.981**	-1.475	-1.612*	-5.563**	-4.397**	-1.158	-1.158	-4.315**	-4.966**	
相对电导率（%）	17.124	17.616	18.044	16.394	16.160	19.603	18.599	19.745	17.965	15.504	16.227	18.733	18.596	14.645	15.811	19.050	20.433	15.893	15.242	20.208

（5）高温对细胞膜热稳定性的影响

对相对电导率测定的结果表明，在高温胁迫下，基因型间的相对电导率存在显著的差异（见表2-1-6）。O2-28、K1-4、N2-6、Q1-2的相对电导率较低，与其他基因型的差异较明显，多呈显著或极显著差异；P1-1和White Forest的相对电导率较高，与其他基因型的差异也比较大。依基因型间相对电导率的差异推测：P1-1、White Forest的抗热性较差，O2-28、K1-4、N2-6、Q1-2的抗热性较强，其余抗热性中等。

（6）高温对蒸腾强度的影响

本试验对蒸腾强度的比较分析结果如表2-1-7所示。在38℃条件下，蒸腾强度在基因型间的差异较为显著，N2-6的蒸腾强度最大，值为0.127（mg·g^{-1}·h^{-1}）；其次是O2-28、N1-1、O；最小值属White Forest，为0.053（mg·g^{-1}·h^{-1}）。试验结果推测，N2-6最抗热，O2-28、N1-1、O等次之，White Forest的抗热性最弱。

表2-1-7　高温对叶片蒸腾强度、可溶性蛋白含量及SOD活性的影响

Table 2-1-7　Effects of high temperature on the transpiration intensity,the soluble proteins and SOD activities in leaves

基因型	蒸腾强度（mg·g^{-1}·h^{-1}）			可溶性蛋白含量（mg/g）			SOD活性（u/gFW）		
	28℃	38℃	提高（%）	28℃	38℃	减少（%）	28℃	38℃	增加（%）
F1	0.078	0.094	20.730	9.962	9.495	4.689	620.130	1413.366	127.915
M	0.049	0.062	25.557	6.472	5.345	17.408	899.351	1641.089	82.475
O	0.061	0.110	78.460	9.027	6.637	26.482	662.338	1448.020	118.623
Q	0.051	0.072	42.752	9.220	8.395	8.941	688.312	1613.861	134.467
N	0.061	0.084	37.524	11.391	7.846	31.120	490.260	1638.614	234.234
M1-10	0.046	0.073	57.908	9.934	7.049	29.044	646.104	1324.257	104.960
M2-8	0.042	0.077	84.527	7.598	6.554	13.742	698.052	1430.693	104.955
M2-9	0.034	0.065	92.150	9.192	7.131	22.420	831.169	1591.584	91.487
N1-1	0.102	0.119	16.609	10.127	8.478	16.281	701.299	1443.069	105.771
N2-6	0.113	0.127	12.169	12.132	10.951	9.739	883.117	1460.396	65.368
O-卵	0.040	0.066	66.580	8.505	7.351	13.569	548.701	1358.911	147.659
O1-13	0.058	0.075	30.677	10.539	7.928	24.770	824.675	1371.287	66.282
O2-10	0.051	0.071	39.640	8.450	7.076	16.259	724.026	1391.089	92.132
O2-28	0.082	0.120	45.739	10.594	10.181	3.891	782.468	1445.545	84.742
Q1-2	0.049	0.078	59.877	7.626	7.296	4.324	172.078	1462.871	750.121
U1-2	0.033	0.056	69.108	8.368	6.966	16.747	1019.481	1415.842	38.879
P1-1	0.025	0.064	152.993	6.664	4.356	34.636	461.039	1487.624	222.668
K2-7	0.061	0.083	36.256	13.204	11.088	16.024	961.039	1403.465	46.036
K1-4	0.061	0.082	34.180	10.896	9.907	9.079	1168.831	1386.139	18.592
White Forest	0.033	0.053	61.968	9.522	6.417	32.610	470.779	1356.436	188.126

表2-1-8 高温胁迫下叶片蒸腾强度和可溶性蛋白含量的统计比较

Table 2-1-8 Statistical comparison of the transpiration intensity and soluble proteins in leaves under high temperature stress

（注：表右上角为蒸腾强度的统计比较结果，表左下角为可溶性蛋白含量的统计比较结果）

基因型genotype	{1}	{2}	{3}	{4}	{5}	{6}	{7}	{8}	{9}	{10}	{11}	{12}	{13}	{14}	{15}	{16}	{17}	{18}	{19}	{20}
蒸腾强度(mg·g⁻¹·h⁻¹)	0.094	0.062	0.110	0.072	0.084	0.073	0.077	0.065	0.119	0.127	0.066	0.075	0.071	0.120	0.078	0.056	0.064	0.083	0.082	0.053
{1}		0.033	-0.015	0.022	0.010	0.021	0.018	0.029	-0.024	-0.032	0.028	0.019	0.024	-0.025	0.016	0.038	0.030	0.011	0.012	0.042
{2}	-4.149*		-0.048*	-0.011	-0.022	-0.011	-0.015	-0.003	-0.057*	-0.065**	-0.004	-0.014	-0.009	-0.058**	-0.016	0.005	-0.002	-0.021	-0.021	0.009
{3}	-2.858	1.291		0.037	0.026	0.037	0.033	0.045*	-0.009	-0.017	0.044*	0.035	0.039	-0.010	0.032	0.053*	0.046*	0.027	0.027	0.057*
{4}	-1.099	3.050	1.759		-0.012	-0.001		0.007	-0.046*	-0.054*	0.006	-0.003	0.002	-0.047*	-0.006	0.016	0.008	-0.011	-0.010	0.020
{5}	-1.649	2.501	1.209	-0.550		0.011		0.019	-0.035	-0.043*	0.018	0.009	0.013	-0.036	0.006	0.028	0.020	0.001	0.002	0.031
{6}	-2.446	1.704	0.412	-1.346	-0.797		-0.004	0.008	-0.046*	-0.054*	0.007	-0.002	0.002	-0.047*	-0.005	0.017	0.009	-0.010	-0.009	0.020
{7}	-2.940	1.209	-0.082	-1.841	-1.291	-0.495		0.012	-0.042	-0.050*	0.011	0.002	0.006	-0.043*	-0.001	0.020	0.013	-0.006	-0.006	0.024
{8}	-2.363	1.786	0.495	-1.264	-0.714	0.082	0.577		-0.054*	-0.061**	-0.001	0.012	-0.006	-0.055*	-0.013	0.009	0.001	-0.018	-0.017	0.012
{9}	-1.017	3.133	1.841	0.082	0.632	1.429	1.924	1.346		-0.008	0.053*	-0.010	0.048*	-0.001	0.041	0.062**	0.055*	0.036	0.036	0.066**
{10}	1.456	5.606**	4.314*	2.556	3.105	3.902*	4.397*	3.820*	2.473		0.060**	0.043*	0.056*	0.007	0.048*	0.070**	0.062**	0.044*	0.044*	0.074**
{11}	-2.143	2.006	0.714	-1.044	-0.495	0.302	0.797	0.220	-1.127	-3.600		-0.009	-0.005	-0.054*	-0.012	0.010	0.002	-0.017	-0.016	0.013
{12}	-1.566	2.583	1.291	-0.467	0.082	0.879	1.374	0.797	-0.550	-3.023	0.577		0.004	-0.045*	-0.003	0.019	0.011	-0.008	-0.007	0.022
{13}	-2.418	1.731	0.440	-1.319	-0.769	0.027	0.522	-0.055	-1.401	-3.874*	-0.275	-0.852		-0.049*	-0.007	0.014	0.007	-0.012	-0.012	0.018
{14}	0.687	4.836*	3.545	1.786	2.336	3.133	3.627	3.050	1.704	-0.769	2.830	2.253	3.105		0.042	0.063**	0.056*	0.037	0.038	0.067**
{15}	-2.198	1.951	0.659	-1.099	-0.550	0.247	0.742	0.165	-1.182	-3.655	-0.055	-0.632	0.220	-2.885		0.022	0.014	-0.005	-0.004	0.025
{16}	-2.528	1.621	0.330	-1.429	-0.879	-0.082	0.412	-0.165	-1.511	-3.984*	-0.385	-0.962	-0.110	-3.215	-0.330		-0.008	-0.027	-0.026	0.004
{17}	-5.138*	-0.989	-2.281	-4.039*	-3.490	-2.693	-2.198	-2.775	-4.122*	-6.595**	-2.995	-3.572	-2.720	-5.825**	-2.940	-2.610		-0.019	-0.018	0.011
{18}	1.594	5.743**	4.452*	2.693	3.242	4.039*	4.534*	3.957*	2.610	0.137	3.737	3.160	4.012*	0.907	3.792	4.122*	6.732**		0.001	0.030
{19}	0.412	4.561*	3.270	1.511	2.061	2.858	3.352	2.775	1.429	-1.044	2.556	1.978	2.830	-0.275	2.610	2.940	5.551**	-1.182		0.030
{20}	-3.078	1.072	-0.220	-1.978	-1.429	-0.632	-0.137	-0.714	-2.061	-4.534*	-0.934	-1.511	-0.659	-3.765	-0.879	-0.550	2.061	-4.671*	-3.490	
可溶性蛋白含量(mg/g)	9.495	5.345	6.637	8.395	7.846	7.049	6.554	7.131	8.478	10.951	7.351	7.928	7.076	10.181	7.296	6.966	4.356	11.088	9.907	6.417

表2-1-9 高温胁迫下叶片CAT活性和SOD活性的统计比较

Table 2-1-9 Statistical comparison of the CAT activities and SOD activities in leaves under high temperature stress

(注：表右上角为CAT活性的统计比较结果，表左下角为SOD活性的统计比较结果)

基因型 genotype	{1}	{2}	{3}	{4}	{5}	{6}	{7}	{8}	{9}	{10}	{11}	{12}	{13}	{14}	{15}	{16}	{17}	{18}	{19}	{20}
CAT活性 ($\mu \cdot g^{-1} \cdot min^{-1}$)	512.500	431.250	647.396	572.396	466.146	409.375	510.938	435.938	595.833	621.354	479.688	585.417	452.083	567.708	530.208	714.583	396.875	622.917	501.042	395.833
{1}		81.250	-134.896	-59.896	46.354	103.125	1.563	76.563	-83.333	-108.854	32.813	-72.917	60.417	-55.208	-17.708	-202.083	115.625	-110.417	11.458	116.667
{2}	227.723		-216.146	-141.146	-34.896	21.875	-79.688	-4.688	-164.583	-190.104	-48.438	-154.167	-20.833	-136.458	-98.958	-283.333*	34.375	-191.667	-69.792	35.417
{3}	34.654	-193.069		75.000	181.250	238.021	136.458	211.458	51.563	26.042	167.708	61.979	195.313	79.688	117.188	-67.188	250.521	24.479	146.354	251.563
{4}	200.495	-27.228	165.841		106.250	163.021	61.458	136.458	-23.438	-48.958	92.708	-13.021	120.313	4.688	42.188	-142.188	175.521	-50.521	71.354	176.563
{5}	225.248	-2.475	190.594	24.753		56.771	-44.792	30.208	-129.688	-155.208	-13.542	-119.271	14.063	-101.563	-64.063	-248.438	69.271	-156.771	-34.896	70.313
{6}	-89.109	-316.832	-123.763	-289.604	-314.357		-101.563	-26.563	-186.458	-211.979	-70.313	-176.042	-42.708	-158.333	-120.833	-305.208*	12.500	-213.542	-91.667	13.542
{7}	17.327	-210.396	-17.327	-183.168	-207.921	106.436		75.000	-84.896	-110.417	31.250	-74.479	58.854	-56.771	-19.271	-203.646	114.063	-111.979	9.896	115.104
{8}	178.218	-49.505	143.564	-22.277	-47.030	267.327	160.891		-148.515	-185.417	-43.750	-149.479	-16.146	-131.771	-94.271	-278.646*	39.063	-186.979	-65.104	40.104
{9}	29.703	-198.020	-4.951	-170.792	-195.545	118.812	12.376	-148.515		-25.521	116.146	10.417	143.750	28.125	65.625	-118.750	198.958	-27.083	94.792	200.000
{10}	47.030	-180.693	12.376	-153.465	-178.218	136.139	29.703	-131.188	17.327		141.667	35.938	169.271	53.646	91.146	-93.229	224.479	-1.563	120.313	225.521
{11}	-54.455	-282.178	-89.109	-254.950	-279.703	34.654	-71.782	-232.673	-84.158	-101.485		-105.729	27.604	-88.021	-50.521	-234.896	82.813	-143.229	-21.354	83.854
{12}	-42.079	-269.802	-76.733	-242.574	-267.327	47.030	-59.406	-220.297	-71.782	-89.109	12.376		133.333	17.708	55.208	-129.167	188.542	-37.500	84.375	189.583
{13}	-22.277	-250.000	-56.931	-222.772	-247.525	66.832	-39.604	-200.495	-51.980	-69.307	32.178	19.802		-115.625	-78.125	-262.500	55.208	-170.833	-48.958	56.250
{14}	32.179	-195.544	-2.475	-168.316	-193.069	121.288	14.852	-146.039	2.476	-14.851	86.634	74.258	54.456		37.500	-146.875	170.833	-55.208	66.667	171.875
{15}	49.505	-178.218	14.851	-150.990	-175.743	138.614	32.178	-128.713	19.802	2.475	103.960	91.584	71.782	17.326		-184.375	133.333	-92.708	29.167	134.375
{16}	2.476	-225.247	-32.178	-198.019	-222.772	91.585	-14.851	-175.742	-27.227	-44.554	56.931	44.555	24.753	-29.703	-47.029		317.708*	91.667	213.542	318.750*
{17}	74.258	-153.465	39.604	-126.237	-150.990	163.367	56.931	-103.960	44.555	27.228	128.713	116.337	96.535	42.079	24.753	71.782		-226.042	-104.167	1.042
{18}	-9.901	-237.624	-44.555	-210.396	-235.149	79.208	-27.228	-188.119	-39.604	-56.931	44.554	32.178	12.376	-42.080	-59.406	-12.377	-84.159		121.875	227.083
{19}	-27.227	-254.950	-61.881	-227.722	-252.475	61.882	-44.554	-205.445	-56.930	-74.257	27.228	14.852	-4.950	-59.406	-76.732	-29.703	-101.485	-17.326		105.208
{20}	-56.930	-284.653	-91.584	-257.425	-282.178	32.179	-74.257	-235.148	-86.633	-103.960	-2.475	-14.851	-34.653	-89.109	-106.435	-59.406	-131.188	-47.029	-29.703	
SOD活性 (u/g FW)	1413.366	1641.089	1448.020	1613.861	1638.614	1324.257	1430.693	1591.584	1443.069	1460.396	1358.911	1371.287	1391.089	1445.545	1462.871	1415.842	1487.624	1403.465	1386.139	1356.436

由表2-1-7可以看出，各基因型的蒸腾强度均上升。其中，P1-1的蒸腾强度上升的幅度最大，高达152.993%；其次是M2-9、M2-8；N2-6和N1-1的蒸腾强度上升幅度较小，仅分别为12.169%、16.609%。

从以上分析可见，蒸腾强度较大的基因型其蒸腾强度升高的幅度则较小，而蒸腾强度较小的基因型其蒸腾强度升高的幅度则较大。由此说明，抗热基因型在高温下失水较慢。

（7）高温对可溶性蛋白的影响

经统计分析结果（表2-1-7）发现，高温条件下的可溶性蛋白含量在基因型间有一定的差异，但这种差异表现不是十分明显。其中K2-7和N2-6的含量较高，分别达11.088 mg/g和10.951 mg/g；M和P1-1的含量较低，仅分别为5.345 mg/g和4.356 mg/g。以上4个基因型与其他基因型间存在较大的差异。根据这一结果，推测K2-7和N2-6比较抗热，M和P1-1比较感热。

在高温胁迫下百合苗的可溶性蛋白含量及其变化值如表2-1-8。热处理两天后蛋白质均趋水解，可溶性蛋白含量降低，从蛋白质量的减少率来分析可得出结论：蛋白质降解速率与可溶性蛋白含量大致呈反相关。即由28 ℃升至38 ℃时，可溶性蛋白含量较高者蛋白质降幅则小，可溶性蛋白含量较低者蛋白质降幅则大。由此表明，抗热基因型比不抗热基因型在高温下蛋白质降解较慢。本试验结果与叶（陈亮等，1996）对大白菜耐热性研究的结论基本一致。

（8）高温对过氧化氢酶（CAT）活性的影响

由CAT活性的测定结果可知，在高温胁迫下，麝香百合各基因型的CAT活性均增大，但在基因型间没有明显的差异（见表2-1-9）。U1-2的CAT活性最大，为714.583（$\mu \cdot g^{-1} \cdot min^{-1}$），其与M、M1-10、M2-9等3个基因型均呈显著差异；P1-1和White Forest的CAT活性较小，仅分别为396.875和395.833（$\mu \cdot g^{-1} \cdot min^{-1}$），这两个基因型均与U1-2呈显著差异；其余基因型间没有显著的差异。各基因型的CAT活性大小顺序如下：U1-2>O>K2-7>N2-6>N1-1>O1-13>Q>O2-28>Q1-2>F1>M2-8>K1-4>O-卵>N>O2-10>M2-9>M>M1-10>P1-1>White Forest。根据上述结果推测：各基因型的抗热性强弱顺序为上述的CAT活性大小顺序。

（9）高温对超氧化物歧化酶（SOD）活性的影响

统计分析结果（表2-1-9）表明，在高温胁迫下，基因型间SOD活性大小差异不明显；但各基因型的SOD活性都有不同程度的增加（表2-1-7），增幅在基因型间差异明显，其中Q1-2的增幅最大，增加了750.121%，其次是N和P1-1，分别增加了234.234%和222.668%，K1-4的增幅最小，只有18.592%，这可能反映了各基因型对高温胁迫适应性的差异。

在高温胁迫下，麝香百合各基因型的SOD活性依大至小排序为：M>N>Q>M2-9>P1-1>Q1-2>N2-6>O>O2-28>N1-1>M2-8>U1-2>F1>K2-7>O2-10>K1-4>O1-13>O-卵>White Forest>M1-10。

从本试验结果分析，在所测百合中，抗热性的强弱顺序可能为上述的SOD活性大小顺序。

1.2.3　抗热性鉴定指标的相关分析

植物抗热性不仅与植物的种类、品种基因型、形态性状及生理生化反应有关，而且受高温干旱发生的时期、强度及持续时间的影响。植物的抗热性为复杂的数量性状，因而有必要对抗热指标进行相关分析，以筛选出适宜麝香百合抗热性鉴定的指标或方法。利用统计分析方法，运算各鉴定指标的相关系数如表2-1-10。

观察叶片形态解剖结构各项指标的相关系数发现，叶片厚度与栅栏组织厚度、栅栏组织/海绵组织比值均呈极显著正相关，相关系数分别高达0.969、0.948，而与海绵组织厚度呈显著负相关，相关系数r=-0.386。栅栏组织厚度与叶片厚度、栅栏组织/海绵组织比值均呈极显著正相关，前者的相关性略大于后者；而与海绵组织厚度、渗透势呈显著负相关。海绵组织厚度与栅栏组织厚度、叶片厚度、下表皮层厚度、栅栏组织/海绵组织比值皆呈负相关,后者的相关系数r=-0.642,相关极显著。上表皮层厚度与下角质层厚度、气孔密度呈显著正相关,后者的相关程度大于前者。下表皮层厚度与海绵组织厚度、相对含水量呈显著和极显著负相关。下角质层厚度除与上角质层厚度、上表皮层厚度显著相关之外,与其他鉴定指标没有显著相关性。气孔密度与上表皮层厚度及叶绿素含量显著正相关,与相对含水量呈显著负相关,除此之外与其他鉴定指标的相关系数没有达到显著水平。

由上述分析可知,在叶片形态解剖结构的10项指标中,叶片厚度、栅栏组织厚度、栅栏组织/海绵组织比值等3项指标间有着密切的关系,且均与基因型抗热性呈正相关,而海绵组织厚度与基因型抗热性呈负相关,即叶片较厚、栅栏组织较发达的基因型其抗热性较好,因此这4项指标有望成为麝香百合抗热性的鉴定指标。虽然气孔密度与叶片厚度等没有达到显著的正相关关系,但是比叶片厚度、栅栏组织厚度和海绵组织厚度有更多基因型间达到显著或极显著的差异,因此认为气孔密度可作为麝香百合的抗热指标。上、下角质层厚度和上、下表皮层厚度等4项指标在麝香百合中表现的差异不是很明显,因此,在选育抗热性百合时效果可能不太理想。

从生理生化指标的相关系数分析可见,渗透势与栅栏组织厚度呈显著负相关,表明叶片栅栏组织发达的基因型渗透势低,这也反映抗热基因型具有发达的叶片栅栏组织和较低的渗透势。相对含水量与脯氨酸含量呈极显著正相关,与相对电导率等呈极显著负相关,这说明,抗热性较强的基因型在高温条件下保持较高的相对含水量和脯氨酸含量,且具有较好的细胞膜热稳定性。自由水含量与束缚水含量及束缚水/自由水比值皆呈极显著的负相关(r=-0.970,-0.964),由此表明,高温迫使自由水含量降低而束缚水含量则明显增加,以维持植株一定的含水量。束缚水和束缚水/自由水比值具有明显的关联,相关系数高达0.977。脯氨酸含量与MDA含量、相对含水量等均呈显著和极显著正相关,与相对电导率呈显著负相关。叶绿素含量与气孔密度、相对电导率呈显著正相关。相对电导率除与叶绿素含量相关外,还与脯氨酸含量、相对含水量呈显著或极显著的负相关。可见,相对电导率和气孔密度与抗热性的关系正好相反,而叶绿素含量却与两者呈正相关,由此表明叶绿素含量与抗热性的关系难以定论。诸多的鉴定指标中,蒸腾强度和CAT活性均只与可溶性蛋白含量呈极显著和显著正相关,由此说明,在高温胁迫下,蒸腾强度和CAT活性与可溶性蛋白含量的关系最为密切,抗热基因型比不抗热基因型有更大的可溶性蛋白含量、蒸腾强度和CAT活性。可溶性蛋白含量与CAT含量、蒸腾强度呈显著、极显著正相关,与束缚水含量、束缚水/自由水比值均呈显著负相关。SOD活性与CAT活性、束缚水含量、束缚水/自由水比值为正相关,与MDA含量为负相关,但相关系数均未达到显著水平。

综合分析基因型抗热性强弱与各项生理生化指标间的关系可以看出,抗热性较强的基因型有比抗热性较弱的基因型更大的原生质体黏度、相对含水量、束缚水含量、束缚水/自由水比值、脯氨酸含量、细胞膜热稳定性、蒸腾强度、可溶性蛋白含量、CAT活性、SOD活性。

从以上的相关分析结果可以证实,在麝香百合鉴定指标的比较分析中,各指标与抗热性的关系及各基因型间差异的推测是正确的。

综合上述分析结果,选出与麝香百合抗热性密切相关的鉴定指标,总共有15项指标,即栅栏组织厚度、海绵组织厚度、栅栏组织/海绵组织比值、叶片厚度、气孔密度、原生质体黏度、相对含水量、束缚水含量、束缚水/自由水比值、脯氨酸含量、细胞膜热稳定性、蒸腾强度、可溶性蛋白含量、CAT活性、SOD活性。

通过观察表2-1-10的相关系数还发现,叶片形态解剖结构各项指标与生理生化各指标的相关性较小,仅有以下几项指标有相关关系:下表皮层厚度与相对含水量呈极显著负相关;栅栏组织厚度与渗透势呈显著负相关;海绵组织厚度与脯氨酸含量呈显著正相关;气孔密度与叶绿素含量呈显著正相关,而与相对含水量呈显著负相关。这些指标的相关性机理尚未清楚,有待进一步研究。

表2-1-10 麝香百合杂种系抗热性鉴定指标的相关系数

Table2-1-10 Correlation coefficient of the heat resistance assessment indices in longiflorum hybrids

	上角质层厚度	上表皮层厚度	栅栏组织厚度	海绵组织厚度	栅栏组织/海绵组织	下表皮层厚度	下角质层厚度	叶片厚度	气孔密度	渗透势	相对含水量	自由水含量	束缚水含量	束缚水/自由水	脯氨酸含量	MDA含量	叶绿素含量	相对电导率	蒸腾强度	可溶性蛋白含量	CAT活性	SOD活性
上角质层厚度	1.000	0.010	0.063	0.261	-0.077	0.013	0.331*	0.048	0.255	-0.130	-0.134	-0.033	0.044	0.011	0.083	0.045	0.308	0.147	0.046	-0.119	-0.167	-0.125
上表皮层厚度	0.010	1.000	-0.049	0.102	-0.073	0.141	0.343*	0.034	0.387*	0.066	0.040	-0.035	0.034	0.096	0.169	-0.182	-0.171	-0.178	-0.296	-0.108	-0.029	-0.071
栅栏组织厚度	0.063	-0.049	1.000	-0.314*	0.907**	-0.010	0.183	0.969**	0.050	-0.335*	0.076	0.244	-0.259	-0.244	-0.210	0.061	0.086	0.077	0.220	0.113	-0.011	-0.126
海绵组织厚度	0.261	0.102	-0.314*	1.000	-0.642**	-0.317*	0.088	-0.386*	-0.035	-0.026	0.293	0.259	-0.224	-0.249	0.358*	0.081	0.007	0.204	0.154	-0.023	-0.103	0.050
栅栏组织/海绵组织	-0.077	-0.073	0.907**	-0.642**	1.000	0.130	0.143	0.948**	0.057	-0.260	-0.047	0.070	-0.096	-0.078	-0.270	0.008	0.076	-0.038	0.084	0.071	-0.002	-0.099
下表皮层厚度	0.013	0.141	-0.010	-0.317*	0.130	1.000	0.139	0.128	0.244	0.178	-0.446**	-0.014	0.006	0.001	-0.020	-0.077	0.049	0.111	0.118	0.309	0.107	-0.247
下角质层厚度	0.331*	0.343*	0.183	0.088	0.143	0.139	1.000	0.259	0.002	-0.119	0.089	-0.012	0.053	0.066	0.017	0.014	0.036	-0.031	-0.054	-0.091	-0.058	-0.233
叶片厚度	0.048	0.034	0.969**	-0.386*	0.948**	0.128	0.259	1.000	0.106	-0.3073	0.020	0.189	-0.206	-0.190	-0.179	0.027	0.094	0.043	0.161	0.099	-0.033	-0.137
气孔密度	0.255	0.387*	0.050	-0.035	0.057	0.244	0.002	0.106	1.000	-0.136	-0.362*	-0.193	0.173	0.168	-0.107	-0.139	0.371*	0.305	-0.241	0.037	-0.084	-0.185
渗透势	-0.130	0.066	-0.335*	-0.026	-0.260	0.178	-0.119	-0.307	-0.136	1.000	0.207	-0.061	0.083	0.083	0.337*	-0.009	0.020	-0.130	-0.124	0.051	-0.022	0.009
相对含水量	-0.134	0.040	0.076	0.293	-0.047	-0.446**	0.089	0.020	-0.362*	0.207	1.000	0.242	-0.277	-0.199	0.466**	0.339*	-0.022	-0.507**	0.040	-0.186	-0.135	0.164
自由水含量	-0.033	-0.035	0.244	0.259	0.070	-0.014	-0.012	0.189	-0.193	-0.061	0.242	1.000	-0.970**	-0.964**	0.165	0.062	-0.069	0.083	0.254	0.301	-0.046	-0.204
束缚水含量	0.044	0.034	-0.259	-0.224	-0.096	0.006	0.053	-0.206	0.173	0.083	-0.277	-0.970**	1.000	0.977**	-0.208	-0.086	0.112	-0.034	-0.266	-0.320*	0.012	0.174
束缚水/自由水	0.011	0.096	-0.244	-0.249	-0.078	0.001	0.066	-0.190	0.168	0.083	-0.199	-0.964**	0.977**	1.000	-0.189	-0.101	0.047	-0.110	-0.258	-0.322*	0.025	0.138
脯氨酸含量	0.083	0.169	-0.210	0.358*	-0.270	-0.020	0.017	-0.179	-0.107	0.337*	0.466**	0.165	-0.208	-0.189	1.000	0.321*	-0.126	-0.318*	-0.160	-0.225	-0.103	-0.069
MDA含量	0.045	-0.182	0.061	0.081	0.008	-0.077	0.014	0.027	-0.139	-0.009	0.339*	0.062	-0.086	-0.101	0.321*	1.000	0.272	-0.167	0.034	0.045	-0.085	-0.214
叶绿素含量	0.308	-0.171	0.086	0.007	0.076	0.049	0.036	0.094	0.371*	0.020	-0.022	-0.069	0.112	0.047	-0.126	0.272	1.000	0.374**	0.161	0.122	-0.106	-0.109
相对电导率	0.147	-0.178	0.077	0.204	-0.038	0.111	-0.031	0.043	0.305	-0.130	-0.507**	0.083	-0.034	-0.110	-0.318*	-0.167	0.374**	1.000	0.299	0.289	0.137	-0.036
蒸腾强度	0.046	-0.296	0.220	0.154	0.084	0.118	-0.054	0.161	-0.241	-0.124	0.040	0.254	-0.266	-0.258	-0.160	0.034	0.161	0.299	1.000	0.419**	0.156	-0.092
可溶性蛋白含量	-0.119	-0.108	0.113	-0.023	0.071	0.309	-0.091	0.099	0.037	0.051	-0.186	0.301	-0.320*	-0.322*	-0.225	0.045	0.122	0.289	0.419**	1.000	0.389*	-0.173
CAT活性	-0.167	-0.029	-0.011	-0.103	-0.002	0.107	-0.058	-0.033	-0.084	-0.022	-0.135	-0.046	0.012	0.025	-0.103	-0.085	-0.106	0.137	0.156	0.389*	1.000	0.193
SOD活性	-0.125	-0.071	-0.126	0.050	-0.099	-0.247	-0.233	-0.137	-0.185	0.009	0.164	-0.204	0.174	0.138	-0.069	-0.214	-0.109	-0.036	-0.092	-0.173	0.193	1.000

1.2.4 基因型抗热性的综合评价

所谓百合抗热性的综合评价，就是选用较多的与抗热性有关的单一指标去综合评定百合的抗热性，使单个指标对评定抗热性的片面性会受到其他指标的弥补与缓和，从而使评定结果与实际结果更为接近。本研究采用抗热性隶属函数值法对麝香百合的抗热性进行综合评价。

将本研究所选择的15项指标(高温胁迫的)测定值转化成隶属函数值得表2-1-11。

由表2-1-11可知，O2-28的抗热性隶属函数值最大为0.685，其次是N2-6，Q1-2，M，分别为0.610、0.540，0.538，最小的是White Forest的0.166。20个基因型的抗热性强弱顺序为：O2-28>N2-6>Q1-2>M>O>K2-7>K1-4>N>N1-1>Q>M2-8>F1>O1-13>O-卵>O2-10>U1-2>M2-9>M1-10>P1-1>White Forest。

由以上排序结果可见，O2-28的抗热性最强，White Forest的抗热性最弱，这与前述的大多数指标比较分析结果是一致的。White Forest是从欧洲引进的麝香百合品种，田间观测得知其抗热性差，本研究也证实了这一点。在本试验所用材料中，亲本O和亲本N的自交后代的抗热性出现了分化，如亲本O的抗热性弱于其后代O2-28，而强于O1-13、O-卵、O2-10这3个后代基因型；亲本N的抗热性弱于其后代N2-6，而强于其后代N1-1。结果还发现，亲本M均比其后代(M2-8、M2-9、M1-10)抗热。这些结果有待于品种遗传分化方面进一步深入研究。

从表2-1-11的结果还可看出，本研究所选出的15项指标评价麝香百合杂种系的抗热性时，各基因型的隶属值存在着较大的差异。这一方面说明这15项指标与麝香百合杂种系的抗热性具有密切的关系，能够在一定程度上反映麝香百合杂种系的抗热性强弱；另一方面也说明参试的20个基因型的抗热性存在着较大差异。这种异质性为麝香百合杂种系抗热性的遗传改良提供了先决条件。

表2-1-11 麝香百合抗热指标隶属值及抗热性综合评价

Table 2-1-11 Subordinative function value of heat resistance and comprehensive evaluation of *Lilium longiflorum*

基因型	栅栏组织厚度	海绵组织厚度	栅栏组织/海绵组织	叶片厚度	气孔密度	原生质体黏度	相对含水量	束缚水含量	束缚水/自由水	脯氨酸含量	细胞膜热稳定性	蒸腾强度	可溶性蛋白含量	CAT活性	SOD活性	平均隶属值	抗热名次
F1	0.472	0.155	0.384	0.721	0.268	0.794	0.249	0.263	0.192	0.392	0.572	0.565	0.763	0.366	0.281	0.429	12
M	1.000	0.249	1.000	0.788	0.447	0.364	0.600	0.549	0.428	0.772	0.487	0.121	0.147	0.111	1.000	0.537	4
O	0.246	1.000	0.839	0.000	0.273	0.299	0.124	1.000	0.917	0.452	0.413	0.773	0.339	0.789	0.391	0.524	5
Q	0.087	0.382	0.09	0.436	0.352	0.412	0.465	0.771	0.709	0.277	0.698	0.266	0.600	0.554	0.914	0.467	10
N	0.000	0.367	0.019	0.304	1.000	0.220	0.647	0.672	0.708	0.350	0.738	0.424	0.518	0.221	0.992	0.479	8
M1-10	0.022	0.655	0.280	0.112	0.215	0.279	0.254	0.337	0.243	0.145	0.143	0.275	0.400	0.042	0.000	0.227	18
M2-8	0.703	0.549	0.931	0.505	0.286	0.710	0.272	0.342	0.307	0.235	0.317	0.325	0.327	0.361	0.336	0.434	11
M2-9	0.233	0.588	0.376	0.263	0.007	0.220	0.003	0.533	0.422	0.340	0.119	0.167	0.412	0.126	0.844	0.310	17
N1-1	0.489	0.454	0.550	0.462	0.023	0.498	0.777	0.000	0.037	0.936	0.426	0.893	0.612	0.627	0.375	0.477	9
N2-6	0.553	0.021	0.328	1.000	0.398	0.845	0.690	0.408	0.333	0.606	0.852	1.000	0.980	0.708	0.430	0.610	2
O-卵	0.185	0.428	0.259	0.378	0.465	0.459	0.247	0.787	0.889	0.363	0.727	0.181	0.445	0.263	0.109	0.412	14
O1-13	0.317	0.791	0.958	0.336	0.300	0.299	0.037	0.710	0.604	0.178	0.294	0.304	0.531	0.595	0.148	0.427	13
O2-10	0.427	0.000	0.165	0.864	0.923	0.332	0.018	0.783	0.711	0.365	0.317	0.244	0.404	0.176	0.211	0.396	15
O2-28	0.383	0.261	0.316	0.698	0.438	1.000	0.689	0.793	1.000	1.000	1.000	0.909	0.865	0.539	0.383	0.685	1
Q1-2	0.675	0.333	0.629	0.737	0.625	0.775	0.481	0.513	0.408	0.493	0.799	0.343	0.437	0.422	0.437	0.540	3

U1-2	0.512	0.096	0.384	0.747	0.334	0.188	0.067	0.424	0.341	0.237	0.239	0.049	0.388	1.000	0.289	0.353	16
P1-1	0.186	0.491	0.287	0.406	0.088	0.000	0.000	0.297	0.415	0.254	0.000	0.155	0.000	0.003	0.516	0.206	19
K2-7	0.303	0.416	0.324	0.538	0.351	0.843	0.535	0.524	0.462	0.020	0.784	0.410	1.000	0.712	0.250	0.498	6
K1-4	0.233	0.017	0.000	0.884	0.000	0.904	1.000	0.592	0.496	0.440	0.897	0.401	0.824	0.330	0.195	0.481	7
White Forest	0.227	0.796	0.577	0.082	0.183	0.019	0.014	0.024	0.000	0.128	0.039	0.000	0.306	0.000	0.102	0.166	20

1.3 讨论

1.3.1 抗热性鉴定指标的筛选

在前人研究的基础上，本试验就有关性状进行比较分析、相关分析，并通过综合评价分析，提出可运用栅栏组织厚度、海绵组织厚度、栅栏组织/海绵组织比值、叶片厚度、气孔密度、原生质体黏度、相对含水量、束缚水含量、束缚水/自由水比值、脯氨酸含量、细胞膜热稳定性、蒸腾强度、可溶性蛋白含量、CAT活性、SOD活性等15项抗热性综合鉴定指标来筛选麝香百合的抗热基因型，即以此建立麝香百合的抗热性鉴定指标体系。

叶片形态解剖结构分析是植物种或品种间耐热性差异分析的基础，栅栏组织较发达的品种抗热性较强，抗热性较好的品种的气孔密度比抗热性较差的高（彭永宏等，1995）。受光受热较强的品种，其叶片较厚、较小（李扬汉，1984）。渗透势越低，原生质体黏度越大，其抗热性就越强（黎盛隆，1981）。从常温下各指标分析结果可知，栅栏组织厚度、海绵组织厚度、栅栏组织/海绵组织比值、叶片厚度等指标间存在明显的关系且均与抗热性有着紧密的关联。叶面气孔密度与抗热性的关系也较密切，气孔密度越大，蒸腾强度则越大，而较大的蒸腾强度有利于降低株体温度，避免高温造成热害。

植物器官衰老或在逆境条件下遭受伤害，往往发生膜脂的过氧化作用。MDA是植物脂质过氧化作用的一个产物（王爱国等，1986；Robert等，1980），它的积累量反映植物受逆境伤害的程度。在高温或干旱胁迫下，膜脂过氧化作用加剧，MDA含量会显著升高（姚元干等，1998；陈如凯等，1995；揭雨成等；2000）。在高温胁迫下，抗热性强的植物种类、品种MDA的含量低于抗热性弱的种类、品种（叶陈亮等，1996；李成琼等，1998；叶陈亮等，增刊，1996；骆俊等，2011）。在高温胁迫下，麝香百合叶片的叶绿素含量和MDA含量变化没有一定的趋势，经分析，两者与抗热性的相关性难以定论。因此，叶绿素含量和MDA含量及其变化率不能反映麝香百合基因型的抗热性，不是理想的抗热性鉴定指标。

脯氨酸作为一种渗透调节物质，与植物的抗逆能力有着密切的关系（陈立松等，1997；张宪政，1992）。脯氨酸参与渗透调节，其具有较大的吸湿性，在高温时可以增加细胞的束缚水，有利于抗热，目前在植物逆境生理和花粉败育等研究中，普遍都测定植物体内游离脯氨酸含量的变化，在植物受到不同逆境胁迫时，游离脯氨酸含量增加，防止蛋白质在高温胁迫下脱水变性，对植物的渗透调节起重要的作用，即使在含水量很低的细胞内脯氨酸溶液仍能提供足够的自由水，从而维持生命活动的正常进行（张宪政等，1994）。在高温胁迫条件下，植物的抗热品种比不抗热品种积累更多的脯氨酸（彭永宏等，1995；叶陈亮等，1996；肖顺元等，1990）。经相关分析也发现，叶片束缚水含量、栅栏组织/海绵组织比值、脯氨酸含量、可溶性蛋白含量等4项鉴定指标间均存在密切的关系，由此表明这4项指标适用于麝香百合的抗热性鉴定。

有关高温胁迫的资料（肖顺元等，1990；张福锁，1993；甘霖等，1995；彭永宏等，1995；叶陈亮等，1996；陈立松等，1997；刘春英等，2012）表明，细胞膜的热稳定性是抗热性遗传变异的适宜指标；高温处理后，不抗热品种的相对电导率高，细胞膜热稳定性差，而抗热品种的相对电导率低，细胞膜热稳定性好。本试验结果表明，在高温胁迫下，细胞膜热稳定性与麝香百合的抗热性显著相关，可用于麝香百合的抗热性研究。此外，基因型的抗热性不仅与细胞膜热稳定性有关，而且还受高温条件下体内酶系（CAT、SOD等）活力、蒸腾强度等因素的影响。对高温的忍耐和抵抗能力是上述诸多指标因素的综合表现。

百合的抗热性受诸多因素的影响，因而我们建议在筛选抗热性鉴定指标时，应从叶片形态和生理生化方面同步进行筛选，并与田间观察试验相结合来开展抗热性鉴定和优良品种的选育。

1.3.2 热锻炼对抗热性的影响

植物对高温胁迫有适应能力，不同品种抗热性不同，这种差异一定要在一定高温条件下才能表现出来。热锻炼有二个构成因素，一是温度。温度太低达不到锻炼效果，温度太高对植物产生伤害降低了锻炼效果，所以根据不同植物选择适当的锻炼温度很重要。二是时间。菜豆、番茄等一天可达到最高锻炼效果（Chen等，1982）。小麦锻炼一天后虽提高了抗热性，但继续锻炼抗热性仍不断提高，三天达到最好锻炼效果，时间延长抗热性又下降（周人纲等，1993），可能是长时间延续高温过多地消耗了体内的养分和能量。本试验将百合热锻炼二天后进行指标测定，结果表明基因型间存在一定的差异，说明百合热锻炼二天也能达到一定的效果。

在适当的高温锻炼条件下，通过提高膜和蛋白质以及酶的稳定性使植物本身很好地适应高温环境（Chen等，1982；Steponlus，1982）。高温胁迫对植物的伤害首先是膜完整性的破坏（Martineau等，1979；Chen等，1982；Shanahan，1990），通常用在50℃时电解质渗漏量达50%的时间（50℃热致死时间）来表示热胁迫下膜的稳定性。即50℃热致死时间越长，细胞膜热稳定性则越高，植株的抗热性也随之增强。研究结果以38℃作为麝香百合杂种系抗热性鉴定的热锻炼温度。

热锻炼所以能提高植物的抗热性可能是由于以下几方面原因：热锻炼提高了膜的稳定性（Bjorkman等，1980）；热锻炼使一些酶的稳定性增加；热锻炼改变了蛋白结构使之更稳定；热锻炼过程中热激蛋白的产生可能提高其抗热性（Lin等，1984）。这些可能都是相互联系的。

1.3.3 试验方法的选择

根据周厚高教授等连续多年的田间观察试验结果，麝香百合在较高的温度环境条件下，其一系列性状的发育均会受到不同程度的抑制，即表现出高温对性状发育的热胁迫，但这些性状对高温的敏感程度或反应有一定的差异，且品种或基因型间也表现一定的差别。因此，准确鉴定百合品种或基因型间的抗热性差异，提高抗热育种质量已成当务之急。由于植物的抗热性随其生长发育时期的不同而有所变化（Al-Khatib等，1990），从而探讨鉴定某一特定时期的抗热性有十分重要的意义。本试验以百合幼苗为材料，并且利用实验室的方法鉴定抗热性，既可省去田间育苗的设备与花费，又可排除大田环境因子之间的互作以及基因型之间生育时期的不一致等因素给测定结果造成的误差。由于该法比较简单易行，将在今后开展抗热资源的大量常规初步筛选工作中具有良好的应用前景。

1.3.4 抗热性评价方法的选择

植物的抗热性是一个复杂的综合性状，受多种因素的影响，用单个的指标进行测定的结果具有单一性、片面性，而用多个指标去综合评定才是较可靠（王淑俭等，1994）。目前常用的综合评价有两种，一是分级评价法，二是隶属函数值法。我们选择比较适用于百合的抗热性鉴定指标用隶属函数值法对它们进行综合评价，以此减少试验中的误差，使试验结果更加准确。本试验表明，以上述选出的15项指标对20个不同的百合基因型进行抗热性综合评价，结果与大田观察情况比较吻合。由此可见，隶属函数值法是一种评价麝香百合抗热性的较好方法。选用恰当的抗性鉴定指标，对不同基因型间抗热性的差异进行综合评定，同时也可作为鉴定筛选抗性强的优良基因型的一种较好的方法。通过试验我们对麝香百合杂种系的抗热性有了初步的了解，为以后的育种工作奠定了基础。

1.3.5　试验条件对抗热评价的影响

经分析发现，束缚水含量、脯氨酸含量、可溶性蛋白含量等与综合评价结果有一定的差距，究其原因可能有以下二方面：其一，在同一高温条件下，植株水势不一样，其含量也不一样；其二，为叶龄所影响。因此，在条件控制不够严格的情况下，测出的结果不可能准确，但总的趋势还是抗热性强的基因型指标含量高。

细胞膜热稳定性的测定受环境影响非常大，测电导率时的环境温度要求为20～25 ℃，若低于该温度，植物叶片的电解质渗漏速度会减慢，从而影响相对电导率。因此必须很好地控制试验温度，以准确地判断品种的细胞膜热稳定性及其抗热性。

1.3.6　抗热性的遗传

目前关于植物抗热性的遗传研究报道很少。陈火英（1991）通过研究认为，萝卜抗热性杂种优势的方向和程度依组合不同而异，有部分显性的组合，也有正的和负的超显性组合，但杂交组合热害后的恢复能力均表现正的超显性。配合力分析表明，一般配合力和特殊配合力效应，亲本间和组合间差异均达到极显著水平。可见，萝卜抗热遗传规律是复杂多样的。吴国胜等（1997）对大白菜的遗传规律研究认为，大白菜耐热性的遗传是由多对基因控制的，呈现数量遗传的特点，其遗传力较高，且以加性遗传效应为主，兼有上位效应，因此，采用常规的杂交育种方法，可望在耐热性的选育方面取得良好的效果。但总的遗传变异中，一般配合力方差占绝大部分，特殊配合力方差所占比例很小，显性效应不明显，因此，单纯利用杂种优势难以收到显著提高耐热性的效果。Moffatt等（1990）研究认为，小麦品种的耐热性具有较高的一般配合力和具有一定的细胞质效应；轮回选择是积累小麦耐热基因的有效途径。孙其信对四倍体小麦耐热性基因染色体定位的研究表明，3A、3B、4A、4B、5A染色体上具有耐热基因位点（孙其信，1991），而细胞膜热稳定性一般也认为属于数量遗传（Blum，1988）。

如前所述，选育抗热性强的优良品种是百合育种的重要任务。本课题经过大量的试验筛选出15项比较适合麝香百合杂种系的抗热性鉴定方法。然而这些方法能否准确地鉴别杂交后代分离群体中的个体间抗热性的差异，不仅取决于方法本身，同时也取决于抗热性的遗传方式。如果抗热性呈较为复杂的数量遗传，杂交后代的分离群体必然会出现众多的过渡类型。为更有效地鉴别抗热性强弱，必须对上述鉴定方法进行进一步的修订完善。实际上，一个完善的抗热性选育方法不仅包括鉴定筛选技术，同时也应该包括抗热性遗传的研究。因此，今后将应用新的鉴定技术开展抗热性的遗传研究，使其不断完善提高。

1.4　结论

百合的抗热性是指百合抵抗和适应高温的能力，为一复杂的生理生化问题。百合在高温环境中往往通过形态、生理生化等多条途径的变化来维持高温胁迫下的体内水分平衡。本文研究了麝香百合不同基因型的形态、生理生化变化规律，同时进行了抗热性鉴定指标的筛选。主要研究结果如下：

（1）在温度为38℃时，百合的细胞膜50℃热致死时间最长，长达136.7 min，此时细胞膜热稳定性最好，该温度为热锻炼的最佳温度。

（2）在常温下所测定的指标中，栅栏组织厚度、海绵组织厚度、栅栏组织/海绵组织比值、叶片厚度、气孔密度等指标在基因型间的差异大，多呈显著或极显著差异。38℃高温处理两天后，各生理生化指标在基因型间均存在一定的差异，束缚水含量、束缚水/自由水比值、脯氨酸含量、蒸腾强度、CAT活性、SOD活性等有不同程度地增多；而相对含水量、自由水含量、细胞膜热稳定性、可溶性蛋白含量等则有所降低。

（3）经高温胁迫后，叶绿素含量和MDA含量的变化没有一定的规律，不宜作为麝香百合的抗热性鉴定指标。

（4）栅栏组织厚度、栅栏组织/海绵组织比值、叶片厚度、气孔密度、原生质体黏度、相对含水量、束缚水含量、束缚水/自由水比值、脯氨酸含量、细胞膜热稳定性、蒸腾强度、可溶性蛋白含量、CAT活性、SOD活性等与麝香百合抗热性呈正相关；海绵组织厚度与麝香百合抗热性呈负相关。可由这15项指标建立麝香百合的抗热性鉴定指标体系。

（5）经综合评价分析得知，麝香百合各个基因型的抗热性强弱顺序为：O2-28>N2-6>Q1-2>M>O>K2-7>K1-4>N>N1-1>Q>M2-8>F1>O1-13>O-卵>O2-10>U1-2>M2-9>M1-10>P1-1>White Forest。

第二节　铁炮百合热激转录因子基因克隆与表达分析

百合作为主要的切花和盆花材料，在国内外花卉市场上占有重要地位。但百合性喜冷凉湿润气候，我国北方地区夏季炎热，越夏的百合经常会出现植株矮小，盲花少花，茎杆软，病虫害严重等现象，影响到切花质量，并造成种球退化。如何提高百合耐热性是一个亟待解决的问题。

热激转录因子（Heat shock transcription factor；HSF）作为信号转导的末端组分，调节着热和其他逆境下基因的表达（Wu,1995；Nover et al.,1996；Nakai,1999）。植物HSF的研究始于番茄（Scharf et al.,1990），Mishra 等（2002）采用过表达和RNAi抑制试验证明，番茄中HSFA1可以调节热激蛋白和其他热激转录因子的表达，是HSF在热激反应过程中的主控因子。番茄HSFA2是一个严格受热激诱导的HSF，它在热胁迫和恢复循环中具有较高的激活潜力，且能连续积累，因此，HSFA2被认为是耐热性细胞中的一个统治性的HSF（Scharf et al.,1998）。拟南芥中HSFA2可调节hsp101、hsp70、shsp和apx的表达，同时严格地受热激诱导表达，其knockout突变体热敏感性提高，过表达HSFA2的植株则表现出了较强的耐热和渗透胁迫的能力（Charng et al.,2007；Li et al., 2005；Ogawaet al., 2007）。

迄今为止，百合耐热性研究侧重于热胁迫下抗氧化酶系统的响应机制探讨（Yin et al., 2008），而百合热激蛋白和热激转录因子的研究未见报道。对模式植物拟南芥和番茄的研究表明，热激转录因子在提高植株耐热性方面具有重要的调节作用，而且高等植物细胞水平的保护机制和基因功能具有严格的保守性。因此作者研究克隆百合HSF基因，检测其表达情况，为进一步研究如何利用基因修饰手段来提高百合的耐热性奠定基础。

2.1 材料与方法

试验所用材料为铁炮百合品种'白天堂'的组培苗。

RNA 的分离按照 invitrogen 公司的 Trizol 说明书进行。DEPC 水溶解 RNA，用分光光度计测定 OD260 和 OD280 数值，根据 OD260/OD280 值判断 RNA 的质量，用琼脂糖凝胶电泳检测 RNA 的完整性。

cDNA 的合成按照 invetrogen 公司的 superscript II 试剂盒说明书进行。

cDNA 合成和 PCR 反应所用引物见表2-2-1。对于基因 3′序列克隆，逆转录引物用 AP1，反应条件按 superscript II 说明书。第一轮 PCR 反应引物用 PF1 和接头引物 AP2，94 ℃变性 3 min；94 ℃变性 30 s，52 ℃退火 30 s，72 ℃延伸 1 min 30 s，35 个循环；72 ℃延伸 7 min。取第一轮产物 1 μl 进行第二轮反应，引物为 PF2 和 AP2，PCR 条件同上。对于基因 5′序列信息的获取，用基因特异引物 PR1 进行逆转录，合成 cDNA，按 TaKaRa 公司未端转移酶说明书，对 cDNA 模板进行加尾反应，再以其为模板进行 PCR 反应。第一轮反应引物用 AP1 和 PR1，延伸时间为 1 min，第二轮反应取一轮产物 1 μl 为模板，引物用 AP2 和 PR2，延伸时间为 30 s，其余 PCR 条件同上。

用 DNAman 进行核苷酸和蛋白质多序列比对和聚类分析。

取不同温度处理的材料 0.1 g，采用 invitrogen 公司 Trizol 分离 RNA，按 promega 公司 M-MLV 试剂盒说明书合成 cDNA。用 actin 基因为内参，调整不同处理的模板用量，使模板用量尽可能一致。用基因特异引物 PF3 和 PR3，在固定模板量的情况下进行 PCR 反应，检测基因的相对表达量。actin 退火温度 50 ℃，26 个循环，hsfa2 退火温度 48 ℃，36 个循环。每组处理重复 3 次，用凝胶成像软件量化图片中 PCR 产物，文中显示具有代表性的一组电泳图片。

表2-2-1 逆转录和 PCR 引物

Table 2-2-1　Primers applied in the Rervese Triscription and PCR

引物 Primers	序列 Sequence
PF1	AAG ACG TAY GAN ATG GTG GAN GA
PF2	ACT TCA AGC AYA RCA AYT TCT C
PF3	AAGCACAACAACTTCTC
PR1	TCAGATCAGGGCTGGCTC
PR2	CTCCTCTTAATGTCCTTC
PR3	TTAAGGCTGGGAATCTAG
AP1	CCGGATCCTCTAGAGCGGCCGC（T）17
AP2	CCGGATCCTCTAGAGCGGCCGC
actin For	ATGGAACTGGAATGGTTAAG
actin Rev	ATAGCAACATACATAGCAGG

2.2 结果与分析

2.1 百合*HSF*基因克隆

根据已知的拟南芥和番茄*HSF*序列，设计兼并引物，采用RACE方法分别得到了基因3′端（1 011 bp）和5′端（367 bp），经过拼接得到1 262 bp全长基因序列；该基因3′ utr和5′ utr长度分别为102 bp和107 bp，CDS长1 053 bp，包含一个编码350个氨基酸的开放阅读框（图2–2）。将其核酸序列提交NCBI在线比对（http://blast.ncbi.nlm.nih.gov/Blast.cgi），将同源性高的项目序列下载，使用DNAman将百合*HSF*核酸序列与这些序列进行比对。

结果表明百合*HSF*与拟南芥*HSFA2*（NM_128173）同源性最高，达到56.6%，与杨树*HSF*（XM_002309456）次之，同源性为56.3%，与番茄和水稻的*HSF*（X67601，AM409186）同源性分别达到53.5%和51.7%。

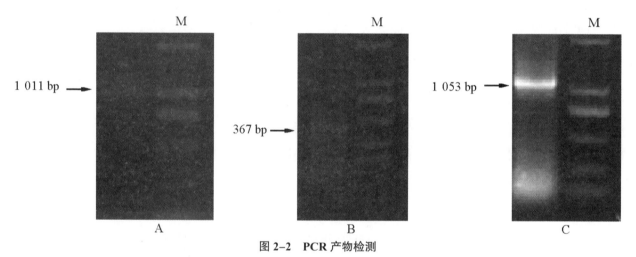

图 2–2 PCR 产物检测

A：3′ RACE 产物；B：5′ RACE 产物；C：CDS 产物；M：DL2000 marker。

Fig. 2–2 Agrose gel electrophoresis of PCR products

A，B and C show 3′，5′ and CDs product respectively. M: DL2000 marker.

2.2 百合*HSF*聚类分析

用DNAman将核酸序列翻译成蛋白质序列，提交NCBI（protein blast）进行在线比对，将同源性较高的其他物种的*HSF*序列下载，用DNAman进行比对和聚类分析。与几类物种已知的*HSF*序列聚类分析（图2–3）表明，推定的百合*HSF*与杨树*HSF*同源性最高，达到53.1%，与葡萄（50.6%）和蓖麻（49%）次之。

从基因家族的划分上来看，百合*HSF*与研究相对较多的番茄和拟南芥*HSFA2*的相似性分别达到47.5%和47%，而与拟南芥和苜蓿的*HSFA1*的同源性分别为37.2%和37%，结合核酸序列比对结果，本试验中克隆到的百合*HSF*初步确定为*HSFA2*成员，将其命名为Ll*HSFA2*。

2.3 蛋白质序列比对

推定的百合*HSFA2*分子量为 39.548 kD，等电点为5。与拟南芥和番茄*HSFA2*序列比对（图2–4）表明，Ll*HSFA2*具有高度保守的DNA结合域，相对不保守的寡聚域，核定位信号和激活域也具有较高同源性。

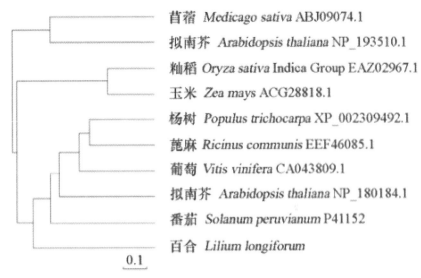

图2-3　Ll*HSFA*2 与已知的热激转录因子序列聚类

Fig.2-3　Phylogenetic tree for *HSF* from *Lilium* and those from different species

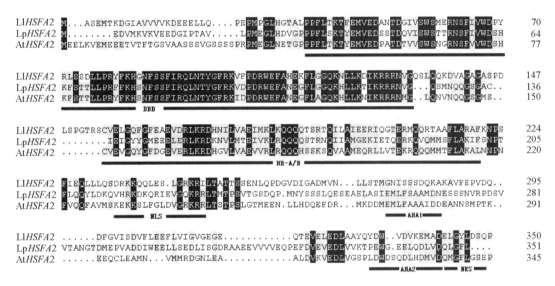

图2-4　百合 *HSFA*2 与番茄 Lp*HSFA*2(P41152)和拟南芥 At*HSFA*2(NP180184)的多序列比对

DBD：DNA 结合域；HR-A/B：寡聚域；NLS：核定位信号；AHA1/AHA2：激活域；NES：核输出信号。

Fig.2-4　Multiple aligment of amino acid sequence of the deduced Ll*HSFA*2 with

well-known those of tomato (P41152) and *Arabidopsis*(NP180184)

DBD：DNA binding domain；HR-A/B：Oligomerization domain；NLS：Nuclear localization sequence；

AHA1/AHA2：Activation domains；NES：Nuclear export sequence.

2.4　百合*HSFA*2时空表达

图4表明，百合*HSFA*2常温下根、鳞茎、叶中均未检测到表达，而在37 ℃处理1h后，在这3种器官中均检测到其有明显表达。用凝胶成像软件量取DNA条带的密度值，以叶片1h的相对表达量为1，对根、鳞茎和叶片表达量进行相对定量。在37 ℃处理1h后，根和鳞茎与叶片的相对表达量无显著性差异（ t–test 值分别为 0.0741 和 0.419）。据此说明，试验中克隆的百合*HSF*基因表达严格地受热激调控，与番茄和拟南芥*HSFA*2 的表达特性相同，进一步确定克隆到的是*HSFA*2 基因。

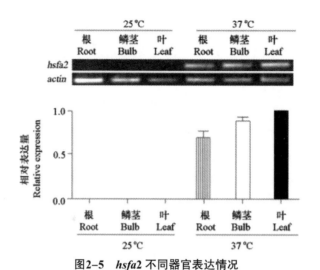

图2-5 *hsfa2* 不同器官表达情况

Fig. 2-5 *hsfa2* expression in various tissues

以上结果表明：热激情况下*HSFA2*在根、鳞茎、叶中表达无显著性差异，用叶片分离的mRNA反转成cDNA为模板，对*HSFA2*不同热激时间的表达情况进行了分析。结果显示，在常温下检测不到*HSFA2*的表达，37 ℃处理0.5～12 h均可以检测到其有明显的表达。以同样的方法，对各DNA条带进行定量，仍以叶片1 h表达量为1对0～12 h基因表达量进行相对定量，结果表明，从0.5～6 h，基因表达量呈上升趋势，6～12 h表达量变化呈平缓状态。

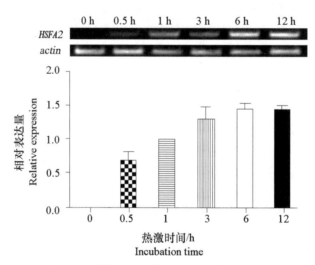

图 2-6 叶片 *HSFA2* 不同热激时间表达情况

Fig. 2-6 *HSFA2* expression in the leaves at different time point at 37 ℃

2.3 讨论

植物拥有数量众多的*HSF*，分为A、B、C三类（Nover，1996）。其中，拟南芥有21个，番茄至少有18个，大豆中至少有34个（Miller & Mittler，2006）。Guo 等（2008）采用生物信息学的方法，对水稻基因组数据库进行查找，剔除重复的序列，共发现了33个水稻*HSF*。百合基因较大，推测有30个以上。庞大的基因家族功能较多，涉及生长、发育和逆境反应等诸多方面，必定会给基因功能的研究带来极大的挑战。选择在模式植物中功能明确的同源基因，采用反向遗传学的方法，先选定基因再分析功能，是一条相对便捷合理的途径。

聚类和NCBI对比结果显示，与Ll *HSFA2*同源性较高的前3项分别是杨树、葡萄和蓖麻，这些基因的功能和蛋白质分析还未见报道。根据它们与番茄和拟南芥中的*HSFA2*的高度同源性，可以初步确定，本研究在百合中克隆到的基因与图2-3中的杨树，葡萄和蓖麻基因同属于*HSFA2*类成员。

与功能明确的番茄和拟南芥*HSFA2*序列比对表明，该基因推定的蛋白序列DBD（DNA binding domain）有着高度的保守性，虽然其他的结构域相对不保守，但从氨基酸的性质上来看都是一些非极性氨基酸（图2-4），这是*HSF*的基本特征（Nover et al., 2001；Kotak et al., 2007）。据此推断，蛋白的功能也可能非常相似。

研究表明，*HSFA2*的表达严格地受热激调节，这与拟南芥中的*HSFA2*表达模式（Kotak et al., 007）相似，说明百合*HSFA2*很可能参与了百合热信号转导途径。本文试验中检测到百合叶片*HSFA2*表达情量在37 ℃处理0～6 h呈上升趋势，6～12 h表达量相对平稳。*HSFA2*是一个特异受热诱导且在热激反应中占统治地位的*HSF*，热激后百合*HSFA2*在很长一段时间内表达上升，且在12 h其表达仍非常明显，这与其蛋白功能是密切相关的。但这一结果与Li等（2005）得到的在3 h后表达明显下降，12 h检测不到表达的Northern blot结果不符。究其原因，认为主要有两点：其一，植物材料不同，基因虽同源却不完全相同，因此表达模式上可能存在差异；其次，用来检测基因表达的方法不同，可能导致结果的差异。

第三节　铁炮百合热激转录因子基因*HSFA2b*的克隆与表达分析

百合（Lilium）性喜冷凉，夏季高温会使营养生长期的百合生长缓慢，茎杆软，植株矮小；花期出现盲花少花，极端高温会使百合种球退化（Yin et al., 2008）。

植物在长期的进化过程中具备了一套应对高温胁迫的主动防御机制，经过前期高温处理，可获得对更高温度的耐受性。作为一类分子伴侣，热激蛋白（Heat shock protein；*HSP*）的积累在这一过程中发挥着至关重要的作用（Vierling, 1991；Sun et al., 2002）。在转录水平上，热激蛋白的表达受热激转录因子（Heat shock transcription factor，*HSF*）的调控（Wu, 1995；von Koskull-Döring et al., 2007）。

与酵母和果蝇只有1个*HSF*不同，植物拥有多个*HSF*，它们的功能既重叠又互补（Nover et al., 2001）。植物*HSF*的研究始于番茄（Scharf et al., 1990），Lp*HSFA1a*是诱导耐热性的主要调节者（Mishra et al., 2002），而Lp*HSFA2*是1个严格受热激诱导的*HSF*，而且它在热胁迫和恢复循环中具有较高的激活潜力，并且能连续积累，因此，*HSFA2*被认为是耐热性细胞中的1个统治性的*HSF*（Scharf et al., 1998）。过量表达At*HSFA2*不仅可以提高转基因拟南芥耐热和耐盐胁迫的能力，还可以促进根系愈伤组织的形成（Nishizawa et al., 2006）；过量表达Os*HSFA2e*可以明显提高转基因拟南芥植株对热和过氧化氢的耐受性（Ogawa et al., 2007；Yokotani et al., 2008）。

作者前期报道了1个百合*HSFA2*的克隆与功能验证（Xin et al., 2010）。不同于双子叶模式植物拟南芥拥有1个*HSFA2*，单子叶模式植物水稻有5个*HSFA2s*，它们在不同生育阶段和逆境条件下对水稻的正常生长发挥着不同的调节功能。在百合中，是否还存在其他的*HSFA2*成员？其在热信号传导过程中扮演怎样的角色？这些问题需要进一步试验来回答。为加以区分，将已报道的*HSFA2*命名为*HSFA2a*，本试验中新克隆到的*HSFA2*命名为*HSFA2b*。本试验立足优异耐热基因资源的挖掘和候选基因功能的初步分析，为进一步从基因组水平开展百合*HSF*家族基因功能研究和利用优异的*HSF*基因资源提高百合耐热性奠定基础。

3.1 材料与方法

3.1.1 材料及其RNA的分离和cDNA的合成

试验于2010年1月至2013年12月在中国农业大学观赏园艺与园林系和北京市园林科学研究院进行，材料为铁炮百合'白天堂'组培苗。

分别取0.1 g百合叶片、鳞茎和根进行总RNA的提取，具体操作按照Trizol（Invitrogen）说明书进行。用DEPC水溶解RNA，用分光光度计测定OD260和OD280数值，根据OD260/OD280值检测总RNA的质量，用琼脂糖凝胶电泳检测RNA的完整性。

每个样品取1 μg总RNA用于cDNA的合成，具体操作按照Invetrogen公司的superscript Ⅱ试剂盒说明书进行。

3.1.2 基因克隆及其核苷酸和蛋白序列分析

将百合组培苗置于37 ℃处理1 h，取约0.1 g叶片进行总RNA提取，cDNA合成和PCR反应所用引物见表2-3-1。

为获得3′序列信息，用AP1进行逆转录引物反应，条件按superscript Ⅱ说明书。PCR反应采用2轮嵌套方案进行。第1轮PCR反应引物用PF1和接头引物AP2。反应条件为94 ℃，变性3 min；94 ℃，变性30 s；52 ℃，退火30 s；72 ℃，延伸1 min 30 s；35个循环，72 ℃，延伸7 min。取1轮产物1 μL，分别用原液、稀释10倍和100倍液为模板，进行第2轮反应，引物为PF2和AP2，PCR条件同上。扩增到的PCR产物，连接到PMD18-T，送奥科生物公司进行测序。

对于基因5′序列信息的获取，根据已知的3′序列设计引物，用基因特异引物PR1进行逆转录，合成cDNA，用TaKaRa末端转移酶对cDNA模板进行加尾反应，再以其为模板进行PCR反应。PCR反应按2轮嵌套进行，第1轮反应引物用AP1和PR2，延伸时间为1 min；第2轮反应取第1轮产物1 μL，分别用原液、稀释10倍和100倍液为模板，引物用AP2和PR3，延伸时间为30 s，其余PCR条件同上。扩增到的PCR产物，连接到PMD18-T，送奥科生物公司进行测序。

采用NCBI对核酸序列进行在线比对；用DNAman进行核苷酸和蛋白质多序列比对和聚类分析。

表2-3-1 逆转录和PCR引物

Table 12-3-1 Primers applied in the reverse triscription and PCR

引物Primer	序列Sequence	引物Primer	序列Sequence
PF1	AAGACGTAYGANATGGTGGANGA	ACTIN For	ATGGAACTGGAATGGTTAAG
PF2	ACTTCAAGCAYARCAAYTTCTC	ACTIN Rev	ATAGCAACATACATAGCAGG
PF3	AAGCACAACAACTTCTC	HSFA2a For	TTCAAGCACGGCAACTTCTC
PR1	GATGCTTCTGGCCTCTCA	HSFA2a Rev	TGTCCTTCAAGAGATTCTTC
PR2	GCGAATTCCCATCTATCTG	HSFA2b For	CGGGTAGTCTCGTGGAGCAG
PR3	CATTTGCTCTTCCAACAC	HSFA2b Rev	AGGTATTGAGCTGGCGCACG
AP1	CCGGATCCTCTAGAGCGGCCGC（T）17	ACTIN Realtime For	GACAATGGAACTGGAATGGT
AP2	CCGGATCCTCTAGAGCGGCCGC	ACTIN Realtime Rev	GGATTGAGCCTCATCTCCGA

3.1.3　半定量RT–PCR检测不同胁迫条件下*HSFA2b*的表达情况

分别取37 ℃、10 mmol·L⁻¹ H₂O₂、100 mmol·L⁻¹ NaCl、和10 µmol·L⁻¹ ABA各处理1 h和失水处理2 h的百合组培苗0.1 g，采用Invitrogen公司Trizol分离RNA，用OligoT17为反转录引物，按promega公司M–MLV试剂盒说明书合成cDNA。用ACTIN基因为内参，调整不同处理的模板用量，使模板用量尽可能一致。用基因特异引物PF3和PR3，在固定模板量的情况下进行PCR反应，检测基因的相对表达量。ACTIN For和ACTIN Rev退火温度50 ℃，26个循环，*HSFA2b*（PF2和PR1）退火温度48 ℃，36个循环。每组处理重复3次。

3.1.4　荧光定量PCR检测热激条件下*HSFA2b*的表达情况

取热激处理不同时间点的百合叶片，提取总RNA，用OligoT17为反转录引物，合成cDNA。

荧光定量PCR采用ABI 7500 real-time PCR系统完成。

25 µL反应体系组分如下：cDNA 1 µL；10× PCR buffer 2.5 µL；10 mmol·L⁻¹ dNTPs 0.5 µL；20 pmol·µL⁻¹正反向引物各0.25 µl；Taq酶0.5 µL；Sybr Green 1 µL；双蒸水补至25 µL。荧光定量PCR试剂购自宝生物工程有限公司。PCR反应条件如下：94 ℃ 2 min，1个循环；94 ℃ 30 s，72 ℃ 30 s，40个循环；72 ℃ 5 min，1个循环。

*HSFA2b*的扩增引物为*HSFA2b* For和*HSFA2b* Rev；*HSFA2a*的扩增引物为*HSFA2a* For和*HSFA2a* Rev；内参基因ACTIN的扩增引物为ACTIN Realtime For和ACTIN Realtime Rev。

每组数据重复3次。

3.2　结果与分析

3.2.1　百合HSF基因克隆

根据拟南芥、番茄和水稻中已知的*HSF*序列，设计兼并引物，采用RACE（Rapid Amplification of cDNA Ends）方法分别得到了*HSFA2b*基因3′端（896 bp）和5′端（551 bp），经过拼接得到1 289 bp全长基因序列。该基因3′–utr和5′–utr长度分别为286 bp和55 bp，CDS长948 bp，包含1个编码315个氨基酸的开放阅读框。将其核酸序列提交NCBI在线比对（http：//blast. ncbi. nlm. nih. gov/ Blast. cgi），同源性最高的前几种*HSF*s分别来自高粱（Sorghum bicolor，XM_002467170.1，65.9%）、玉米（Zea mays，JX428494.1，62.3%）、短柄草（Brachypodium distachyon，XM_003559387.1，56.6%）和大麦（Hordeum vulgare，XM_003559387.1，56%），和已报道的百合*HSFA2a*（HM446023.1）同源性仅为52.6%。

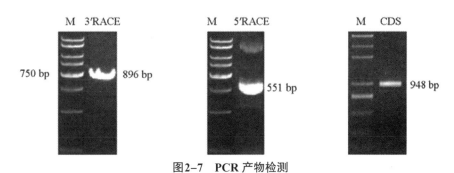

图2-7　PCR 产物检测

Fig.2-7　Agrose gel electrophoresis of PCR products

3.2.2 Ll*HSFA*2聚类分析

用DNAMAN将核酸序列翻译成蛋白质序列，并将其与水稻、拟南芥和番茄的*HSFA*1和*HSFA*2进行多序列比对，并进行聚类分析。图2-8表明，Ll*HSFA*2a与番茄和拟南芥的*HSFA*2关系较近；Ll*HSFA*2b与水稻的5个*HSFA*2亲缘关系较近。

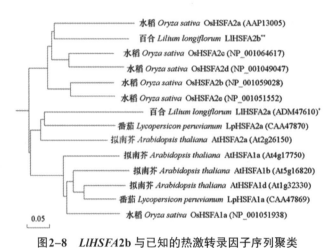

图2-8 Ll*HSFA*2b 与已知的热激转录因子序列聚类

Fig. 2-8 Phylogenetic tree for *HSFA*2b from *Lilium longiflorum* and those from Arabidopsis，rice and tomato

3.2.3 蛋白质序列比对

推定的百合*HSFA*2b分子量为36.38 kD，等电点为6.73。与拟南芥和番茄*HSFA*2序列比对（图2-9）表明，Ll*HSFA*2具有高度保守的DNA结合域，在相对不保守的寡聚域、核定位信号和激活域也具有较高同源性。值得注意的是，*HSFA*2b缺少1个转录激活结构域和1个核输出信号。

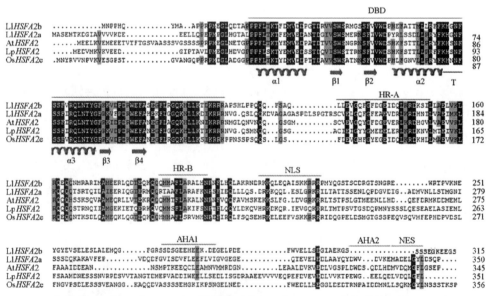

图2-9 百合 Ll*HSFA*2 与番茄 Lp*HSFA*2（P41152）、拟南芥 At*HSFA*2（NP180184）和水稻 Os*HSFA*2e（Os03 g58160）的多序列比对

**DBD：DNA 结合域；HR-A/HR-B：寡聚域；NLS：核定位信号；AHA1、AHA2：激活域；NES：核输出信号；
α：α螺旋；β：β 折叠；T：转角。**

**Fig. 2-9 Multiple alignment of amino acid sequence of the deduced Ll*HSFA*2 with well-known those of tomato（P41152），
Arabidopsis（NP180184）and rice（Os03 g58160）**

**DBD：DNA binding domain；HR-A/HR-B：Oligomerization domain；NLS：Nuclear localization sequence；AHA1，AHA2：
Activation domains；NES：Nuclear export sequence；α：α-helixes；β：β-folds；T：Turns.**

3.2.4　Ll*HSFA*2b时空表达

采用半定量RT-PCR（Reverse Transcription-Polymerase Chain Reaction）方法，检测了37 ℃高温、H_2O_2、NaCl、干旱和ABA对Ll*HSFA*2b表达的诱导情况。图2-10所示，与对照相比，高温和H_2O_2处理可诱导*HSFA*2b的表达；而在NaCl、干旱和ABA处理中，没有检测到*HSFA*2b的转录本。

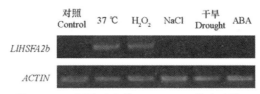

图2-10　不同胁迫条件下 *HSFA*2b 的表达情况

Fig. 2-10　Ll*HSFA*2b expression under various stressors

为分析Ll*HSFA*2b在百合不同器官中的表达模式，采用了实时荧光定量PCR，检测了Ll*SFA*2b在根、鳞茎和叶中的表达情况。图2-11所示，25 ℃常温下Ll*HSFA*2b在根、鳞茎、叶中均未检测到表达，而在37 ℃处理1 h后，在这3种器官中均检测到其有明显表达，经t检验，它们之间无显著性差异（P > 0.05）。

为进一步分析Ll*HSFA*2b的表达特性，采用荧光定量PCR，对Ll*HSFA*2b和Ll*HSFA*2a在不同热激时间点的表达情况进行了分析。结果（图2-12）显示，在常温下，Ll*HSFA*2b和Ll*HSFA*2a均检测不到表达；Ll*HSFA*2b在热处理0.5 h可以检测到明显的诱导表达，在6 h达到最高，之后显著下降；而Ll*HSFA*2a在1 h显著升高，在12 h达到最高。

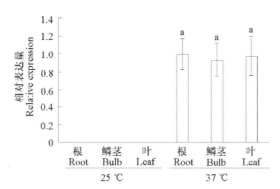

图2-11　Ll*HSFA*2b不同器官表达情况

Fig.2-11　Ll*HSFA*2b expression in various tissues

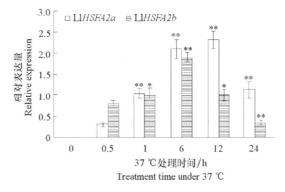

图2-12　叶片中Ll*HSFA*2b与Ll*HSFA*2a不同热激时间表达情况t检验，*和**分别表示各点与0.5h的表达量在P<0.05和P<0.01水平差异显著。

Fig.2-12　Ll*HSFA*2b and Ll*HSFA*2a expression in the leaves at different time points at 37 ℃ t-test, * and ** represent P<0.05 and P<0.0

3.3 讨论

与酵母、果蝇分别拥有1个和脊椎动物有4个有相比，植物拥有数量众多的*HSF*，分为A、B、C三类（Nover et al.，1996）。根据数据库信息提示：拟南芥有21个*HSF*，水稻有33个（Miller & Mittler，2006；Guo et al.，2008）。之前，本实验室已经报道了1个Ll*HSFA2*可能在百合热信号传导中发挥着重要作用（Xin et al.，2010）。在改进了热处理方法和提高PCR灵敏度的情况下，本次试验从百合'白天堂'叶片中克隆到了1个新的*HSFA2*编码基因，其命名为Ll*HSFA2b*，其核苷酸序列与已报道的百合*HSFA2a*同源性仅为52.6%。推定的Ll*HSFA2b*与水稻的5个*HSFA2*亲缘关系较近，而已报道的Ll*HSFA2a*与双子叶植物拟南芥和番茄的*HSFA2*亲缘关系较近，这暗示着百合热激转录因子基因家族存在着较复杂的进化关系。

对推定的Ll*HSFA2b*氨基酸序列进行详细分析表明，Ll*HSFA2b*具有各个保守的功能域，缺少1个转录激活域和1个核输出信号。Ll*HSFA2b*只有核定位信号，暗示着它可能特异地定位在细胞核内；它只包含1个转录激活域，说明其转录激活能力可能小于包含2个转录激活域的Ll*HSFA2a*。此外，Ll*HSFA2b*等电点为6.73，显著不同于已报道的Ll*HSFA2a*（等电点为5）。

采用RT-PCR检测了不同胁迫条件下Ll*HSFA2b*的诱导表达情况，Ll*HSFA2b*的表达严格受热激调节，但它的表达不受盐、干旱和ABA的诱导，而拟南芥中*HSFA2*可受热、盐、干旱和ABA诱导（Kotak et al.，2007），说明Ll*HSFA2b*可能以不同于At*HSFA2*的方式参与了热信号转导途径。

Xin等（2010）报道Ll*HSFA2a*在37 ℃处理0～6 h，表达量呈上升趋势，6～12 h表达量达到峰值。本研究中采用荧光定量PCR，对Ll*HSFA2b*和Ll*HSFA2a*在热激处理下的表达情况进行了对比分析，在热激处理0.5 h，Ll*HSFA2b*表达量明显升高，到6 h时达到最高，之后明显下降，其表达特性类似于拟南芥*HSFA2*（Li et al.，2005；Chang et al，2007），后者在热激0.5 h后显著表达，且在6 h后明显降低。与Ll*HSFA2a*相比，Ll*HSFA2b*受热诱导表达明显上升的时间点和峰值均提前，由此可以推测Ll*HSFA2b*在百合中参与了早期的热信号响应。

第三章　鳞茎形成机理与种苗种球生产技术

前　言

综观世界花卉市场，百合的应用前景非常广阔，百合花的生产和消费逐年递增，但由于观赏百合商品种球用种量大，繁殖系数低，病毒侵染严重，造成种球生产难以满足切花生产的需求，因而百合的种球繁育问题也就成了国内外研究的热点。百合种球的繁育可以通过种子、鳞片扦插和组培等方法。通过组织培养可解决百合多年连续进行营养繁殖而引起的退化现象，还可解决百合的脱毒和扩大繁殖问题（黄济明，198；赵祥云等，1992；黄敏玲等，1993；Wozniewaki，1991），从而可促进百合商品种球的生产，但由于此法移栽成活率低，且生产成本高。由于百合杂合程度高，种子繁殖后代分化大。比较而言，鳞片扦插繁殖无疑是快速繁殖百合的有效方法，此方法具有简便易行，时间短，成本低，能有效保持品种的特性，易移栽成活且生长速度快等特点。因此，鳞片扦插繁殖对于新铁炮百合品种同样不失为一种很好的繁殖方法。

有关鳞片扦插繁殖方面的研究，目前国外报道的主要是麝香百合，研究了温度、鳞片部位、化学物质等对成球数、小苗质量的影响。Matsuo等在20世纪80年代（1981，1982，1983，1986）连续报道了麝香百合鳞片繁殖小鳞茎的特性和小鳞茎栽培后的生长发育特性。他的研究表明，贮藏温度对小鳞茎重量无明显影响，而贮藏期长短与小鳞茎重量成反比，贮藏期越长（10和15周），小鳞茎越轻；鳞片部位对小鳞茎重量有影响，应利用外部和中部鳞片较好，因为不同部位鳞片中所含的养分不同，因此与小鳞茎的着生数量有关；小鳞茎生根萌叶的现象部分取决于土壤温度、小鳞茎大小及成熟度，较大的鳞茎有较好的成熟度，对较高温度处理比较敏感。Tuyl（1983）研究了不同温度处理对麝香百合鳞片繁殖的影响，提出鳞片繁殖中，小鳞茎形成的数目受温度影响，形成小鳞茎数目最多的温度为23 ℃，开始处理温度愈高的麝香百合，直接抽薹长叶的植株愈多。

国内有关的报道不多（孙红梅，2009）。王季林等（1987）、杨成德等（1988）研究了百合鳞片不同部位小鳞茎分化与激素调节的影响，结果表明同一鳞片不同部位其分化小鳞茎的能力明显不同，鳞片近基部分化能力最强，中部次之，上部最差，几乎未能分化出小鳞茎。百合鳞片不同部位分化小鳞茎的频率只能在一定程度上受到激素的调节，而它们分化能力的差异是有其本身生理状态的内在原因，鳞片上部含有较高的抑制物质脱落酸（ABA）及较低的细胞分裂素（CTK）和赤霉素（GA$_3$），鳞片中部ABA含量较上部明显降低，CTK和GA$_3$则有所增加，而下部有更高的CTK和GA$_3$及低的ABA。关于扦插的最适温度，张敦方等人（1994）在毛百合（*Lilium dauricum*）的鳞片扦插比较研究中发现，10～30 ℃的温度均可扦插成活，但以25 ℃恒温最好；光照对扦插鳞片萌生小鳞茎和根并无明显影响，但影响营养叶的生长发育；鳞片扦插成活率主要与鳞片重量有关，而与其着生在鳞片上的位置无关。砂与腐殖土均可作鳞片扦插的基质，但以腐殖土更好；NAA等生长素对百合鳞片扦插有抑制作用。

新铁炮百合具有良好的性状，市场潜力大，但未进行深入研究，为此本文参照上述的研究方法，对各种条件进行系统的分析，以充分查明影响扦插成苗的原因，为新铁炮百合种球繁育提供理论依据并直接指导生产是本研究的首要目的之一。

关于百合生长发育过程的研究，国内外都曾进行大量工作。国外对百合的研究报道最多的仍是麝香百合。松尾英辅等人（1980，1981）对麝香百合鳞茎发育过程中干物质变化进行了研究，探讨了鳞茎中的贮藏养分向新植株移动和分配的问题，提出母鳞片和新籽球的干物率显著高于根茎叶的干物率；形成的新植株大，母鳞片的干物重就相对的小，并且母鳞片贮藏的养分往新植株和新籽球输送，以25℃处理比30℃的快。Wang（1983，1984，1986，1988，1992）、Healy（1984）分别研究了不同生育期环境因子对麝香百合花芽和鳞茎发育的影响，提出气温、光照、土温等因素将影响花芽分化和鳞茎膨大充实。Matsuo（1987）研究表明，麝香百合鳞茎贮藏6周，以最后两周照光处理对百合生长和开花效果最好，说明百合促成栽培前鳞茎可能必须先生根或经过春化阶段才能对光处理起反应。黄济明等（1985）观察了麝香百合的花芽分化解剖过程，将其划分为5个阶段。金石文等人（1988）探讨了环境因子对亚洲型百合鳞茎发育的影响。高产仪（1986）、王兆禄（1986）、张敦方（1994）等人分别对兰州百合（ *Lilium davidii* ）、宜兴百合（ *Lilium tigrinum* ）、毛百合（ *Lilium dauricum* ）生长发育的特性进行了研究。买自珍等（1993）提出百合各器官干物质积累的顺序是叶片、茎杆和鳞茎。李裕娟等人（1996）探讨了鳞茎大小对台湾百合生长、开花及子鳞茎的影响。

关于生理生化方面的研究，国外曾对麝香百合进行了一些研究，如Matsuo等人（1974）、Miller（1990）探讨了麝香百合低温贮藏期间鳞茎碳水化合物的代谢，提出低温贮藏期间鳞茎的淀粉因水解而减少，可溶性糖增加，并且0℃比10℃贮藏可溶性糖积累更多。国内报道最多的球根类植物为马铃薯（刘梦芸，1985、门福义，1993，2000）。目前对新铁炮百合鳞茎不同生育期自身的发育膨大过程以及生理生化变化的系统研究较少，本研究通过主要农艺性状测定和实验室生理生化指标的测定，旨在探讨鳞茎不同生育期的生理变化及膨大过程。

解剖方法是一种研究植物形态发生的有力手段，而形态发生又是植物综合的生命活动结果，必须从形态解剖学、细胞学、生理学、遗传学等领域内的知识统一来考虑，加上整体植物中器官、组织和细胞之间各种过程的相互关系以及它们和环境条件之间的相互联系，使研究植物形态发生的机理成为一个复杂的问题。自从在胡萝卜的组织培养中首次发现胚状体以来，由于它具有数量多，繁殖快，结构完整的特点（朱徵，1978），其在研究植物形态发生机理方面的重要性日益受到重视，它可作为特定的优良遗传基因型个体无性繁殖手段，因此在育种及园艺工作中广泛应用。胚状体的发现使百合鳞片通过组织培养诱导成球的形态发生研究有了较快的发展，对于百合鳞片组织培养诱导成球的形态发生过程与激素调节等方面都曾先后有不少研究（Matsuo，1986；崔澄，1983；杨增海等，1987；杨成德等，1988；吴鹤鸣等，1989；刘选明等，1997；赵祥云等，2000）。而直接通过鳞片扦插与激素调节来研究小球起源和形成过程的报道鲜有。本文试图通过解剖研究探讨小球的形态发生过程。

百合作为重要的切花，研究历史很长，我国作为世界百合分布中心，却由于种种原因，百合遗传与育种研究工作落后，仅进行了部分种类细胞染色体数观察、等位酶分析、品种分类和远缘杂交与亲和性研究（周厚高等，1999；张西丽等，1999；张西丽等，2000）、少数几个野生种的传粉生物学及有限的自交和种间杂交的研究（黄济明，1982，1985，1990；杨利平，1988；周厚高等，2000，2001；周焱等，2001）。关于鳞片扦插繁殖的百合小球形成机理及商品球繁育规律的系统研究的报道鲜有。

本试验旨在研究新铁炮百合品种'雷山'种球的形成机理。本研究的结果将使我国百合部分品种生产用种球国产化、优质化、低成本化成为可能；另一方面百合种球形成机理的研究目前在国内基本上处于空白状态，开展这一方面的研究，对弄清其无性繁殖的机理，从而指导百合种球繁育工作或直接用于生产具有较大的意义。

本次试验的目的如下：首先，通过对外部因素进行系统的分析，研究鳞片扦插繁殖过程中球、根的形成规律，为改良繁殖技术提供理论依据。其次，通过不同生育期各主要性状的动态变化研究百合商品球的发育规律，把不同生育期进行合理地划分，并对主要性状进行相关分析。第三，研究鳞茎不同发育时期的生理生化变化规律。第四，通过组织解剖学分析来探讨鳞片小球的形态发生过程。

研究重点：第一，无性繁殖鳞茎形成的组织发生机理、形成时期、外部因素的影响规律。第二，不同生育期百合鳞茎的生长发育规律。第三，鳞茎不同发育时期的生理生化变化规律。

第一节　种球形成机理

1.1　材料和方法

1.1.1　基本设施及供试材料

场地：试验在广西大学农学院试验圃进行，选用土质疏松和排水良好的场地。

设施：度量工具（卷尺，游标卡尺，天平），石蜡切片实验仪器及药品，生理指标测定实验仪器及药品。

材料：新铁炮百合（ $Lilium \times formolongi$ ）是由麝香百合（ $L.\ longiflorum$ ）与台湾百合（ $L.\ formosanum$ ）衍生出来的种间杂种。本试验所用的材料是从新铁炮百合品种'雷山'的 F_2 代中选出的一些优良单株，经过鳞片（相当于变态叶）扦插繁殖形成的八个优良无性繁殖系，田间试验数据中的1、2、3、4、5、6、7、8株系分别与英文字母W、Q、O、M、C、N、E、G所代表的株系等同。

注：鳞片扦插繁殖形成的小球称为初生鳞茎，由种鳞茎中再形成的新鳞茎称为次生鳞茎，下同。

1.1.2　研究方法

1.1.2.1　初生鳞茎发生机理研究

田间试验方案：

采用随机区组设计研究株系（8个水平）、基质（2个水平）、冷藏（2个水平）、生长激素（2个水平）、鳞片位置（2个水平）五因素对初生鳞茎发生发育的影响，鳞片扦插于1999年10月17日进行。

基质对扦插的影响：选用砂土与园土+锯末混合土两种基质，基质都经消毒处理，每7天左右定期观察鳞片成球、生根情况，至小球已生根萌叶止。

冷藏处理对扦插的影响：冷藏处理将各株系鳞茎放入3 ℃～5 ℃冰箱中冷藏5周后取出，扦插鳞片即把鳞片基部朝下斜插于基质中（下同），（注：本文中所提的鳞片上、中、基部相当于形态学上叶的叶尖、叶中部和叶基，下同），不冷藏处理直接扦插鳞片，观察方法同上。

生长素对扦插的影响：选用NAA生长素对扦插鳞片进行处理，浓度为100 mg/L，处理时间6小时，设不用NAA处理的鳞片为对照，观察方法同上。

鳞片位置对扦插的影响：将八个株系的鳞茎经消毒后分外层（由外向内第1～2层）和中层（第3～4层）两部分来剥取鳞片，将各株系的各层鳞片分别扦插，观察方法同上。

以上田间试验采取随机区组设计，2次重复。

数值分析法：

利用大型统计软件"STATISTICA"进行方差分析，系统研究各种处理的效应并进行统计检验。

初生鳞茎发育的组织学发生规律

采用形态解剖学方法，研究鳞片不经冷藏在无激素处理和激素处理两种情况下的初生鳞茎组织发生过程和鳞片细胞内淀粉粒变化情况。

供试百合鳞茎经消毒后剥去鳞茎外的干枯鳞片，剥取外层和中层鳞片，激素处理用生长素NAA100mg/L浸泡鳞片5小时，以无激素处理为对照，于2000年10月18日分别扦插于砂土中，每隔5天取样一次，每次分别取5片鳞片，先横切鳞片，切取鳞片中部以下部位，再按着生球的位置纵切鳞片成2～3段，立即置于FAA液中固定24小时，按常规石蜡切片法制片（李正理，1978），切片厚度11微米，铁矾苏木精染色，中性树胶封片，OLYMPUS显微镜观察照相，记录初生鳞茎的形态发生过程。

1.1.2.2 百合鳞茎生长发育过程的研究方法

（1）主要性状的动态变化分析方法

田间观察：

把经鳞片扦插后8个株系的百合幼苗于2000年1月初分别分球移栽入大田。8个株系田间采取随机区组设计，依材料数而定，2次重复，株行距为12×12 cm。田间管理同一般大田生产。从3月初新鳞茎开始形成至8月初新鳞茎基本成熟时，每隔15～20天每一小区顺序挖取样株一次，每次10株，进行地上及地下部分的全面考察测定，各株系考察的性状有鳞茎周径和高度、叶片数目、植株高度、中部茎粗、茎叶鲜重及干重、根鲜重及干重、鳞茎鲜重及干重、上部叶长、上部叶宽、中部叶长、中部叶宽、下部叶长、下部叶宽、内轮花瓣长、内轮花瓣宽、外轮花瓣长、外轮花瓣宽、花头数、花径等数量性状。

数值分析法：

利用大型统计软件"STATISTICA"，对主要性状进行方差分析、相关分析。同时通过不同生育期主要性状的平均值、生长量等指标来分析百合商品种球生长发育的时间规律。

（2）主要性状的生理生化分析方法

本文选取植株发育较一致的E株系进行不同生育期生理指标测定的试验。测定时间从2000年3月下旬植株开始抽薹起，每月测定一次，至8月份止，每次随机选取5株，分别对茎叶、鳞茎进行各项生理指标测定。

干物质含量测定采用烘干称重法；淀粉含量和可溶性糖含量测定采用蒽酮比色法（林炎坤，1989）；蛋白质含量测定采用考马斯亮蓝染色法（李琳，1980）；以上各项测定均用干样测定。多酚氧化酶（PPO）和过氧化物酶（POD）活性测定分别用邻苯二酚比色法和愈创木酚比色法（张宪政，1992）酶活性采用鲜样测定。

取各项生理指标的平均值用于描述不同生育期茎叶、鳞茎生理过程的变化。

1.2 结果与分析

1.2.1 初生鳞茎发生机理研究结果

1.2.1.1 外部因素对鳞片扦插繁殖的影响

在生产中新铁炮百合既可利用种子直接生产切花，也可利用鳞片扦插无性繁殖方法生产切花。鳞片扦插繁殖较为容易，但由于外部因素的不同扦插成苗率差异较大，形成小球的快慢也不同，种苗质量差异大。本研究充分探讨影响扦插成苗的种种原因，从而为制订大规模繁殖百合种苗种球提供理论基础和实践指导。本试验研究不同时期、不同基质、不同株系、不同鳞片位置、有无激素处理、有无冷藏处理等因子对扦插鳞片成球数、生根数的影响，采用方差分析，duncan多重比较进行分析。分析结果如下：

（1）冷藏鳞片扦插繁殖结果

①同一基质处理

由表3-1-1及表3-1-3得知，在园土+锯末混合土的基质中，扦插15天第一次观察，鳞片出球数在各株系间的差异大，呈极显著差异，而鳞片位置、有无激素处理对鳞片出球数均不产生显著差异，但不同株系与有无激素处理两者的互作效应，不同株系、鳞片位置、有无激素处理三者的互作效应均能对其成球产生极显著差异；鳞片生根数在各株系间差异小，株系间不具显著差异，而鳞片位置、有无激素处理对鳞片生根数差异大，多呈显著或极显著差异，中层鳞片生根数为2.01条，显著高于外层鳞片的1.266条，使用生长素NAA处理的鳞片生根数为2.078条，极显著高于不使用NAA处理鳞片的1.203条。由上可知，影响鳞片最早出球数的是各株系，这是由于不同株系的鳞片肥厚程度不同，贮藏的养分不同，而扦插初始小球的形成主要是利用鳞片的营养，因此不同株系鳞片最早出球数也就不同。

表3-1-1　鳞片冷藏处理同一基质各效应的方差比较

Table 3-1-1　Variance comparison of different effect in same matrix under scale cold storage

| 效应 | 扦插15天 | | 扦插21天 | | 扦插26天 | | 扦插33天 | | 扦插40天 | | 扦插50天 | |
| | 出球数 | 生根数 | 出球数 | 生根数 | 出球数 | 生根数 | 出球数 | 生根数 | 出球数 | 生根数 | 出球数 | 生根数 |
	F-检验	F-检验	F-检验	F-检验	F-检验	F-检验	F-检验	F-检验	F-检验	F-检验	F-检验	F-检验
株系	3.941**	1.970	1.250	3.281**	0.558	2.624*	2.011	4.122**	1.289	4.727**	1.868	7.230**
鳞片位置	2.227	5.565*	0.077	5.577*	0.150	12.149**	0.100	6.076*	1.289	13.471**	2.817	12.024**
激素	2.227	7.575**	0.151	24.303**	1.064	2.212	6.084*	9.286**	32.232**	5.210*	7.400**	1.951
株系×鳞片位置	1.032	1.297	0.962	2.156*	0.843	3.122**	1.325	0.843	0.481	0.494	0.865	1.320
株系×激素	6.383**	0.524	0.853	2.120*	0.979	3.056**	0.361	3.025**	2.346*	2.261*	0.991	1.151
鳞片位置×激素	3.682	0.473	1.109	3.621	0.599	4.181*	1.764	5.335*	4.889*	5.722*	0.271	1.519
株系×鳞片位置×激素	3.318**	1.351	1.994	2.880**	1.711	1.718	1.307	0.812	1.534	1.240	0.815	1.457

表3-1-2　鳞片冷藏处理出球数、生根数多重统计比较（扦插50天）

Table 3-1-2　Statistical comparison to produce bulbs and root quantity under scale cold storage（cutting 50 days）

鳞片出球数	{1}	{2}	{3}	{4}	{5}	{6}	{7}	{8}
平均值	2.55	2.15	2.725	2.55	2.60	2.55	2.875	2.675
{1}		0.064	0.491	1	0.837	1	0.202	0.616
{2}	0.006**		0.019*	0.080	0.062	0.091	0.003**	0.031*
{3}	0.000**	0.324		0.481	0.589	0.468	0.487	0.817
{4}	0.411	0.000**	0.000**		0.829	1	0.195	0.605
{5}	0.854	0.008**	0.000**	0.360		0.817	0.251	0.728
{6}	0.747	0.009**	0.001**	0.301	0.869		0.185	0.589

{7}	0.093	0.000**	0.000**	0.340	0.079	0.061		0.387
{8}	0.974	0.006**	0.000**	0.425	0.869	0.760	0.099	
鳞片生根数	9.875	7.625	6.875	10.50	9.725	9.60	11.225	9.85

表3-1-3 鳞片冷藏处理同一基质不同处理统计比较

Table 3-1-3 Statistical comparison of different disposition in same matrix under scale cold storage

		外层鳞片	中层鳞片	无激素	激素
扦插15天	鳞片出球数	1.937	1.719	1.719	1.938
	鳞片生根数	1.266*	2.01*	1.203**	2.078**
扦插21天	鳞片出球数	2.156	2.125	2.163	2.119
	鳞片生根数	2.85**	3.494**	2.5**	3.844**
扦插26天	鳞片出球数	2.25	2.288	2.219	2.319
	鳞片生根数	3.813**	4.75**	4.081	4.481
扦插33天	鳞片出球数	2.356	2.325	2.219*	2.463*
	鳞片生根数	5.556*	6.35*	5.463**	6.444**
扦插40天	鳞片出球数	2.556	2.675	2.319**	2.913**
	鳞片生根数	7.794**	9.05**	8.031*	8.813*
扦插50天	鳞片出球数	2.494	2.675	2.437**	2.731**
	鳞片生根数	8.75**	10.069**	9.675	9.144

注：表中*、**分别表示在P=0.05、P=0.01水平上存在显著、极显著差异，下同。

扦插21天、扦插26天观察，不同株系、鳞片位置、有无激素处理均不能对鳞片出球数产生显著或极显著差异；而鳞片生根数在各株系间的差异大，多呈显著或极显著差异，中层鳞片生根数极显著高于外层鳞片，使用生长素NAA处理的鳞片生根数显著高于不使用NAA处理的鳞片。扦插33天、扦插40天观察，不同株系、鳞片着生位置均不能对鳞片出球数产生显著或极显著差异，但使用生长素NAA处理的鳞片出球数显著或极显著高于不使用NAA处理的鳞片；鳞片生根数在各株系间的差异大，呈极显著差异，中层鳞片生根数显著或极显著高于外层鳞片，使用生长素NAA处理的鳞片生根数显著或极显著高于不使用NAA处理的鳞片。

由表3-1-1、表3-1-2及表3-1-3可看出，扦插50天观察，不同株系、鳞片位置均不能对鳞片出球数产生显著或极显著差异，其中出球数最多的为株系7的2.875个，其次为株系3、8，其值为2.725、2.675个，最少的为株系2的2.15个，但使用生长素NAA处理的鳞片出球数为2.731个，极显著高于不使用NAA处理鳞片的2.437个；鳞片生根数在各株系间差异大，株系间多呈极显著差异，其中生根数最多的为株系7的11.225条，最少的为株系3的6.875条，中层鳞片生根数为10.069条，极显著高于外层鳞片的8.75条，但有无激素处理不能对鳞片生根数产生显著或极显著差异。

综上所述，在鳞片经冷藏处理的情况下，在园土+锯末混合土的基质中扦插鳞片，从扦插开始一个月内，激素处理不能影响鳞片的出球数，扦插一个月后，使用生长素NAA处理的鳞片成球数显著或极显著高于不使用NAA处理的鳞片，这可能是生长素处理可以起到促进鳞片中层出球数的作用；不同株系、不同鳞片位置均不能影响最终鳞片出球数。而不同株系、不同鳞片位置、有无激素处理从扦插开始均对鳞片生根数产生显著影响，中层鳞片生根数显著或极显著高于外层鳞片，使用生长素NAA处理的鳞片生根数显著或极显著高于不使用NAA处理的鳞片。

② 不同基质处理

由表3-1-4及表3-1-5得知，扦插鳞片一个月内，不同基质处理对鳞片出球数产生显著差异，砂土的鳞片出球数显著或极显著高于园土+锯末混合土的鳞片，但一个月后两种基质不再对鳞片出球数产生显著差异，不同株系、不同鳞片位置均能对最终鳞片出球数产生显著或极显著差异；而不同基质在鳞片扦插40天前不能对鳞片生根数产生显著差异，扦插40天后园土+锯末混合土的鳞片生根数极显著高于砂土的鳞片，不同株系、不同鳞片位置从扦插开始至最终成球均对鳞片生根数产生显著差异，中层鳞片生根数显著或极显著高于外层鳞片。以上结果是由于小球的开始形成主要是利用母鳞片的营养，因而无营养成分的砂土并不影响小球的萌生，反而因为砂土的疏松促进了前期鳞片的出球数，因此两种基质对最终鳞片出球数并无显著影响，但随着小球的生长，原有鳞片的营养已被耗尽，这时就要从基质中吸取营养来促进小球的生长和其生根，而砂土中没有营养，所以两种基质对最终鳞片生根数有极显著的影响，因此本文观察到用砂土扦插时初生鳞茎的发根萌叶能力较弱，需要注意及时将初生鳞茎移植到营养土中。

表3-1-4 鳞片冷藏处理不同基质各效应的方差比较

Table 3-1-4 Variance comparison of different effect in different matrix under scale cold storage

效应	扦插21天		扦插26天		扦插33天		扦插40天		扦插50天	
	出球数	生根数	出球数	生根数	出球数	生根数	出球数	生根数	出球数	生根数
	F-检验	F-检验	F-检验	F-检验	F-检验	F-检验	F-检验	F-检验	F-检验	F-检验
基质	4.930*	2.874	8.417**	0.609	3.396	0.146	0.810	16.992**	0.017	47.855**
株系	1.380	8.098**	2.174*	6.766**	2.166*	8.581**	1.643	6.829**	2.147*	8.204**
鳞片位置	0.238	3.737	2.504	15.213**	0.849	1.966	0.149	9.205**	7.538**	14.059**
基质×株系	1.726	1.155	2.166*	2.776**	1.456	2.569*	2.255*	2.178*	2.635*	3.890**
基质×鳞片位置	0.660	1.791	3.913*	4.448*	0.332	1.518	2.380	2.463	2.068	1.046
株系×鳞片位置	0.640	0.882	1.501	1.453	0.713	0.497	1.462	1.885	0.369	1.222
基质×株系×鳞片位置	1.545	0.566	1.498	1.491	2.212*	0.239	1.143	1.235	0.877	1.629

表3-1-5 鳞片冷藏处理不同处理统计比较

Table 3-1-5 Statistical comparison of different disposition under scale cold storage

		混合土	砂土	外层鳞片	中层鳞片
扦插21天	鳞片出球数	2.163*	2.419*	2.319	2.263
	鳞片生根数	2.500	2.856	2.475	2.881
扦插26天	鳞片出球数	2.219**	2.494**	2.281	2.431
	鳞片生根数	4.081	3.912	3.575**	4.188**

扦插33天	鳞片出球数	2.218	2.419	2.369	2.269
	鳞片生根数	5.463	5.350	5.200	5.612
扦插40天	鳞片出球数	2.319	2.406	2.344	2.381
	鳞片生根数	8.031**	6.800**	6.963**	7.869**
扦插50天	鳞片出球数	2.438	2.425	2.300**	2.563**
	鳞片生根数	9.675**	7.519**	8.012**	9.181**

（2）不经冷藏处理鳞片扦插繁殖结果

由表3-1-6、表3-1-7及表3-1-8可看出，在园土+锯末混合土的基质中，不同株系从扦插开始至最终成球均对鳞片成球数、生根数产生显著或极显著差异，扦插50天观察，鳞片出球数最多的为株系3的2.5个，其次为株系7的2.35个，最少的为株系4的1.75个，其次为株系6的2.1个，鳞片生根数最多的为株系7的6.81条，其次为株系1、8的5.8条、5.7条，最少的为株系2的4.6条，其次为株系4的5.1条。不同鳞片位置在扦插开始15天时对鳞片出球数产生极显著差异，中层鳞片的出球数为1.419个，极显著高于外层鳞片的1.163个，而扦插15天后至最终成球均不能对鳞片成球数、生根数产生显著影响。有无激素处理从扦插开始至最终成球均对鳞片成球数产生极显著差异，不使用生长素NAA处理的鳞片成球数极显著高于使用NAA处理的鳞片，而有无激素在鳞片扦插40天前不能对鳞片生根数产生显著影响，扦插40天后不使用NAA处理的鳞片生根数极显著高于使用NAA处理的鳞片，说明鳞片在不经冷藏处理的情况下，使用生长素NAA处理新铁炮百合鳞片的效果反而不如无任何生长素处理的效果，因此在扦插时，无需用任何生长素进行处理。

表3-1-7　鳞片不经冷藏处理同一基质不同处理统计比较

Table 3-1-7　Statistical comparison of different disposition in same matrix under scale not cold storage

		外层鳞片	中层鳞片	无激素	激素
扦插15天	鳞片出球数	1.163**	1.419**	1.950**	0.631**
	鳞片生根数	0.244	0.369	0.213*	0.400*
扦插21天	鳞片出球数	1.881	1.862	2.188**	1.556**
	鳞片生根数	1.069	1.375	1.375	1.069
扦插26天	鳞片出球数	2.069	2.031	2.231**	1.894**
	鳞片生根数	2.081	1.988	2.100	1.969
扦插33天	鳞片出球数	2.051	2.056	2.231**	1.876**
	鳞片生根数	2.798	2.600	2.844	2.555
扦插40天	鳞片出球数	2.146	2.169	2.231	2.083
	鳞片生根数	4.497	4.881	5.031**	4.347**
扦插50天	鳞片出球数	2.156	2.131	2.275**	2.012**
	鳞片生根数	5.498	5.880	5.988**	5.098**

表3-1-6 鳞片不经冷藏处理同一基质各效应的方差比较

Table 3-1-6 Variance comparison of different effect in same matrix under scale not cold storage

效应	扦插15天		扦插21天		扦插26天		扦插33天		扦插40天		扦插50天	
	出球数	生根数	出球数	生根数	出球数	生根数	出球数	生根数	出球数	生根数	出球数	生根数
	F-检验	F-检验	F-检验	F-检验	F-检验	F-检验	F-检验	F-检验	F-检验	F-检验	F-检验	F-检验
株系	2.306*	0.684	1.817	2.145*	2.998**	1.223	2.594*	2.131*	3.498**	3.208**	3.204**	3.393**
鳞片位置	7.819**	2.676	0.038	3.728	0.433	0.237	0.004	0.956	0.071	2.781	0.077	0.128
激素	207.074**	6.020*	42.593**	3.728	12.623**	0.464	18.221**	2.028	2.957	8.827**	8.928**	12.667**
株系×鳞片位置	0.898	1.468	2.051*	2.007	1.660	1.794	0.490	1.085	0.852	1.349	1.381	1.397
株系×激素	3.688**	2.091*	1.584	1.659	1.462	2.162*	0.858	1.887	3.628**	6.874**	0.561	2.179*
鳞片位置×激素	0.786	15.411**	2.209	5.045*	1.108	12.513**	1.662	5.227*	1.085	3.351	2.000	0.737
株系×鳞片位置×激素	1.987	2.156*	1.207	0.761	2.296*	1.817	0.068	1.119	1.134	3.603**	1.665	3.619**

表 3-1-8 鳞片不经冷藏处理出球数、生根数多重统计比较（扦插50天）

Table 3-2-8 Statistical comparison to produce bulbs and root quantity under scale not cold storage（cutting 50 days）

株系	{1}	{2}	{3}	{4}	{5}	{6}	{7}	{8}
鳞片出球数	2.175	2.150	2.500	1.750	2.125	2.100	2.348	2.000
{1}		0.887	0.080	0.032*	0.791	0.704	0.326	0.386
{2}	0.032*		0.069	0.041*	0.887	0.791	0.292	0.445
{3}	0.502	0.122		0.001**	0.056	0.045*	0.387	0.012*
{4}	0.196	0.342	0.483		0.050	0.059	0.002**	0.155
{5}	0.273	0.260	0.617	0.802		0.887	0.253	0.507
{6}	0.744	0.060	0.689	0.300	0.400		0.216	0.570
{7}	0.047*	0.000**	0.012*	0.001**	0.003*	0.031*		0.084
{8}	0.841	0.047*	0.608	0.254	0.345	0.881	0.037*	
鳞片生根数	5.825	4.600	5.450	5.075	5.200	5.650	6.817	5.725

（3）鳞片冷藏与否的比较分析结果

由表 3-1-9、表 3-1-10 及表 3-1-11可看出，在园土+锯末混合土的基质中，扦插50天观察,经冷藏处理的鳞片出球数、生根数分别为2.584个、9.409条，均极显著高于不经冷藏处理鳞片的2.143个、5.543条；并且株系本身也能对鳞片出球数、生根数产生极显著差异，其中鳞片出球数最多的为株系3、7的2.61个，其次为株系1、5、8、6，其值分别为2.36、2.33个，最少为株系2、4的2.15个，鳞片生根数最多的为株系7的9.02条，其次为株系1、4、8、6，其值分别为7.85、7.79、7.6条，最少的为株系2的6.11条，其次为株系3的6.16条；中层鳞片与外层鳞片出球数差异不大，但对生根数差异大，中层鳞片的生根数为7.828条，极显著高于外层鳞片的7.124条；有无激素处理对鳞片出球数差异不大，但对生根数影响大，不使用NAA

处理的鳞片生根数为7.831条，极显著高于使用NAA处理鳞片的7.121条；并且有无冷藏处理与有无激素处理两者的互作效应对鳞片出球数产生极显著影响，有无冷藏处理与株系两者的互作效应、有无冷藏处理与鳞片着生位置两者的互作效应、有无冷藏处理与株系、鳞片着生位置、有无激素处理四者的互作效应均能对鳞片生根数产生显著或极显著差异。

表 3-1-9　鳞片冷藏与否同一基质各效应方差比较

Table 3-1-9　Variance comparison of different effect in same matrix whether scale or not cold storage

效应	扦插50天出球数 F-检验	扦插50天生根数 F-检验
冷藏	40.055**	297.388**
株系	3.189**	8.978**
鳞片位置	1.266	9.863**
激素	0.049	10.039**
冷藏×株系	1.612	3.530**
冷藏×鳞片位置	2.180	7.513**
株系×鳞片位置	1.624	1.856
冷藏×激素	15.970**	0.639
株系×激素	1.211	2.568*
鳞片位置×激素	0.240	2.322
冷藏×株系×鳞片位置	0.517	0.911
冷藏×株系×激素	0.427	0.444
冷藏×鳞片位置×激素	1.683	0.321
株系×鳞片位置×激素	1.127	1.893
冷藏×株系×鳞片位置×激素	1.181	2.452*

表 3-1-10　鳞片冷藏与否同一基质出球数、生根数多重统计比较（扦插50天）

Table 3-1-10　Statistical comparison to produce bulbs and root quantity whether scale or not cold storage（cutting 50 days）

鳞片出球数	{1}	{2}	{3}	{4}	{5}	{6}	{7}	{8}
株系	2.363	2.150	2.612	2.150	2.363	2.325	2.611	2.337
{1}		0.179	0.102	0.167	1.000	0.802	0.091	0.858
{2}	0.000**		0.003**	1.000	0.188	0.238	0.003**	0.224
{3}	0.000**	0.911		0.003**	0.090	0.071	0.994	0.078
{4}	0.897	0.000**	0.001**		0.179	0.209	0.002**	0.206
{5}	0.452	0.004**	0.004**	0.499		0.810	0.074	0.867
{6}	0.654	0.001**	0.002**	0.717	0.717		0.066	0.928
{7}	0.009**	0.000**	0.000**	0.010*	0.001**	0.004**		0.072
{8}	0.889	0.001**	0.001**	1.000	0.517	0.736	0.008**	
鳞片生根数	7.850	6.113	6.163	7.788	7.463	7.625	9.021	7.787

表 3-1-11　鳞片冷藏与否同一基质统计比较（扦插50天）

Table 3-2-11　Statistical comparison of same matrix whether scale or not cold storage（cutting 50 days）

	冷藏	不冷藏	外层鳞片	中层鳞片	无激素	激素
鳞片出球数	2.584**	2.143**	2.325	2.403	2.356	2.372
鳞片生根数	9.409**	5.543**	7.124**	7.828**	7.831**	7.121**

综上所述，冷藏处理鳞片出球数、生根数均显著高于无冷藏处理的鳞片，并且鳞片在经冷藏处理的情况下使用适量的生长素处理可显著提高鳞片的出球数、生根数，但在鳞片不经冷藏处理的情况下不用任何生长素处理的效果反而更好。株系本身也能对鳞片出球数和生根数产生显著或极显著影响，这是由于不同株系鳞片的肥厚程度不同，所含的养分也不同，株系1、3、5、7、8等鳞片较肥厚，质量较好，因此在生产中可选用这些株系作鳞片繁殖用。

1.2.1.2　扦插繁殖中初生鳞茎的发生发育过程

（1）初生鳞茎的外部形态发生过程

经过观察，扦插鳞片萌发一般在鳞片近轴面基部伤口处（或中部节结处）分化出分生组织，一星期左右即在鳞片上形成1～3个白色小突起，少数鳞片上可形成4个以上小突起，小突起一般在1个月之后发育成膨大的初生鳞茎，初生鳞茎多着生于鳞片基部，中部节结处着生较少，而鳞片上部未见初生鳞茎出现。

鳞片上的初生鳞茎数量影响其生长速度，如果鳞片上形成1～2个初生鳞茎，那么它的个体较大而健壮，增长速度较快，发根萌叶能力较强，移栽后成苗率高；如果鳞片上形成2个以上初生鳞茎时，它们的个体较小，发根萌叶能力较弱。

扦插的鳞片是初生鳞茎形成的营养基础，当鳞片的养分因供给初生鳞茎生长而逐渐变褐干萎时，初生鳞茎与鳞片分离。形成的初生鳞茎由几层鳞片组成，约8片～10片鳞片，卵形，并在初生鳞茎基部长出幼根，从初生鳞茎中部生出1片～3片细长的绿叶，叶脉不明显，此时揭示初生鳞茎形成期结束。

从观察中可看到，初生鳞茎形成的方式大致可分为三种生长类型：第一种是先形成初生鳞茎，初生鳞茎膨大到一定程度在基部长出基根；第二种是初生鳞茎与基根几乎同时生长发育；第三种是在鳞片基部先长根，暂时不形成初生鳞茎。试验结果多发生于前两种类型，第三种类型占比例很小，多发生在薄而小的鳞片中。这些特征是基因通过控制代谢间接影响发育过程的产物，当然也是和环境条件密切相关的。

（2）初生鳞茎的组织形态发生过程

① 无激素处理的初生鳞茎组织形态发生

A.初生鳞茎组织形态发生的四个时期

初生鳞茎的起源和形成过程目前报导很少，本试验研究表明，初生鳞茎起源于鳞片近轴面最基部向上第8至第12层左右的薄壁细胞经过四个时期才形成完整的初生鳞茎。（见图版3-1）

启动时期：扦插1～5天内切片观察，一些鳞片基部细胞未见发生显著变化（图版3-1，1）。一些鳞片近轴面最基部向上第8至第12层薄壁细胞开始发生变化，由成熟细胞发生脱分化过程而分裂产生，其细胞形状较小，细胞核大而显著，与周围的细胞明显不同，这些启动的细胞将成为初生鳞茎的原始细胞（图版3-1，2），笔者将这一时期称为启动时期。

生长锥形成时期：扦插6天后切片观察，启动的鳞片细胞分裂旺盛，发育成伸长的一团细胞群（图版3-1，3），这团细胞与周围细胞有明显差异，其细胞形状较小，核大而显著，其内部细胞排列也比较不规则，无一定层次。这群细胞进一步分裂，在鳞片近轴面的基部表面形成圆形突起，突起的最外一层细胞排列整齐，只进行垂周分裂（图版3-1，4）。笔者称此时期为生长锥形成时期。此时用肉眼不易分辨，只见表面刚刚隆起，需仔细观察方能见到初生鳞茎的雏形。

叶原基及新鳞片形成时期：扦插12天后部分鳞片基部可同时观察到叶原基及新鳞片的形成过程。叶原基起源于生长锥，由生长锥的表层细胞进行平周分裂，平周分裂的结果向周围增加了细胞的数目，形成了突起，以后突起表面的细胞进行垂周分裂，里面的细胞进行各个方向的分裂，形成了叶原基，由于叶原基是周期性的形成，生长锥也就发生周期性的变化；在初生鳞茎的形态建成过程中，叶原基成为新鳞片的起始者，随着细胞的不断分裂，生长锥不断生长，叶原基也逐渐成熟，而新的叶原基又从生长锥的另一侧方分生组织形成，如此一对叶原基形成之后逐渐生长成第一、第二片新鳞片，同时另一对叶原基又开始启动了，然后按顺序依次长出新鳞片。因此观察到的生长锥及叶原基的外方两侧即为新鳞片（图版3-1，5），此时成为肉眼可辨的初生鳞茎。

初生鳞茎形成时期及其结构：扦插鳞片4～6周陆续形成完整的初生鳞茎，同时生根（图版3-1，6、7），初生鳞茎的外面包有8～10片鳞片，纵切面可观察到新鳞片包围着的生长锥部分呈圆丘状，伴随着第三叶原基的发生，逐渐变狭成为半球形，生长锥显出明显的原套—原体结构（Schmidt，1924），原套2层细胞，一般作垂周分裂，其细胞形状近似一致，细胞核较大，染色深，原套以内有一团排列不规则的细胞为原体，其细胞可作各个方向的分裂（图版3-1，8）；茎端在叶原基形成之后才有原形成层的发生，随着新鳞片的发生，原形成层中分化出维管束。随着初生鳞茎的形成，扦插鳞片的细胞淀粉粒逐渐减少且趋于消失，说明扦插鳞片中的贮藏养分乃是初生鳞茎形成和增长的营养基础，细胞内部的淀粉粒变化是由于器官原基的形成是一个高度需能的过程，淀粉作为一种供能物质被初生鳞茎加以利用了。因此可观察到初生鳞茎新鳞片的细胞淀粉粒逐渐趋于积累。

B. 初生鳞茎发生的时间序列

扦插1～5天内切片观察，一些鳞片基部细胞未见发生显著变化，一些鳞片近轴面最基部向上第8层至第12层薄壁细胞发生分裂。鳞片内则常有维管束贯穿其中，多为螺纹导管（图版3-1，9），鳞片细胞一般为圆形薄壁细胞，细胞内含有大量大小不等、数目很多的淀粉粒（图版3-1，10）。鳞片基部的细胞中都有淀粉粒积累。扦插6～18天切片观察，有些鳞片近轴面基部细胞分裂形成突起，有些鳞片基部已形成生长锥、叶原基及1～2片新鳞片，同时扦插鳞片的细胞内淀粉粒开始减少，而新形成鳞片的细胞内已有少量淀粉粒积累。扦插18天后可观察到初生鳞茎有2～4片新鳞片，同时新鳞片上贯穿有维管束，扦插鳞片基部细胞内的淀粉粒很少。扦插23天后可观察到初生鳞茎有4～6片新鳞片，扦插鳞片的细胞内淀粉粒逐渐减少，且基部细胞内的淀粉粒逐渐趋于消失，同时新鳞片的细胞内淀粉粒逐渐增多。扦插30天可观察到鳞片近轴面基部形成明显膨大的初生鳞茎，由8～10片新鳞片组成，外层新鳞片（即最初形成的、覆盖于外层的鳞片，下同）上有许多维管束贯穿其中，并在初生鳞茎基部长出新根。

② 激素处理对初生鳞茎组织形态发生的影响

生长素处理的鳞片近轴面基部形成的初生鳞茎时间较晚，扦插23天内切片观察，鳞片近轴面基部细胞未见发生显著变化，基部细胞染色深，其细胞内淀粉粒很少或无，可能原因是细胞内淀粉粒已分解成小分子单糖或葡萄糖，为初生鳞茎的开始分裂提供能量，具体原因尚需作进一步研究。鳞片细胞内的淀粉粒逐渐减少，鳞片内有维管束贯穿其中，多为螺纹导管；但在一些有节的鳞片近轴面中部节结处可观察到形成初生鳞茎，通常鳞片中部节结处一般萌生1～2个初生鳞茎；扦插30～40天内切片观察，基部细胞内无淀粉粒，鳞片近轴面基部细胞分裂形成突起，并逐渐膨大形成初生鳞茎，初生鳞茎的形成过程也可分为以上四个不同时期，由7～9片鳞片组成，外层新鳞片上有较多淀粉粒积累，并有维管束贯穿其中，同时可看到生长锥和新鳞片稍下方的部位有一部分细胞引长并向下逐渐分化的维管组织，并在初生鳞茎基部长出新根。

综上所述，在鳞片不经冷藏的情况下，有无激素处理对初生鳞茎形成的时间差异大，无任何生长素处理的鳞片扦插6天后即在鳞茎基部分裂形成小突起，而使用生长素NAA处理的鳞片基部形成初生鳞茎的时间晚，扦插一个月后，才从鳞片基部分裂形成突起，并迅速膨大成球，且用生长素处理的鳞片中部节结处比基部形成初生鳞茎的时间也快。

1.2.2 百合鳞茎生长发育观察结果

1.2.2.1 百合主要性状生长发育的动态变化

百合的生长受多种环境因子的影响，但对百合本身生长发育过程的了解对鳞茎生产至关重要。

试验中观察到，2000年1月初小苗移栽大田后至3月上旬植株抽薹以前，新的鳞茎已在种鳞茎的茎盘上形成，形体很小，一般每株形成2—4个。以后这些新形成的小鳞茎将逐步发育成为次生鳞茎，为收获、出售的种球。3月中旬植株抽薹以后，直到4月底，种鳞茎外层老的鳞片仍然保持原状，新生的小鳞茎生长缓慢，由图3-1及表3-1-12可看出，地下部鳞茎的周径、高度及鲜量、干重、根的鲜量及干重等性状生长速度较慢，生长量变化不大，变化幅度为0~2之间；而地上部株高、叶片数、茎叶鲜重和干重等性状相对生长较快，生长量变化呈增加趋势，变化幅度为0~30之间。根系变化随着鳞茎变化也同时进行，并且在4月下旬开始在植株地上茎的入土部分发生不定根，从而增加了根的吸收能力。

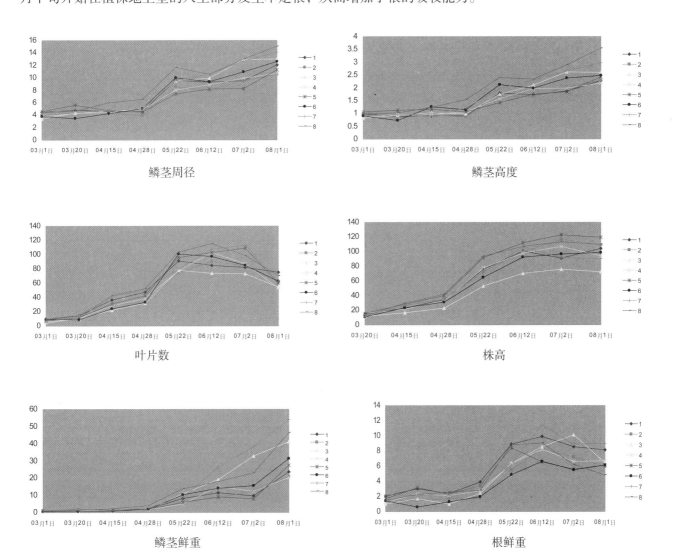

鳞茎周径　　　　　　　　　　　　　　　鳞茎高度

叶片数　　　　　　　　　　　　　　　株高

鳞茎鲜重　　　　　　　　　　　　　　根鲜重

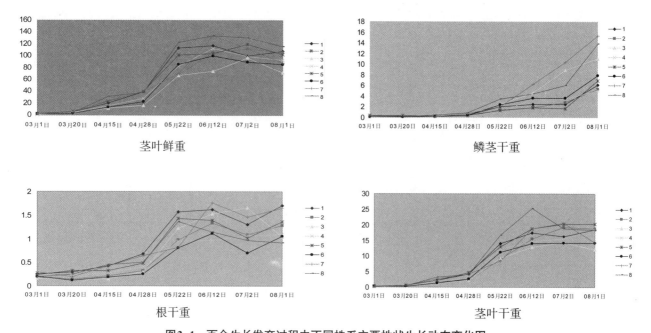

茎叶鲜重　　　　　　　　　　　鳞茎干重

根干重　　　　　　　　　　　茎叶干重

图3-1　百合生长发育过程中不同株系主要性状生长动态变化图

Fight 3-1　Dynamic of main traits of lines during different growth phase

　　5月初至5月下旬，茎叶、株高、鳞茎和根等性状的生长迅速加快，生长量明显都增加了好几倍，其中地下部鳞茎的周径、鲜量、干重、根的鲜量及干重的变化幅度为0～10之间，而地上部株高、叶片数、茎叶鲜重和干重的变化幅度为20～80之间。这时种鳞茎老的鳞片由外及内渐次萎缩，新形成的小鳞茎膨大加快，这可能是种鳞茎中的养分一部分向新鳞茎中运转的结果；此期间是建立强大同化系统和转向新鳞茎旺盛生长的重要时期，必须处理好制造养分（根、茎、叶的同化作用）、消耗养分（新叶、新根的生长）和积累养分（新鳞茎膨大）三者的相互关系；5月下旬至6月中旬，此时期植株的外部形态为现蕾—开花期，以地上部茎叶生长与新形成的鳞茎膨大相比，仍以地上部茎叶的生长占优势，鳞茎的膨大相对较慢，由表3-2-12可知，株高、叶数、茎叶鲜重及干重等性状的生长量约增加1倍，变化幅度为0～30之间，可是鳞茎的周径和高度等性状的生长量变化较小，变化幅度为0～1之间。

　　到了7月初，地上部茎叶生长受到抑制，植株叶片开始从基部向上逐渐枯黄，甚至脱落，绿叶数迅速下降，茎叶鲜重、干重等性状的生长也呈下降趋势，生长量减少，同化的养分趋于积累，新形成的鳞茎（次生鳞茎）迅速膨大，因此鳞茎周径及高度的生长仍保持上升趋势，生长量增加，直至收球，而鳞茎的重量无论是鲜重还是干重，自始至终都在增长，在鳞茎的整个生长过程，增重最多的是在生育后期。同时由图3-1及表3-2-12可看出，不同株系各主要性状在不同生长时期的变化趋势是基本一致的。茎叶重、鳞茎周径和鳞茎重等各有其生长高峰，且鳞茎重的生长高峰出现在茎叶重生长高峰之后。

表3-2-12　百合生长发育过程中主要性状生长量变化

Table 3-2-12　Changes of net-increased quantity of main traits during different growth phase

鳞茎周径	3月1日	生长量	3月20日	生长量	4月15日	生长量	4月28日	生长量	5月22日	生长量	6月12日	生长量	7月2日	生长量	8月1日
{1}	4.47	0.36	4.83	−0.23	4.60	−0.03	4.57	5.03	9.60	−0.28	9.32	0.22	9.54	2.55	12.08
{2}	3.97	0.46	4.43	−0.12	4.31	−0.34	3.97	4.57	8.54	−0.51	8.04	1.49	9.53	1.08	10.60

{3}	3.39	0.94	4.33	0.06	4.39	0.76	5.15	4.35	9.50	0.46	9.96	3.01	12.96	0.06	13.02
{4}	3.80	0.43	4.23	0.50	4.72	0.18	4.90	3.17	8.07	0.82	8.89	1.08	9.96	0.73	10.69
{5}	4.60	0.98	5.58	−0.82	4.76	−0.28	4.48	2.89	7.37	0.83	8.20	0.07	8.27	3.03	11.29
{6}	3.77	−0.13	3.46	0.79	4.25	0.81	5.05	4.99	10.04	−0.69	9.35	1.61	10.96	1.63	12.59
{7}	4.42	0.48	4.90	−0.16	4.74	0.27	5.01	4.54	9.55	1.00	10.55	2.16	12.70	1.38	14.08
{8}	4.45	0.19	4.64	1.35	5.98	0.54	6.52	5.17	11.69	−1.12	10.57	2.45	13.02	2.01	15.02

鳞茎高度	3月1日	生长量	3月20日	生长量	4月15日	生长量	4月28日	生长量	5月22日	生长量	6月12日	生长量	7月2日	生长量	8月1日
{1}	0.98	−0.10	0.89	0.01	0.90	0.01	0.91	0.88	1.79	−0.05	1.74	0.14	1.87	0.42	2.29
{2}	0.95	−0.11	0.85	0.08	0.92	−0.05	0.88	0.78	1.65	0.01	1.66	0.36	2.02	0.27	2.29
{3}	0.83	0.10	0.93	0.09	1.02	−0.03	0.99	0.77	1.75	0.35	2.10	0.53	2.63	−0.03	2.60
{4}	0.86	0.10	0.97	−0.01	0.96	0.10	1.06	0.52	1.58	0.40	1.98	0.03	2.00	0.19	2.19
{5}	1.06	0.05	1.12	0.06	1.17	−0.11	1.06	0.36	1.42	0.34	1.76	0.09	1.85	0.59	2.43
{6}	0.91	−0.18	0.74	0.54	1.27	−0.14	1.14	0.99	2.13	−0.14	2.00	0.39	2.38	0.12	2.49
{7}	1.03	−0.09	0.95	0.05	0.99	0.21	1.20	0.81	2.00	0.31	2.31	0.35	2.66	0.33	2.98
{8}	0.99	0.03	1.02	0.22	1.24	0.29	1.53	0.87	2.40	−0.06	2.34	0.56	2.90	0.65	3.54

叶数	3月1日	生长量	3月20日	生长量	4月15日	生长量	4月28日	生长量	5月22日	生长量	6月12日	生长量	7月2日	生长量	8月1日
{1}	9.10	5.50	14.60	21.70	36.30	11.50	47.80	42.90	90.70	−6.00	84.70	−2.40	82.30	−6.90	75.40
{2}	6.60	5.50	12.10	17.40	29.50	3.50	33.00	41.70	74.70	15.60	90.30	−5.90	84.40	−23.20	61.20
{3}	6.30	4.10	10.40	11.60	22.00	9.60	31.60	46.60	78.20	−4.40	73.80	−0.50	73.30	−18.70	54.60
{4}	4.20	6.80	11.00	17.20	28.20	10.40	38.60	38.80	77.40	25.60	103.00	−16.10	86.90	−33.50	53.40
{5}	6.80	5.10	11.90	19.30	31.20	11.40	42.60	53.50	96.10	6.50	102.60	6.30	108.90	−49.20	59.70
{6}	9.60	−0.30	9.30	14.60	23.90	9.50	33.40	67.40	100.80	−3.70	97.10	−12.30	84.80	−21.70	63.10
{7}	10.60	4.70	15.30	26.10	41.40	9.20	50.60	29.40	80.00	27.90	107.90	5.10	113.00	−50.30	62.70
{8}	8.20	2.70	10.90	32.00	42.90	9.30	52.20	51.30	103.50	11.60	115.10	−16.40	98.70	−28.40	70.30

株高	3月20日	生长量	4月15日	生长量	4月28日	生长量	5月22日	生长量	6月12日	生长量	7月2日	生长量	8月1日
{1}	15.37	7.69	23.06	11.31	34.37	41.76	76.13	24.29	100.42	-9.32	91.10	13.32	104.40
{2}	13.32	13.02	26.34	8.86	35.20	38.07	73.27	26.21	99.48	17.15	116.63	-7.65	108.90
{3}	11.77	5.09	16.86	5.83	22.69	30.22	52.91	17.24	70.15	5.76	75.91	-3.60	72.31
{4}	15.80	5.77	21.57	11.24	32.81	44.89	77.70	20.55	98.25	8.59	106.84	-12.80	94.05
{5}	16.17	11.91	28.08	11.73	39.81	51.72	91.53	20.12	111.65	11.25	122.90	-3.47	119.40

{6}	11.17	11.99	23.17	7.57	30.74	34.21	64.95	27.17	92.12	4.65	96.77	2.08	98.85
{7}	11.82	14.93	26.75	8.25	35.00	36.11	71.11	34.79	105.90	-13.90	92.02	-1.87	90.15
{8}	12.67	17.07	29.74	12.14	41.88	51.65	93.53	13.63	107.16	5.72	112.88	-2.88	110.00

鳞茎鲜重	3月1日	生长量	3月20日	生长量	4月15日	生长量	4月28日	生长量	5月22日	生长量	6月12日	生长量	7月2日	生长量	8月1日
{1}	1.10	-0.04	1.06	0.00	1.06	1.03	2.09	6.21	8.30	3.24	11.54	-1.66	9.88	13.85	23.73
{2}	0.86	0.04	0.90	0.00	0.89	0.24	1.13	5.50	6.64	1.86	8.50	4.10	12.60	8.30	20.90
{3}	0.58	0.47	1.05	0.05	1.10	0.82	1.92	8.88	10.79	8.52	19.32	13.42	32.74	8.28	41.01
{4}	0.72	0.27	0.99	0.29	1.19	0.52	1.71	3.44	5.15	9.84	14.99	-2.47	12.53	8.01	20.54
{5}	1.18	0.71	1.89	-0.38	1.52	0.62	2.13	3.84	5.98	3.30	9.27	-1.32	7.95	19.62	27.57
{6}	0.62	-0.08	0.54	0.49	1.03	0.98	2.01	8.26	10.27	3.97	14.24	1.52	15.76	15.52	31.28
{7}	1.12	0.26	1.37	-0.08	1.29	1.60	2.89	5.99	8.88	17.34	26.22	11.96	38.18	15.98	54.16
{8}	0.98	0.06	1.04	1.37	2.41	1.77	4.18	9.62	13.80	4.36	18.16	4.78	22.93	23.41	46.35

根鲜重	3月1日	生长量	3月20日	生长量	4月15日	生长量	4月28日	生长量	5月22日	生长量	6月12日	生长量	7月2日	生长量	8月1日
{1}	2.05	1.00	3.04	-0.60	2.44	1.48	3.92	4.99	8.91	1.01	9.92	-1.38	8.54	-0.40	8.14
{2}	1.43	0.12	1.55	0.15	1.70	0.11	1.81	3.70	5.51	2.81	8.32	-1.13	7.20	-1.28	5.92
{3}	1.03	0.70	1.73	-0.71	1.02	1.42	2.44	3.95	6.39	2.13	8.52	1.62	10.14	-3.71	6.43
{4}	1.25	1.13	2.38	-0.22	2.13	0.61	2.74	3.63	6.37	1.82	8.19	-1.57	6.62	0.06	6.68
{5}	1.69	1.49	3.18	-0.83	2.35	1.07	3.43	5.00	8.43	-1.85	6.58	-1.03	5.55	0.58	6.13
{6}	1.46	-0.83	0.63	0.66	1.29	0.68	1.97	2.91	4.88	1.78	6.66	-1.17	5.49	0.63	6.12
{7}	2.27	-0.10	2.17	0.23	2.40	1.04	3.44	2.77	6.21	5.24	11.45	-2.57	8.87	0.07	8.95
{8}	1.52	0.73	2.25	0.37	2.62	0.23	2.85	5.99	8.84	0.21	9.05	-2.87	6.18	-1.35	4.83

茎叶鲜重	3月1日	生长量	3月20日	生长量	4月15日	生长量	4月28日	生长量	5月22日	生长量	6月12日	生长量	7月2日	生长量	8月1日
{1}	3.20	2.47	5.67	15.19	20.86	18.26	39.12	74.61	113.72	4.08	117.80	-17.50	100.30	7.84	108.12
{2}	1.85	2.49	4.34	11.03	15.37	2.95	18.32	50.42	68.74	37.16	105.89	6.41	112.30	-6.58	105.72
{3}	1.28	2.54	3.81	7.66	11.48	5.20	16.68	50.57	67.25	7.01	74.26	22.45	96.71	-24.80	71.90
{4}	1.01	3.52	4.54	11.07	15.61	12.56	28.17	54.49	82.66	30.35	113.01	-14.00	99.00	-6.25	92.75
{5}	1.99	4.59	6.58	16.67	23.26	16.97	40.22	61.38	101.60	2.24	103.84	16.10	119.90	-17.70	102.20
{6}	2.46	0.44	2.90	10.22	13.12	9.78	22.90	62.86	85.76	14.53	100.29	-10.20	90.08	-3.83	86.25
{7}	2.62	2.58	5.19	19.45	24.64	15.14	39.79	30.28	70.06	64.08	134.14	-21.60	112.50	-24.30	88.25
{8}	2.84	1.99	4.84	26.69	31.53	7.41	38.94	83.98	122.92	11.27	134.19	-3.59	130.60	-14.40	116.20

鳞茎干重	3月1日	生长量	3月20日	生长量	4月15日	生长量	4月28日	生长量	5月22日	生长量	6月12日	生长量	7月2日	生长量	8月1日
{1}	0.27	−0.13	0.14	0.03	0.16	0.32	0.48	1.55	2.03	0.45	2.49	−0.03	2.45	3.69	6.15
{2}	0.21	−0.09	0.12	0.03	0.15	−0.11	0.26	1.15	1.41	0.45	1.85	0.97	2.82	2.48	5.30
{3}	0.12	0.04	0.16	0.03	0.19	0.22	0.41	2.08	2.49	2.11	4.60	4.28	8.88	2.20	11.08
{4}	0.20	−0.03	0.17	0.03	0.20	0.16	0.36	0.64	1.00	2.54	3.54	−0.08	3.46	1.63	5.09
{5}	0.32	0.08	0.39	−0.17	0.23	0.19	0.422	0.88	1.30	0.55	1.85	−0.15	1.70	5.18	6.89
{6}	0.12	−0.05	0.08	0.12	0.19	0.27	0.46	1.97	2.43	1.19	3.62	−0.02	3.60	4.28	7.88
{7}	0.23	0.00	0.23	−0.02	0.21	0.46	0.67	1.34	2.01	4.16	6.17	4.18	10.35	4.98	15.33
{8}	0.23	−0.05	0.18	0.23	0.41	0.52	0.93	2.53	3.46	0.99	4.45	1.59	6.04	7.75	13.79

根干重	3月1日	生长量	3月20日	生长量	4月15日	生长量	4月28日	生长量	5月22日	生长量	6月12日	生长量	7月2日	生长量	8月1日
{1}	0.25	0.04	0.29	0.13	0.42	0.26	0.68	0.89	1.57	0.04	1.61	−0.31	1.30	0.40	1.70
{2}	0.21	−0.07	0.14	0.08	0.22	0.11	0.32	0.65	0.97	0.36	1.33	−0.25	1.08	0.20	1.28
{3}	0.16	−0.03	0.13	0.01	0.15	0.16	0.31	0.91	1.22	0.31	1.53	0.13	1.66	−0.61	1.05
{4}	0.24	−0.02	0.22	0.06	0.28	0.12	0.40	0.54	0.95	0.02	0.97	0.10	1.07	0.03	1.10
{5}	0.24	0.08	0.32	0.00	0.32	0.16	0.48	0.95	1.43	−0.05	1.39	−0.37	1.02	0.34	1.36
{6}	0.19	−0.07	0.12	0.07	0.19	0.07	0.26	0.55	0.81	0.31	1.11	−0.42	0.70	0.36	1.05
{7}	0.30	−0.10	0.19	0.23	0.42	0.22	0.65	0.17	0.82	0.94	1.76	−0.30	1.46	0.19	1.65
{8}	0.20	0.05	0.24	0.21	0.45	0.06	0.51	0.85	1.36	−0.22	1.14	−0.18	0.96	−0.05	0.92

茎叶干重	3月1日	生长量	3月20日	生长量	4月15日	生长量	4月28日	生长量	5月22日	生长量	6月12日	生长量	7月2日	生长量	8月1日
{1}	0.34	0.22	0.56	1.70	2.26	2.06	4.32	9.72	14.04	3.43	17.47	−1.24	16.23	2.22	18.45
{2}	0.24	0.16	0.40	1.31	1.72	0.45	2.16	6.91	9.07	6.51	15.58	3.65	19.23	−0.53	18.70
{3}	0.14	0.24	0.38	0.78	1.16	1.05	2.21	7.07	9.28	3.62	12.90	1.39	14.29	−2.17	12.12
{4}	0.12	0.35	0.48	1.24	1.72	1.22	2.94	9.26	12.19	2.40	14.59	1.04	15.63	2.66	18.29
{5}	0.26	0.39	0.64	1.62	2.26	2.47	4.73	8.23	12.96	5.88	18.84	1.43	20.27	−0.07	20.20
{6}	0.31	−0.04	0.27	1.12	1.39	1.23	2.62	8.65	11.27	2.73	14.00	0.18	14.18	0.02	14.20
{7}	0.19	0.33	0.52	2.10	2.61	1.71	4.32	4.08	8.40	10.41	18.80	1.75	20.55	−6.19	14.36
{8}	0.31	0.18	0.49	2.82	3.32	0.89	4.21	12.55	16.76	8.49	25.25	−6.47	18.78	−0.50	18.28

2.2.2 株系间主要性状的变异

对鳞茎周径及高度、株高、叶片数、茎粗、外轮花瓣长、花头数、花径等性状进行方差分析，用 duncan 检验进行多重比较。计算结果见表3-2-13：

各主要性状在株系间的差异不同，鳞茎周径及高度、株高、叶片数、外轮花瓣长、花径、花头数等性状在株系间差异大，呈显著或极显著差异，而茎粗等性状在株系间差异小，株系间不具显著差异或少有显著差异。鳞茎周径的最大值为株系8的15.02 cm，其次为株系7、3，其值分别为14.08、13.02 cm，最小值为株系2的10.6 cm，其次为株系4的10.69 cm。鳞茎高度的最大值为株系8的3.54 cm，其次为株系7、3，其值分别为2.98 cm、2.6 cm，最小值为株系4的2.19 cm，其次为株系1、2位2.19 cm，一般来说，鳞茎越大，植株花头数和开花数越多，商品种球就越好，因此鳞茎大小是本试验选育的重点。

株高最大值为株系5的119.43 cm，最小值为株系3的72.31 cm，作为切花生产的百合，其理想高度为90～100 cm左右，过高植株易倒伏，过矮影响切花质量。茎粗的最大值为株系8的0.875 cm，最小值为株系3的0.758 cm。绿叶数最大值为株系1的75.4张，其次为株系8的70.3张，最小值为株系4的53.4张，生育后期留下的功能绿叶数越多，制造的养分越多，向地下鳞茎输送的养分也就越多，因此应选育生育后期绿叶数较多的植株。

外轮花瓣长最大值为株系3的17.14 cm，最小值为株系1的15.26 cm，花径最大值为株系3的9.46 cm，最小值为株系2、8的8.62 cm，一般来说，花瓣长的其花也长，花径较大，切花较受欢迎，因此在此性状的选择以长花瓣和大花径为主。花头数的最大值为株系8的3.1朵，其次为株系1、2、5，其值分别为2.7、2.5朵，最小值为株系3的1.6朵，其次为株系7的1.7朵，百合作切花销售时，花头数越多，价格越高，但花头数过多，会导致花小，并过多的消耗地下鳞茎的营养，造成鳞茎品质下降，因此选育的方向是花大，花头数适宜。

表3-1-13 株系间主要性状的统计比较

Table 3-1-13 Statistical comparison of main traits of lines

（注：表右上角为鳞茎周径的统计比较结果，左下方为鳞茎高度的统计比较结果）

鳞茎周径	{1}	{2}	{3}	{4}	{5}	{6}	{7}	{8}
	12.08	10.60	13.02	10.69	11.29	12.59	14.08	15.03
{1}		0.19	0.39	0.20	0.44	0.62	0.07	0.01**
{2}	1.00		0.04*	0.93	0.52	0.08	0.00**	0.00**
{3}	0.31	0.30		0.04*	0.12	0.67	0.30	0.06
{4}	0.71	0.73	0.18		0.55	0.09	0.00**	0.00**
{5}	0.62	0.60	0.55	0.42		0.23	0.01*	0.00**
{6}	0.50	0.48	0.68	0.32	0.82		0.17	0.03*
{7}	0.024*	0.02*	0.16	0.01**	0.06	0.09		0.35
{8}	0.00**	0.00**	0.00**	0.00**	0.00**	0.00**	0.04	
鳞茎高度	2.29	2.29	2.60	2.19	2.43	2.49	2.98	3.54

（注：表右上角为株高的统计比较结果，左下方为绿叶数的统计比较结果）

株高	{1}	{2}	{3}	{4}	{5}	{6}	{7}	{8}
	104.42	108.98	72.31	94.05	119.43	98.85	90.15	110.00
{1}		0.54	0.00**	0.19	0.07	0.45	0.08	0.48

{2}	0.048*		0.00**	0.07	0.184	0.30	0.02*	0.89
{3}	0.00*	0.33		0.01**	0.00**	0.00**	0.02*	0.00**
{4}	0.00**	0.27	0.85		0.00**	0.52	0.60	0.06
{5}	0.03*	0.81	0.42	0.35		0.01*	0.00**	0.20
{6}	0.07	0.78	0.24	0.19	0.63		0.27	0.17
{7}	0.07	0.81	0.25	0.20	0.66	0.95		0.02*
{8}	0.42	0.20	0.03*	0.02*	0.14	0.26	0.26	
绿叶数	75.40	61.20	54.60	53.40	59.70	63.10	62.70	70.30

（注：表右上角为外花瓣长的统计比较结果，左下方为茎粗的统计比较结果）

外花瓣长	{1}	{2}	{3}	{4}	{5}	{6}	{7}	{8}
	15.26	15.37	17.14	16.45	15.82	16.26	16.48	16.25
{1}		0.78	0.00**	0.01**	0.18	0.023*	0.01**	0.02*
{2}	0.28		0.00**	0.014*	0.25	0.038*	0.01*	0.04*
{3}	0.06	0.37		0.10	0.00**	0.041*	0.09	0.04*
{4}	0.20	0.77	0.50		0.144	0.626	0.94	0.63
{5}	0.24	0.88	0.44	0.87		0.291	0.14	0.27
{6}	0.52	0.61	0.19	0.46	0.536		0.60	0.98
{7}	0.19	0.76	0.52	1.00	0.861	0.45		0.60
{8}	0.64	0.50	0.14	0.37	0.431	0.83	0.36	
茎粗	0.85	0.78	0.72	0.76	0.773	0.81	0.76	0.83

（注：表右上角为花径的统计比较结果，左下方为花头数的统计比较结果）

花径	{1}	{2}	{3}	{4}	{5}	{6}	{7}	{8}
	8.64	8.62	9.46	9.22	8.39	9.22	9.54	8.62
{1}		0.97	0.08	0.17	0.59	0.20	0.06	0.96
{2}	0.64		0.08	0.20	0.58	0.21	0.06	1.00
{3}	0.02*	0.05*		0.59	0.03*	0.57	0.85	0.08
{4}	0.18	0.32	0.26		0.08	1.00	0.49	0.18
{5}	0.62	1.00	0.05	0.35		0.09	0.02*	0.61
{6}	0.12	0.24	0.35	0.80	0.26		0.48	0.20
{7}	0.03*	0.07	0.80	0.35	0.08	0.46		0.06
{8}	0.32	0.18	0.00**	0.03*	0.16	0.02*	0.00**	
花头数	2.70	2.50	1.60	2.10	2.50	2.00	1.70	3.10

综上所述，新铁炮百合选育的目标是鳞茎周径大，绿叶数多，植株高度、茎粗、花头数适宜，花瓣长

且花径大的株系，通过表 3-1-13 所有性状的综合观测，结果发现，在本次试验的 8 个株系中，以上几个性状综合而言较好的为 5、7、8 株系。

1.2.2.3 地上与地下部分主要性状的相关分析

百合的多年生特性主要表现在地下鳞茎上，在整个生活周期内，地下鳞茎的生长发育直接影响着地上部分的生命活动，因此，通过利用相关分析，了解百合地下部分的动态活动与地上部分生长发育之间的相关性，为百合的繁育种球提供理论依据。利用统计分析方法，计算各主要性状的相关系数如表 3-1-14：

地上部分性状间的相关性：由表 3-1-14 可知，株高除与下部叶长、中部叶长、内轮花瓣宽、的相关性不显著外，与其他性状显著或极显著相关，且株高与茎粗的相关系数高达 0.701，因此通过适宜增加株高，可增加茎粗和绿叶数，同时对提高花质量和花头数有利。茎粗仅与株高、绿叶数、花瓣长、花头数显著或极显著相关。绿叶数与株高、茎粗、花瓣长、茎叶鲜量及干重呈显著或极显著相关，因此可通过适当增加绿叶数，将有利于提高株型和花质量。下部叶长除与株高、茎粗、绿叶数不显著相关外，与其他地上部分性状均显著或极显著相关，中部叶长、上部叶长仅与其不同部位的叶长宽及花头数显著或极显著相关，不同部位的叶宽与地上部分其他性状少呈显著相关，由以上结果知，不同部位的叶对株高、茎粗、绿叶数的影响都较小，而对花头数的影响较大。内外轮花瓣长除与茎叶鲜、干重不显著相关外，与其他地上部分性状显著或极显著相关，内外轮花瓣宽仅与株高、对应的内外轮花瓣长宽、花径显著或极显著相关。花头数仅与株高、茎粗、花瓣长显著或极显著相关，说明花头数的增加对花径影响小，这与花多则花径小的传统观念不相一致。

地下部分性状间的相关性：鳞茎周径与度高、鳞片节数、鳞茎鲜重及干重呈显著或及显著相关，且鳞茎周径与鳞茎高度的相关系数高达 0.810，因此，通过选育周径大而长的鳞茎，对提高鳞茎的体积和重量都有利。鳞片节数与所有地下性状都呈显著或极显著相关，鳞茎重量也与所有地下性状呈显著或极显著相关，且与根鲜重的相关系数高达 0.919。

地上部分与地下部分性状间的相关性：鳞茎周径仅与绿叶数显著相关，而与株高、茎粗、花瓣长、花头数等性状都不显著相关，这与鳞茎周径则茎杆粗壮、花头数增多的传统观念不相一致。绿叶数仅与鳞茎周径、根鲜重显著相关，下部叶长仅与根鲜重显著相关，因此可通过延缓下部叶的衰老，以留下更多的绿叶数，使光合作用继续进行，来促进鳞茎的膨大和根系的发育。鳞茎重量、茎叶重量与根的重量三者的相关性都呈极显著水平，其相关系数均达到 0.85 以上，这说明鳞茎生长、茎叶生长与根的发育，这三者关系密切，大的鳞茎长出的茎叶繁茂粗壮，而繁茂粗壮的茎叶供给鳞茎以充足的养分，促使其膨大增重迅速，同时根系从地上部分得到光合作用的产物来发展自己，这些发达的根系反过来又会给茎叶提供更多的水和无机营养，从而加速了茎叶的生长发育，三者相辅相成，从而达到完成新铁炮百合生活周期的目的。

表 3-1-14 主要性状的相关系数
Table 3-1-14 C3orrelation coefficient of main traits

	株高	茎粗	绿叶数	下部叶长	下部叶宽	中部叶长	中部叶宽	上部叶长	上部叶宽	茎叶鲜重	茎叶干重	外瓣花长
株高	1.000	0.701**	0.531**	0.160	0.035	0.170	−0.264*	0.225*	0.103	0.147	0.149	−0.319
茎粗	0.701**	1.000	0.600**	0.149	−0.051	0.120	−0.114	0.036	−0.040	0.110	0.087	−0.228
绿叶数	0.531**	0.600**	1.000	0.095	−0.010	−0.019	−0.168	−0.067	−0.056	0.227*	0.217	−0.276
下部叶长	0.160	0.149	0.095	1.000	−0.310*	0.432*	−0.008	0.384*	0.314*	0.273*	0.269*	−0.288

下部叶宽	0.035	−0.051	−0.010	−0.310*	1.000	0.092	−0.019	0.135	0.068	−0.025	−0.025	−0.033
中部叶长	0.170	0.120	−0.019	0.432*	0.092	1.000	0.350*	0.706**	0.592**	0.131	0.140	−0.207
中部叶宽	−0.264*	−0.114	−0.168	−0.008	−0.019	0.350*	1.000	0.341*	0.496**	−0.066	−0.058	0.238*
上部叶长	0.225*	0.036	−0.067	0.384*	0.135	0.706**	0.341*	1.000	0.782**	0.176	0.186	0.059
上部叶宽	0.103	−0.040	−0.056	0.314*	0.068	0.592**	0.496**	0.782**	1.000	0.127	0.140	0.055
茎叶鲜重	0.147	0.110	0.227*	0.273*	−0.025	0.131	−0.066	0.176	0.127	1.000	0.995**	−0.086
茎叶干重	0.149	0.087	0.217	0.269*	−0.025	0.140	−0.058	0.186	0.140	0.995**	1.000	−0.097
外花瓣长	−0.319*	−0.228*	−0.276*	−0.288*	−0.033	−0.207	0.238*	0.059	0.055	−0.086	−0.097	1.000
外花瓣宽	−0.258*	−0.096	−0.093	−0.101	−0.081	−0.177	0.203	−0.038	0.004	0.047	0.032	0.545**
内花瓣长	−0.352*	−0.256*	−0.283*	−0.319*	−0.023	−0.241*	0.239*	0.002	−0.010	−0.081	−0.091	0.978**
内花瓣宽	−0.145	0.092	0.083	−0.018	−0.069	−0.191	0.244*	−0.130	−0.093	0.035	0.004	0.337*
花头数	0.339*	0.266*	0.103	0.473**	0.134	0.311*	−0.057	0.327*	0.173	0.026	0.014	−0.352
花径	−0.227*	−0.039	−0.160	−0.001	−0.108	−0.004	0.203	0.066	0.081	0.087	0.076	0.530**
鳞茎周径	0.033	0.102	0.282*	0.000	−0.054	−0.022	0.036	0.003	−0.057	0.132	0.106	0.155
鳞茎高度	0.098	0.043	0.164	−0.028	0.087	0.034	−0.013	0.072	−0.041	0.162	0.140	0.098
鳞片节数	−0.023	0.067	0.012	0.058	−0.033	0.026	−0.005	0.118	0.059	0.378*	0.345*	0.060
鳞茎鲜重	0.058	0.141	0.206	0.214	−0.037	0.088	−0.024	0.159	0.095	0.888**	0.866**	−0.012
根鲜重	0.101	0.133	0.226*	0.234*	−0.045	0.111	−0.016	0.148	0.114	0.949**	0.949**	−0.082
鳞茎干重	0.055	0.144	0.198	0.203	−0.035	0.075	−0.028	0.153	0.086	0.869**	0.842**	−0.003
根干重	0.109	0.092	0.199	0.256*	−0.032	0.084	−0.054	0.131	0.113	0.944**	0.945**	−0.090

表 3-1-14（续）

	外瓣花宽	内瓣花长	内瓣花宽	花头数	花径	鳞茎周径	鳞茎高度	鳞片节数	鳞茎鲜重	根鲜重	鳞茎干重	根干重
株高	−0.258*	−0.352*	−0.145	0.339*	−0.227*	0.033	0.098	−0.023	0.058	0.101	0.055	0.109
茎粗	−0.096	−0.256*	0.092	0.266*	−0.039	0.102	0.043	0.067	0.141	0.133	0.144	0.092
绿叶数	−0.093	−0.283*	0.083	0.103	−0.160	0.282*	0.164	0.012	0.206	0.226*	0.198	0.199
下部叶长	−0.101	−0.319*	−0.018	0.473**	−0.001	0.000	−0.028	0.058	0.214	0.234*	0.203	0.256*
下部叶宽	−0.081	−0.023	−0.069	0.134	−0.108	−0.054	0.087	−0.033	−0.037	−0.045	−0.035	−0.032
中部叶长	−0.177	−0.241*	−0.191	0.311*	−0.004	−0.022	0.034	0.026	0.088	0.111	0.075	0.084
中部叶宽	0.203	0.239*	0.244*	−0.057	0.203	0.036	−0.013	−0.005	−0.024	−0.016	−0.028	−0.054
上部叶长	−0.038	0.002	−0.130	0.327*	0.066	0.003	0.072	0.118	0.159	0.148	0.153	0.131
上部叶宽	0.004	−0.010	−0.093	0.173	0.081	−0.057	−0.041	0.059	0.095	0.114	0.086	0.113
茎叶鲜重	0.047	−0.081	0.035	0.026	0.087	0.132	0.162	0.378*	0.888**	0.949**	0.869**	0.944**
茎叶干重	0.032	−0.091	0.004	0.014	0.076	0.106	0.140	0.345*	0.866**	0.949**	0.842**	0.945**

外花瓣长	0.545**	0.978**	0.337*	−0.352*	0.530**	0.155	0.098	0.060	−0.012	−0.082	−0.003	−0.090
外花瓣宽	1.000	0.555**	0.774**	−0.183	0.409*	0.087	−0.008	0.163	0.087	0.074	0.099	0.087
内花瓣长	0.555**	1.000	0.377*	−0.359*	0.520**	0.160	0.115	0.056	−0.008	−0.083	0.001	−0.088
内花瓣宽	0.774**	0.377*	1.000	−0.024	0.292*	0.175	0.153	0.169	0.072	0.068	0.088	0.046
花头数	−0.183	−0.359*	−0.024	1.000	−0.137	0.067	0.106	−0.122	−0.034	−0.066	−0.032	−0.075
花径	0.409**	0.520**	0.292*	−0.137	1.000	0.025	0.023	0.011	0.123	0.105	0.115	0.072
鳞茎周径	0.087	0.160	0.175	0.067	0.025	1.000	0.810**	0.319*	0.244*	0.120	0.271*	0.107
鳞茎高度	−0.008	0.115	0.153	0.106	0.023	0.810**	1.000	0.358*	0.236*	0.129	0.265*	0.128
鳞片节数	0.163	0.056	0.169	−0.122	0.011	0.319*	0.358*	1.000	0.645**	0.468**	0.684**	0.441*
鳞茎鲜重	0.087	−0.008	0.072	−0.034	0.123	0.244*	0.236*	0.645**	1.000	0.919**	0.997**	0.887**
根鲜重	0.074	−0.083	0.068	−0.066	0.105	0.120	0.129	0.468**	0.919**	1.000	0.895**	0.972**
鳞茎干重	0.099	0.001	0.088	−0.032	0.115	0.271*	0.265*	0.684**	0.997**	0.895**	1.000	0.866**
根干重	0.087	−0.088	0.046	−0.075	0.072	0.107	0.128	0.441*	0.887**	0.972**	0.866**	1.000

由以上结果可知，各地上部分性状对地下部分性状影响不一样，茎叶重量和绿叶数对地下部分鳞茎等性状影响较大，其次为下部叶长，而株高、茎粗、花瓣长、花头数等地上部分性状对地下部分的直接影响较小，同时由于株高和茎粗等地上部分营养性状可间接影响茎叶重量，因此对它们进行间接选择将有一定的效果。

1.2.2.4　不同生育期生理生化动态变化分析结果

切花百合（包括盆花）主要依赖鳞茎内积累的营养供其生长开花。鳞茎既是繁殖器官，又是贮藏器官，作为繁殖器官繁衍后代，经历着一系列的生长发育过程，以及与生长发育相联系的衰老过程；同时鳞茎作为贮藏器官，贮藏着丰富的营养物质，这些营养物质在贮藏过程中，在环境条件综合影响下，将要发生一系列的生理生化变化。不同生育期茎叶和鳞茎内部贮藏物质含量及酶活性不同，其生理机能就有差异，从而影响整个植株的生育状况，这一切可反映到生理过程的变化上。

（1）不同生育期干物质含量（干物率）的变化

由图3-2可看出，出苗至开花期为茎叶干物率增长期，生育初期（3～4月）茎叶干物率增长缓慢，5月初开始，茎叶干物质含量增长速度加快，特别到了6月下旬至7月初的开花期，达到了一生中的最高值18.42%，开花期后为干物率下降期，这是由于7月份出现高温天气，叶片枯萎迅速，造成7月份后的干物率呈下降的趋势。自新鳞茎形成时起，干物质向鳞茎中分配是逐渐增加的过程，生育初期（3～4月）鳞茎干物率增长缓慢，5月初开始鳞茎干物率增长速度加快，至鳞茎膨大充实期达到一生中的最高值30.07%。

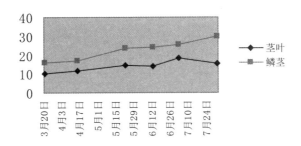

图3-2 百合生长发育过程中茎叶或鳞茎内干物质含量变化
Figure 3-2 Changes of dry-matter content in lily stem-leaves or bulbs during different growth phases

茎叶与鳞茎的干物率，随着生育进程的推移，它们之间发生显著变化。在7月初（开花期）以前鳞茎与茎叶变化呈正相关，开花期后至鳞茎成熟期，与茎叶的变化呈负相关，并且鳞茎干物率显著高于茎叶。说明在生育前期，光合产物主要分配给茎叶，以保证迅速建成强大的光合作用器官，在这个基础上，随着新鳞茎的形成和膨大，向鳞茎中贮存的干物质愈来愈多，茎叶中有相当一部分干物质也转移到鳞茎中去，保证了鳞茎的充足发育。

（2）不同生育期各器官淀粉含量变化

百合鳞茎是贮藏器官，在发育膨大过程中将积累贮藏大量淀粉物质，由图3-3可看出，鳞茎淀粉含量随着生育进程的推移而逐渐增加，至6月中旬（即植株开花前）达到了一生中的最高值16.8%，其后淀粉含量出现降低现象，可能是由于植株开花及花后留种都要消耗营养，而此期间所需的营养主要靠地下鳞茎储藏的养分来供应，因而造成开花期后淀粉含量呈下降趋势，同时认为这种变化与形成的温度有关，6月份后出现高温天气，而高温天气不利于鳞茎的肥大充实。茎叶中淀粉含量与鳞茎淀粉含量变化趋势基本一致，在开花期前（6月中旬前）呈逐渐上升趋势，开花期开始至鳞茎膨大充实期，茎叶中淀粉含量有下降趋势。

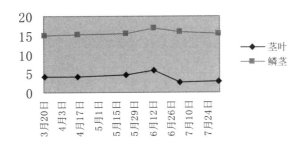

图3-3 百合生长发育过程中茎叶或鳞茎内淀粉含量变化
Figure3-3 Changes of starch content in lily stem-leaves or bulbs during different growth phase

上述茎叶与鳞茎淀粉含量变化的关系表明，随着生育进程的推移，茎叶的光合性能逐渐减弱，促使淀粉从茎叶向鳞茎转移，加快了鳞茎淀粉的积累。

（3）不同时期各器官可溶性糖含量变化

由图3-4可知，鳞茎内糖分含量变化与淀粉相反，是随着新鳞茎的形成而下降，刚形成的幼小鳞茎糖分最高为9.29%，其后糖含量迅速下降，说明糖含量可能与鳞茎的发育能力有关，同时与淀粉含量变化对应起来看，淀粉含量低时，可溶性糖含量高，反之则低，这种糖与淀粉含量的变化可能是新鳞茎形成的一个标志；而生育后期可溶性糖含量并没有明显的减少趋势，而是起伏变化，说明生育后期鳞茎中淀粉等贮藏物质的转化过程也在活跃进行，使可溶性糖含量不断得到补充，这与生育后期鳞茎的淀粉含量呈下降趋势相对应，总的碳水化合物水平没有明显变化。茎叶内可溶性糖含量变化在全生育期变幅小，随衰老进程而下降，并且茎叶内可溶性糖下降速率明显快于鳞茎。

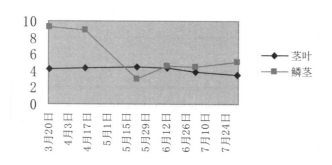

图3-4　百合生长发育过程中茎叶或鳞茎内可溶性糖含量变化

Figure 3-4　Changes of sugar content in lily stem-leaves or bulbs during different growth phase

（4）不同时期各器官蛋白质含量变化

由图3-5可知，鳞茎蛋白质的贮积过程与淀粉的贮积相反，其百分含量有逐渐减小的趋势，刚形成的幼小鳞茎蛋白质含量最高为8.35%，到了鳞茎膨大充实期，其含量仅为2.69%，茎叶的蛋白质含量从出苗抽薹期至开花期呈上升的趋势，并在7月初达到了一生中最大值11.2322%，其后含量有下降的趋势，说明茎叶的衰老过程与蛋白质的分解代谢关系十分密切，同时由于植株从开始生长到开花前（6月下旬以前）茎叶内蛋白质含量较低，这段时期植株必须从土壤中吸收氮素营养，这时需勤施、多施N肥，而开花期后蛋白质的含量高，这时可少施或不施N肥。

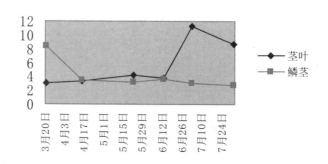

图3-5　百合生长发育过程中茎叶或鳞茎内蛋白质含量变化

Figure3-5　Changes of protein content in lily stem-leaves or bulbs during different growth phases

（5）过物氧化酶（POD）和多酚氧化酶（PPO）活性变化

伴随着碳水化合物含量的变化，酶的活性也相应发生变化，酶是全部代谢作用的基本因素，酶的活性变化是植物体生理活性的具体反应，它可以反映某一时期植物体内代谢的变化。过物氧化酶和多酚氧化酶是植物体内普遍存在的一类酶，它们在呼吸系统中起作用，其活性的强弱可以反映茎叶和鳞茎呼吸的强弱，酶活性低，表明代谢活性低，酶活性高，说明呼吸旺盛。由图3-6可看出，茎叶和鳞茎的过氧化物酶活性都呈先上升后下降的变化趋势，3～6月份茎叶和鳞茎的过氧化物酶活性都呈上升趋势，并在6月份都达到了一生中的最大值，分别为8.39和4.8（OD470/min.g.FW），6月份后又都呈下降的趋势，这说明了百合植株随着叶片的增加和鳞茎的膨大，其茎叶和鳞茎的呼吸代谢逐渐加强，6月份它们的代谢最旺盛，6月份后伴随着叶片和鳞茎的自然衰老，其呼吸代谢逐渐降低，而茎叶和鳞茎的多酚氧化酶活性与过氧化物酶活性变化趋势基本一致，也呈先上升后下降的变化趋势，并在5月份达到了它们一生中的最大值，分别为11.2395和13.46（OD398/min.g.FW）。

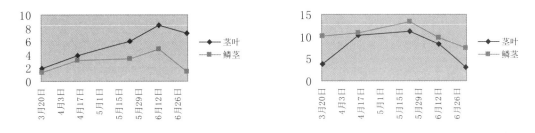

图3-6　百合生长发育过程中茎叶或鳞茎POD（左图）和PPO（右图）活性变化

Figure 3-6　Changes of POD（leaf）and PPO（right）activity in lily stem-leaves or bulbs during different growth phases

1.3　讨论

1.3.1　影响鳞片扦插繁殖的因素

鳞片扦插目前仍是百合繁殖的主要方法，因此研究工作不少（Matsuo，1981，1982，1983，1986、Tuyl，1983；张敦方，1994；龚学坤，1994）。由于外部因素的不同，鳞片出球数、生根数差异较大。方差分析的结果表明，不同基质对鳞片出球数不产生显著影响，但对鳞片生根数产生极显著影响，鳞片生根数多，长出的苗相对较健壮，这样移栽后成苗率高，本试验以园土＋锯末混合土作扦插基质更好，这一点与张敦方（1994）、龚学坤（1994）的研究结果一致。

由于冷藏处理鳞片出球数、生根数均显著高于无冷藏处理的鳞片，并且鳞片在经冷藏处理的情况下使用适量的生长素处理可显著提高鳞片的出球数、生根数，因此在百合繁殖中对鳞茎进行冷藏是重要的阶段，这可能是低温处理对小球的形成起诱导作用，这种诱导作用的生理原因可能与低温处理过程中激素物质的增加有关，低温冷藏后可加速促进物的合成或使它从结合状态中释放出来，因此经冷藏后的鳞片再使用适量的生长素处理对促进鳞片出球数、生根数效果会更好。但在本试验中鳞片不经冷藏处理的情况下不用任何生长素处理的效果反而更好，因此在生产中应具体情况具体分析。

株系（基因型）本身也能对鳞片出球数和生根数产生显著或极显著影响，这是由于不同株系鳞片的肥厚程度不同，所含的养分也不同，株系W、O、C、E、G等鳞片较肥厚，质量较好，出球数和生根数都较多，因此在生产中应选用这些株系作鳞片扦插用，以提高繁殖系数。外层鳞片与中层鳞片对出球数差异不大，但对生根数差异大，如要促进鳞片生根数，以便更好地从基质中吸取营养，利于萌叶壮苗，应使用中层鳞片，但势必会浪费外层鳞片，因此生产中如要大规模繁殖百合，最好外层鳞片和中层鳞片都使用，以大大提高繁殖系数。同时建议生产者鳞片繁殖不宜过早，一般在10月中下旬扦插较好。由于鳞片扦插繁殖与周围的环境存在密不可分的关系，具有很大的可变性，在实际应用中还应具体情况具体分析。

1.3.2　初生鳞茎的组织形态发生

E. Matsuo等人（1986）的研究表明，鳞片扦插时初生鳞茎的正常发育过程中分生组织产生后形成愈伤组织，愈伤组织是在伤口处的细胞分裂形成，而且成团、成块分布于整个创伤面。而本试验的结果表明，初生鳞茎的形态发生过程中分生组织产生后直接突起成球，而不经过愈伤组织形成阶段，同时本文认为每个鳞片可以形成1～3个初生鳞茎，是由于基部伤口的刺激，使基部成熟组织发生脱分化现象而恢复分生能力，从成熟组织转变为次生分生组织从而形成新的小鳞茎，这是鳞片扦插法能大幅度提高繁殖系数的依据。

本文观察到初生鳞茎多发生于鳞片基部处，中部次之，上部未能分化出初生鳞茎，这一点与王季林等人（1987）、杨增海等人（1987）的研究结果相一致。鳞片在不经冷藏的情况下，有无激素处理对初生鳞茎形成时间的差异很大，不用任何生长素处理的效果反而更好，再一次证实了本文前一部分的结论，这可能是生长素处理起到延迟鳞片基部初生鳞茎形成的作用，也可能与基质、激素或温湿度不合适有关，具体原因仍有待于作进一步的研究。

赵祥云等人（2000）曾报道百合组培苗小球起源是从外植体的表皮细胞起源的，愈伤组织的形成过程可分为启动期、分裂期和形成期三个时期。而本文认为初生鳞茎的起源是在鳞片近轴面最基部向上第8至第12层薄壁细胞起源的，鳞片扦插初生鳞茎形成过程可分为启动期、生长锥形成期、叶原基及新鳞片形成期、初生鳞茎形成期四个时期。Matsuo（1986）研究也认为小球的正常发育过程可分为愈伤组织形成期、叶原基形成期、小球形成期及叶原基上出现叶片四个时期，因此比较起来还是分为四个时期好，从形态比较上更容易区分。

同时，通过揭示细胞在每一时期中，如什么时期细胞开始进行脱分化，什么时期分生组织形成但外表看不出，什么时期细胞分裂形成突起，以及细胞内淀粉粒如何变化等等，更好地人工调控每一时期的光、温、水（湿度）、肥等，从而促进和调节每一时期，对指导大田育球实践具有重要的意义，也是加快繁殖鳞茎的一条途径。除了以上叙述的，百合初生鳞茎形态发生过程中的生理生化特性，内源激素调控等机理仍有待于进一步的研究。

1.3.3　百合商品种球的生育期问题

王兆禄等人（1986）研究了宜兴百合的生长发育过程，把其生育期分为发根期、出苗期、营养生长期、鳞茎膨大期和鳞茎充实期五个时期，刘建常等人（1994）把兰州百合的生育期划分为发芽出苗期、鳞茎失重期、鳞茎补偿期、鳞茎缓慢增重期、鳞茎迅速膨大期和鳞茎充实期六个时期。而本试验的结果表明，新铁炮百合的生育期可分为五个时期：鳞片扦插形成的初生鳞茎1月初移栽大田后至3月初为新鳞茎（次生鳞茎）开始形成期，3月中旬植株开始抽薹至4月底为次生鳞茎缓慢增长期，5月初至5月下旬为次生鳞茎迅速增长期，6月初至7月初为次生鳞茎膨大转缓期，7月至8月次生鳞茎基本成熟时为鳞茎膨大充实期。本人的结果与王兆禄等人（1986）、刘建常等人（1994）的研究结果基本一致，只是部分时期在时间上还有一定的分叉。而且本试验对新铁炮百合生育期的划分是根据新形成鳞茎的生长过程来进行的，这一点与前人的划分不大一致。本人的划分便于更细致的掌握新鳞茎的形成过程，从而根据不同生育期新鳞茎的生长动态，更好地制定相应的百合栽培及育球措施。

1.3.4　百合株系的选育问题

相关分析的结果表明，地上部分性状之间、地下部分性状之间以及地上与地下部分性状间均存在显著或极显著相关。茎叶重量、绿叶数、下部叶长与鳞茎周径、重量显著或极显著相关，因此，本人认为以茎叶重量、绿叶数、下部叶长为主要性状进行株系选择对鳞茎影响较大，应选择茎叶重量大，绿叶数较多，下部叶较长的株系。株高、茎粗等地上部营养性状与鳞茎大小、重量相关性不显著，但株高、茎粗可间接影响茎叶重量，因此株高、茎粗应适宜，从而间接提高茎叶重量并提高植株抗倒伏能力。花瓣长、花头数等地上部生殖性状与鳞茎大小、重量相关性也不显著，但从观赏角度而言，应选花瓣稍长、花头数适宜增加的株系。不过不同地区的自然条件不同，影响鳞茎大小、重量的因素可能发生一定的变化，因此，应从各地区的实际情况出发，确定合理的选择指标。

1.3.5　百合不同生育期的生理生化变化

本试验结果表明，在新鳞茎的形成膨大过程中，干物质含量一直呈增加趋势，显著高于根茎叶的干物率。而蛋白质含量趋于逐渐减少的趋势，在新鳞茎刚开始形成时可溶性糖含量较高，其后糖含量逐渐减少，糖类物质的消耗说明新鳞茎需要糖类物质作为能源供其发育膨大，而在开花期时又有所回升。淀粉含量也随着新鳞茎的形成膨大逐渐增加，但开花期又开始下降，可能原因是开花期鳞茎中淀粉等贮藏物质的转化过程也在活跃进行，使可溶性糖含量不断得到补充，也可能是由于植株开花及花后留种都要消耗鳞茎中的淀粉等营养物质，具体原因尚需进一步证实。

茎叶中干物质含量变化为植株开始抽薹至开花期为增长期，开花期后其含量呈下降趋势，说明茎叶生长与干物质含量变化关系密切。淀粉含量与鳞茎淀粉含量变化趋势基本一致。而可溶糖含量在全生育期变幅小，呈下降趋势。蛋白质含量在生育前期含量较低，应增施N肥以满足生育前期的营养需要，而到了开花期其含量最高，应少施或不施N肥，之后其含量有下降趋势，说明蛋白质降解速率与茎叶衰老速率呈正相关关系。

茎叶和鳞茎的过氧化物酶和多酚氧化酶活性变化都呈先上升后下降的趋势，植株开花前随着叶片的增加和鳞茎的膨大，它们的酶活性呈上升趋势，表明它们的呼吸代谢旺盛，开花期后随着叶片和鳞茎的自然衰老和成熟，它们的酶活性呈下降趋势，表明它们抗衰老的保护性反应能力降低。

1.3.6　百合商品种球的繁育与鳞片扦插的关系

按赵祥云等人（1995）的周径大小分级标准，将收获鳞茎分为14 cm以上、12～14 cm、10～12 cm及10 cm以下几个等级，一般来说，周径大小在10 cm以上的可做商品球，10 cm以下的鳞茎作种球繁殖用。试验结果表明，这八个株系经鳞片扦插栽培一年后均达到了商品球要求，周径14 cm以上的为G株系，12～14 cm的为株系O、E，10～12 cm的为株系W、Q、M、C、N，因此用鳞片扦插繁育商品球，具有时间短，繁殖系数高，鳞茎周径大的特点，说明鳞片扦插对于繁殖系数高的新铁炮百合为一种很好的繁殖方法。

1.4　结论

新铁炮百合是台湾百合与麝香百合的人工合成种间杂交种，以鳞片扦插繁殖生产商品用种球，仍然是观赏百合繁殖的主要方法。本试验通过在大田和实验室两个场地，从微观和宏观两个层次，研究种球的成球机理及繁育规律；文中采用数量分析的方法，系统的研究了影响百合种球形成的外部因素，探讨了商品球发育的规律并进行主要性状的相关性分析，研究了百合不同生育期的生理生化变化，并探讨生理生化变化与育球规律的相关性；通过解剖学观察，研究小球的组织发生过程。主要研究成果如下：

（1）不同环境条件对扦插鳞片成球、生根数差异大，有无冷藏处理、有无激素处理、不同基质等处理及其互作效应都能对其成球、生根数产生显著或极显著差异，经冷藏处理的鳞片再配合使用适当的生长素对促进鳞片成球数、生根数效果更好，用园土＋锯末混合土作扦插基质比用砂土效果好，不同基因型也能对其成球、生根数产生显著影响。

（2）百合生长发育动态变化的分析结果表明，百合的生育期可根据鳞茎的生长发育来进行合理地划分，把百合生育期划分为新鳞茎形成期、新鳞茎缓慢增长期、新鳞茎迅速增长期、鳞茎膨大转缓期和鳞茎膨大充实期五个时期。

（3）相关分析结果表明，地上部分性状之间、地下部分性状之间以及地上与地下部分性状间均存在显著或极显著相关。通过地上部分性状（如茎叶重量、绿叶数、下部叶长）与鳞茎等性状之间的相关性，制定一定的生产技术，通过调节地上部分促进种球发育。

（5）不同生育期茎叶和鳞茎的生理生化变化与植株外部形态变化紧密相关，该研究结果揭示了百合生长发育过程中可溶性糖、淀粉等含量以及酶活性的变化规律。

（6）本研究从解剖学水平研究百合鳞片在有无激素处理两种情况初生鳞茎的组织发生规律，目前国内外此类研究鲜有。研究结果表明有无激素处理对初生鳞茎形成时间过程差异大，初生鳞茎的形成过程可分为启动期、生长锥形成期、叶原基及新鳞片形成期、初生鳞茎形成期四个时期。

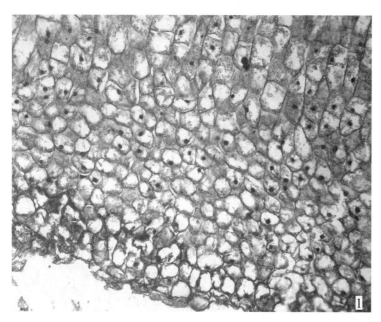
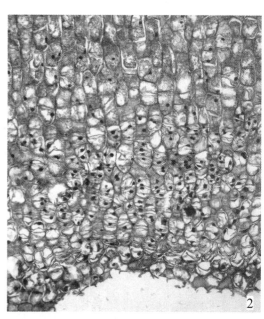
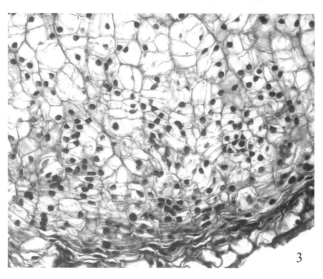

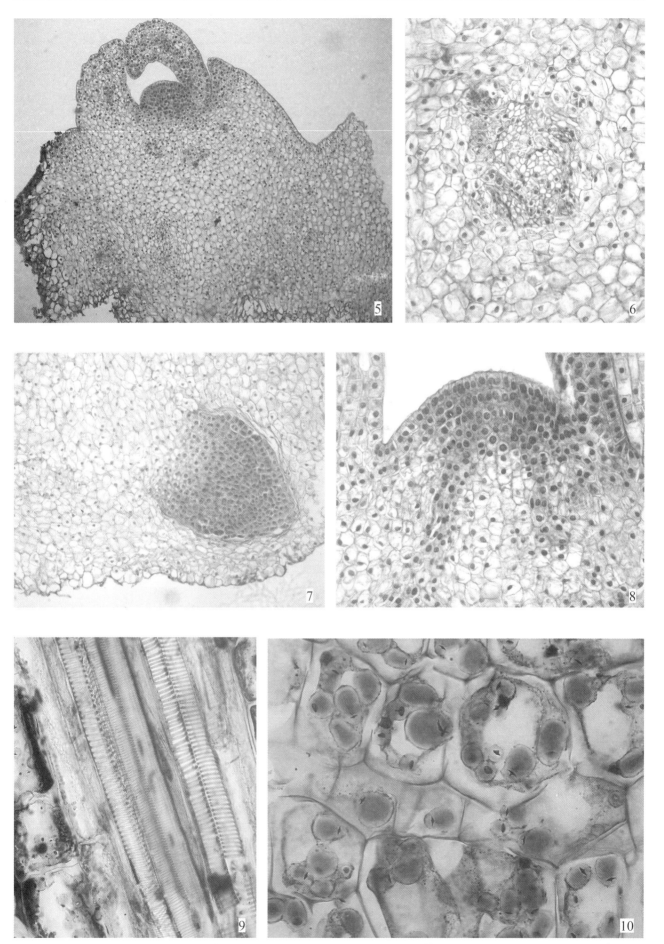

图版3-1 鳞片扦插途径的新鳞茎的发生发芽过程

图版3-1说明：

1．鳞片基部细胞无分裂。×100

2．基部细胞已经分裂。×100

3．细胞分裂形成细胞团。×400

4．细胞团扩大呈明显的突起状。×50

5．初生鳞茎的生长锥、叶原基及新鳞片。×50

6．根原基。×200

7．小鳞茎分化出根，×100

8．生长锥的原套—原体结构。×200

9．维管束，示在螺纹导管。×400

10．鳞片细胞内淀粉粒。×400

Explanation of plates 3-1

1. Without division cells of the scale base. ×100

2. Divising cells of the scale base. ×100

3. Cell mass formed from division cell. ×400

4. Apparent outgrowth formed after cell mass enlargement. ×50

5. Showing the apex meristem,leaf primordiumand new scale. ×50

6. Showing the root primordium. ×200

7. Showing the newborn bulbs' root. ×100

8. Apex meristem, showing tunica-corpus texture. ×200

9. Vascular bundle of cutting scale, showing screw thread. ×400

10. Starch grain of cutting scale cells. ×400

第二节　宿根栽培与打顶快育种球技术

　　在华南地区南部，新铁炮百合切花生产在晚夏和秋季定植，在秋末、冬季和早春采收切花。由于宿生地下的新生种球休眠程度较浅，华南地区南部冬季的自然低温足以完全打破鳞茎休眠，在早春2月-3月整齐发芽并快速长高，进行春季5月的切花生产或繁育种球。

　　新铁炮百合长势旺盛，植株较高，叶片数量多，与东方型、亚洲型植株较矮，叶片数量有限的情形不同，该类品种可以通过不同的打顶技术处理，改变植株地上部分生长转向地下部分的生长模式和物质流向，促进鳞茎的发育和成熟，提早收获种球，满足当季切花生产的种球供应，意义很大。

2.1　材料和方法

　　场地：试验在仲恺农业工程学院试验圃进行，选用土质疏松和排水良好的场地。

　　设施：度量工具，生理指标测定实验仪器及药品。

材料：试验所用材料是从新铁炮百合品种'雷山'的 F_2 代中选出的一些优良单株繁育的无性系。

扦插苗定植于2005年10月15日，第二年4月中上旬开始抽薹。本试验选取1个株系做摘顶技术的育球试验。从5月上中旬开始，分四个不同时期陆续摘顶：（1）5月8日植株高度40 cm时摘顶；（2）5月20日植株开始显现花蕾时摘顶；（3）6月8日花蕾5 cm长摘顶；（4）6月20日开花期摘顶，以不摘顶的植株作为对照。摘顶后每隔20天测定一次，每次挖取15株，设二次重复，测定鳞茎的周径、鲜重。

数据的统计在大型统计软件"STATISTICA"上进行。作方差分析，找出最适的摘顶高度。

2.2 结果与分析

2.2.1 摘顶技术对百合种球周径的影响

摘顶去花处理是一个重要的生产技术，它对鳞茎生长的影响主要表现在鳞茎的周径和鲜重上。试验数据的方差分析结果表明（表3-2-1），四个处理对鳞茎周径的影响达到了极显著差异，在四个处理中，以植株开始显现花蕾时摘顶的处理效果最好，在8月1日测定，鳞茎的周径最大，其值为14.53 cm，比对照（不摘顶）多出4 cm，花蕾5 cm时摘顶和其次为植株高度40 cm时摘顶两个处理，其值分别为13.17 cm 和12.295 cm，处理效果最差的为开花期摘顶，其值为11.125 cm，仅比对照大0.5 cm。

表3-2-1 百合不同时期摘顶处理对鳞茎周径的影响
Table 3-2-1 Effect of topping on bulb perimeter during different phases

鳞茎周径	打顶时间	5月22日	6月12日	7月2日	8月1日
株高40 cm摘顶	5月8日	9.61bA	10.38cB	11.945cB	12.295bB
现蕾期摘顶	5月20日	8.54aA	11.445bB	13.525bB	14.53cB
花蕾5 cm摘顶	6月8日	8.01aA	8.85aA	12.34cB	13.17bB
开花期摘顶	6月20日	7.94aA	8.34aA	10.345aA	11.125aA
对照	不处理	8.22aA	8.79aA	9.53aA	10.6aA

注：小写字母代表显著差异，大写字母代表极显著差异。

2.2.2 摘顶技术对百合种球鲜重的影响

由表3-2-2看出，鳞茎的鲜重也以植株开始显现花蕾时摘顶的处理效果最好，在8月1日测定，鳞茎的鲜重最大，其值为58.66 g，比对照多出37 g，增重超过了对照50%，其次为花蕾5 cm时摘顶和植株高度40 cm时摘顶两个处理，其值分别为37.56 g 和34.16 g，处理效果最差的为开花期摘顶，其值为26.88 g，仅比对照多出6 g。统计结果表明，打顶处理对鳞茎周径和鲜重有极显著效应。

表3-2-2 百合不同时期摘顶处理对鳞茎鲜重的影响
Table 3-2-2 Effect of topping on bulb fresh-weight during different phases

鳞茎鲜重（g）	打顶时间	5月22日	6月12日	7月2日	8月1日
株高40 cm摘顶	5月8日	12.351bB	17.712cC	27.868dB	34.16cC
现蕾期摘顶	5月20日	6.637aA	28.648bB	50.95cC	58.658dD
花蕾5 cm摘顶	6月8日	6.1244aA	8.499 aA	34.009bB	37.56cC

| 开花期摘顶 | 6月20日 | 7.1025aA | 8.911 aA | 15.807aA | 26.88bA |
| 对照 | 不处理 | 6.648aA | 8.563 aA | 12.602aA | 20.902aA |

注：小写字母代表显著差异，大写字母代表极显著差异。

据观察发现，与对照（不摘顶）相比，摘顶处理不仅使鳞茎的周径增大、鲜重明显增加，而且摘顶以后植株地上茎增粗，叶片变大变厚，地下鳞茎发育较快。由表3-2-1、表3-2-2及图3-7可得出，摘顶的时间以植株开始现蕾时最适宜，其次为花蕾5 cm时为好，效果较差的为植株高度40 cm时摘顶和开花期摘顶。这是因为摘顶过早，损伤茎叶，抑制茎延长，从而影响营养生长，过迟则花茎伸长，消耗大量养分，而植株现蕾期摘顶，没有抑制茎延长，同时终止了花梗生长，免去了开花结实所需的大量营养消耗，而显著改良了鳞茎的大小和重量。从图3-7可知，鳞茎周径的差异小于鳞茎鲜重的差异，说明物质积累的效果更显著。

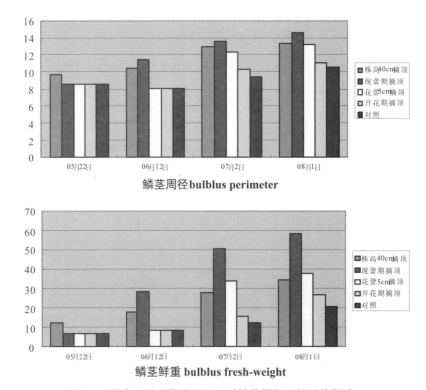

图3-7　百合不同时期摘顶处理对鳞茎周径和鲜重的影响

Fight 3-7　Effect of topping on bulbous perimeter and fresh-weigh during different phases

2.3　讨论

在鳞茎生产中，摘顶是新铁炮百合种球繁殖中重要的环节，是促使鳞茎膨大增重的一项有效措施。关于摘顶技术的研究，国内外曾有报道，Wang（1983、1986）研究提出，除去花改变了麝香百合当年光合产物的分配，植株第一朵花蕾长3.5～4 cm时摘顶比花蕾长1 cm时摘顶效果更好。王兆禄等人（1986）研究表明，摘顶以生长叶数多少为依据，摘顶应在植株已长出60张以上叶片，日平均气温又尚未上升到25℃为宜，一般多在5月下旬至6月上旬间进行。高彦仪等人（1990）就摘蕾处理对百合鳞茎的增产效应进行了分析，结果认为在现蕾期采取及时摘除花蕾的技术措施，对百合鳞茎单株重量有显著的增产作用，并且摘除花蕾后的植株一般生长旺盛，叶色较深，新鲜叶片存活率高，茎杆变粗以及枯萎期延迟等，这些都有利于百合的生长。刘建常等人（1994）研究表明，摘蕾的时间以花蕾伸出顶端2～3cm时最适宜。

本研究结果表明，新铁炮百合植株从显现花蕾至花蕾5cm长这段时期摘顶效果好，过早或过迟摘顶效果均不佳，这一点我们的结论与前人的研究结果是基本一致的，故我们通过试验认为，为了增加百合鳞茎的大小和重量，可考虑植株从显现花蕾至花蕾5cm长这段时间摘顶。因此本试验的结果为提高繁殖用种球的产量和质量提供了一项经济、简便、实用又效果显著的技术措施。

2.4　打顶快育技术的商业和市场价值

新铁炮百合种球打顶快育技术在广东切花百合供应链上有重要意义，尤其以宿根栽培途径生产新铁炮百合种球对市场供应意义更大。

首先，提前上市满足了国庆用花市场的旺盛需求。国庆及早秋季节国内百合花供应不足，广东在这个季节根本没有百合切花上市，通过打顶快育技术，用当年自产种球生产国庆上市百合切花有重要的市场价值，是百合花生产在广东的一个突破。项目组的生产流程是：采用新铁炮百合冬季上市切花批次宿存大田，早春发芽，3月中上旬打顶，5月上旬收球（图3-8）并进入冷库处理6周，6月下旬到7月中旬定植于广东山区（连平县崧岭镇），9月下旬开始收花。

图3-8　打顶育球大田生产现场（连平县崧岭镇）

其次，加长了广东百合切花的供应期。广东百合切花最早种植时间是9月初，切花上市11月中旬以后。种球打顶快育技术使我省百合切花上市提前了50天左右。

第三，经济效益显著。提前上市满足了市场的需求，同时经济效益也十分明显，平均售价提升30%以上，扣除由于高温导致的成花率降低，效益提高20%以上。以2004年为例，新铁炮百合12月单头花售价12.5元/扎，双头15.3元/扎，三头以上18.9元/扎。早上市的国庆前后价格为：单头花售价18.5元/扎，双头20.8元/扎，三头以上28.8元/扎。

图3-9　在连平县九连山区试验、生产现场

第三节　麝香型百合种球生产技术规程

新铁炮百合可以通过播种育苗繁育商品球，但在生产中，常见通过鳞片扦插育苗繁育商品球。

通过多年的试验和关键技术的研究，研制了一套完整的麝香百合种球繁育技术，形成了成熟的技术规程，并在生产中应用。

图3-10　鳞片扦插途径繁育麝香百合种球现场（2003—2004年连平县崧岭现场）

图3-11　籽球途径大规模繁育麝香百合种球现场（阳春市潭水镇）

本标准的提出：项目组

本标准起草单位：仲恺农业工程学院花卉研究中心

本标准主要起草人：周厚高、王文通、王凤兰

3.1　范围

本标准规定了麝香型百合在广东种球培育的适栽条件、品种选择、栽培管理、种球采挖、种球包装、冷藏、检疫、标志、运输等基本技术要求。

本标准适用于麝香型百合种球的露地生产。

3.2　规范性引用文件

下列文件中的条款通过本标准的引用而成为本标准的条款。凡是注明日期的引用文件，其随后所有的修改单（不包括勘误的内容）或修订版均不适用于本标准，然而，鼓励根据本标准达成协议的各方研究是否可使用这些文件的最新版本。凡是不注日期的引用文件，其最新版本适用于本标准。

GB/T18247.6-2000 主要花卉产品等级第6部分：花卉种球

3.3　术语和定义

下列术语和定义适用于本标准。

3.3.1　种球

为生产商品切花或盆花的百合鳞茎。

3.3.2　鳞茎

在短缩茎盘上,着生的肉质叶膨大而成的变态器官。

3.3.3　种球围径(周径)

指垂直于种球茎轴测量出的最大圆周长。

3.3.4　种球直径

指垂直于种球茎轴测量出的最大直径。

3.3.5　宿根栽培

指切花后留存土壤或基质中鳞茎再次发芽生产切花或繁育种球。

3.4　种植前准备

3.4.1 适栽条件

3.4.1.1　自然条件

要求光照适当和水源充足;生长适温白天14 ℃～23 ℃左右,夜间12 ℃～13 ℃;空气湿度60%～85%。

3.4.1.2　土壤要求

土质疏松,排水良好的沙质壤土。土壤EC值小于1.5 mS/cm,氯和氟的含量小于50 mg/L,有机质含量大于3%,pH值在6.0～7.0之间,耕作层厚度大于30 cm。

3.4.1.3　灌溉水要求

灌溉水EC值小于0.5 mS/cm,含氯小于450 mg/L。

3.4.2　品种选择

选择市场前景好、繁殖率高、抗性强、成球速度快、可进行规模化种球培育的品种。在广东地区山地和平地,一般选择新铁炮百合、白玉麝香百合等品种。

3.4.3　整地与作畦

可选完全腐熟的有机肥,施用量为90 m³～105 m³/ha;施磷肥150 kg/ha,硫酸钾30 kg/ha。翻耙2次、整平。做南北向高畦,畦宽1.0 m,高25 cm～30 cm,畦长可据地形决定,留步行道40 cm。做好畦后,在栽植前7 d左右浇透水。

3.4.4　播种材料消毒

将播种材料放入75%百菌清可湿性粉剂1000倍溶液、高锰酸钾800～1000倍液或40%福尔马林80倍溶液中浸泡30 min,取出后用清水冲洗干净,于阴凉处晾干即可。

3.5　籽球的繁殖

主要繁殖方法有鳞片扦插、种球分生小鳞茎,也可用组织培养等方法。大规模生产一般用前二种方法。

3.5.1 鳞片扦插

3.5.1.1 扦插方式

采用箱式或苗床扦插，也可用温控成球方法。

3.5.1.2 种用鳞茎的选择和处理

选发育良好、无病虫害，围径大于14 cm的鳞茎。

3.5.1.3 鳞片的选择和处理

选鳞茎外层或中层肥大的鳞片。把鳞片从基部掰下，内层鳞片可保留在鳞茎的根盘上，与根盘一起入土栽培。扦插前用50 mg/L～100 mg/L的IBA浸泡鳞片4 h或用500 mg/L的NAA溶液速蘸。

3.5.1.4 扦插基质

可选用草炭土、蛭石、河沙、珍珠岩、椰糠等、锯末。

3.5.1.5 扦插方法

采用温控成球法，将鳞片埋入种球框，在冷库中25 ℃下8周，17 ℃下处理4周，4 ℃下处理8周，小鳞茎直径可以达到0.5～1.0 cm，可以播种。传统扦插方法，扦插深度为鳞片高度的1/2～2/3。箱式扦插1000片/m²左右；苗床扦插500片/m²左右。插后覆盖厚度约6 cm的细沙。上覆黑色地膜，遮光保湿。

3.5.1.6 扦插后管理

传统扦插温度21 ℃～23 ℃，基质湿度30%～40%，空气相对湿度70%～85%为宜。扦插30 d即可把基部形成的小鳞茎移植到大田培育。

3.5.2 种球分生小鳞茎(略)

3.6 切花用种球生产

3.6.1 种球繁育方法

3.6.1.1 育球途径

可以采用实生苗(新铁炮百合)、扦插苗、籽球和宿根栽培途径培育百合种球。

3.6.1.2 定植时间与方法

以秋季繁育种苗和定植为宜。采用株行距8 cm×8 cm，深度约为籽球直径的3倍。宿根栽培春季萌芽，3月中旬可以打顶，5月采收种球。

3.6.2 播后管理

6.2.1 温湿度及光照

生长适温为白天20 ℃～25 ℃，夜间10 ℃～15 ℃。空气相对湿度60%～85%。土壤保持湿润，含水量50%左右。光照强度3.5万lx左右为宜，可用30%～50%的遮荫网遮荫。

3.6.2.2 浇水保墒

籽球播种后，应立即浇一次透水。以后，要保持土壤湿润，见干即浇，但需防止积水，浇后适时浅中耕保墒并及时除草。

3.6.2.3 施肥

每隔15～20 d追氮:磷:钾为5:10:10的复合肥，连续追施2～3次，浓度为2.5 g/L～3.0 g/L。也可叶面喷施0.3%硫酸钾、0.2%磷酸二氢钾溶液。

3.6.2.4 打顶摘蕾

高的植株，当高度达到60 cm以上时，可以打顶，促进种球生长。低矮的植株（<50 cm）当出现花蕾时，时及时摘除花蕾，摘蕾应在晴天中午前后进行。

3.6.3 病虫害防治

以防为主，综合防治的原则。

病害见附录A

虫害见附录B

3.6.4 种球采收

当百合茎秆枯萎时进行采收。选择在晴天进行。适当阴干后去除泥土和地上部分。

3.6.5 种球清洗分级

将采收后的种球用清水冲洗干净，经过单选,去杂,去劣后,按GB/T18247.6-2000中亚州型百合种球分级标准执行。

3.6.6 种球消毒

种球按级别摊开，喷洒70%甲基托布津可湿性粉剂或75%百菌清可湿性粉剂1000倍液，或60%代森锰锌1000倍溶液浸泡30min，进行种球消毒处理，晾干。

3.7 种球贮藏

3.7.1 包装材料的选择及消毒

3.7.1.1 材料选择

包装材料采用塑料箱和塑料薄膜，塑料箱规格为40 cm×60 cm×25 cm；塑料薄膜按20~25个孔/m²打孔，孔直径0.8 cm。保湿材料可用锯末、草炭或珍珠岩，含水量40%~60%。

3.7.1.2 材料消毒

化学消毒方法同种球消毒，也可采用蒸汽消毒法，用蒸汽灭菌机于80 ℃~100 ℃密闭处理1 h,自然冷却。建议使用蒸汽消毒法。

3.7.2 贮藏条件

采用专用冷藏室，入库10 d内，由室温逐渐降到适宜的冷藏温度2 ℃~5 ℃左右，保持空气相对湿度为95%左右，通风量为0.3~3.0 m/s。依品种不同约5~6周即可打破休眠，及时销售或播种。长期贮藏应在-2 ℃条件下进行。

3.7.3 贮藏方法

入库前在箱体上标明产品名称、花型、花色、等级规格、数量等。箱体之间可叠加放置，并留有通道。

3.8　检疫

按照国家有关规定进行产地检疫。

3.9　标志、运输

3.9.1　标志

种球销售时应有明显的标志，标志牌应注明品种中文名称、拉丁学名、等级规格、数量、生产单位、产地等内容。

3.9.2　运输

选用专用冷藏车，长途运输注意温湿度变化。

附录A
（规范性附录）

麝香百合常见病害防治病害名称、发病部位及症状、防治方法

软腐病

为害鳞茎。鳞茎腐烂，具难闻的恶臭气味，蔓延迅速。

1. 对鳞茎及栽培基质进行消毒，忌连作。

2. 定期用72%农用链霉素或新植霉素5000～7000倍水溶液灌根和喷洒叶面。

立枯病

为害鳞茎和根系。鳞茎腐烂，根系烂死，最后植株直立枯死。

1. 对鳞茎及栽培基质进行消毒，忌连作。

2. 增施磷钾肥，避免偏施氮肥。

3. 用20%甲基立枯磷400～600倍水溶液喷施，或硫酸铜1000倍水溶液灌根。

叶斑病

为害叶片。叶面上出现水渍状暗褐色病斑，使叶片失绿、黄化并枯萎死亡、脱落。

用70%甲基托布津1000倍水溶液，或80%百菌清可湿性粉剂600倍水溶液，每7 d～10 d喷洒一次，连续叶面喷洒2～3次。

灰霉病

为害花蕾、花朵。在花蕾和花朵上布满淡黄色灰霉状物，使花蕾皱缩脱落，花朵腐烂凋萎。

1. 注意通风，宜采用滴灌方式供水。

2. 50%扑海因500倍水溶液叶面喷洒，或凯则1000倍液每7 d～10 d喷洒一次，连喷2～3次。

疫病

造成茎部、花器枯萎腐败或全株枯萎死亡。

1. 避免连作，防止渍水。

2. 发病初期用75%百菌清可温性粉剂600倍液、60%代森锰锌可湿性粉剂500倍液，7 d～10 d一次。

病毒病

为害整个植株，造成新根不发，新叶不长，越长越小，叶片短束丛状，并逐渐黄化、枯萎、死亡。

每月叶面喷洒一次600倍植物病毒疫苗水溶液，或20%病毒净600倍水溶液。

附录B
（规范性附录）

麝香型百合常见虫害防治、病害名称、发病部位及症状、防治方法

蚜虫

以成虫、若虫群集于茎、叶上吸食汁液，使叶片卷曲，植株矮小，同时传染病毒病可用10%吡虫啉或大功臣1000倍液叶面喷施。

白粉虱

为害叶片，刺吸汁液，传播病毒病，并使植株衰退，影响抽箭开花。

每月叶面喷洒一次10%蚜虱净1000倍水溶液，或48%乐斯本1000倍水溶液喷施。

螨类

成螨、幼螨集植株的幼嫩部位，刺吸汁液危害，使叶片僵直，呈黄褐色，严重时导致死苗。

1. 及时清除田边杂草，减轻螨类的发生。

2. 用2.0%的阿维菌素或15%的哒螨灵乳油防治。

蛴螬

直接咬断幼苗的根、茎，造成枯死苗，也啃食鳞茎。

1. 在蛴螬卵期或幼虫期，施入蛴螬专用型白僵菌杀虫剂2.25～3.0 kg/ha，拌细土均匀沟施。

2. 对成虫可采用黑光灯诱杀，当大量成虫发生时可用10%吡虫啉1000倍液喷施。

3. 秋耕时可人工捕捉。

地老虎

幼虫可将幼苗近地面的茎部咬断，造成整株死亡，也可在土壤中危害鳞茎。

1. 及时清除田边杂草，防止成虫产卵。

2. 诱集捕杀或辅以药剂毒杀，或用75%的。

第四章　种球休眠解除机理与花芽分化研究

前　言

　　近年来，世界上许多国家都在积极发展百合生产，在一些发达国家及地区，已经实现了百合鲜切花的周年栽培，他们对品种的选定，品种的花芽分化特点，种球冷藏处理温度、时间以及相应的栽培技术措施已经积累了相当丰富的经验。尽管我国百合栽培历史悠久，但商品化栽培时间较短，从整体上看我国百合切花生产和种球生产还处于起步的发展阶段。目前在我国均未建立起规模化、标准化、商品化的种球繁育技术体系，优质的商品种球大量依靠进口（赵祥云等，2001）。理论研究多集中于百合繁殖及栽培生物学（洪波等，2000；宁云芬等，2003；夏宜平等，2005）、种球脱毒与快繁（赵祥云等，1993；蒋细旺等，2004；张施君等，2004）、细胞学及育种学（洪艳华，2003；陆美莲等，2002；周厚高等，2005）等方面。

　　近几年来，为了改变这种现状，一些单位开始采取购进百合小球，在适宜栽植地区生产商品种球，以逐步减少或替代切花种球的进口。然而，因对引进品种的生长习性、种球冷藏处理温度和时间等方面缺乏了解，主要依靠经验盲目指导生产，导致我国实际生产中种球发芽率低，发芽不整齐，切花质量达不到国际标准等问题。要长久的发展我国的百合生产，其中的瓶颈问题是优质种球的国产化问题，而百合鳞茎快速打破休眠和花期调控的研究是实现种球国产化的根本。本文旨在研究百合鳞茎解除休眠与花芽分化的机理，为种球生产和采后处理技术体系构建提供理论依据。

第一节　百合鳞茎休眠研究

1.1　百合鳞茎休眠的研究进展

1.1.1　休眠的特征及分类

　　休眠（Dormancy）是一种复杂的生理现象，它是指任何含有分生组织的植物结构其可见生长的暂时停止（Lang，1987）。休眠是一种相对现象，而非绝对的停止一切生命活动，它是植物在进化中形成的一种对环境条件和季节性气候变化的生物学适应和驯化结果，是以生长活动暂时停止为表现的一系列积极发育过程（Egory et al.，1987）。Schuyler（1994）建议凡是种球外部无明显的生长现象，即使内部有生理生化及形态的变化，仍称其为休眠状态，同时将休眠分为诱导、维持、解除、萌发四个阶段。门福义等人（1993）总结马铃薯时把块茎从收获之日起直至块茎解除生理休眠、芽开始萌动所经历的时间称为休眠期，并将这个过程分为三个阶段，即生理后熟阶段、休眠阶段和萌芽阶段。孙远明等人（1995）研究花魔芋（*Amorphophallus konjac*）休眠生理时，将其生理过程划分为四个阶段：休眠初期、深休眠期、休眠解除期和芽伸长期。休眠是由多基因控制的遗传性状，休眠满足是进行下一个生长周期所必须经历的阶段。

植物按休眠的部位可分为种子、芽和其他器官的休眠。Mollet（1975）研究发现休眠球根的芽分离培养可以立即萌发，而连有母体的芽则不生长，虽然有关机理尚不清楚，但在休眠中母体抑制分生组织生长的作用是可以肯定的，因此球根花卉的休眠应包括整个球根而不只是顶芽或分生组织。植物按休眠原因可分为生态休眠（ecodormancy）、结构休眠（paradormancy）和生理休眠（endodormancy）三种类型（Lang，1987），它们分别由不良环境条件（如温度和水分胁迫、营养亏缺等）、种皮等结构和休眠器官本身的因素（如冷温需求、光周期反应等）调控的休眠。植物按休眠与环境条件的关系，休眠又分为自发休眠和被迫休眠，自发休眠主要受基因调控，不会因环境条件的改变而迅速进入新的生长阶段，而被迫休眠是在不利于生长的外界环境条件下（日照减少、温度持续下降或遇干旱高温等），器官进行相关抑制，引起植株生长暂时停顿的现象（Egory et al.，1987）。

百合属于秋植球根类花卉，一般新鳞茎在百合开花后逐渐形成，植株枯萎时达到成熟状态。通常在7月中旬到10月中旬，我们采收的新鳞茎仍处于高温休眠状态，此时的鳞茎存在较强的生理休眠或自发休眠，无论给予任何适宜生长发育的环境条件，鳞茎也不能发芽生长，必须在特定条件下经过一定时间解除休眠后鳞茎才能够发芽生长和开花（夏宜平等，2005）。鳞茎不发芽一直是鳞茎处于休眠状态的标志，休眠期的存在有利于百合鳞茎的贮存、处理、运输，方便园艺生产。

1.1.2　各种因素对鳞茎休眠的影响

鳞茎的休眠是很复杂的现象，受大量内外因素控制。其中外界环境中的温度、光照、水分以及植物生长调节物质、种球的成熟度等是影响休眠的主导因素。

温度是影响休眠的最主导因素（Miller et al.，1966、Imanishi et al.，1997）。高温是诱导麝香百合（*Lilium longiflorum*）进入休眠的主要因素（Aguetaz et al.，1990）。百合鳞茎生理休眠的解除通常需经低温处理，低温影响百合种球休眠主要表现在两方面（杨伟儿等，1996、杨琳等，2005）：一是打破种球自发性休眠，通过低温引起种球内部某些基因的表达，改变内部某些酶的活性或形态来影响种球的生理生化活动，使鳞茎能在出库后迅速发芽进行促成栽培；二是延长种球休眠，使其处于被迫休眠或自发休眠的深休眠状态，降低鳞茎的生理代谢活动，以此达到长期贮存满足均衡上市的需要。对于第一种目的，温度一般在0 ℃～10 ℃，贮存4～10周即可打破休眠（Choi et al.，1998；Dole et al.，1994）。Abreu等人（2003）研究表明，百合种球打破休眠的有效温度上限为15 ℃，15 ℃以上的温度是无效的；至于长期贮存，延长种球休眠的温度一般在0 ℃至–2 ℃左右，贮藏时间为一年，超过一年生活力下降，超过五年生活力完全丧失（Bonnier et al.，1997）。周晓音等人（2001）对亚洲百合鳞茎进行不同低温和时间处理，结果表明，0 ℃～10 ℃范围内处理时间4～8周的，对解除休眠均有较好效果，其中以3～5 ℃处理时间6周左右效果最好。5 ℃～8 ℃为药百合（*Lilium speciosum*）鳞茎感受低温的最佳范围，以8周为最佳时期（曹毅等，2002）。管毕财等人（2005）将龙芽百合（*Lilium brownii* var.*viridulum*）种球置2 ℃～5 ℃贮藏90 d，可顺利解除休眠。2 ℃贮藏101 d为兰州百合解除休眠的最佳处理（孙红梅等，2003）。黄作喜等人（2001）研究结果表明，低温处理是提高百合种球的发芽整齐度最有效的办法，东方百合、亚洲百合种球在2 ℃～5 ℃条件下分别处理90 d、30 d可以打破休眠，冷藏后结合热水处理（40 ℃～45 ℃热水浸泡1 h）可以促进种球发芽及植株生长，未经冷藏处理的种球单独进行热水处理没有效果，在冷藏处理之后用1小时的热水处理比单独用冷藏处理更能增加生长促进物质（Choi，1983）。在百合的生产中，主要是通过选择合适的品种、采用适当温度来调控百合种球的休眠以达到周年供应的目的。低温处理的温度以及处理的时间长短与百合的种群及品种特性有关，不同品种对低温的敏感程度不同，同一品种也可能因栽培条件、营养状况和成熟度等不同而不同，因此某一品系或品种所需的确切低温条件还有待于深入研究。

多数植物冬季休眠的诱导因子是短日照，短日照有利于冬季休眠的球根植物地下贮藏器官的形成，加速球根进入休眠。一些学者分析了短日照诱导休眠的可能机理，即短日照条件下叶内产生抑制物质，这种物质从感光部位叶片转移至球根的生长点，最终休眠与否取决于这种抑制性物质的强弱与球根本身生长活性的大小。Suh 等人（1996）研究表明，红光和远红光均可诱导鳞片生小鳞茎的休眠。但 Pafen 等人（1990）和 Aguettaz 等人（1990）却认为光周期对小鳞茎休眠无影响。Klerk 等人（1995）研究了鹿子百合（*Lilium speciosum*）不同休眠程度的小鳞茎萌发与环境条件的关系。结果表明，休眠的解除与环境温度和光因子有很大关系，低温（15 ℃）和有光照条件促进休眠的解除，这与 Ranwala 等人（2000）的研究结果相一致。Matsuo（1987）将麝香百合鳞茎放在 7.2 ℃冷藏 6 周，冷藏期间分不照光、最初两周照光、中间两周照光或最后两周照光四个处理，结果表明，最后两周照光处理对百合生长和开花的效果最好，说明百合促成栽培前鳞茎可能必须经过春化阶段或长根才能对光处理起反应。

无论是冬季休眠还是夏季休眠的球根，水分亏缺往往可以加速休眠，甚至可以直接引起休眠（Prince et al.，1990、Legnani et al.，2004）。休眠状态的球根比非休眠状态的球根束缚水的比例要高（Mikios et al.，1991），这是由于水分变化诱导了 ABA 的积累，而 ABA 参与了球根的休眠。休眠器官细胞内的自由水含量逐步降低，在内源休眠中期最低，之后又逐步上升，到萌芽前后迅速上升。采收的鳞茎在湿度过低的条件下贮存易造成鳞茎失重过多，生活力下降。Imanishi 等人（1997）研究表明，采收后的鳞茎在 20 ℃～30 ℃干燥贮藏 2 周，再进行低温处理，许多种球将处于休眠状态而不能发芽。

种球的休眠是一个综合性、系统性的问题，休眠不彻底，生产上的表现就是发芽不整齐，甚至不能发芽。种球的休眠质量，主要与种球的成熟度有关，越老熟的种球，解除休眠后发芽的速度越快，整齐度越好。采收鲜花后过早挖球、剪除切花后没有留下足够营养叶片供应地下种球、植株出现二次抽薹现象（宁云芬，2001）以及种球在成熟期间温度不达要求都会影响种球的成熟度。对于没有完全成熟的种球，在促成栽培中即使给予低温处理，解除休眠的效果也不明显，发芽整齐度差。

1.1.3　植物生长调节物质对鳞茎休眠的影响

一般认为，脱落酸（ABA）是萌发抑制物，脱落酸处理百合鳞茎不仅可以延迟萌发，而且可以钝化低温的春化作用（Lin et al.，1975）。在百合组织培养的试验中也发现，在培养基中加入 ABA 虽不影响组培小鳞茎的休眠状态，但加入 ABA 的合成抑制剂氟草酮（Fluridone）可以有效阻止休眠的发生，若同时加入 ABA，则氟草酮的作用被逆转（Kim et al.，2000）。

赤霉素参与植物休眠的证据来自外施赤霉素可以打破许多需低温处理才能萌发的种子和芽的休眠，促进种子和芽的萌发（熊运海等，1999）。Langens 等人（1997）研究表明，GA 浸泡部分代替了冷处理的效果，但 GA 只有和低温结合应用才能完全解除百合鳞茎休眠。黄作喜等人（2001）研究表明，GA_3 处理在一定程度上能促进休眠较浅的亚洲百合品种发芽，而对于休眠较深的东方百合品种则没有效果。很明显在实际生产中不能单独依靠使用 GA_3 处理来打破种球的休眠，激素处理技术仅能作为辅助手段与低温处理结合运用，才能起到显著的效果。

许多报道表明乙烯能够刺激种子和芽的萌发，但多是在部分低温处理后或已解除休眠后进行乙烯处理所得的结果（Prince，1991、Elgar et al.，1999）。曹毅等人（2002）调查研究了不同的低温、不同的处理时间及不同浓度的乙烯利对药百合生长发育各指标的影响。结果表明，低浓度（20 mg/L）的乙烯利配合 5 ℃～8 ℃的低温处理药百合的鳞茎，发芽日数、到花日数明显缩短，叶数、花蕾数增加，且低浓度的乙烯利处理后没有发现有药害现象的发生。

近年来许多研究者报道了一些其他的生长调节物质对于鳞茎解除休眠的作用。Jásik 等人（2006）研究表明，茉莉酸甲酯（JA—Me）能降低组培产生的百合小鳞茎的休眠程度，在高浓度的JA—Me环境中再生的三种百合（*Lilium speciosum* 'No.10'，*L. longiflorum* 'Snow Queen' 和 Asiatic hybrid 'Connecticut King'）小鳞茎不经过冷处理的萌发率随着JA–Me浓度的上升而增高。

同类型生理效应的激素适当配比也能产生较好的试验效果（黄作喜等，2002）。方少忠等人（2005）用GA₃ 50mg/L+CEPA100mg/L+KT100 mg/L组合处理冷藏的麝香百合鳞茎，可以通过影响内源激素的平衡来促进鳞茎的萌动，缩短冷藏时间，减少鳞茎发芽日数，促进开花，加入丙酮溶剂可以提高激素处理的效果。由于调节休眠的物质有激素、茉莉酸、酚类物质等相互作用，这些物质必须达到某一平衡，才能进入休眠或打破休眠。目前施用外源植物生长调节物质打破休眠还没有实现产业化，其中最主要的原因是处理效果并不稳定，这些还有待于休眠机制的深入研究。

1.1.4　鳞茎的生理生化变化与解除休眠的关系

Shin等人（2002）以离体培养的百合小鳞茎为试材，发现休眠解除过程中，蔗糖是主要的可溶性糖，葡萄糖和果糖含量很低。Millier等人（1990）将麝香百合鳞茎在泥炭中保湿贮藏至85 d，发现鳞片中蔗糖、甘露糖、果糖和寡糖含量增加，而淀粉含量下降。夏宜平等人（2006）研究了不同低温处理下东方百合养分代谢和酶活性的变化，结果表明，在8周的冷藏期内，淀粉含量持续明显下降，可溶性糖和还原糖含量增加，CAT、POD、SOD的活性在冷藏第1周下降明显，而a—淀粉酶活性在第3周出现峰值，冷藏第4周后四种代谢酶活性均处于低水平。孙红梅等人（2004）研究了不同冷藏温度下兰州百合鳞茎不同部位的碳水化合物代谢规律及其与种球萌发的关系，结果表明，贮藏温度与贮藏时间之间的显著互作影响碳水化合物的代谢及鳞茎的萌发，淀粉含量随着贮藏温度的降低而下降，鳞茎各部位可溶性糖的含量以及顶芽和鳞片的淀粉酶活性随着贮藏温度的升高而降低。IAA氧化酶是诱导酶，低温处理使植物组织中IAA氧化酶活性增加。Kim等人（2000）研究表明，离体再生的百合小鳞茎中，未休眠鳞茎的POD和POD同功酶的活性高于休眠鳞茎。

在低温贮藏期间，百合鳞茎有一个活跃的蛋白质净合成。低温作用下鳞片中可溶性蛋白质含量增加是鳞茎解除休眠的内在因素之一。高文远（1997）研究表明，低温作用导致了mRNA翻译的变化，进一步导致蛋白质含量增加，以致休眠解除。这一点在马铃薯休眠生理的研究中（张丽莉等，2003）相对较多。涂淑萍等人（2005）研究发现，百合鳞茎冷藏37 d后可溶性蛋白质的含量快速升高，认为可能是鳞茎解除休眠的重要标志。管毕财等人（2006）研究结果表明，龙芽百合的淀粉磷酸化酶在种球芽长至1.0 cm时表达明显增强，其活性的变化表明了低温解除休眠过程中各部位核酸和蛋白质代谢的活跃，以致休眠解除。

植物中氨基酸是休眠变化的敏感指示者，鳞茎在低温处理下氨基酸含量的增加可能是由于作用于碳水化合物转化成氨基酸的酶系统的出现引起的（李宗霆，1997）。孙红梅等人（2004）就低温贮藏期间兰州百合鳞茎中的游离氨基酸含量及组分进行研究，发现鳞茎的游离氨基酸主要集中在顶芽、内部鳞片等相对幼嫩的器官中，其中含量最高、变化最大的是精氨酸。氨基酸含量变化与鳞茎休眠的逐步解除有关，是为鳞茎萌发进行的生理准备。

1.1.5　鳞茎的内源激素变化与解除休眠的关系

休眠的起始、终止和调控常与植物体内所产生的某些内源激素含量变化有关。在球根植物休眠和打破休眠的动态变化中，激素的变化非常复杂。一般认为，植物体内某些抑制物质的积累是引起休眠的起因，而休眠体内某些生长促进物质的增长，是解除休眠的原因（赵梁军，2005）。Aung等人（1979）早期的研究已经证实，各种鳞茎植物在鳞茎发育的特殊阶段发生着与温度相联系的激素出现和含量的变化。

关于百合鳞茎休眠与激素的关系，虽然有报道在百合鳞茎中存在内源 GA 和 ABA，但它们的关系和作用尚不明确。Lin 等人（1975）研究表明，麝香百合鳞茎在 4.5 ℃ 条件下贮藏 80 d 的过程中，GA 含量无明显变化，而 ABA 含量略有增加。孙红梅等人（2004）研究表明，兰州百合在休眠解除过程中 ABA 含量显著下降，内源 GA$_3$、IAA 含量急剧增加，ABA 和 GA$_3$ 含量变化明显而且起主要作用。Takayama 等人（1993）研究认为，休眠百合与发芽百合中 ABA 的水平差异很小。Djilianov 等人（1994）研究表明，ABA 含量与离体培养的百合小鳞茎的休眠没有相关性。Gude 等人（2000）分别对亚洲百合（'Connecticut King'）、东方百合（'Star Gazer'）和麝香百合鳞茎成熟过程中的 ABA、可溶性糖、渗透势和呼吸活性进行研究，根据不同类型百合发育的差异，指出除麝香百合外，鳞茎休眠进程与 ABA 含量之间有一定关系。Kim 等人（1994）研究认为，除了 ABA 在百合休眠中起作用外，另外仍有一个不能确定的因子在起关键性的作用。Alam 等人（1994）研究表明，鳞茎在低温作用过程中细胞分裂素活性增高，在低温贮存过程中，检测不到 CTK 的活性，解除休眠后，很快就能检测到，说明 CTK 的合成是在低温下被诱导，而在高温下被合成，与休眠进展具有同步性。Roh（1982）研究表明，在低温处理过程中，卷丹百合鳞茎各部位 IAA 都有上升的过程，ZR 含量除内部鳞片呈下降趋势外也有升高过程。孙红梅等人（2004）研究发现，百合鳞茎在冷藏过程中酚类物质含量呈增加趋势，说明酚类物质起到了促进百合鳞茎萌发的作用。

由此可见，导致百合鳞茎休眠的原因非常复杂，ABA 在鳞茎休眠的哪个时期起作用，结论不一，而且存在品种、处理方法、产地气候条件等差异。百合鳞茎休眠与内源激素的关系是需要深入研究的课题。

1.2 百合鳞茎休眠领域研究的重点问题

关于休眠机理问题，目前还没有一致的看法，有些仍处于假说阶段。对植物的休眠，人们了解更多的是物候学上的特性，是休眠对环境变化的反应。Schuyler（1994）将休眠过程分为诱导、维持、解除及萌发四个阶段，但很多研究均集中在休眠解除这一阶段。由于研究手段、测定技术及材料来源不同，在对不同植物的不同材料的研究结果中，人们提出了不同的学说，如植物激素控制论（Amen，1968）、多因素控制论（Champagnat，1983）、光敏素激活论（Khan，1997）、氧化途径转换学说和能量控制学说（Mayer，1975）等。

百合鳞茎的休眠是一个十分复杂的现象，受大量内外因素控制。环境条件和生长调节物质的影响可能是调整对基本能源和基本感受体输入反应的基因选择。同时，一些基因的表达可明显改变酶活性或形态，从而影响休眠期间鳞茎的生理生化活动。总之，鳞茎的萌发包含着极其复杂的生理过程，涉及萌发的启动、贮藏物质的动员、降解产物的定向运输、核酸和蛋白质的合成等，其中许多问题仍然模糊不清，如休眠的诱导、维持和打破的内在机制并不清楚。在解除休眠过程中，不同激素是如何互相作用，哪一种激素起关键作用，鳞茎新陈代谢的生化标志是什么等等，目前仍不清楚。并且目前缺乏基因表达及其调节的模式系统，因此有必要深入研究影响休眠的内外在因子，特别是激素、第二信使（包括 Ca$_2$+）与休眠的关系、萌发过程中基因的顺序性活化和表达，对休眠机理的深入揭示有待于分子生物学和生物物理分析技术的发展。

1.3 花芽分化的研究进展

花芽分化作为植物从营养生长进入生殖生长的标志，在植物的一生中起着至关重要的作用，因此对花芽分化进行形态解剖学研究是十分有意义的。花芽分化简单说就是在植物生长发育到一定阶段，在分生组织感受光照、温度等因子以及在某些激素的作用下，顶端分生组织不再形成叶原基和腋芽原基，而逐渐发育为花原基和花序原基，从而发生的一系列生理与形态结构的变化（种康等，2004）。在生产实践中，掌握花芽分化进程，对比较准确把握施肥、浇水时期等是十分有益的（黄济明等，1985；杨秋生等，1997）。除此之外，了解花芽分化的形态过程及影响花芽分化的因素，可以为花期控制、类群划分、品种培育等提供科学依据（黄章智，1990）。

花芽分化的起始与结束正是植物转变生长状态的过渡时期，通过对该过程的观察发现，进入花芽分化时间，植物的生长锥顶端普遍增宽而变成圆形或半圆球形。在半圆球形分生组织周围会有规律的螺旋形轮生状排列发生一定数量的瘤状突起，这些瘤状突起进而发育成花器官的各个部分（黄蓉，1990）。植物花芽分化的顺序一般为由外向内进行，但也有个别例外。因此，一般会将花芽形态分化期划分为：花原基产生时期、萼片分化期、花瓣分化期、雄蕊分化期、雌蕊分化期，或把萼片分化期与花瓣分化期合称为花被分化期。有一些植物在花原基形成前，有花序原基形成。花器官是高等植物进化过程中变化最为多端的结构，其形成是按一定顺序依次进行的。典型花的花器官由外向内依次是萼片、花瓣、雄蕊和雌蕊。一朵花中的雄蕊群由花丝及其顶端的花药组成，雌蕊由子房、柱头、花柱组成，子房内着生胚珠，胚珠着生在心皮内壁上特别加厚的区域即胎座上。

关于百合形态学方面的研究，黄济明等人（1985）对麝香百合花芽分化进行观察，其分化的特点是植物的茎端由未分化时的半圆球状产生一个或两个明显的球状突起，然后花芽上出现三个外轮花瓣原基，其内侧间隙处则有三个内轮花瓣原基形成；最后花芽中央是六个雄蕊和一个雌蕊，至此花芽分化完成。冯富娟（1999）研究表明，毛百合的花芽分化始于8月中旬至8月末，9月初为花被原基分化期，9月中旬至10月中旬为雌雄蕊原基分化期。郭蕊等人（2006）对麝香百合'雪皇后'（'Snow Queen'）、东方系百合（'Oriental Hybrids'）'西伯利亚'（'Siberia'）和亚洲系百合（'Asiatic Hybrids'）'歌德琳娜'（'Gondelina'）的花芽分化过程进行观察，结果表明，百合花芽分化大体划分为未分化期、花原基分化期、花被分化期、雄、雌蕊分化期和整个花序形成期五个阶段。

由于不同品系和品种、不同栽培环境花芽分化过程差异较大。新铁炮百合（*Lilium formolongi*）由麝香百合与原产台湾的高砂百合（*Lilium formosanum*）杂交而成，是麝香百合杂种系（Longiflorum Hybrids）中唯一的耐热类型，具有良好的性状和市场前景，是目前流行的切花百合中的重要品种，然而对其形态解剖学研究目前未见报道。为此，我们应用解剖学方法对其花芽分化过程进行系统观察，期望为新铁炮百合的花期调控提供理论依据和生产指导。

1.4 本研究的目的、意义

从20世纪50年代以来，国外陆续报道了一些关于打破百合种球休眠的研究，但结果不尽一致。一方面是由于试验材料及鳞茎休眠本身的复杂性所致，另一重要的原因是不同的研究者用以描述和解释休眠解除的标准不同。关于百合鳞茎休眠的研究国内尚处于起步阶段，由于百合的种类，品种，鳞茎的规格，产地的气候特点，鳞茎的收获时间，收获后的处理方法等不同，休眠程度也不同，不同品系和品种的百合打破休眠所需的低温条件不明确，关于鳞茎进入休眠和解除休眠过程中生理生化变化的研究也很少，休眠机制尚未清楚。中国是百合属植物的故乡，如果在充分开发利用种质资源的基础上，掌握百合鳞茎的花芽分化形成特性、休眠特性和快速解除休眠的方法，可为种球标准化生产和采后处理技术体系提供理论依据。

本研究以新铁炮百合鳞茎为试材，对低温解除鳞茎休眠的生物学效应和鳞茎解除休眠过程中的物质代谢、内源激素等变化进行系统研究，并从显微结构观察鳞茎从休眠解除到花芽分化的动态过程，试图从生理生化方面探明百合鳞茎解除休眠的机理，从微观结构方面探明百合花芽分化的进程，为实现百合鲜切花生产中的花期调控、周年生产以及种球国产化提供理论依据。

1.5　本研究的创新之处

（1）明确低温解除新铁炮百合鳞茎休眠的生理指标和形态标志，界定了其休眠的周期时限，完善了百合鳞茎的休眠机理，有助于缩短打破休眠的低温处理时间。该成果应用于生产上可降低打破休眠的成本，缩短生产周期。

（2）系统研究了新铁炮百合鳞茎解除休眠过程中各激素间的互作关系及其关键因子，深入探讨各激素调控作用与物质转化间的关系，对阐明百合鳞茎的休眠机理具有重要的意义。

（3）采用石蜡切片和扫描电子显微技术，从显微水平系统观察百合鳞茎从休眠解除到花芽分化完成这一动态过程中顶芽及中部鳞片的内部形态结构变化，研究成果填补了国内外在该方面研究的空白。

（4）通过探讨低温处理时间长短与鳞茎解除休眠及其与花芽分化的关系，明确了鳞茎解除休眠与花芽分化之间的关系，为实现百合种球国产化和切花周年生产提供了理论依据，对指导生产实际具有重要参考价值。

第二节　低温解除鳞茎休眠的生物学效应

百合（Lilium spp.）鳞茎具有自然休眠的特性，通常只有在解除休眠后才能在适宜的环境条件下正常发芽、生长和开花。因此百合周年生产栽培中首先要解决的技术问题就是解除鳞茎的休眠。目前，解除百合鳞茎休眠最经济有效的方法是低温处理，低温处理是百合花期调控的先决条件。一般在百合地上叶片枯黄以后收获鳞茎，在0 ℃～10 ℃的温度下冷藏4～10周即可解除休眠（Choi et al.，1998、Dole et al.，1994）。但不同种或品种、不同栽培环境及栽培方式，甚至同一品种也可能因栽培条件、营养状况和成熟度等不同而对低温的反应产生极大差别（Erwin et al.，1994），这也是多年来关于休眠的研究存在许多争议的原因之一。本试验以新铁炮百合'雷山'（'Raizan'）为试材，探讨不同种类百合鳞茎解除休眠所需的确切低温条件以及低温解除休眠后的生物学效应，以期更好地进行花期调控。

2.1　材料与方法

2.1.1　试验设计

试验于2004年7月至2005年7月在广西大学农学院花卉基地进行，供试材料为新铁炮百合（*Lilium formolongi*）栽培品种'雷山'（'Raizan'）。于2004年7月植株地上部1/2枯黄后收获鳞茎，选取鳞片抱合紧密、无病虫害、周径为14～16 cm的鳞茎，清洗干净，用50%多菌灵可湿性粉剂1000倍液浸泡30 min，将鳞茎装入垫有薄膜的塑料筐中，储藏介质为已消毒、含水量为50%的锯木屑，将锯木屑与百合鳞茎分层放置后用薄膜包起，薄膜上打小孔透气。分别置于（4±0.5）℃、（8±0.5）℃和（12±0.5）℃下冷藏。在处理0周和冷藏处理后第2周、第3周、第4周、第5周、第6周和第8周分别取样，每次每品种取45个鳞茎，栽植田间，株距15 cm，行距20 cm，覆土5 cm。其他栽培管理与一般生产相同。

2.1.2　调查项目与统计方法

在处理0周和冷藏处理后第2周、第3周、第4周、第5周、第6周和第8周分别取样，各处理随机取10个鳞茎，仔细剥下鳞片，用直尺测量顶芽长度和顶芽伸长长度，记录生根数量并测量新根长度。

记录不同温度处理鳞茎的发芽时间，发芽时间以栽植后60%以上鳞茎在自然条件下发芽所需的天数表示。采用DPS（Data Processing System）数据处理软件，对鳞茎发芽时间与冷藏处理时间进行逐步回归分析，得出一元回归方程并进行相关分析。

记录不同温度、不同时间长度处理后植株的生长发育情况。记录植株抽茎时间、现蕾时间、开花时间，以上各项指标为植株数达到植株总数的60%以上计算时间，计算总生育期。现蕾期随机选取20株，测量株高（从植株基部至顶部最高可见节止）和茎粗（植株中部），并记录叶片数和花蕾数。采用DPS统计软件进行数据统计，Duncan法多重比较。

2.2　结果与分析

2.2.1　不同温度和时间长度处理对百合鳞茎顶芽和新根的影响

百合在低温冷藏期间，鳞茎内的顶芽伸长是解除休眠的一个重要形态标志。由表4-2-1可看出，不同温度处理的顶芽生长速度存在明显差异，冷藏温度越高，顶芽在鳞茎内的伸长越明显。'Raizan'的鳞茎顶芽生长速度12℃处理明显快于8℃和4℃，4℃处理整个冷藏期间顶芽伸长较小。从不同冷藏时间看，从冷藏开始至第3周，各温度处理的鳞茎顶芽生长速度较慢。从冷藏第4周开始，8℃和12℃处理的鳞茎顶芽伸长速度加快，冷藏至第5周时，顶芽长度分别为1.30 cm和2.19 cm，此时顶芽距离鳞茎顶端为0~1 cm和顶芽已伸出鳞茎顶端0~1 cm；冷藏至第6周时，其顶芽长度分别为2.64 cm和3.91 cm，此时顶芽已伸出鳞茎顶端分别为0~1 cm和1~2 cm，应及时进行田间种植。而4℃处理冷藏至第6周时顶芽仅伸长0.1 cm。

不同温度处理鳞茎发生新根的数量和生长速度存在明显差异，处理温度越高，鳞茎发根越早，新根的生长速度越快。'Raizan'的鳞茎生根情况为12℃处理显著高于8℃和4℃，8℃和12℃处理的鳞茎在冷藏第2周时已经发根，冷藏至第6周时鳞茎的平均根长分别为8.60 cm和11.70 cm，而4℃处理的鳞茎新根生长速度较慢，冷藏的前2周鳞茎新根尚未萌动，冷藏至第3周新根刚刚萌发，冷藏第6周时鳞茎的平均根长为3.40 cm，生根数量平均为5.60条。

表4-2-1　不同温度处理对百合鳞茎顶芽和新根生长的影响

Table 4-2-1　Effect of different cold storage temperature on growth of terminal bud and new roots of lily bulb

冷藏周数	4℃				8℃				12℃			
	顶芽长度（cm）	顶芽伸长长度（cm）	新根长（cm）	生根数	顶芽长度（cm）	顶芽伸长长度（cm）	新根长（cm）	生根数	顶芽长度（cm）	顶芽伸长长度（cm）	新根长（cm）	生根数
0	0.19 ± 0.06	—	—	—	0.19 ± 0.06	—	—	—	0.19 ± 0.06	—	—	—
2	0.21 ± 0.05	—	—	—	0.25 ± 0.06	—	1.00 ± 0.50	1.40 ± 1.23	0.27 ± 0.04	—	4.70 ± 0.84	4.80 ± 1.94
3	0.26 ± 0.04	—	0.60 ± 0.23	1.20 ± 1.01	0.30 ± 0.06	—	3.20 ± 0.31	4.00 ± 2.15	0.49 ± 0.12	0.10 ± 0.11	6.70 ± 1.05	7.40 ± 2.35
4	0.30 ± 0.06	—	1.60 ± 0.58	3.40 ± 1.47	0.54 ± 0.10	0.13 ± 0.10	5.90 ± 1.16	7.60 ± 1.96	0.81 ± 0.20	0.37 ± 0.17	9.20 ± 0.92	8.50 ± 2.84
5	0.35 ± 0.06	—	2.50 ± 1.04	3.80 ± 1.2	1.30 ± 0.16	0.84 ± 0.13	7.70 ± 1.05	9.30 ± 1.72	2.19 ± 0.51	1.73 ± 0.49	10.30 ± 0.92	10.40 ± 1.73
6	0.50 ± 1.00	0.10 ± 0.10	3.40 ± 1.06	5.60 ± 1.85	2.64 ± 0.46	2.15 ± 0.43	8.60 ± 1.48	9.60 ± 2.44	3.91 ± 1.08	3.40 ± 1.09	11.70 ± 1.01	10.80 ± 1.88

注：表中数据为平均值 ± 标准误。

2.2.2　低温处理时间与鳞茎发芽时间的关系

由图4-1可看出，随着冷藏时间的延长，鳞茎发芽所需时间明显缩短，'Raizan'鳞茎分别冷藏处理0周和2周，栽植后的发芽时间分别为170 d和157 d，冷藏3周后栽植虽有少量鳞茎发芽，但其发芽率超过60%的时间为144 d；4 ℃、8 ℃和12 ℃冷藏4周处理后栽植的发芽时间分别为34 d、31 d和28 d，虽然发芽速度较快但出苗不整齐；而冷藏处理5周和6周后栽植鳞茎发芽率超过60%的时间均在一个月内，且发芽速度快而整齐。由此可见，'Raizan'冷藏处理0~3周鳞茎尚未解除休眠，冷藏4周基本解除休眠，冷藏处理5~6周鳞茎已完全解除休眠。

不同温度处理相比较，由表4-2-2看出，'Raizan'经过5周冷藏处理后田间栽植，4 ℃处理的鳞茎在栽植后10 d内均未破土发芽，栽植后20 d时发芽率仅为45%，全部发芽约需30 d；8 ℃处理的鳞茎在栽植20 d后发芽率为65%，25 d后发芽率达到90%以上；而12 ℃处理的鳞茎在栽植10 d后发芽率为38.5%，20 d后发芽率达到了84.6%，全部发芽约需25 d。由此得出，12 ℃处理发芽速度最快且整齐，其次为8 ℃处理，4 ℃处理发芽速度最慢。

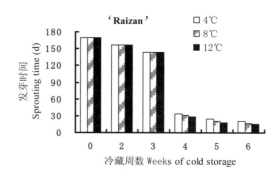

图4-1　不同温度和时间处理对百合鳞茎发芽时间的影响

Fig.4-1　Effects of different cold storage temperature and time on sprouting time of lily bulb

表4-2-2　不同温度处理5周栽植后新铁炮百合鳞茎的发芽率

Table 4-2-2　Sprouting percentage after planting with five weeks at different cold storage temperature of *Lilium formolongi* 'Raizan'

温度	栽植后的发芽率				
	10 d	15 d	20 d	25 d	30 d
4	0	20	45	62	100
8	16.7	46.3	65	90.5	100
12	38.5	53.8	84.6	100	—

2.2.3　不同温度和时间处理对百合生育期长短的影响

图4-2和表4-2-3可看出，'Raizan'从栽植到鳞茎收获的总生育期变化趋势是随着低温处理时间的延长，其生育期明显缩短。冷藏0周、2周和3周处理的总生育期长，主要是由于栽植至发芽所需的时间较长，说明0~3周的冷藏并没有完全满足鳞茎解除休眠对于低温的要求。冷藏4周、5周和6周处理与冷藏0~3周处理相比，总生育期之所以缩短，主要是栽植至发芽期与抽茎至现蕾期显著缩短。其中冷藏处理4周的总生育期最短，冷藏5周和6周处理其总生育期有所增加，但均比冷藏0周、2周、3周的总生育期减少100多天。冷藏4周处理植株总生育期最短，主要是抽茎至现蕾期显著缩短，可能是由于栽植前期温度较高，鳞茎解除休眠后抽茎较快，因此抽茎至开花期所用的时间相应较短。

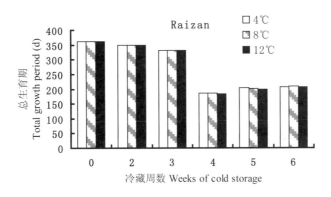

图4-2 不同温度和时间处理对新铁炮百合总生育期的影响

Fig.4-2 Effects of different cold storage temperature and time on total growth period of *Lilium formolongi* 'Raizan'

表4-2-3 不同温度和时间处理对新铁炮百合生育期的影响

Table 4-2-3 Effects of different cold storage temperature and time on growth period of *Lilium formolongi* 'Raizan'

冷藏周数	温度（℃）	栽植—发芽期（d）	发芽—抽茎期（d）	抽茎—现蕾期（d）	现蕾—开花期（d）	开花—收获期（d）	总生育期（d）
0	—	170	30	100	31	31	362
2	4	157	30	100	32	31	350
	8						
	12						
3	4	144	28	96	31	31	330
	8						
	12						
4	4	34	18	48	31	55	186
	8	31	15	48	31	60	185
	12	28	13	46	30	66	183
5	4	21	18	61	43	62	205
	8	18	16	62	41	64	201
	12	16	15	63	41	64	199
6	4	20	17	66	40	63	206
	8	17	18	68	42	63	208
	12	15	18	69	41	64	207

2.2.4 不同温度和时间处理对百合生长发育的影响

从表4-2-4可以看出，不同温度和时间处理对新铁炮百合的株高、叶片数、茎粗以及花蕾数均有显著影响。随着低温处理时间的延长，株高、叶片数、茎粗以及花蕾数都呈下降趋势。冷藏4周、5周、6周与冷藏0周、2周、3周相比较，上述各项指标均存在极显著差异；不同低温处理0周、2周、3周的株高、叶片数、茎粗以及花蕾数均比冷藏4周、5周、6周的多，这是因为鳞茎冷藏0～3周鳞茎尚未解除休眠，栽植后当年未能发芽出苗，还需经过冬季自然低温后，到第二年春季才能萌芽生长开花，由于生育周期长，植株生长发育充实所致。冷藏4周、5周、6周处理除株高存在显著差异外，叶片数、茎粗、花蕾数都不存在显著差异。其中冷藏4周在上述各项指标中均最小，这是由于其生育期最短，生长发育尚未完全充实，开花早，因此花蕾数最少。

表4-2-4 不同温度和时间处理对新铁炮百合生长发育的影响

Table 4-2-4 Effects of different cold storage temperature and time on growth and development of *Lilium formolongi* 'Raizan'

冷藏周数	温度（℃）	株高（cm）	叶片数	茎粗（cm）	每株花蕾数
0	—	154.80 aA	187.50 aA	1.30 aA	7.40 aA
2	4	145.50 bAB	176.00 abA	1.25 aA	6.90 aA
	8				
	12				
3	4	136.30 cB	167.00 bA	1.18 aA	6.40 aA
	8				
	12				
4	4	74.10 gE	87.00 cB	0.82 bB	2.50 bB
	8	75.40 fgE	88.20 cB	0.86 bB	2.60 bB
	12	76.28 fgDE	89.10 cB	0.85 bB	2.70 bB
5	4	81.76 efgCDE	94.90 cB	0.86 bB	3.00 bB
	8	83.26 defCDE	95.60 cB	0.86 bB	3.20 bB
	12	83.54 defCDE	96.80 cB	0.90 bB	3.40 bB
6	4	87.55 deCD	96.30 cB	0.89 bB	3.50 bB
	8	91.30 dC	95.70 cB	0.91 bB	3.50 bB
	12	90.60 deC	99.00 cB	0.95 bB	3.80 bB

注:同列数据后不同小写和大写字母分别表示5%和1%差异显著水平。下同

2.3 小结与讨论

2.3.1 冷藏过程中百合鳞茎的顶芽伸长及生根

由于百合鳞茎具有自然休眠的特性，因此鳞茎的冷藏是百合种球生产中必不可少的环节。本试验结果表明，在4℃～12℃范围内，处理温度越高，顶芽在鳞茎内萌动越早，顶芽和新根的生长速度越快；4℃处理整个冷藏期间顶芽伸长较小，新根萌动较慢且生根数量较少。

2.3.2 百合对不同低温处理的反应

从本试验可以看出，经不同低温和不同的时间长度处理，鳞茎发芽所需时间以及发芽之后的植株生长状况差别很大。低温处理的时间以及处理温度均影响到百合生育期的长短，但前者对生育期的影响较大。各处理时间相比较，生育期明显缩短，主要是栽植到发芽这一时期缩短。在同一温度下，鳞茎发芽所需时间及生育期长短均与低温处理时间呈显著负相关。

新铁炮百合‘Ranzan’在冷藏0周、2周、3周后分别栽植，栽植当年大部分鳞茎不能萌芽，个别出苗的植株也呈莲座状，说明冷藏0～3周尚未满足鳞茎解除休眠的低温要求；冷藏4周后栽植，鳞茎能在一定时间内发芽，但出苗不整齐，说明冷藏4周鳞茎基本能解除休眠；冷藏5周和6周后栽植，鳞茎已休眠解除，此时发芽速度快且生长整齐，栽植后当年12月就能够抽茎现蕾，使花期提前。

低温处理较短时间与低温处理较长时间相比较，株高、叶片数、茎粗以及花蕾数都存在显著或极显著差异。随着低温处理时间的延长，上述各项指标都呈下降趋势。这主要是因为低温处理时间短的鳞茎尚未能解除休眠，栽植后当年未能发芽出苗，还需经过冬季自然低温后，到第二年春季才能萌芽生长开花，由于生育周期长，植株生长发育充实，因此株高高、茎粗粗、叶片数和花蕾数多。

2.3.3　新铁炮百合鳞茎休眠解除的形态标志

国内外在判断百合冷藏期间是否解除休眠时，通常采用剥开鳞茎观察顶芽伸长的方法，以顶芽生长点位于鳞茎直立高度2/3处或距离鳞茎顶端约1 cm为鳞茎解除休眠的形态依据（夏宜平等，2006、黄作喜等，2004）。本研究证实，百合鳞茎在8 ℃和12 ℃下冷藏5周时，顶芽快速伸长萌发，此时顶芽距离鳞茎顶端约1 cm，因此，本试验的结果与前人研究的形态标志基本一致。冷藏5周后栽植，此时发芽速度快且生长整齐，这与孙红梅等人（2004）以"顶芽可快速萌发并整齐生长"作为鳞茎解除休眠的形态标志相一致。

孙红梅等人（2004）、夏宜平等人（2006）研究结果表明，兰州百合2 ℃处理34 d、东方百合5 ℃处理7周顶芽均快速伸长，而本试验中鳞茎在4 ℃处理6周内顶芽伸长较小，这与前人的研究结果不相一致，这可能与百合种类不同有关。但从各冷藏处理分别栽植后的田间发芽情况比较，4 ℃与8 ℃、12 ℃处理一样，也能在冷藏5周解除休眠。

在本试验条件下，综合鳞茎萌芽及植株生长的结果，新铁炮百合鳞茎要解除休眠，需在4～12 ℃条件下冷藏至少4周，以冷藏5周为鳞茎休眠解除的合适处理时间。在4 ℃下冷藏6周内鳞茎顶芽和新根的生长速度较慢，因此生产上可根据百合促成栽培的需要，适当延长冷藏时间以调控花期，而在8～12 ℃下的鳞茎冷藏时间应不超过6周，以防止鳞茎在冷藏期内消耗过多养分，从而影响栽植后植株的生长发育。不同品种解除休眠所需的低温条件和处理时间组合需要深入试验研究，处理方法不能在所有品种上一概而论。

第三节　低温解除百合鳞茎休眠过程中鳞茎内的物质代谢

百合鳞茎休眠特性的利用及控制对于生产来说具有重要意义。有关百合休眠生理方面的研究，以离体培养的百合小鳞茎为试材，探讨培养基内添加外源激素及糖类物质作用的报道很多，而有关百合商品种球休眠解除过程中鳞茎内物质代谢的研究尚少，报道结果也不尽一致，尤其鳞茎各部位在休眠解除活动中所起的作用尚不明确。许多研究表明，百合鳞茎的休眠及休眠解除受温度条件的调节，如冷处理和30 ℃处理均可提高麝香百合（ *Lilium Longiflorum* ）的发芽率，冷处理可打破东方百合和亚洲百合鳞茎的休眠等。

本试验以新铁炮百合‘雷山’为试材，研究了4 ℃、8 ℃、12 ℃三种贮藏温度下鳞茎不同部位的碳水化合物代谢、POD活性、可溶性蛋白质和游离氨基酸的变化以及内源激素的变化规律，并进一步分析了鳞茎各部位的物质代谢与ABA、GA_3、IAA、ZR等四种内源激素变化之间的关系，以期为明确新铁炮百合鳞茎解除休眠的生理生化标志及探讨其休眠机理提供理论依据。

3.1 低温解除百合鳞茎休眠过程中鳞茎内的碳水化合物代谢

3.1.1 材料与方法

供试材料为新铁炮百合（*Lilium formolongi*）栽培品种'雷山'（'Raizan'）。试验于2005年7月至2006年6月进行。植株地上部1/2枯黄后收获鳞茎，选取鳞片抱合紧密、无病虫害、周径为14～16 cm的鳞茎，清洗干净，用50%多菌灵可湿性粉剂1000倍液浸泡30 min，将鳞茎装入垫有薄膜的塑料筐中，储藏介质为已消毒、含水量为50%的锯木屑，将锯木屑与百合鳞茎分层放置后用薄膜包起，薄膜上打小孔透气。分别置于（4±0.5）℃、（8±0.5）℃和（12±0.5）℃温控培养箱内进行低温处理。在处理0周和冷藏处理后第2周、第3周、第4周、第5周、第6周分别取样，每处理随机取10个鳞茎，将各鳞茎剥开，分外部鳞片（第1～2层）、中部鳞片（第3～5层）和内部鳞片（6～8层）三部分，混合取样。

干物质含量采用烘干称重法测定。将鳞茎各部位分别称鲜重后放到80℃烘箱烘干，称重。可溶性糖和淀粉含量采用蒽酮比色法测定（王韶唐，1986），还原糖含量采用3,5—二硝基水杨酸比色法测定（张宪政，1992）。

3.1.2 结果与分析

3.1.2.1 低温冷藏过程中鳞茎的干物质含量变化

由图4-3可知，鳞茎不同部位的干物质含量变化总体均呈下降趋势，冷藏前期变化较为平缓，冷藏第4周后其下降趋势明显。我们分析鳞茎在冷藏期间尽管是放在湿润的锯木屑中，但随着冷藏时间的增加，还是消耗掉了一定的干物质。特别是12℃处理，冷藏后期下降幅度最大，说明处理温度越高，呼吸作用越强，消耗的干物质越多。但是冷藏后期中部鳞片8℃处理、内部鳞片4℃处理其含量存在上升过程，其原因尚需进一步研究。

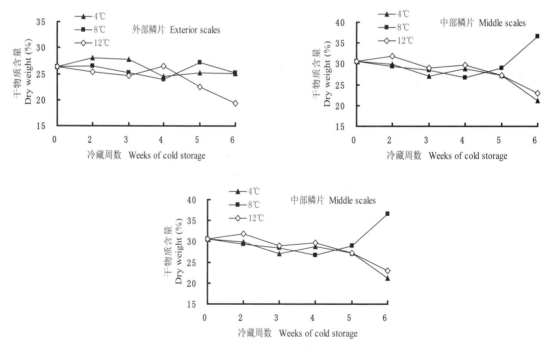

图4-3 不同温度处理百合鳞茎各部位干物质含量的变化

Fig.4-3 **Changes of dry weight in different parts of lily bulb stored at different temperature**

注：图中数据均为3次重复的平均值，下同。

Note：Values are represent the averages of 3 replications, the same as below.

3.1.2.2 低温冷藏过程中鳞茎的淀粉含量变化

鳞茎中的贮藏物质主要是淀粉,淀粉在维持碳水化合物供需平衡中起着重要作用。由图4-4可知,从不同冷藏时间看,百合鳞茎各部位的淀粉含量随着冷藏时间的延长总体上呈下降趋势,特别是在冷藏的前2周下降幅度最大,冷藏第2周后淀粉含量的变化较为平缓,其中冷藏第2~3周及冷藏后期都存在淀粉含量缓慢上升的现象。可能与淀粉向可溶性糖转化受阻有关,具体原因有待进一步研究。

不同温度处理鳞茎各部位的淀粉含量也存在明显差异,外部和内部鳞片的淀粉含量随温度的升高呈增加的趋势,表现出12℃>8℃>4℃的差异。而中部鳞片的淀粉含量变化与外部、内部鳞片相反,随温度的升高呈下降的趋势,以12℃处理淀粉含量下降速度最快,说明贮藏温度越高,越有利于中部鳞片淀粉的降解。

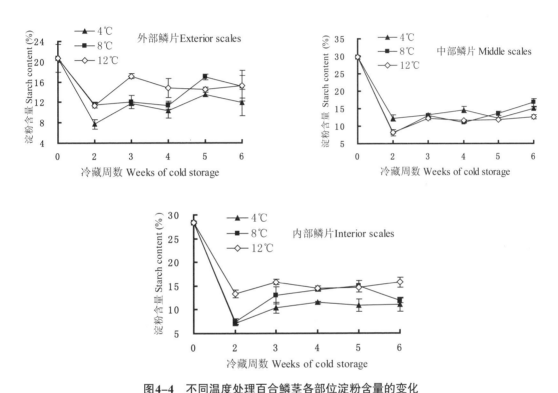

图4-4 不同温度处理百合鳞茎各部位淀粉含量的变化

Fig.4-4 **Changes of starch content in different parts of lily bulb stored at different temperature**

注:图中数据均为3次重复的平均值,垂直线代表代表平均值的标准误,下同。

Note:Values are represent the averages of 3 replications and vertical bars indicate standard errors of the mean, the same as below.

3.1.2.3 低温冷藏过程中鳞茎总可溶性糖含量的变化

植物体内糖类含量的变化是低温条件下植物代谢较为敏感的生理指标之一(Miller et al., 1990)。从图4-5可看出,不同温度处理间鳞茎的总可溶性糖含量存在显著差异。在低温处理6周范围内,百合鳞茎的总可溶性糖含量均随着冷藏温度的升高而降低,以4℃处理含量最高,12℃处理含量最低。这是由于较高的贮藏温度下,鳞茎的呼吸速率较大,营养物质消耗较多的结果。

从不同冷藏时间看,百合鳞茎在低温处理期间的总可溶性糖含量呈升高趋势。其中外部和中部鳞片的总可溶性糖含量变化呈先上升后下降的趋势,从冷藏开始至第5周其含量一直呈增加趋势,这与植物受低温诱导,鳞片中淀粉向可溶性糖转变,即出现"低温糖化"现象有关;至冷藏第5周达到最大值后其含量出现下降,可能与鳞茎打破休眠,呼吸代谢增强,糖分被作为呼吸底物消耗有关。内部鳞片的总可溶性糖含量在不同温度间差异较大,4℃处理与外部和中部鳞片的变化趋势基本一致,冷藏至第5周达到峰值后下降,而8℃和12℃处理在整个冷藏期间基本呈上升趋势。

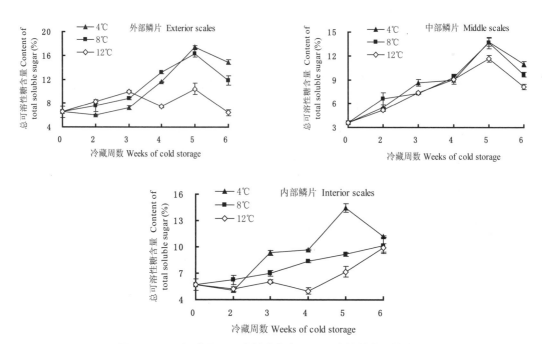

图4-5　不同温度处理百合鳞茎各部位总可溶性糖含量的变化

Fig.4-5　Changes of soluble sugar content in different parts of lily bulb stored at different temperature

3.1.2.4　低温冷藏过程中鳞茎还原糖含量的变化

从图4-6可知，鳞茎内还原糖含量的变化趋势与总可溶性糖含量的变化趋势基本一致。冷藏的前4周鳞茎的还原糖含量较低且变化较小，冷藏第4周后其含量迅速上升，至第5周达到峰值后急剧下降。其含量的迅速下降可能与鳞茎已解除休眠，其含量转化为其他物质以促进鳞茎萌发。

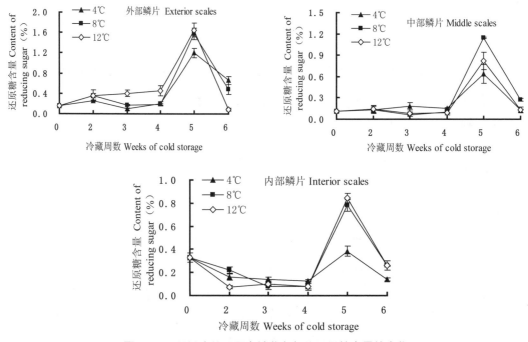

图4-6　不同温度处理百合鳞茎各部位还原糖含量的变化

Fig.4-6　Changes of reducing sugar content in different parts of lily bulb stored at different temperature

3.1.3　小结与讨论

鳞片是百合鳞茎的碳水化合物贮备区域，鳞片内的碳水化合物为鳞茎的萌发提供了能源。冷藏期间，鳞茎为了维持正常的生理代谢活动，必须不断地消耗贮藏的养分。本研究证实，百合鳞茎的淀粉含量在冷藏期间总体上呈下降的趋势，这与前人的研究结果基本一致（涂淑萍等，2005；孙红梅等，2004；夏宜平等，2006）。本研究还发现，鳞茎在冷藏后期存在淀粉含量缓慢上升的现象，这可能与淀粉向糖分转化受阻有关，在马铃薯的低温贮藏中也有类似的报道（Morrell et al.，1986；Eilleen et al.，1991；刘梦芸，2000）。

百合鳞茎内的总可溶性糖含量从冷藏开始至第5周一直呈增加趋势，冷藏至第5周其含量达到峰值后呈下降趋势。百合鳞茎内的还原糖含量在冷藏的前4周变化不大，冷藏至第5周出现峰值后下降。我们将百合鳞茎还原糖含量在低温处理期间的变化，与低温处理栽植后百合的萌芽情况进行分析发现：还原糖含量无明显变化的低温处理，均表现为鳞茎一定时间内不能萌芽，只要还原糖含量在低温处理过程中快速上升，萌芽情况则良好。因此可以推断，还原糖含量在低温处理期间的迅速上升，能够促进百合鳞茎休眠的打破。

Ginzburg（1986）研究表明，冷藏期间鳞茎解除休眠与否可能与糖含量达到峰值的时间有关。荷兰百合种球生产企业在判定鳞茎冷藏是否完成的生理指标时，通常也以糖含量达到峰值为鳞茎打破休眠的临界点（夏宜平等，2006）。本研究结果表明，百合鳞茎在冷藏的第5周，其总可溶性糖含量和还原糖含量均达到峰值，证明了它们的含量变化与形态指标相吻合，可作为鳞茎解除休眠的生理指标。

3.2　低温解除百合鳞茎休眠过程中鳞茎内的POD活性、蛋白质与氨基酸含量变化

3.2.1　材料与方法

试验设计同3.1。每处理随机取10个鳞茎，将各鳞茎剥开，分外部鳞片（第1～2层）、中部鳞片（第3～5层）和内部鳞片（6～8层）、顶芽及鳞茎盘五部分，混合取样。

POD活性采用愈创木酚比色法测定（张宪政，1992）。可溶性蛋白质含量采用考马斯亮蓝G—250比色法测定（陈建勋等，2002）。游离氨基酸含量的测定参照GB/T 5009.124—2003采用氨基酸分析仪测定。

3.2.2　结果与分析

3.2.2.1　低温冷藏过程中鳞茎POD活性的变化

由图4-7可知，从不同冷藏时间看，外部、中部和内部鳞片的POD活性总体呈先下降后上升再下降的变化趋势。冷藏的前4周POD活性呈下降趋势，说明冷藏前期鳞片的生理活动相对较弱，冷藏第4～5周，POD活性迅速上升，可能与鳞茎休眠的打破有关，至第5周之后POD的活性又下降。鳞茎盘的POD活性在冷藏的前4周一直呈上升趋势，这是由于鳞茎盘开始生根，呼吸作用增强所致。冷藏第4周达到峰值，然后其活性下降。而顶芽的POD活性呈先增加后下降的趋势，冷藏前3周的POD活性呈上升趋势，第3周达到峰值后其活性迅速下降。从鳞茎不同部位的POD活性比较，以鳞茎盘活性最高，其次为顶芽，然后依次为外部鳞片、内部鳞片和中部鳞片。说明冷藏期间，鳞茎盘和顶芽的代谢活力大于鳞片。

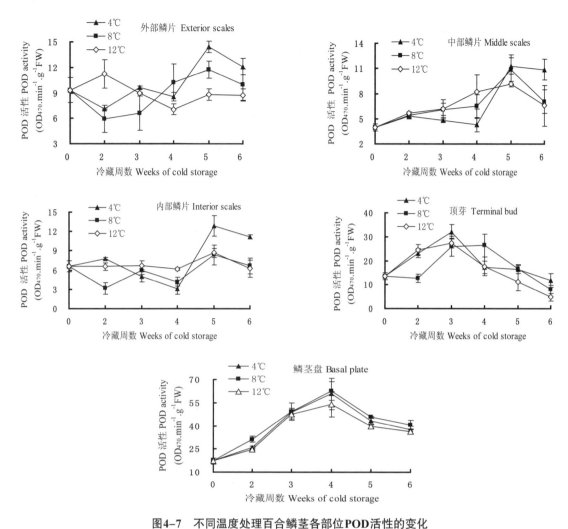

图4-7 不同温度处理百合鳞茎各部位POD活性的变化

Fig.4-7 Changes of POD activity in different parts of lily bulb stored at different temperature

3.2.2.2 低温冷藏过程中鳞茎可溶性蛋白质含量的变化

由图4-8可知，除顶芽外，鳞茎其他部位的可溶性蛋白质含量的变化模式基本一致，呈先下降后上升再下降的变化趋势，其中各部位鳞片在冷藏的前4周，其含量呈下降趋势，冷藏第4~5周，其含量上升，冷藏第5周之后除内部鳞片4℃上升外，其他处理呈下降趋势，原因可能与鳞茎解除休眠后,需要消耗鳞片中的蛋白质为顶芽萌发作物质准备。而鳞茎盘在冷藏的前3周，其含量呈下降趋势，冷藏第3周后，其含量呈上升趋势，但4℃和8℃在冷藏第4~5周存在下降的过程，且4℃和8℃在整个冷藏期间差异不显著。而顶芽的可溶性蛋白质含量一直呈下降趋势，可见顶芽的萌动需要消耗大量的蛋白质。顶芽和鳞片蛋白质含量的变化说明百合低温解除休眠的过程不单单是顶芽"苏醒"的过程，而是由顶芽和鳞片共同参与完成的。

不同温度处理间鳞茎的可溶性蛋白质含量存在显著差异，以12℃处理其含量最低。说明处理温度越高，鳞茎解除休眠过程所需消耗的蛋白质越多。

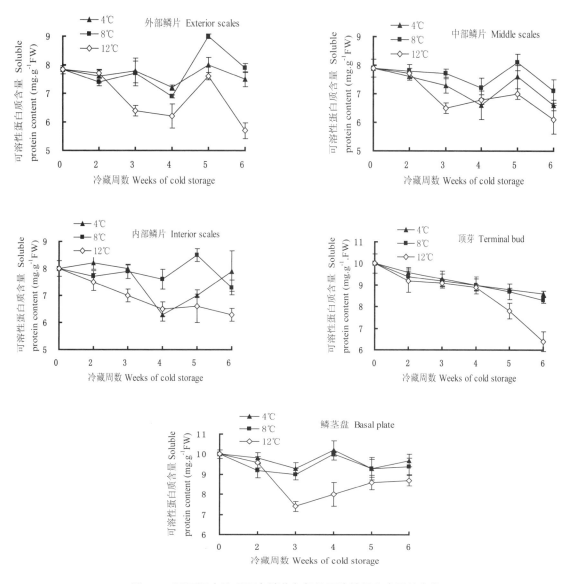

图4-8 不同温度处理百合鳞茎各部位可溶性蛋白含量的变化

Fig.4-8 Changes of soluble protein content in different parts of lily bulb stored at different temperature

3.2.2.3 低温冷藏过程中鳞茎游离氨基酸总量的变化

在植物中氨基酸是休眠变化的敏感指示者。从图4-9可以看出,百合鳞茎中,鳞片中的游离氨基酸含量明显高于顶芽和鳞茎盘,其中内部鳞片的含量最高,其次为中部鳞片和外部鳞片,顶芽的含量高于鳞茎盘,鳞茎盘的含量最低,说明游离氨基酸主要集中在幼嫩的鳞片组织和顶芽中。

从不同处理时间来看,百合鳞茎内的游离氨基酸含量总体呈下降趋势,但中间存在明显升高过程,说明氨基酸含量的变化可能与鳞茎休眠的逐步解除有关。外部鳞片和中部鳞片的游离氨基酸含量在冷藏初期的前2周上升,冷藏2周后4℃处理呈下降趋势,而8℃处理基本呈先上升后下降的趋势,冷藏第4周后出现下降,而12℃处理在冷藏第4周后氨基酸含量迅速上升。顶芽内游离氨基酸含量随冷藏时间的延长呈下降趋势。鳞茎盘的游离氨基酸含量,在冷藏的前3周呈下降趋势,冷藏第3周后各温度处理含量上升,其中4℃处理在冷藏第4周之后开始下降;8℃处理在冷藏第3周后其含量有所增加,而12℃处理从冷藏第3周开始其含量呈迅速上升的趋势。

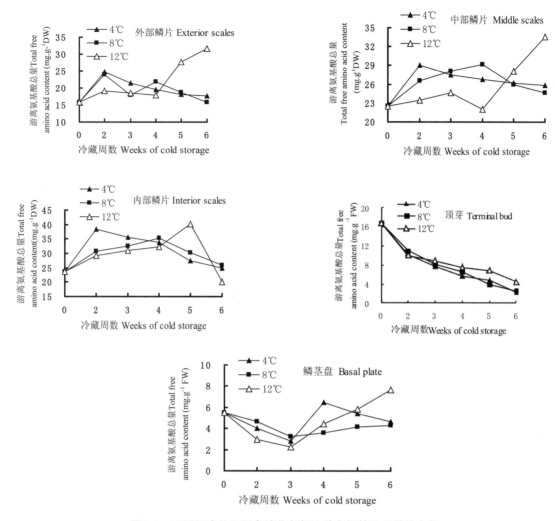

图4-9　不同温度处理百合鳞茎各部位游离氨基酸总量的变化

Fig.4-9　Changes of total free amino acid content in different parts of lily bulb stored at different temperature

3.2.2.4　低温冷藏过程中鳞茎各部位游离氨基酸组分及含量变化

低温处理过程中，百合鳞茎的不同部位均检测到17种游离氨基酸。按照氨基酸含量和比例变化可以将其分为以下三大类。由于第二类和第三类的部分氨基酸含量很低且变化很小，因此这部分的氨基酸含量从略，在此仅列出含量高、变化大的氨基酸。

（1）顶芽内游离氨基酸组分及含量变化

顶芽内的游离氨基酸第一类包括精氨酸、苏氨酸和谷氨酸（见表4-3-1），它们的特点是含量高，其含量几乎在0.5 mg·g^{-1}以上，占顶芽内游离氨基酸总量的5%以上，在低温处理期间变化大。其中含量最高的是精氨酸，在冷藏开始时（0周）高达14.1 mg·g^{-1}，占顶芽内游离氨基酸总量的84.43%。从不同处理时间来看，精氨酸含量随处理时间的延长呈下降趋势，其含量占游离氨基酸总量的百分比也呈下降趋势，冷藏的前5周，处理温度越低，该比率下降越多，冷藏第5周后，该比率以8℃处理最低，12℃处理最高。不同温度处理相比较，精氨酸含量随着处理温度升高而增加。苏氨酸的含量在冷藏过程中呈先增加后下降的趋势，在冷藏第5周时其含量达到最大值后下降；而谷氨酸的含量在整个冷藏过程中呈下降的趋势。两种氨基酸含量分别占游离氨基酸总量的百分比在低温冷藏过程中都呈增加的趋势，它们的百分比在整个冷藏过程均以12℃处理最低，在冷藏的前5周4℃大于8℃处理，冷藏第5周后为8℃大于4℃处理。

第二类氨基酸包括天冬氨酸、丙氨酸、丝氨酸、组氨酸和赖氨酸，它们的含量几乎在 $0.1\ \mathrm{mg \cdot g^{-1}}\sim$ $0.5\ \mathrm{mg \cdot g^{-1}}$ 之间，占顶芽内游离氨基酸总量的1%～5%，在整个处理过程中它们的含量都呈先升高后下降的趋势。

第三类氨基酸包括苯丙氨酸、缬氨酸、甘氨酸、亮氨酸、异亮氨酸、酪氨酸、胱氨酸和游离氨（NH_3），它们的含量甚微，低于 $0.1\ \mathrm{mg \cdot g^{-1}}$，占顶芽内游离氨基酸总量的1%以下，变化也很小，其中胱氨酸含量极低，部分处理甚至检测不出。顶芽内检测不出脯氨酸的含量。

表4-3-1　不同温度处理期间百合鳞茎顶芽内主要游离氨基酸含量（$\mathrm{mg \cdot g^{-1}}$）的变化

Table 4-3-1　Changes of free amino acid content of bulb bud during different cold storage temperature

氨基酸	处理温度	0周	2周	3周	4周	5周	6周
精氨酸 Arg	4℃	14.10（84.43）	7.78（76.05）	5.45（70.52）	3.60（64.40）	2.53（52.38）	0.99（45.81）
	8℃	14.10（84.43）	8.41（76.38）	6.01（73.65）	4.71（71.15）	1.63（42.67）	1.05（39.62）
	12℃	14.10（84.43）	7.73（77.07）	6.68（74.91）	5.91（78.59）	4.11（59.48）	2.30（50.36）
苏氨酸 Thr	4℃	0.20（1.19）	0.85（8.34）	0.80（10.35）	0.70（12.54）	1.18（24.43）	0.55（25.37）
	8℃	0.20（1.19）	0.83（7.53）	0.72（8.79）	0.57（8.59）	1.07（28.01）	0.74（28.04）
	12℃	0.20（1.19）	0.66（6.56）	0.65（7.26）	0.47（6.24）	1.59（23.01）	1.04（22.84）
谷氨酸 Glu	4℃	1.28（7.66）	0.76（7.47）	0.62（8.05）	0.55（9.82）	0.53（11.04）	0.25（11.35）
	8℃	1.28（7.66）	0.88（8.00）	0.70（8.54）	0.58（8.78）	0.53（13.87）	0.37（14.11）
	12℃	1.28（7.66）	0.73（7.32）	0.69（7.78）	0.56（7.45）	0.59（8.57）	0.41（8.92）
天冬氨 酸Asp	4℃	0.10（0.62）	0.30（2.91）	0.29（3.74）	0.28（5.06）	0.18（3.68）	0.07（3.24）
	8℃	0.10（0.62）	0.21（1.94）	0.22（2.65）	0.22（3.34）	0.14（3.66）	0.08（3.09）
	12℃	0.10（0.62）	0.25（2.45）	0.25（2.81）	0.23（3.07）	0.20（2.94）	0.13（2.74）
丙氨酸 Ala	4℃	0.34（2.01）	0.11（1.06）	0.11（1.43）	0.10（1.81）	0.12（2.46）	0.06（2.93）
	8℃	0.34（2.01）	0.13（1.14）	0.13（1.56）	0.11（1.68）	0.09（2.47）	0.07（2.78）
	12℃	0.34（2.01）	0.08（0.82）	0.06（0.67）	0.04（0.58）	0.07（1.05）	0.07（1.56）

注：括号内数字为单个氨基酸与氨基酸总量之百分比，下同。

Note：Data in brackets stand for the percentage of amino acid / total amino acid, The same as below.

（2）鳞茎盘内游离氨基酸组分及含量变化

低温处理过程中，鳞茎盘内含量高、变化大的第一类氨基酸包括精氨酸、苏氨酸和谷氨酸（表4-3-2）。与顶芽相似，鳞茎盘内含量最高的氨基酸也是精氨酸，占鳞茎盘内氨基酸总量的46.17%～71.15%。精氨酸含量在8℃处理的整个冷藏期间基本呈下降的趋势，4℃和12℃处理分别在冷藏初期的前3周明显下降，其中4℃处理在冷藏第3～4周增加并在第4周达到最大值后下降，而12℃处理在冷藏第3周后一直呈上升的趋势。各温度处理的精氨酸占鳞茎盘内氨基酸总量的百分比基本呈下降趋势，但中间有明显升高过程。苏氨酸的含量除在冷藏第3周有所降低外，基本呈升高趋势。谷氨酸含量在整个冷藏过程基本呈下降趋势，以冷藏第3周其含量降至最低。

第二类氨基酸包括丙氨酸、天冬氨酸、丝氨酸、组氨酸和赖氨酸，含量几乎在 $0.1\ \mathrm{mg \cdot g^{-1}}\sim$

0.5 mg·g^{-1}之间，占鳞茎盘内游离氨基酸总量的1%～5%。其中丙氨酸的含量在整个处理过程中呈先下降后升高的过程。

第三类氨基酸包括苯丙氨酸、缬氨酸、甘氨酸、亮氨酸、异亮氨酸、酪氨酸、胱氨酸和游离氨（NH$_3$），它们的含量很低，低于0.1 mg·g^{-1}，占鳞茎盘内游离氨基酸总量的1%以下，变化也很小，其中胱氨酸含量极低，部分处理甚至检测不出，鳞茎盘内也检测不出脯氨酸的含量。

（3）各部位鳞片内游离氨基酸的组分及含量变化

由表4-3-3、表4-3-4、表4-3-5可看出，各部位鳞片中的氨基酸组分与顶芽及鳞茎盘的氨基酸组分有相似之处，即含量多、变化大的第一类氨基酸包括精氨酸、谷氨酸，含量在1.0 mg·g^{-1}以上，占鳞片内游离氨基酸总量的5%以上。不同的是顶芽和鳞茎盘中苏氨酸含量较高，而鳞片中苏氨酸的含量较低。各部位鳞片内含量最高的是精氨酸，占鳞片内氨基酸总量的70%以上。各部位鳞片的精氨酸含量在不同温度处理间比较，4℃处理在冷藏初期的前2周明显升高，第2周后呈下降趋势；8℃处理在冷藏的前4周升高，第4周后有所下降；而12℃处理的外部和中部鳞片精氨酸含量在整个冷藏期间一直呈增加的趋势，内部鳞片在冷藏的前5周一直增加，冷藏第5周达到最大值后迅速下降。各部位鳞片的谷氨酸含量及其占游离氨基酸总量的百分比，在整个冷藏期间基本呈下降的趋势，但内部鳞片4℃处理冷藏第2周、外部和中部鳞片12℃处理冷藏第6周、内部鳞片12℃处理冷藏第5周的氨基酸含量有所增加。

第二类氨基酸包括丙氨酸、天冬氨酸、苏氨酸、丝氨酸、组氨酸、赖氨酸、苯丙氨酸、亮氨酸、甘氨酸、酪氨酸、缬氨酸和游离氨（NH$_3$）等，含量在0.1 mg·g^{-1}～0.5 mg·g^{-1}之间，占鳞茎盘内游离氨基酸总量的1%～5%。

第三类氨基酸包括异亮氨酸、蛋氨酸和胱氨酸等，它们的含量很低，低于0.1 mg·g^{-1}，占鳞茎盘内游离氨基酸总量的1%以下，变化也较小，其中胱氨酸含量极低，部分处理甚至检测不出，鳞片内也检测不出脯氨酸的含量。

表4-3-2　不同温度处理期间百合鳞茎鳞茎盘内主要游离氨基酸含量（mg·g^{-1}）的变化

Table 4-3-2　Changes of free amino acid content of basal plate during different cold storage temperature

氨基酸	处理温度	0周	2周	3周	4周	5周	6周
精氨酸 Arg	4℃	3.64（66.42）	2.24（56.14）	1.77（62.32）	4.57（70.52）	3.53（65.49）	2.51（54.21）
	8℃	3.64（66.42）	3.33（71.15）	2.17（66.57）	1.91（53.50）	1.93（46.17）	2.08（48.48）
	12℃	3.64（66.42）	1.53（51.17）	1.18（52.84）	2.52（56.38）	3.19（54.62）	4.46（58.15）
苏氨酸 Thr	4℃	0.15（2.74）	0.50（12.53）	0.21（7.39）	0.52（8.02）	0.61（11.32）	0.76（16.41）
	8℃	0.15（2.74）	0.31（6.62）	0.23（7.05）	0.52（14.57）	0.78（18.66）	0.92（21.44）
	12℃	0.15（2.74）	0.38（12.71）	0.16（7.62）	0.60（13.42）	0.94（16.09）	1.52（19.82）
谷氨酸 Glu	4℃	1.08（19.71）	0.36（9.02）	0.24（8.45）	0.44（6.79）	0.42（7.79）	0.46（9.93）
	8℃	1.08（19.71）	0.35（7.48）	0.21（6.44）	0.36（10.08）	0.45（10.77）	0.37（8.62）
	12℃	1.08（19.71）	0.40（13.38）	0.16（7.17）	0.45（10.07）	0.47（8.05）	0.51（6.65）
丙氨酸 Ala	4℃	0.24（4.38）	0.26（6.52）	0.12（4.22）	0.10（1.54）	0.19（3.52）	0.27（5.83）
	8℃	0.24（4.38）	0.13（5.02）	0.15（4.60）	0.18（5.04）	0.26（6.22）	0.27（6.29）
	12℃	0.24（4.38）	0.15（0.82）	0.10（4.48）	0.17（3.80）	0.27（4.62）	0.35（4.56）

	4℃	0.13（2.37）	0.16（4.01）	0.10（3.52）	0.27（4.17）	0.23（4.27）	0.21（4.54）
天冬氨酸Asp	8℃	0.13（2.37）	0.16（3.42）	0.12（3.68）	0.18（5.04）	0.20（4.78）	0.15（3.50）
	12℃	0.13（2.37）	0.15（5.02）	0.09（4.04）	0.24（5.37）	0.25（4.28）	0.22（2.87）

表 4-3-3 不同温度处理期间百合鳞茎外部鳞片主要游离氨基酸含量（mg·g⁻¹）的变化

Table 4-3-3 Changes of free amino acid content of exterior scales during different cold storage temperature

氨基酸	处理温度	0周	2周	3周	4周	5周	6周
精氨酸 Arg	4℃	11.40（72.33）	20.17（81.23）	16.53（77.39）	14.86（75.82）	14.20（78.06）	13.50（76.17）
	8℃	11.40（72.33）	19.86（82.58）	14.21（79.30）	17.22（78.38）	15.09（80.05）	11.92（74.92）
	12℃	11.40（72.33）	15.19（79.11）	14.49（78.02）	14.41（80.10）	23.26（84.03）	26.53（83.61）
谷氨酸 Glu	4℃	1.99（12.63）	1.56（6.28）	1.46（6.86）	1.30（6.63）	1.29（7.09）	1.24（6.99）
	8℃	1.99（12.63）	1.19（4.95）	0.94（5.24）	1.29（5.87）	1.08（5.74）	1.27（7.98）
	12℃	1.99（12.63）	1.09（5.68）	1.11（5.97）	1.13（6.28）	1.50（5.42）	2.14（6.74）
丙氨酸 Ala	4℃	0.73（4.63）	1.06（4.27）	0.92（4.31）	0.80（4.08）	0.79（4.34）	0.68（3.86）
	8℃	0.73（4.63）	0.82（3.41）	0.76（4.24）	1.02（4.64）	0.80（4.23）	0.79（4.96）
	12℃	0.73（4.63）	0.84（4.37）	0.79（4.25）	0.58（3.22）	0.61（2.20）	0.56（1.76）
天冬氨酸 Asp	4℃	0.44（2.79）	0.33（1.33）	0.34（1.59）	0.33（1.68）	0.36（1.98）	0.31（1.75）
	8℃	0.44（2.79）	0.35（1.45）	0.39（2.18）	0.42（1.91）	0.34（1.80）	0.29（1.82）
	12℃	0.44（2.79）	0.30（1.56）	0.36（1.94）	0.29（1.61）	0.40（1.44）	0.44（1.39）
苏氨酸 Thr	4℃	0.10（0.63）	0.20（0.80）	0.31（1.45）	0.38（1.94）	0.27（1.48）	0.38（2.14）
	8℃	0.10（0.63）	0.24（0.10）	0.28（1.56）	0.33（1.50）	0.29（1.54）	0.26（1.63）
	12℃	0.10（0.63）	0.29（1.51）	0.25（1.35）	0.21（1.17）	0.11（0.40）	0.41（1.29）

表4-3-4 不同温度处理期间百合鳞茎中部鳞片主要游离氨基酸含量（mg·g⁻¹）的变化

Table 4-3-4 Changes of free amino acid content of middle scales during different cold storage temperature

氨基酸	处理温度	0周	2周	3周	4周	5周	6周
精氨酸 Arg	4℃	17.08（75.98）	23.68（81.46）	22.94（83.30）	22.11（82.53）	21.28（81.38）	20.76（80.49）
	8℃	17.08（75.98）	21.94（82.82）	23.40（83.15）	24.52（83.91）	21.35（82.34）	20.27（82.20）
	12℃	17.08（75.98）	18.98（80.83）	20.15（81.88）	18.26（82.74）	23.47（83.52）	27.40（81.62）
谷氨酸 Glu	4℃	2.47（10.99）	1.99（6.84）	1.85（6.72）	2.01（7.50）	1.87（7.15）	1.91（7.41）
	8℃	2.47（10.99）	1.62（6.11）	1.71（6.08）	1.78（6.09）	1.73（6.67）	1.67（6.77）
	12℃	2.47（10.99）	1.99（8.47）	1.88（7.64）	1.48（6.70）	2.04（7.26）	2.91（8.67）
丙氨酸 Ala	4℃	0.95（4.23）	1.06（3.65）	0.92（3.34）	0.83（3.10）	0.75（2.87）	0.59（2.29）
	8℃	0.95（4.23）	1.02（3.85）	0.85（3.02）	0.78（2.67）	0.58（2.24）	0.87（3.53）
	12℃	0.95（4.23）	0.79（3.36）	0.71（2.89）	0.57（2.58）	0.61（2.17）	0.46（1.37）

天冬氨酸 Asp	4℃	0.49(2.18)	0.38(1.31)	0.35(1.27)	0.30(1.12)	0.39(1.49)	0.31(1.20)
	8℃	0.49(2.18)	0.34(1.28)	0.39(1.39)	0.45(1.54)	0.32(1.23)	0.22(0.89)
	12℃	0.49(2.18)	0.33(1.41)	0.36(1.46)	0.38(1.72)	0.34(1.21)	0.84(2.50)
苏氨酸 Thr	4℃	0.09(0.40)	0.19(0.65)	0.21(0.76)	0.15(0.56)	0.29(1.11)	0.21(0.81)
	8℃	0.09(0.40)	0.17(0.64)	0.10(0.35)	0.07(0.24)	0.15(0.58)	0.18(0.73)
	12℃	0.09(0.40)	0.06(0.25)	0.12(0.49)	0.16(0.72)	0.08(0.28)	0.17(0.51)

表 4-3-5　不同温度处理期间百合鳞茎内部鳞片主要游离氨基酸含量($mg \cdot g^{-1}$)的变化

Table 4-3-5　Changes of free amino acid content of interior scales during different cold storage temperature

氨基酸	处理温度	0周	2周	3周	4周	5周	6周
精氨酸 Arg	4℃	16.83(71.53)	30.63(79.67)	28.93(81.22)	27.15(80.35)	21.47(78.47)	20.39(81.72)
	8℃	16.83(71.53)	25.34(82.06)	26.60(81.98)	29.23(82.62)	24.53(81.41)	20.97(80.81)
	12℃	16.83(71.53)	23.74(80.94)	25.25(81.57)	26.68(82.93)	33.60(83.44)	15.55(77.48)
谷氨酸 Glu	4℃	2.81(11.94)	3.15(8.20)	2.85(8.00)	2.66(7.87)	2.34(8.55)	2.08(8.34)
	8℃	2.81(11.94)	2.03(6.57)	2.29(7.06)	2.47(6.98)	2.31(7.67)	2.20(8.48)
	12℃	2.81(11.94)	2.48(8.45)	2.36(7.63)	2.24(6.96)	3.01(7.47)	1.22(6.08)
丙氨酸 Ala	4℃	1.18(5.01)	1.40(3.64)	1.19(3.34)	0.83(2.46)	0.74(2.70)	0.59(2.36)
	8℃	1.18(5.01)	1.14(3.69)	0.95(2.93)	0.71(2.01)	0.80(2.65)	0.92(3.54)
	12℃	1.18(5.01)	0.92(3.14)	0.82(2.65)	0.54(1.68)	0.46(1.14)	0.68(3.39)
天冬氨酸 Asp	4℃	0.58(2.46)	0.45(1.17)	0.65(1.83)	0.68(2.01)	0.53(1.93)	0.50(2.00)
	8℃	0.58(2.46)	0.51(1.65)	0.57(1.77)	0.75(2.12)	0.55(1.84)	0.39(1.50)
	12℃	0.58(2.46)	0.42(1.43)	0.66(2.13)	0.58(1.80)	0.69(1.71)	0.27(1.34)
苏氨酸 Thr	4℃	0.14(0.59)	0.21(0.55)	0.28(0.79)	0.33(0.98)	0.22(0.80)	0.15(0.60)
	8℃	0.14(0.59)	0.11(0.36)	0.15(0.46)	0.20(0.56)	0.18(0.60)	0.26(1.00)
	12℃	0.14(0.59)	0.08(0.27)	0.12(0.39)	0.18(0.56)	0.25(0.62)	0.34(1.69)

3.2.3　小结与讨论

3.2.3.1　POD活性变化与鳞茎休眠解除的关系

百合鳞茎中顶芽和鳞片的POD活性变化规律不同，处于休眠状态的顶芽内POD活性较高，顶芽萌动后其活性逐渐降低。而鳞片中的POD活性在休眠前期变化平缓，冷藏第4～5周鳞茎休眠解除时其活性呈迅速上升趋势。此研究结果与前人研究结果（王鹏等，2003；赵鹂等，2002）相似，低温促进POD活性升高可能是休眠解除的原因之一。但是，POD仅是鳞茎内活性氧清除系统的一种酶，而植物体内的代谢反应相当复杂，涉及诸多的酶和底物，究竟谁是诱导休眠解除的直接信号，尚需进一步的研究验证。但至少可以认为，POD活性可能与控制百合鳞茎休眠解除的某一个或多个基因有关。

3.2.3.2　可溶性蛋白质含量的变化与鳞茎休眠解除的关系

可溶性蛋白质含量在一定程度上反映了新陈代谢的状况，植物处于休眠状态时，鳞茎内代谢缓慢，可溶性蛋白含量低，一旦鳞茎打破休眠，植物对蛋白质的需求就会增加。本研究结果表明，低温处理的前4周鳞片内可溶性蛋白含量下降，在冷藏第4~5周时逐渐上升，至第5周时其含量达到最大值。鳞片中可溶性蛋白质含量的增加，可作为百合鳞茎解除休眠一个重要生理标志，本研究与前人研究结果（涂淑萍等，2005、管毕财等，2006））相一致。而顶芽的蛋白质含量在整个冷藏期间一直呈下降趋势，说明顶芽的萌动需要消耗大量的蛋白质。

3.2.3.3　游离氨基酸的变化与鳞茎休眠解除的关系

游离氨基酸是植物体内重要的氮代谢中间产物及原初的碳素同化产物，在植物的碳氮代谢过程中具有重要作用。百合鳞茎低温解除休眠过程中，由氨基酸的含量及组分变化可知，百合鳞茎的游离氨基酸主要集中在顶芽、内部鳞片等相对幼嫩的器官中。从含量高、变化大的氨基酸种类来看，顶芽和鳞茎盘内主要是精氨酸、苏氨酸和谷氨酸；鳞片内以精氨酸、谷氨酸为主。精氨酸、谷氨酸均属于谷氨酸族，因此，谷氨酸族的氨基酸在百合鳞茎的代谢中起着重要作用，它们的碳架均来源于三羧酸循环的中间产物a—酮戊二酸。关于不同温度对于鳞茎呼吸途径的影响的报道尚少，但有研究表明，在果树芽解除休眠过程中三羧酸循环途径无明显变化（高东升，2001），这可能也是本试验中一些游离氨基酸的含量变化在不同温度处理间差异不明显的原因。

百合鳞茎内精氨酸的含量占鳞茎氨基酸总量的百分比平均达到40%以上。低温处理初期的前2周，顶芽内精氨酸含量显著变化，而且精氨酸含量随着处理温度的升高而增加，一方面可能是由于处理温度越高，鳞茎呼吸速率越大，另一方面，生物体内的精氨酸参与多胺代谢过程，多胺作为具有调节活性的物质在植物的发育中起调控作用。但百合鳞茎低温解除休眠过程中是否存在精氨酸向多胺的代谢途径有待于深入研究。因此，百合鳞茎解除休眠过程中精氨酸的代谢去向及代谢产物的生理功能有待于深入研究。

3.3　低温解除百合鳞茎休眠过程中鳞茎内的内源激素变化

3.3.1　材料与方法

试验设计同本章第二节。测定百合鳞茎内赤霉素（GA_3）、脱落酸（ABA），吲哚乙酸（IAA）和玉米素核苷（ZR）四种激素含量。

采用酶联免疫吸附测定法（ELISA），方法参见丁静等人（1979）。ELISA试剂盒由中国农业大学生产。

3.3.2　结果与分析

3.3.2.1　低温冷藏过程中鳞茎各部位内源激素含量的变化

（1）低温冷藏过程中鳞茎各部位ABA含量的变化

图4-10可以看出，在外部鳞片和中部鳞片冷藏初期的前2周，ABA含量显著下降，冷藏第2~4周，4℃和8℃处理其含量呈增加趋势，而12℃处理在冷藏第3~4周其含量下降，3种温度处理冷藏至第5周时其含量降至最低，冷藏第5周后又呈上升趋势。内部鳞片的ABA含量变化总体呈下降趋势，其中冷藏初期的前2周下降幅度较大，但在冷藏第2~3周和第5~6周间存在上升过程；顶芽内ABA含量与鳞茎盘相似，在冷藏的前5周总体呈下降趋势，冷藏至第5周降至最低点后其含量迅速上升。

不同温度处理相比较，各部位鳞片的ABA含量都随处理温度升高而下降，其含量以4℃处理最高，12℃处理含量最低；鳞茎盘和顶芽的ABA含量在冷藏的前5周相差不大，冷藏第5周后鳞茎盘的ABA含量以12℃和8℃处理明显高于4℃处理，而顶芽其含量以8℃处理明显高于4℃和12℃处理。

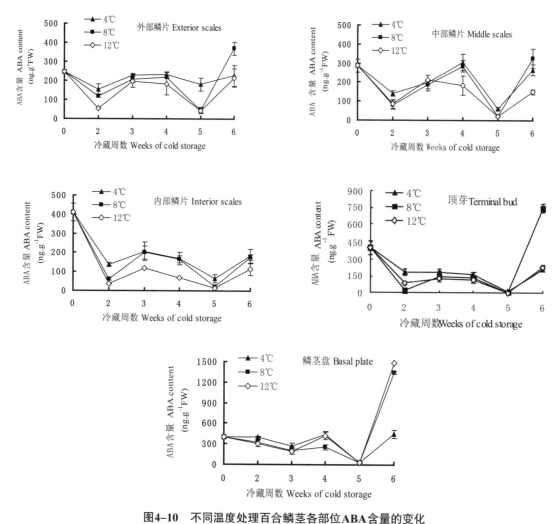

图4-10 不同温度处理百合鳞茎各部位ABA含量的变化

Fig 4-10 Changes of ABA content in different parts of lily bulb stored at different temperature

（2）低温冷藏过程中鳞茎各部位GA₃含量的变化

从图4-11可以看出，低温处理期间，各部位鳞片的GA_3含量变化趋势基本相似，鳞片在冷藏第3周达到峰值后其含量迅速下降，冷藏第4周后其含量又呈上升趋势；鳞茎盘内GA_3含量在冷藏初期的前2周呈上升趋势，且12℃处理的上升趋势明显高于8℃和4℃处理；顶芽内GA_3含量在整个冷藏期间呈先上升后下降再上升的变化过程，在冷藏的前4周上升，至冷藏第4周达到峰值后急剧下降，第5周后又呈逐渐增加趋势。

不同温度处理相比较，外部鳞片的GA_3的含量在冷藏第3周时以4℃处理含量最低，但冷藏至第5周时则4℃处理含量最高，12℃处理最低。中部鳞片GA_3的含量在冷藏的前4周以4℃处理含量最高，但冷藏第4周后则4℃处理含量最低。鳞茎盘内GA_3含量为12℃处理最高，4℃处理最低。顶芽内GA_3含量为4℃处理最高，12℃处理在整个冷藏期间均较低。

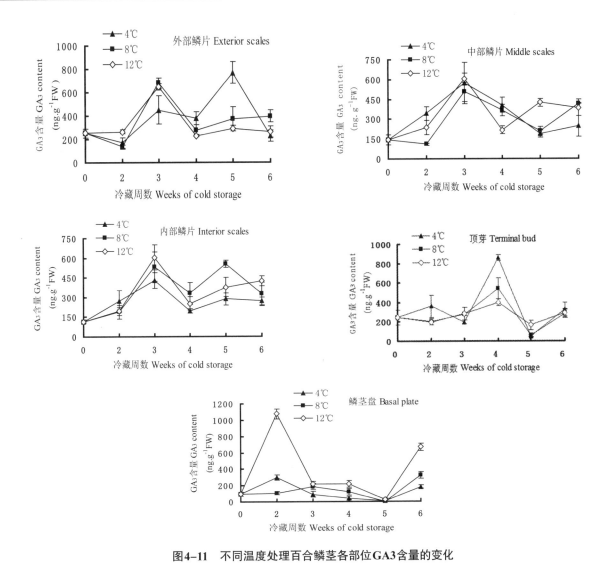

图4-11　不同温度处理百合鳞茎各部位GA3含量的变化

Fig 4-11　Changes of GA3 content in different parts of lily bulb stored at different temperature

（3）低温冷藏过程中鳞茎各部位IAA含量的变化

从图4-12可以看出，低温处理期间，鳞茎不同部位的IAA含量的变化趋势基本一致。各部位鳞片的IAA含量在冷藏的前4周变化较小，冷藏第4周后，三种温度处理的IAA含量呈上升趋势，但外部鳞片12 ℃处理的IAA含量在冷藏第5～6周呈下降趋势。鳞茎盘的IAA含量在冷藏的前3周呈下降趋势，冷藏第3周后其含量又呈逐渐上升趋势。顶芽的IAA含量在冷藏的前5周呈逐渐下降趋势，第5周后其含量又呈增加趋势。

不同温度处理相比较，各部位鳞片、鳞茎盘的IAA含量与ABA含量相反，冷藏的前5周以12 ℃处理含量最高，4 ℃处理最低。

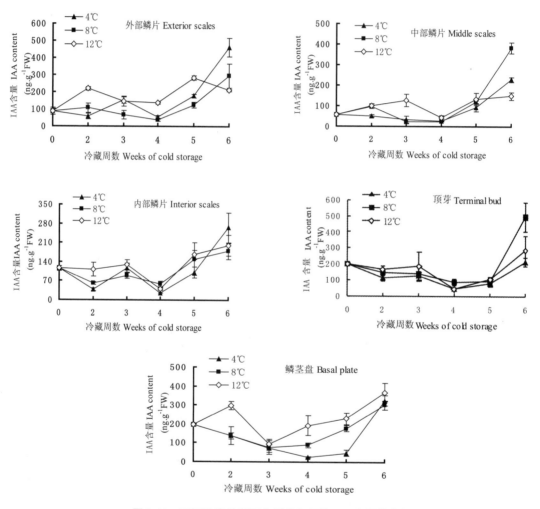

图4-12　不同温度处理百合鳞茎各部位IAA含量的变化

Fig 4-12　Changes of IAA content in different parts of lily bulb stored at different temperature

（4）低温冷藏过程中鳞茎各部位ZR含量的变化

由图4-13可知，低温处理期间，各部位鳞片、顶芽内ZR含量变化趋势基本一致。ZR含量在冷藏的3周达到峰值后其含量迅速下降，冷藏第4周后其含量又呈缓慢上升趋势，其中12℃处理冷藏第3周后其含量一直呈下降趋势。鳞茎盘的ZR含量在冷藏期间呈先上升后下降再缓慢上升的变化趋势。

不同温度处理相比较，除内部鳞片的ZR含量以4℃处理最高外，鳞茎其他部位的ZR含量基本以12℃处理最高，4℃处理最低。

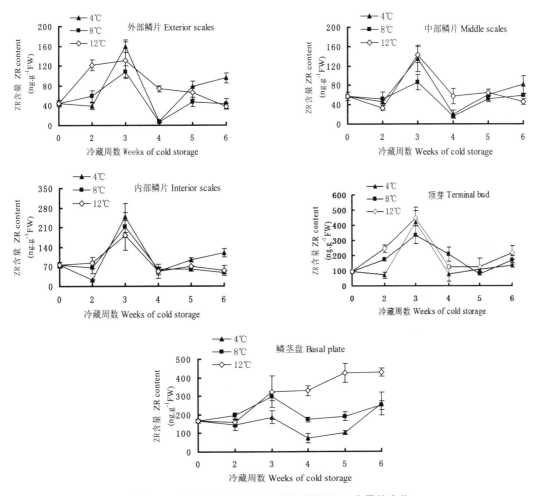

图4-13　不同温度处理百合鳞茎各部位ZR含量的变化
Fig 4-13　Changes of ZR content in different parts of lily bulb stored at different temperature

3.3.2.2 低温冷藏过程中鳞茎各部位内源激素比值的变化

鳞茎解除休眠不仅与鳞茎内激素的绝对含量有关，更重要的是与各激素间的平衡作用有关，特别是生长促进激素与生长抑制激素间的比例及平衡作用。因此，本试验进一步比较了低温处理过程中各种内源激素比值的变化。

GA_3/ABA的比值大小可决定鳞茎处于休眠或萌发状态，二者比值越大，说明越有利于鳞茎解除休眠，从而促进鳞茎萌发。由图4–14可以看出，GA_3/ABA除鳞茎盘外，外部、中部、内部鳞片以及顶芽均在低温处理第5周时比值达到高峰值，且表现出12 ℃>8 ℃>4 ℃的差异，说明冷藏第5周时鳞茎已解除休眠，鳞茎解除休眠的速度为12 ℃>8 ℃>4 ℃。

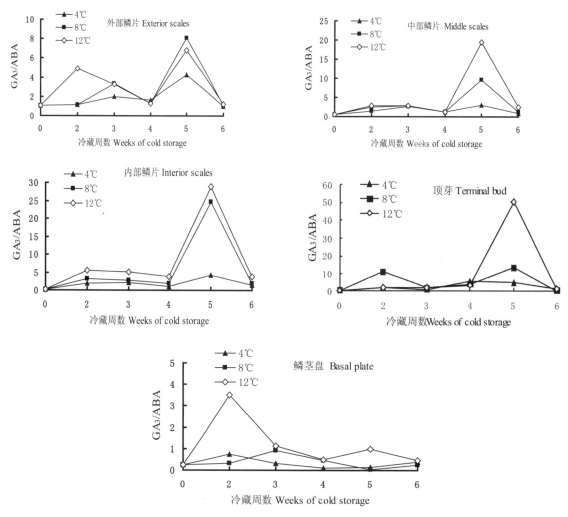

图4–14 不同温度处理百合鳞茎各部位GA3/ABA的变化

Fig 4–14 Changes of GA3/ABA in different parts of lily bulb stored at different temperature

由图4-15可以看出，在低温处理过程中IAA/ABA的比值，与GA$_3$/ABA的比值变化相似，表现为冷藏第5周时比值达到最大值，也表现出12℃>8℃>4℃的差异。

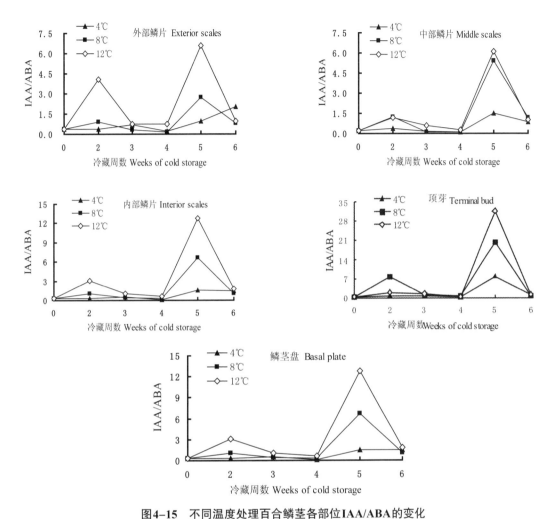

图4-15　不同温度处理百合鳞茎各部位IAA/ABA的变化

Fig 4-15　**Changes of IAA/ABA in different parts of lily bulb stored at different temperature**

由图4-16可以看出，ZR/ABA的比值除12℃处理的外部鳞片外，其他中部、内部鳞片以及鳞茎盘、顶芽均在低温处理第5周时达到峰值，也表现出12℃>8℃>4℃的差异。

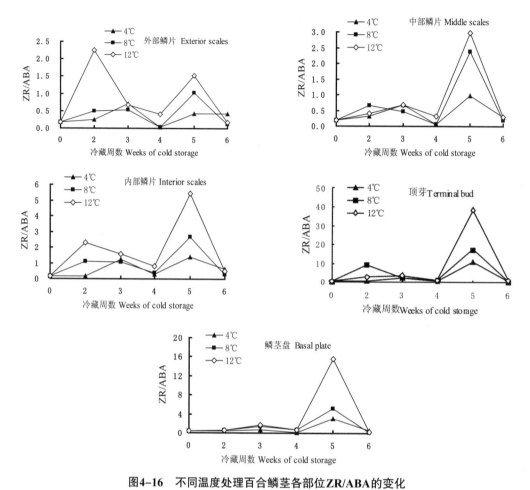

图4-16　不同温度处理百合鳞茎各部位ZR/ABA的变化

Fig.4-16　Changes of ZR/ABA in different parts of lily bulb stored at different temperature

由图4-17可看出，低温处理过程中，GA_3/IAA的比值变化除鳞茎顶芽外，其他各部位的比值变化总体上呈先上升后下降的趋势，外部、中部鳞片为冷藏第3周达到最大值，且表现出8 ℃>4 ℃>12 ℃的差异。顶芽为冷藏第4周达到最大值。

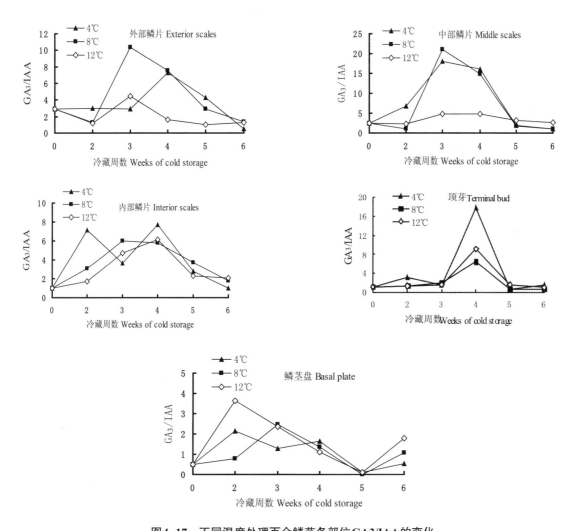

图4-17 不同温度处理百合鳞茎各部位GA3/IAA的变化

Fig 4-17 Changes of GA3/IAA in different parts of lily bulb stored at different temperature

由图4-18可以看出，GA₃/ZR的变化以外部、中部鳞片以及顶芽在冷藏第4周时达到最大值，鳞茎盘以冷藏第2周时达到最大值。内部鳞片4℃在冷藏第2周最大。

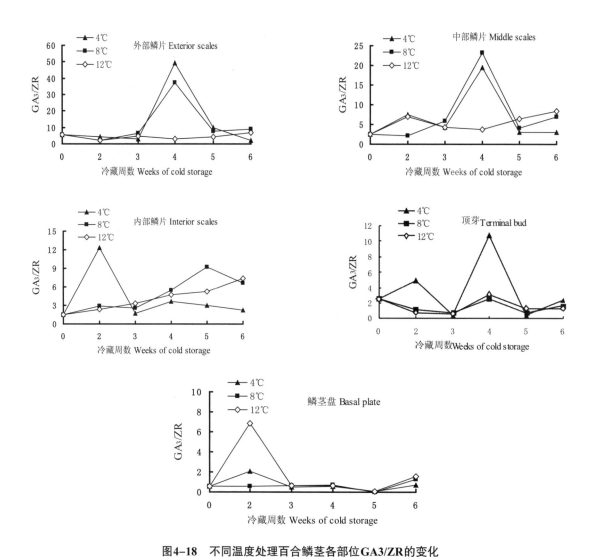

图4-18　不同温度处理百合鳞茎各部位GA3/ZR的变化

Fig 4-18　Changes of GA3/ZR in different parts of lily bulb stored at different temperature

由图4-19可以看出，百合鳞茎不同部位的ZR/IAA总体上变化趋势相似，整个处理过程呈先升高后降低的趋势，基本以冷藏第3周时达到高峰值。

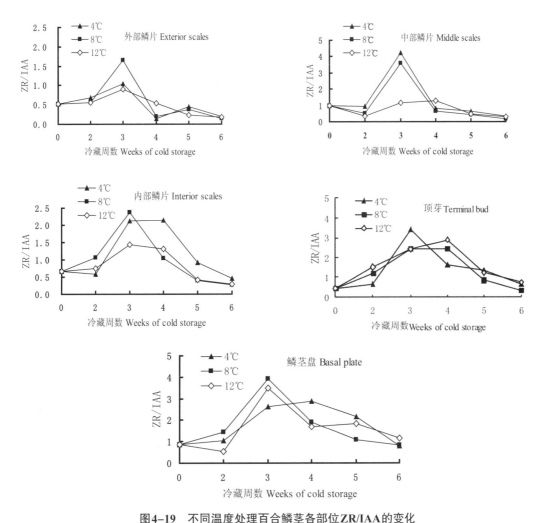

图4-19　不同温度处理百合鳞茎各部位ZR/IAA的变化

Fig 4-19　Changes of GA3/ZR in different parts of lily bulb stored at different temperature

3.3.2.3　低温冷藏过程中鳞茎各部位内源激素的相关分析

三种温度处理中，内源ABA、GA_3、IAA、ZR都发生了较大的变化，这说明百合鳞茎的休眠并非单纯取决于某一促进物或抑制物含量的高低，而是包括四种内源激素在内的多种因素共同作用的结果。为明确各种内源激素在休眠解除中所起的作用，进一步分析了低温处理期间鳞茎各部位四种激素及其比值间的相关性。以三种温度的所有数值为单位，分别计算了鳞茎各部位四种激素及其比值间的简单相关系数，结果汇于表4-3-6、表4-3-7、表4-3-8、表4-3-9和表4-3-10。

从表4-3-6可以看出，顶芽中的四种内源激素，除IAA与ABA呈极显著正相关外，其他各激素之间并无显著相关关系，但一些激素的比值之间却存在显著或极显著的相关关系。

从表4-3-7可以看出，鳞茎盘中的四种内源激素，1AA分别与ABA、GA_3呈极显著和显著的正相关，1AA还与ZR也呈显著的正相关。除IAA与ZR/IAA存在极显著负相关外，没有发现其他任何两种指标存在显著的负相关关系，说明鳞茎盘的激素代谢途径与其他部位不同，可能是内源激素的主要合成部位。

从表4-3-8、表4-3-9、表4-3-10可以看出，不同部位的鳞片内源激素之间的相关也各不相同，外部鳞片中的四种内源激素间不存在显著或极显著的相关关系。中部鳞片和内部鳞片的ZR与GA_3都呈显著正相关，内部鳞片的GA_3与ABA还呈显著的负相关。另外，一些激素的比值之间存在着显著或极显著的相关关系。

表4-3-6　不同温度处理百合鳞茎顶芽中内源激素的相关分析

Table 4-3-6　Correlation analysis of endogenous hormones in bud of lily bulb stored at different temperature

	ABA	GA₃	IAA	ZR	GA₃/ABA	IAA/ABA	ZR/ABA	GA₃/IAA	GA₃/ZR	ZR/IAA
ABA	1.000									
GA₃	0.114	1.000								
IAA	0.821**	−0.177	1.000							
ZR	−0.108	−0.107	0.101	1.000						
GA₃/ABA	−0.426	−0.202	−0.268	−0.185	1.000					
IAA/ABA	−0.473*	−0.426	−0.253	−0.229	0.927**	1.000				
ZR/ABA	−0.498*	−0.406	−0.277	−0.149	0.960**	0.983**	1.000			
GA₃/IAA	−0.141	0.897**	−0.459*	−0.214	−0.040	−0.210	−0.195	1.000		
GA₃/ZR	0.096	0.869**	−0.259	−0.449	−0.095	−0.253	−0.266	0.874**	1.000	
ZR/IAA	−0.447	0.196	−0.505*	0.673**	−0.037	−0.128	−0.043	0.326	−0.092	1.000

注：n= 18，df=16，r0.05，16=0.468，r0.01，16=0.590。*和**分别表示0.05和0.01水平的差异显著性，下同。

Note: * and** indicate the significance of P≤0.05 and P≤0.01 respectively, the same as below。

表4-3-7　不同温度处理百合鳞茎鳞茎盘中内源激素的相关分析

Table 4-3-7　Correlation analysis of endogenous hormones in basal plate of lily bulb stored at different temperature

	ABA	GA₃	IAA	ZR	GA₃/ABA	IAA/ABA	ZR/ABA	GA₃/IAA	GA₃/ZR	ZR/IAA
ABA	1.000									
GA₃	0.433	1.000								
IAA	0.614**	0.570*	1.000							
ZR	0.309	0.181	0.485*	1.000						
GA₃/ABA	−0.134	0.799**	0.254	0.098	1.000					
IAA/ABA	−0.286	−0.063	0.246	0.451*	0.195	1.000				
ZR/ABA	−0.393	−0.270	0.043	0.444	0.064	0.948**	1.000			
GA₃/IAA	0.155	0.748**	−0.001	0.043	0.739**	−0.294	−0.375	1.000		
GA₃/ZR	0.159	0.919**	0.390	−0.117	0.890**	−0.047	−0.242	0.741**	1.000	
ZR/IAA	−0.336	−0.314	−0.715**	0.137	−0.066	−0.088	0.096	0.271	−0.344	1.000

表4-3-8　不同温度处理百合鳞茎外部鳞片中内源激素的相关分析

Table 4-3-8　Correlation analysis of endogenous hormones in exterior scales of lily bulb stored at different temperature

	ABA	GA₃	IAA	ZR	GA₃/ABA	IAA/ABA	ZR/ABA	GA₃/IAA	GA₃/ZR	ZR/IAA
ABA	1.000									
GA₃	0.125	1.000								
IAA	0.007	−0.057	1.000							
ZR	−0.170	0.433	0.319	1.000						

GA₃/ABA	−0.752**	0.342	0.131	0.234	1.000				
IAA/ABA	−0.707**	−0.128	0.523*	0.202	0.735**	1.000			
ZR/ABA	−0.765**	0.024	0.309	0.523*	0.733**	0.828**	1.000		
GA₃/IAA	0.174	0.547*	−0.611**	−0.097	−0.003	−0.434	−0.294	1.000	
GA₃/ZR	0.212	0.061	−0.378	−0.570*	−0.135	−0.269	−0.371	0.587*	1.000
ZR/IAA	−0.040	0.478*	−0.353	0.636**	0.053	−0.243	0.123	0.480*	−0.355	1.000

表4-3-9 不同温度处理百合鳞茎中部鳞片中内源激素的相关分析

Table 4-3-9　Correlation analysis of endogenous hormones in middle scales of lily bulb stored at different temperature

	ABA	GA₃	IAA	ZR	GA₃/ABA	IAA/ABA	ZR/ABA	GA₃/IAA	GA₃/ZR	ZR/IAA
ABA	1.000									
GA₃	0.096	1.000								
IAA	0.093	0.073	1.000							
ZR	−0.006	0.537*	0.089	1.000						
GA₃/ABA	−0.649**	0.207	0.092	0.060	1.000					
IAA/ABA	−0.693**	−0.035	0.268	−0.051	0.917**	1.000				
ZR/ABA	−0.740**	0.075	0.090	0.141	0.947**	0.957**	1.000			
GA₃/IAA	0.236	0.609**	−0.534*	0.142	−0.110	−0.352	−0.203	1.000		
GA₃/ZR	0.286	0.329	−0.195	−0.517*	−0.044	−0.150	−0.216	0.529*	1.000	
ZR/IAA	0.091	0.492*	−0.463	0.593**	−0.105	−0.319	−0.092	0.755**	−0.127	1.000

表4-3-10 不同温度处理百合鳞茎内部鳞片中内源激素的相关分析

Table 4-3-10　Correlation analysis of endogenous hormones in interior scales of lily bulb stored at different temperature

	ABA	GA₃	IAA	ZR	GA₃/ABA	IAA/ABA	ZR/ABA	GA₃/IAA	GA₃/ZR	ZR/IAA
ABA	1.000									
GA₃	−0.480*	1.000								
IAA	0.011	0.245	1.000							
ZR	0.105	0.508*	0.150	1.000						
GA₃/ABA	−0.556*	0.436	0.247	−0.121	1.000					
IAA/ABA	−0.508*	0.296	0.344	−0.137	0.955**	1.000				
ZR/ABA	−0.596**	0.376	0.229	0.088	0.902**	0.943**	1.000			
GA₃/IAA	−0.332	0.307	−0.704**	0.024	−0.059	−0.204	−0.121	1.000		
GA₃/ZR	−0.448	0.329	−0.061	−0.504*	0.352	0.241	0.081	0.403	1.000	
ZR/IAA	0.026	0.235	−0.532*	0.647**	−0.287	−0.357	−0.132	0.618**	−0.383	1.000

3.3.3 小结与讨论

植物生长发育以及植物对某些环境刺激的反应均受其体内多种激素的制约。自1935年首次发现赤霉素（GA），1961年首次发现脱落酸（ABA）以来，人们对它们在植物休眠领域的生理作用进行了不懈的探索。前人的研究表明，植物激素与鳞茎的休眠与打破有密切关系，ABA是鳞茎萌发的抑制剂，而GA、IAA和ZR是萌发的促进剂（杨世杰，2000）。不同的激素在不同时期的动态变化不尽相同，而且这些变化在品种间也存在差异。有关新铁炮百合休眠解除过程中鳞茎内源激素变化的研究尚未见报道。

本研究结果表明，新铁炮百合鳞茎在低温处理过程中，ABA、GA_3、IAA、ZR等四种内源激素都发生了明显变化。ABA含量变化总体呈先下降后上升的趋势，冷藏5周后上升；GA_3和ZR的含量变化基本都呈先上升后下降再上升的趋势；而IAA含量的变化呈先下降后上升的趋势，冷藏4周后其含量迅速上升。四种激素的比值在不同温度和不同处理时间表现出较大差异，休眠状态的鳞茎GA_3/ABA、IAA/ABA、ZR/ABA最低，随着休眠的解除，GA_3/ABA除鳞茎盘外，ZR/ABA除12 ℃外部鳞片外，鳞茎其他部位的GA_3/ABA、IAA/ABA、ZR/ABA均增大，在冷藏5周时达到最大值，且随着处理温度的升高而上升。综合来看，低温处理4周至5周，内源激素含量及其各激素的比值之间都发生了明显变化，这与顶芽在此期迅速伸长、其他物质代谢也较为剧烈的结果相一致。

通过进一步分析四种激素及其比值的相关性可知，四种内源激素之间存在复杂的互作。在内部鳞片中，GA_3和ABA表现出显著的负相关关系，而外部鳞片、顶芽和鳞茎盘的GA_3和ABA并无任何相关性；在顶芽和鳞茎盘中，IAA和ABA表现出极显著的相关关系；中部鳞片和内部鳞片的GA_3与ZR也存在显著正相关。另外一些激素的比值之间也存在显著或极显著的相关关系。说明百合鳞茎休眠的解除是由四种内源激素在内的多种因素共同作用的结果。这或许是外源施用植物生长调节剂处理种球效果并不明显、结果不尽一致的重要原因。

3.4 低温处理期间百合鳞茎内物质代谢的相关回归分析

3.4.1 统计分析方法

采用DPS（Data Processing System）数据处理软件，对新铁炮百合低温解除休眠过程中各个低温处理的碳水化合物、POD活性、可溶性蛋白质含量、游离氨基酸总量以及顶芽的生长情况与内源激素ABA，GA_3，IAA，ZR进行逐步回归分析，得出多元一次回归方程并进行偏相关检验和通径分析。

3.4.2 结果与分析

3.4.2.1 低温冷藏过程中鳞茎各部位物质代谢的相关分析

从表4-3-11可以看出，外部鳞片中的总可溶性糖分别与还原糖含量、POD活性都存在极显著的正相关关系，还原糖含量与ABA含量呈显著的负相关关系。

从表4-3-12可以看出，中部鳞片的总可溶性糖分别与淀粉含量、还原糖含量和POD活性存在显著、极显著的相关关系，淀粉含量与游离氨基酸总量存在显著的负相关关系，还原糖含量与POD活性、ABA都存在极显著的相关关系，可溶性蛋白质与GA_3之间、POD活性与ABA之间都存在显著的负相关关系。

从表4-3-13可以看出，内部鳞片的淀粉含量分别与游离氨基酸总量、ABA含量呈显著和极显著相关关系，POD活性与IAA呈显著的正相关，游离氨基酸总量分别与ABA、IAA呈显著的负相关关系。

从表4-3-14可以看出，顶芽的生长与顶芽内可溶性蛋白质含量、POD活性以及游离氨基酸总量、IAA含量都存在极显著或显著相关关系。顶芽的可溶性蛋白质含量与游离氨基酸总量呈极显著正相关，表明鳞茎顶芽中蛋白质含量越高，越有利于氨基酸的合成和积累。POD活性与IAA、ZR含量分别呈显著负相关和极显著正相关关系。

从表4-3-15可以看出，鳞茎盘的可溶性蛋白质含量与ZR呈极显著负相关。

表4-3-11　不同温度处理百合鳞茎外部鳞片中物质代谢的相关分析

Table 4-3-11　Correlation analysis of substances metabolism in exterior scales of lily bulb stored at different temperature

	可溶性糖含量	淀粉含量	还原糖含量	蛋白质含量	POD活性	氨基酸总量
可溶性糖含量	1.0000					
淀粉含量	-0.1632	1.0000				
还原糖含量	0.6580**	0.0303	1.0000			
蛋白质含量	0.3490	0.1128	0.4201	1.0000		
POD活性	0.7230**	0.1328	0.4484	0.3936	1.0000	
氨基酸总量	-0.1905	-0.4117	0.1081	-0.4501	-0.2853	1.0000
ABA	-0.1137	0.2340	-0.5842*	-0.1821	-0.0262	-0.4002
GA$_3$	0.4339	0.0063	0.1931	0.1148	0.3305	-0.2592
IAA	0.3476	-0.0649	0.3864	-0.0023	0.4287	0.0653
ZR	-0.0712	-0.1049	0.0114	0.0301	0.1020	-0.1307

注：n=18，df=16，r0.05，16=0.468，r0.01，16=0.590。*和**分别表示0.05和0.01水平的差异显著性，下同。

Note: * and** indicate the significance of P≤0.05 and P≤0.01 respectively, the same as below。

表4-3-12　不同温度处理百合鳞茎中部鳞片中物质代谢的相关分析

Table 4-3-12　Correlation analysis of substances metabolism in middle scales of lily bulb stored at different temperature

	可溶性糖含量	淀粉含量	还原糖含量	蛋白质含量	POD活性	氨基酸总量
可溶性糖含量	1.0000					
淀粉含量	-0.5356*	1.0000				
还原糖含量	0.7074**	-0.1722	1.0000			
蛋白质含量	-0.2869	0.3554	0.2338	1.0000		
POD活性	0.8778**	-0.4300	0.6721**	-0.1716	1.0000	
氨基酸总量	0.3277	-0.5121*	0.0928	-0.4143	0.1435	1.0000
ABA	-0.4242	0.5723*	-0.6477**	-0.1962	-0.5040*	-0.2756
GA$_3$	0.1999	-0.3905	-0.0991	-0.5298*	-0.0631	0.4659
IAA	0.3161	-0.0697	0.1931	-0.2889	0.3921	-0.0153
ZR	0.0405	-0.0165	-0.0657	-0.1577	0.0434	-0.0965

表4-3-13 不同温度处理百合鳞茎内部鳞片中物质代谢的相关分析

Table 4-3-13 Correlation analysis of substances metabolism in interior scales of lily bulb stored at different temperature

	可溶性糖含量	淀粉含量	还原糖含量	蛋白质含量	POD活性	氨基酸总量
可溶性糖含量	1.0000					
淀粉含量	−0.3603	1.0000				
还原糖含量	0.1522	0.2146	1.0000			
蛋白质含量	−0.2122	0.1905	0.0668	1.0000		
POD活性	0.4663	−0.0180	0.3864	0.0905	1.0000	
氨基酸总量	−0.1785	−0.5508*	0.0552	−0.0557	−0.1922	1.0000
ABA	−0.2357	0.7729**	−0.1692	0.3915	−0.1521	−0.4783*
GA$_3$	0.2282	−0.3789	0.1326	−0.0542	0.1044	0.2922
IAA	0.3950	0.1162	0.3280	0.0513	0.5181*	−0.4843*
ZR	0.0939	−0.0790	−0.2704	0.1860	−0.0131	0.1227

表4-3-14 不同温度处理百合鳞茎顶芽中物质代谢的相关分析

Table 4-3-14 Correlation analysis of substances metabolism in terminal bud of lily bulb stored at different temperature

	顶芽长度	蛋白质含量	POD活性	氨基酸总量
顶芽长度	1.0000			
蛋白质含量	−0.8989**	1.0000		
POD活性	−0.5973**	0.4416	1.0000	
氨基酸总量	−0.4904*	0.7103**	0.0745	1.0000
ABA	0.2183	0.1178	−0.3601	0.2030
GA$_3$	−0.1098	0.0267	0.1069	−0.1100
IAA	0.5234*	−0.2552	−0.4844*	−0.0682
ZR	−0.0202	−0.0808	0.6136**	−0.1114

表4-3-15 不同温度处理百合鳞茎鳞茎盘中物质代谢的相关分析

Table 4-3-15 Correlation analysis of substances metabolism in basal plate of lily bulb stored at different

	蛋白质含量	POD活性	氨基酸总量
蛋白质含量	1.0000		
POD活性	−0.3178	1.0000	
氨基酸总量	0.2490	−0.2162	1.0000
ABA	0.0129	−0.1181	0.4131
GA$_3$	−0.0900	−0.2425	−0.1138
IAA	−0.0401	−0.4512	0.3049
ZR	−0.7343**	0.1252	0.1147

3.4.2.2 低温冷藏过程中顶芽内各物质代谢与内源激素含量的相关分析

（1）顶芽内POD活性与内源激素含量的相关分析

本文对低温处理过程中百合鳞茎顶芽内的POD活性（Y）变化与ABA（X_1），GA$_3$（X_2），IAA（X_3），ZR（X_4）4种内源激素的变化进行了逐步回归分析，解析出的回归方程为Y= 15.98＋0.02X1－0.07X3＋0.05X4，简单相关系数R=0.8793。经F测验，F值为 15.90，显著水平P=0.0001<0.05。为正确分析各种内源激素与POD活性之间的真实关系，对上述结果进行了偏相关分析（表4-3-16），结果表明所得方程真实可信，顶芽内POD活性变化主要是ABA，IAA和ZR作用的结果。通径分析结果表明在上述3种内源激素中，对POD活性的贡献率为IAA>ZR>ABA（见表4-3-17）。

表4-3-16 POD活性与4种内源激素含量的偏相关系数及检验
Table 4-3-16 The partial correlation coefficient and test between POD activity and endogenous hormone

相关因子 Correlation factor	偏相关系数 Partial correlation coefficient	t值	显著水平p
r（y，X_1）	0.5431	2.4200	0.0287
r（y，X_3）	−0.7595	4.3692	0.0005
r（y，X_4）	0.8378	5.7414	0.0000

表4-3-17 试验结果的通径分析
Table 4-3-17 Path analysis of trial results

因子Factors	直接Direct	通过X_1 Pass X_1	通过X_3 Pass X_3	通过X_4 Pass X_4
X_1	0.5729		−0.8485	−0.0845
X_3	−1.034	0.4703		0.0789
X_4	0.7802	−0.062	−0.1045	

（2）顶芽内可溶性蛋白质含量与内源激素含量的相关分析

对低温处理过程中百合鳞茎顶芽内的可溶性蛋白质含量（Y）与ABA（X1），GA$_3$（X_2），IAA（X_3），ZR（X_4）4种内源激素的变化进行了逐步回归分析，解析出的回归方程为Y= 10.14＋0.006X1−0.002X$_2$−0.01X$_3$，简单相关系数R=0.7042。经F测验，F值为 4.59，显著水平P=0.0194<0.05。偏相关分析（表4-3-18）结果表明顶芽内可溶性蛋白质含量变化主要是ABA，GA$_3$和IAA作用的结果，通径分析结果表明ABA与IAA对可溶性蛋白质含量的作用明显大于GA$_3$的作用（见表4-3-19）。

表4-3-18 可溶性蛋白质含量与4种内源激素含量的偏相关系数及检验
Table 4-3-18 The partial correlation coefficient and test between soluble protein content and endogenous hormone

相关因子 Correlation factor	偏相关系数 Partial correlation coefficient	t值	显著水平p
r（y，X_1）	0.6787	3.4578	0.0035
r（y，X_2）	−0.4108	1.6858	0.1125
r（y，X_3）	−0.6991	3.6586	0.0023

表4-3-19　试验结果的通径分析
Table 4-3-19　Path analysis of trial results

因子Factors	直接Direct	通过X_1 Pass X_1	通过X_2 Pass X_2	通过X_3 Pass X_3
X_1	1.2956		−0.0419	−1.1359
X_2	−0.3665	0.1481		0.2450
X_3	−1.3837	1.0636	0.0649	

（3）顶芽内游离氨基酸总量与内源激素含量的相关分析

对低温处理过程中百合鳞茎顶芽内的游离氨基酸总量（Y）与ABA（X_1），GA_3（X_2），IAA（X_3），ZR（X_4）4种内源激素的变化进行了逐步回归分析，解析出的回归方程为Y= 13.69＋0.028X_1−0.011X_2−0.047X_3，简单相关系数R=0.5931。经F测验，F值为 2.53，显著水平P=0.099＞0.05。偏相关分析（表4-3-20）结果表明顶芽内游离氨基酸总量变化主要是ABA，GA_3和IAA作用的结果，通径分析结果表明ABA与IAA对游离氨基酸总量的作用明显大于GA_3的作用（表4-3-21）。

表4-3-20　游离氨基酸总量与4种内源激素含量的偏相关系数及检验
Table 4-3-20　The partial correlation coefficient and test between total free amino acid content and endogenous hormone

相关因子 Correlation factor	偏相关系数 Partial correlation coefficient	t值	显著水平p
r（y，X_1）	0.5819	2.6771	0.0172
r（y，X_2）	−0.4233	1.7482	0.1009
r（y，X_3）	−0.5577	2.5141	0.0238

表4-3-21　试验结果的通径分析
Table 4-3-21　Path analysis of trial results

因子Factors	直接Direct	通过X_1 Pass X_1	通过X_2 Pass X_2	通过X_3 Pass X_3
X_1	1.1375		−0.0493	−0.8852
X_2	−0.4310	0.1301		0.1909
X_3	−1.0783	0.9338	0.0763	

（4）冷藏期间顶芽生长与内源激素含量的相关分析

对低温处理过程中百合鳞茎顶芽生长（Y）与ABA（X_1），GA_3（X_2），IAA（X_3），ZR（X_4）4种内源激素的变化进行了逐步回归分析，解析出的回归方程为Y= −0.17−0.004X_1＋0.01X_3，简单相关系数R=0.6410。经F测验，F值为5.23，显著水平P=0.0189<0.05。偏相关分析（表4-3-22）结果表明顶芽是否生长主要是受ABA和IAA的调控。通径分析结果表明IAA的贡献率大于ABA（表4-3-23）。

表4-3-22　顶芽生长与4种内源激素含量的偏相关系数及检验
Table 4-3-22　The partial correlation coefficient and test between sprouting and endogenous hormone

相关因子 Correlation factor	偏相关系数 Partial correlation coefficient	t值	显著水平p
r（y，X_1）	−0.4343	1.8672	0.0803
r（y，X_3）	0.6175	3.0408	0.0078

表4-3-23　试验结果的通径分析

Table 4-3-23　Path analysis of trial results

因子Factors	直接Direct	通过X_1 Pass X_1	通过X_2 Pass X_2
X_1	−0.6480		0.8664
X_3	1.0553	−0.532	

3.4.2.3　低温冷藏过程中部鳞片内各物质代谢与内源激素含量的相关分析

（1）中部鳞片内淀粉含量与内源激素含量的相关分析

对低温处理过程中百合鳞茎中部鳞片的淀粉含量（Y）与ABA（X_1），GA₃（X_2），IAA（X_3），ZR（X_4）4种内源激素的变化进行了逐步回归分析，解析出的回归方程为Y= 13.78＋0.042X_1−0.02X_2，简单相关系数R=0.7263。经F测验，F值为 8.37，显著水平P=0.0036<0.05。偏相关分析（表4-3-24）结果表明中部鳞片的淀粉含量变化主要是ABA，GA₃作用的结果，通径分析结果表明ABA的贡献率大于GA₃（见表4-3-25）。

表4-3-24　淀粉含量与4种内源激素含量的偏相关系数及检验

Table 4-3-24　The partial correlation coefficient and test between starch content and endogenous hormone

相关因子 Correlation factor	偏相关系数 Partial correlation coefficient	t值	显著水平p
r（y，X_1）	0.6653	3.4512	0.0033
r（y，X_2）	−0.5454	2.5202	0.0227

表4-3-25　试验结果的通径分析

Table 4-3-25　Path analysis of trial results

因子Factors	直接Direct	通过X_1 Pass X_1	通过X_2 Pass X_2
X_1	0.6153		−0.0430
X_2	−0.4493	0.0588	

（2）中部鳞片内总可溶性糖含量与内源激素含量的相关分析

对低温处理过程中百合鳞茎中部鳞片的总可溶性糖含量（Y）与ABA（X_1），GA₃（X_2），IAA（X_3），ZR（X_4）4种内源激素的变化进行了逐步回归分析，解析出的回归方程为Y= 9.52−0.014X_1＋0.013X_3，简单相关系数R=0.5544。经F测验，F值为 3.33，显著水平P=0.0636＞0.05。偏相关分析（表4-3-26）及通径分析结果表明，中部鳞片总可溶性糖含量变化主要是ABA和IAA二者共同作用的结果（见表4-3-27）。

表4-3-26　可溶性糖含量与4种内源激素含量的偏相关系数及检验

Table 4-3-26　The partial correlation coefficient and test between soluble sugar content and endogenous hormone

相关因子 Correlation factor	偏相关系数 Partial correlation coefficient	t值	显著水平p
r（y，X_1）	−0.4802	2.1200	0.0500
r（y，X_3）	0.3943	1.6618	0.1160

表4-3-27　试验结果的通径分析
Table 4-3-27　Path analysis of trial results

表4-3-27　试验结果的通径分析
Table 4-3-27　Path analysis of trial results

因子Factors	直接Direct	通过X_1 Pass X_1	通过X_3 Pass X_3
X_1	−0.4575		0.0334
X_3	0.3586	−0.04226	

（3）中部鳞片内还原糖含量与内源激素含量的相关分析

对低温处理过程中百合鳞茎中部鳞片的还原糖含量（Y）与ABA（X_1），GA_3（X_2），IAA（X_3），ZR（X_4）4种内源激素的变化进行了逐步回归分析，解析出的回归方程为Y= 0.61−0.0019X_1，简单相关系数R=0.6477。经F测验，F值为11.56，显著水平P=0.0037<0.05。偏相关系数为−0.6477，t检验值为3.40，显著水平P=0.0034，表明中部鳞片还原糖含量与ABA含量呈极显著负相关，即还原糖含量主要受ABA含量的调控。

（4）中部鳞片内POD活性与内源激素含量的相关分析

本文对低温处理过程中百合鳞茎中部鳞片的POD活性（Y）变化与ABA（X_1），GA_3（X_2），IAA（X_3），ZR（X_4）4种内源激素的变化进行了逐步回归分析，解析出的回归方程为Y=7.92−0.013X_1＋0.012X_3，简单相关系数R=0.6696。经F测验，F值为6.10，显著水平P=0.0115<0.05。偏相关分析（表4-3-28）结果表明中部鳞片的POD活性变化主要是ABA，IAA作用的结果，通径分析结果表明ABA的贡献率大于IAA（表4-3-29）。

表4-3-28　POD活性与4种内源激素含量的偏相关系数及检验
Table 4-3-28　The partial correlation coefficient and test between POD activity and endogenous hormone

相关因子 Correlation factor	偏相关系数 Partial correlation coefficient	t值	显著水平p
r（y，X_1）	−0.5901	2.8307	0.0120
r（y，X_3）	0.5104	2.2990	0.0353

表4-3-29　试验结果的通径分析
Table 4-3-29　Path analysis of trial results

因子Factors	直接Direct	通过X_1 Pass X_1	通过X_3 Pass X_3
X_1	−0.5452		0.0412
X_3	0.4428	−0.0507	

（5）中部鳞片内可溶性蛋白质含量与内源激素含量的相关分析

对低温处理过程中百合鳞茎中部鳞片的可溶性蛋白质含量（Y）与ABA（X_1），GA_3（X_2），IAA（X_3），ZR（X_4）4种内源激素的变化进行了逐步回归分析，解析出的回归方程为Y= 7.94−0.002X_2，简单相关系数R=0.5298。经F测验，F值为6.24，显著水平P=0.0237<0.05。偏相关系数为−0.5298，t检验值为2.50，显著水平P=0.0230，表明中部鳞片内可溶性蛋白质含量与GA_3含量显著负相关，即可溶性蛋白质含量主要受GA_3含量的调控。

（6）中部鳞片内游离氨基酸总量与内源激素含量的相关分析

对低温处理过程中百合鳞茎中部鳞片的游离氨基酸总量（Y）与ABA（X_1），GA₃（X_2），IAA（X_3），ZR（X_4）4种内源激素的变化进行了逐步回归分析，解析出的回归方程为Y= 26.19－0.01X_1＋0.015X_2－0.047X_4，简单相关系数R=0.7131。经F测验，F值为4.83，显著水平P=0.0164<0.05。偏相关分析（表4-3-30）结果表明游离氨基酸总量变化主要是ABA，GA₃和ZR作用的结果，通径分析结果表明对游离氨基酸总量的贡献率为GA₃>ZR>ABA。（表4-3-31）。

表4-3-30 游离氨基酸总量与4种内源激素含量的偏相关系数及检验
Table 4-3-30 The partial correlation coefficient and test between total free amino acid content and endogenous hormone

相关因子 Correlation factor	偏相关系数 Partial correlation coefficient	t值	显著水平p
r（y，X_1）	−0.4471	1.8703	0.0811
r（y，X_2）	0.6801	3.4716	0.0034
r（y，X_4）	−0.5261	2.3149	0.0352

表4-3-31 试验结果的通径分析
Table 4-3-31 Path analysis of trial results

因子Factors	直接Direct	通过X_1 Pass X_1	通过X_2 Pass X_2	通过X_4 Pass X_4
X_1	−0.3528		0.0742	0.0031
X_2	0.7762	−0.0337		−0.2765
X_4	−0.5152	0.0021	0.4166	

3.4.2.4 低温冷藏过程中内部鳞片各物质代谢与内源激素含量的相关分析

（1）内部鳞片淀粉含量与内源激素含量的相关分析

对低温处理过程中百合鳞茎内部鳞片的淀粉含量（Y）与ABA（X_1），GA₃（X_2），IAA（X_3），ZR（X_4）4种内源激素的变化进行了逐步回归分析，解析出的回归方程为Y= 8.53＋0.04X_1，简单相关系数R=0.7729。经F测验，F值为 23.73，显著水平P=0.0002<0.05。偏相关系数为0.7729，t检验值为4.87，显著水平P=0.00014，表明内部鳞片淀粉含量与ABA含量极显著正相关，即淀粉含量主要受ABA含量的调控。

（2）内部鳞片总可溶性糖含量与内源激素含量的相关分析

对低温处理过程中百合鳞茎内部鳞片的总可溶性糖含量（Y）与ABA（X_1），GA₃（X_2），IAA（X_3），ZR（X_4）4种内源激素的变化进行了逐步回归分析，解析出的回归方程为Y= 5.91＋0.017X_3，简单相关系数R=0.3950。经F测验，F值为2.96，显著水平P=0.1048＞0.05。偏相关系数为0.3950，t检验值为1.72，显著水平P=0.1036，表明内部鳞片总可溶性糖含量主要受IAA含量的调控。

（3）内部鳞片还原糖含量与内源激素含量的相关分析

对低温处理过程中百合鳞茎内部鳞片的还原糖含量（Y）与ABA（X_1），GA₃（X_2），IAA（X_3），ZR（X_4）4种内源激素的变化进行了逐步回归分析，解析出的回归方程为Y= Y= 0.22＋0.001X_3－0.001X_4，简单相关系数R=0.4604。经F测验，F值为2.0179，显著水平P=0. 1675＞0.05。偏相关分析（表4-3-32）结果及通径分析结果（表4-3-33）表明，内部鳞片的还原糖含量变化主要是IAA，ZR二者共同作用的结果。

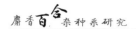
麝香百合杂种系研究

表4-3-32 还原糖含量与4种内源激素含量的偏相关系数及检验

Table 4-3-32 The partial correlation coefficient and test between reducing sugar content and endogenous hormone

相关因子 Correlation factor	偏相关系数 Partial correlation coefficient	t值	显著水平p
$r(y, X_3)$	0.3871	1.6259	0.1235
$r(y, X_4)$	−0.3421	1.4100	0.1777

表4-3-33 试验结果的通径分析

Table 4-3-33 Path analysis of trial results

因子Factors	直接Direct	通过X_3 Pass X_3	通过X_4 Pass X_4
X_3	0.3769		−0.0489
X_4	−0.3268	0.0564	

（4）内部鳞片POD活性与内源激素含量的相关分析

本文对低温处理过程中百合鳞茎内部鳞片的POD活性（Y）变化与ABA（X_1），GA_3（X_2），IAA（X_3），ZR（X_4）4种内源激素的变化进行了逐步回归分析，解析出的回归方程为Y= 4.42＋0.02X_3，简单相关系数R=0.5181。经F测验，F值为 5.87，显著水平P=0.0276<0.05。偏相关系数为0.5181，t检验值为2.42，显著水平P=0.0268，表明内部鳞片的POD活性与IAA含量显著正相关，即POD活性主要受IAA含量的调控。

（5）内部鳞片可溶性蛋白质含量与内源激素含量的相关分析

对低温处理过程中百合鳞茎内部鳞片内的可溶性蛋白质含量（Y）与ABA（X_1），GA_3（X_2），IAA（X_3），ZR（X_4）4种内源激素的变化进行了逐步回归分析，解析出的回归方程为Y= 7.11＋0.002X_1，简单相关系数R=0.3915。经F测验，F值为2.90，显著水平P=0.1082＞0.05。偏相关系数为0.3915，t检验值为1.70，显著水平P=0.1070，表明内部鳞片可溶性蛋白质含量主要受ABA含量的调控。

（6）内部鳞片游离氨基酸总量与内源激素含量的相关分析

对低温处理过程中百合鳞茎内部鳞片内的游离氨基酸总量（Y）与ABA（X_1），GA_3（X_2），IAA（X_3），ZR（X_4）4种内源激素的变化进行了逐步回归分析，解析出的回归方程为Y= 38.35—0.02X_1-0.044X_3，简单相关系数R=0.6768。经F测验，F值为6.34，显著水平P=0.0101<0.05。偏相关分析（表4-3-34）结果表明内部鳞片游离氨基酸总量与ABA、IAA含量都呈显著负相关，通径分析结果表明游离氨基酸总量主要受ABA、IAA含量二者共同作用的结果。（表4-3-35）

表4-3-34 游离氨基酸总量与4种内源激素含量的偏相关系数及检验

Table 4-3-34 The partial correlation coefficient and test between total free amino acid content and endogenous hormone

相关因子 Correlation factor	偏相关系数 Partial correlation coefficient	t值	显著水平p
$r(y, X_1)$	−0.5404	2.4875	0.0243
$r(y, X_3)$	−0.5454	2.5199	0.0227

表4-4-35　试验结果的通径分析
Table 4-3-35　Path analysis of trial results

因子Factors	直接Direct	通过X₁ Pass X₁	通过X₃ Pass X₃
X₁	−0.4728		−0.0054
X₃	−0.4790	−0.0054	

3.4.3　小结与讨论

低温处理百合鳞茎过程中，顶芽内各种物质代谢与内源激素含量的逐步回归分析结果表明，顶芽的生长与顶芽内可溶性蛋白质含量、POD活性以及游离氨基酸总量、IAA含量都存在极显著或显著相关关系。而POD活性与IAA呈显著的相关关系。POD是IAA侧链氧化酶，能显著抑制IAA的活性（武禄光，1987）。本研究表明，鳞茎休眠时，顶芽内较高的POD活性和较低的IAA含量促使鳞茎处于休眠状态；而鳞茎解除休眠时，POD活性的降低以及IAA含量的增加促进鳞茎顶芽生长和萌发，本研究结果与前人研究（王鹏，2003、胡巍，2003）结果基本一致。由此认为，POD可能是调控百合鳞茎休眠解除的关键酶之一，而IAA是促进鳞茎解除休眠的主要内源激素之一。进一步通径分析的结果表明，IAA和ABA是顶芽内物质代谢的关键因子，其次是GA₃含量，而ZR的贡献率则相对较小。

中部鳞片的总可溶性糖分别与淀粉含量、还原糖含量和POD活性存在显著、极显著的相关关系，还原糖含量与POD活性、ABA都存在极显著的相关关系，可溶性蛋白质与GA₃之间、POD活性与ABA之间都存在显著的负相关关系。进一步通径分析的结果表明，ABA和IAA是中部鳞片内物质代谢的关键因子，其次是GA₃含量，而ZR的贡献率则相对较小。

内部鳞片的淀粉含量分别与游离氨基酸总量、ABA呈显著和极显著相关关系，POD活性与IAA呈显著的正相关，游离氨基酸总量分别与ABA、IAA呈显著的负相关关系。鳞茎盘的可溶性蛋白质含量与ZR呈极显著负相关。进一步通径分析的结果表明，ABA和IAA是内部鳞片内物质代谢的关键因子，其次是ZR含量，而GA₃的贡献率则相对较小。

综合以上分析，我们可以推断内源ABA和IAA是抑制和促进新铁炮百合鳞茎萌发的主要因子，其次是GA₃。本研究与孙红梅等（2004）研究兰州百合鳞茎低温休眠解除过程的内源激素变化研究结果不相一致，这可能由于百合种类不同有关。ZR也是促进新铁炮百合鳞茎萌发的因素之一，但其作用的贡献率相对较小。其变化可能是其他因子变化的一种协同反应。

第四节　百合花芽分化过程的形态解剖学研究

植物生长到一定阶段便由叶芽的生理和组织状态转化为花芽的生理和组织状态，发育成花器官雏形，这个过程称作花芽分化（flower bud differentiation）。在这一过程中植物茎端分生组织要经过各种形态的变化，最终形成各花器官原基。花芽分化是有花植物发育中最为关键的阶段，花芽的数量和质量直接影响到花卉的观赏性状和经济价值。因此，掌握花芽分化的规律、特点和条件，对于生产上确保植物顺利通过花芽分化、保证花质、花量以及实施开花的人工调控都有重要指导意义。

近年来，虽有人对百合花芽分化过程进行了研究（黄济明，1985；霍昱璟，2014；冯富娟，1999；郭蕊等，2006；Healy，1984；Ohkawa et al，1990；沈革志等，1999），但对其花芽形态解剖研究较少，他们对花芽形态分化的时期划分不够完整，不能充分说明花序结构发育的顺序性和完整性，而且有些时期及其顺序至今尚未确定，难以与实际生产需要相联系。由于不同品系和品种、不同栽培环境会导致花芽分化过程产生较大差异。因此本文在结合前人工作基础上，通过对不同种类百合的花芽分化过程进行形态解剖学方面的研究，进一步确定和细化百合花芽分化的各个阶段，并找出花芽分化与植株生长的关系，以便更好地掌握百合花芽分化的规律，为调控百合花期、保证花质量与数量提供科学依据。

4.1　材料与方法

4.1.1　试验材料

试验于2004年7月至2005年7月进行。供试材料为新铁炮百合（*Lilium formolongi*）栽培品种'雷山'（'Raizan'），鳞茎周径为14～16 cm。

4.1.2　研究方法

4.1.2.1　百合花芽分化过程的外部形态观察

将新铁炮百合的鳞茎在（12±0.5）℃条件下分别冷藏6周，于2004年8月29日露地栽植。冷藏方法和田间管理方法与前面第二章相同。

冷藏期间每隔1周取样，栽植后每隔5 d定期取样观察，直至观察到花芽分化完成为止。每次取10个鳞茎，每个鳞茎分别剥取顶芽和中部鳞片，清水冲洗干净后用FAA液固定。花芽分化期间测量植株株高、叶片数，记录植株外部形态变化过程。

4.1.2.2　百合花芽分化过程的形态解剖研究

采用常规石蜡制片法制片（李正理，1987），铁矾—苏木精染色，切片厚度10μm，石蜡包埋，切片制成永久片，加拿大树胶封片，在Leica DMLB光学显微镜下观察并照相。

在光学显微镜下测量花芽分化各时期顶芽生长锥的长度和宽度，记录生长锥的变化情况。在显微镜下对花芽分化各时期的中部鳞片的细胞淀粉粒数量进行统计，每个时期随机选择5个视野，每个视野随机选择2个细胞的淀粉粒进行统计。数据统计采用DPS统计软件进行，Duncan法多重比较。

4.1.2.3　百合花芽分化过程的扫描电镜观察

将样品用戊二醛、饿酸双固定，经乙醇逐级脱水、临界点干燥金后，用日本日立S-3400N型扫描电镜进行观察并照相。

4.2　结果与分析

4.2.1　百合花芽分化时期及主要特征

通过对供试百合的形态学观察可知，百合从营养生长转向生殖生长，最后到整个花序的形成，需要经历一系列的形态发育过程。根据百合茎尖生长锥形态变化和花芽分化特点，可将其划分为五个时期。（见图版4-Ⅰ）

4.2.1.1　花芽未分化期

冷藏初期，观察百合鳞茎顶芽纵切面，此时花芽形态分化尚未开始，芽顶端仍保持营养生长状态。营养茎端生长点（最小叶原基以上部分）为半圆球状，生长锥宽度大于高度（表4-3-1和图版4-Ⅰ-1）。从图版

4-Ⅰ-2中可以看出，生长锥结构具有典型的原套（Tunica）和原体（Corpus）两部分分区结构。随着营养生长锥的生长和分化，不断产生新的叶原基，叶原基在形成时呈小指状突起，然后向两侧扩展，包住生长锥的基部（图版4-Ⅰ-3）。由于基部不断产生新的叶原基，即生长锥的形状和体积也发生有规律的变化。

4.2.1.2　花芽分化初期

随着植株的不断生长，植株顶端开始发生变化，由营养茎端向生殖茎端转变。通过顶芽纵切，首先观察到营养茎端中央母细胞区和肋状分生组织区之间的细胞进行大量的垂周分裂，产生大量的细胞，使茎端结构发生显著变化。茎尖原套的层数发生变化，原套表面层数明显减少，由营养茎端的3～5层减为2层左右。生殖茎端形成后由于内部进行旺盛的细胞分裂，使顶端表面积不断增大，生长锥顶端显著伸长并逐渐变尖，生长锥高度大于宽度，形成凸透镜形（图版4-Ⅰ-4，5）。此凸透镜形即为花芽开始分化的标志。从表4-4-1可看出，花芽未分化期与分化初期相比较，生长锥宽度与高度之间均存在极显著差异。

4.2.1.3　花序原基和小花原基分化期

随着植株长大，其顶端开始转化为花序原基。此过程最显著的变化是生长锥高度和宽度同时增加，由凸透镜形逐渐增宽（图版4-Ⅰ-6）。从表4-4-1可看出，生长锥的宽度和高度与前两个时期相比均存在显著或极显著差异。这一时期原套仍为2层细胞，层数并未发生变化，原套下面为原体，界限仍十分清晰。芽基组织两侧分布着染色较深的维管束（图版4-Ⅰ-6）。花序原基形成后，在花序轴上形成2个或2个以上明显的圆球状突起，即为小花原基（图版4-Ⅰ-7，8）。由于切片是芽体的纵切面，每个切面最多能且仅能看到1～3朵小花原基的纵切面，所以图版中未能看到4朵小花原基同时分化的现象。

4.2.1.4　花器官分化期

小花原基分化后，通过对花芽的连续纵切观察到，生殖茎端表层细胞进行大量的垂周分裂，内部细胞进行各向分裂，使小花原基的表面积逐渐扩大，顶端变扁平增宽，开始花器官的分化。花器官分化顺序为向心式分化，即从外侧器官向内逐步分化出花瓣原基、雄蕊原基和雌蕊原基。它们通常起源于茎尖周缘分生组织区的第二层或第三层细胞，也就是由原套的第二层或原体的外层细胞经平周分裂所发生。

花瓣分化期

首先，生长点进入小花原基分化期后进一步发育，生长点继续升高，在中央及下部周缘隆起，两侧交替出现小突起，形成的突起即是外轮花瓣原基（图版4-Ⅰ-9）；接着在3片外轮花瓣原基内侧间隙处又形成比较明显的突起，分化为3片内轮花瓣原基，花瓣原基进一步生长，形成3片外轮花瓣和3片内轮花瓣。内轮花瓣的生长速度与外轮花瓣基本相同，只是分化略晚，但在开花时内、外轮花瓣的形状基本相似，内轮花瓣较外轮花瓣稍宽。外轮花瓣与内轮花瓣的分化期间隔很短，因此将二者合一，定为花瓣分化期。此期生长点逐渐变平，中央部分微凹（图版4-Ⅰ-9）。花瓣分化期后其分化进程加快，很快过渡到下一时期。

雄蕊分化期

花瓣原基形成后，在花原基中央逐渐凹陷呈"凹"字形结构，形成雄蕊原基（图版4-Ⅰ-10）；百合的雄蕊有6枚，通常纵切面只看到3枚雄蕊原基，每个雄蕊原基又分化出花药和花丝两部分，花丝较短（图版4-Ⅰ-11）。初期幼嫩花药的结构很简单：外围由一层原表皮覆盖，其内部是一团基本分生组织和中央的原形成层，随着分化的继续进行，6个花药已分化出药隔、药室等内部结构，可明显看出花药横切面呈蝴蝶形的四室形态（图版4-Ⅰ-12），药室内细胞分裂活跃，而且大部分已有孢原组织—造孢细胞的分化。

雌蕊分化期

继雄蕊原基分化之后，在花原基中央分化形成雌蕊原基（图版4-Ⅰ-11）。雌蕊原基突起形成3个心皮原基，组成1个三角形（图版4-Ⅰ-12，13），心皮原基逐渐形成三个下陷的小孔，小孔排列也成三角形，以后通过边缘生长，3个心皮逐渐愈合，形成合心皮的雌蕊（图版4-Ⅰ-14）。雌蕊的上部为柱头，中部为花柱，基部膨大的部位为子房。当心皮原基形成雌蕊后，茎尖顶端的分生组织便不复存在，至此整个花器官分化完成（图版4-Ⅰ-14）。从整个花序的电镜扫描结果来看，这些突起实际上是不同发育阶段的外轮花瓣原基、内轮花瓣原基、雄蕊原基和雌蕊原基（图版4-Ⅰ-15,16）。

4.2.1.5　整个花序形成期

花序形成期是指从第一朵小花原基开始分化到最后一朵小花的花器官分化完成为止，往往出现多个小花同时分化的情况（图版4-Ⅰ-17,18）。百合的花序多由2～5朵小花组成，该时期不同品种形成花序的时间长短和每个花序形成小花原基的数目是不同的。通过实验我们观察到：新铁炮百合'Raizan'整个花序形成需持续40 d左右，形成2～5个花蕾（图版4-Ⅰ-17,18），分化1个花蕾的情况较少。

表4-4-1　百合鳞茎花芽分化过程顶端生长锥的变化

Table 4-4-1　Change of apical point in flower bud differentiation of lily bulb

处理时间 Treatment time	花芽分化时期 Flower bud differentiation phase	生长锥Apical point（mm）	
		生长锥宽度 Apical point width	生长锥高度 Apical point height
冷藏0周	Ⅰ	0.4324 aA	0.2124 dC
冷藏6周	Ⅰ	0.4240 aA	0.2166 dC
栽植后0 d～20 d	Ⅰ	0.4036 aA	0.2334 dC
栽植后20 d～30 d	Ⅱ	0.2236 cC	0.3274 cB
栽植后30 d～35 d	Ⅲ	0.2966 bB	0.3644 bB
栽植后35 d～45 d	Ⅳ	0.2920 bB	0.4454 aA
栽植后50 d～60 d	Ⅴ	—	—

注：Ⅰ：未分化期；Ⅱ：分化初期；Ⅲ：花序原基和小花原基分化期；Ⅳ：花器官分化期；Ⅴ：整个花序形成。
同列数据后不同小写和大写字母分别表示5%和1%差异显著水平。

Note: Ⅰ:Undifferentiation phase; Ⅱ: Initial differentiation phase; Ⅲ: Inflorescence and small floral primordium differentiation phase; Ⅳ: Flower organ differentiation phase; Ⅴ: The whole inflorescence formation.

Different small and capital letters in each column indicate 5% and 1% significant level, respectively.

4.2.2　百合花芽分化过程中外部形态的观察

百合鳞茎经过营养生长之后，随着植株的不断生长，其顶端由营养生长向生殖茎端过渡，在此基础上，分化出花序，然后花序上各个小花原基开始各部分花器官的分化，依次分化形成外轮花瓣、内轮花瓣、雄蕊和雌蕊，直至植株现蕾前为止，整个花芽分化过程完成。不同品系其花芽分化开始时间及整个花序形成时间不同，各分化时期与植株的生长都有一定相关关系（见表4-4-2）。

在广西南宁的气候条件下，新铁炮百合'Raizan'花芽形态分化从9月上旬开始至10月下旬完成。通过观察，由表4-4-2可知，新铁炮百合自鳞茎冷藏开始至6周结束，并在栽植后约0 d～20 d植株发芽期间，花芽均未开始分化，为营养生长期；栽植后约20 d～30 d，即植株刚抽茎拔节，高度约10 cm～15 cm时花芽刚开始分化，为花芽分化初期；栽植后约30 d～35 d，植株高度约16 cm～20 cm，植株进行花序原基和小花原基分化；栽植后约35 d～45 d，植株高度约20 cm～30 cm时进行花器官各部分的分化；栽植后约50 d～60 d，植株高度约35 cm～40 cm时，掰开植株顶端可看到刚显现的整个花序，至此整个花芽分化过程完成。

表4-4-2 花芽形态分化与植株生长的关系

Table 4-4-2 The relationship between the flower bud morphological differentiation and the plant growth of lily

花芽分化时期 Flower bud differentiation phase	冷藏6周后栽植天数 Days of planting after 6 weeks cold storage（d）	植株高度 Plant height（cm）	叶片数 Number of leaves
I	0 d～20 d	发芽期间	0片～10片
II	20 d～30 d	10 cm～15 cm	10片～20片
III	30 d～35 d	16 cm～20 cm	20片～30片
IV	35 d～45 d	20 cm～30 cm	30片～45片
V	50 d～60 d	35 cm～40 cm	50片～60片

4.2.3 低温解除百合鳞茎休眠与花芽分化过程中鳞片内的淀粉粒数量变化

淀粉是百合鳞茎中碳水化合物的重要贮藏形式，常以淀粉粒的形式存在于鳞片细胞中（杨建伟，1996），其数量和形态的变化与植物发育密切相关。由表4-4-3和图版4-II可清楚看出百合鳞茎的中部鳞片细胞内淀粉粒数量的变化过程。

刚收获的百合鳞茎，中部鳞片薄壁细胞内可见大量淀粉颗粒，并充满整个细胞腔，且非常饱满（图版4-II-1）。在低温解除过程中，鳞片细胞的淀粉粒数量明显减少（图版4-II-2～4，9），说明鳞茎低温解除过程中需要不断消耗贮藏在细胞中的淀粉，为百合鳞茎在适宜环境下萌芽作物质准备。本结果与管毕财等人（2005）、张月等人（2007）研究龙芽百合、兰州百合低温解除休眠过程中鳞茎的淀粉粒数量变化趋势结果基本一致。

在花芽分化的进程中，花芽分化初期的中部鳞片内淀粉粒数量较少（图版4-II-5，10），之后鳞片中的淀粉粒数量又呈逐渐增加的趋势（图版4-II-6～7，11），至花芽分化完成时鳞片细胞内积累贮藏着大量淀粉粒（图版4-II-8）。说明花芽分化过程地下鳞茎合成大量营养物质，参与地上植株花芽的形态结构建成。这与前人对百合花芽分化过程中鳞茎内淀粉含量呈上升趋势的生理研究结果（蔡宣梅等，2006；周厚高等，2003）相一致。

从扫描电镜观察'Raizan'的鳞茎中部鳞片细胞的淀粉粒亚显微结构，可清楚地看到淀粉颗粒呈稍不规则的薄晶体状的椭圆形或圆柱体形态，外围由一层半透明膜包裹（图版4-II-12），淀粉颗粒的大小较均匀，多聚集在细胞壁附近。此研究结果与刘成运等人（1987）研究丽江百合鳞茎的淀粉粒结构基本相似。

表4-4-3 百合冷藏和花芽分化期间淀粉粒数量变化

Table 4-4-3 Change of starch grain numbers in cold storage and flower bud differentiation of lily

处理时间 Treatment Time	花芽分化时期 Flower bud differentiation phase	细胞淀粉粒数量 Numbers of starch grain in each cell
冷藏0	I	9.7 aAB
冷藏2	I	8.9 abABC
冷藏4周	I	8.4 abcABC
冷藏6周	I	8.2 abcABC
栽植后0 d～20 d	I	8.3 abcABC
栽植后20 d～30 d	II	6.7 cC

栽植后30 d～35 d	III	7.4 bcBC
栽植后35 d～45 d	IV	9.4 aAB
栽植后50 d～60 d	V	10.2 aA

4.3 讨论

花芽分化是一个复杂的生理生化和形态分化过程。弄清百合花芽分化的全过程，确定花芽分化的日期，在生产上具有重要意义，它既是了解百合生物学特性的基础资料，又能作为制定百合栽培措施的依据。对于多数植物来说，植物花芽分化开始的标志是芽体积的增大和芽顶端的形态变化。在本研究中，芽顶端的茎尖生长锥由原来的半圆形，经过显著伸长变为凸透镜形，此形态变化为花芽开始分化的形态标志，本研究结果与郁金香（张继娜，2006）和唐菖蒲（王金刚等，2006）的花芽分化过程相似。

本研究采用石蜡切片和扫描电镜相结合的方法，通过鳞茎花芽和中部鳞片的超微结构观察，更准确的细化和区分了花芽分化的各个阶段，将百合的花芽分化划分为花芽未分化期、花芽分化初期、花序原基和小花原基分化期、花器官分化期、整个花序形成期五个时期，并找出花芽分化与外部植株生长的相关关系。本试验的花芽分化过程和顺序与前人的研究结果（黄济明，1985；郭蕊等，2006）基本一致。

关于百合花芽分化时的植株外部形态，一般认为是在地上茎高5～7 cm时开始的（Ron，1973）。但是，由于百合品系的不同，种球冷藏时间以及定植季节的不同，花芽分化有较大的差异。清水基夫等人以株高10 cm为标准，而黄济明等人（1985）以百合的可见茎节数为标准，凡是可见茎节超过10节时，花芽分化过程一般已开始进行。本研究表明，新铁炮百合品种'Raizan'的花芽分化始于植株抽茎后，即高度约10～15 cm时开始，本结果与前人研究麝香百合的研究结果（黄济明等，1985；沈革志，1999）相似。新铁炮百合'Raizan'在鳞茎栽植后20～30 d，即鳞茎发芽后一个月左右，植株高度约10～15 cm时开始进行花芽分化，但花芽分化进程很快过渡到下一时期，整个花序形成约需40 d。

上述观察分析仅依据一年资料，由于百合鳞茎的规格、种植地的气候条件等不同，且花芽分化易受温度和水、肥等管理条件影响（何东等，2013；宋志宏，2010），各年度间分化起止时间也可能有差异，因此试验结果有待于进一步验证。

图版4- I

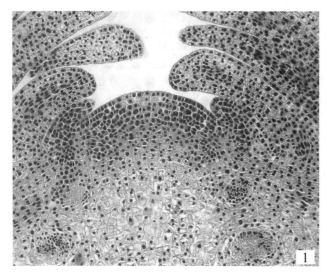 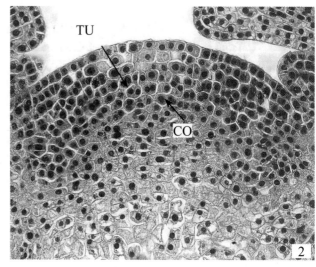

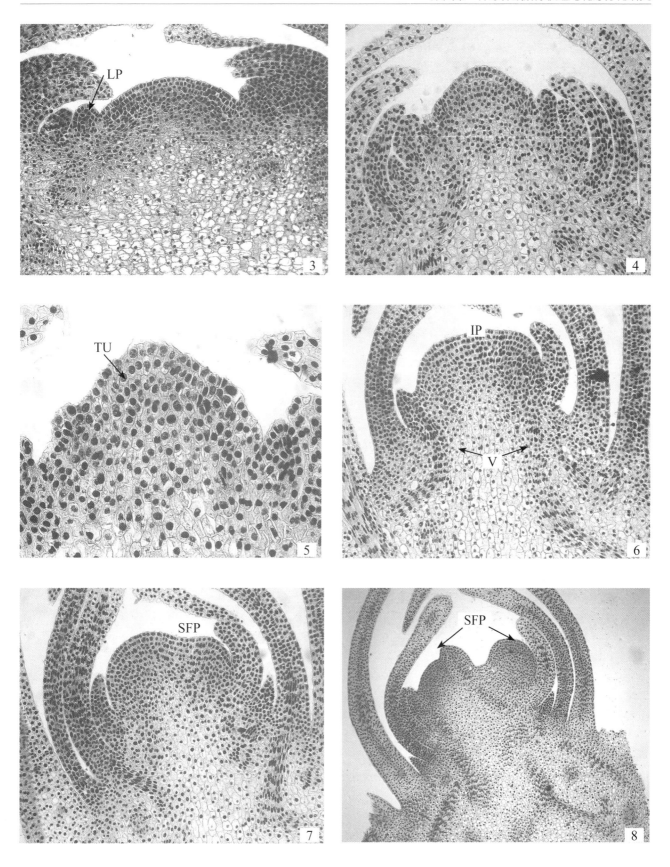

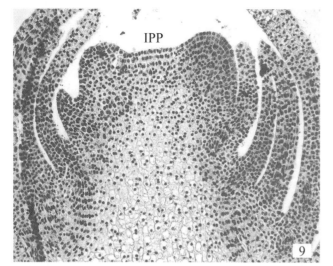

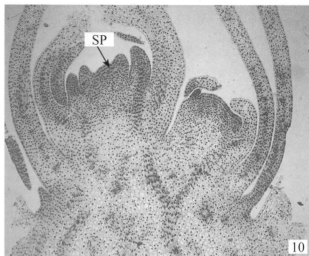

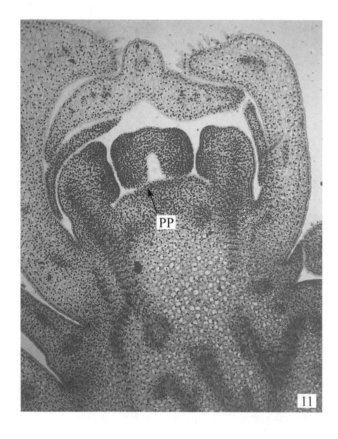

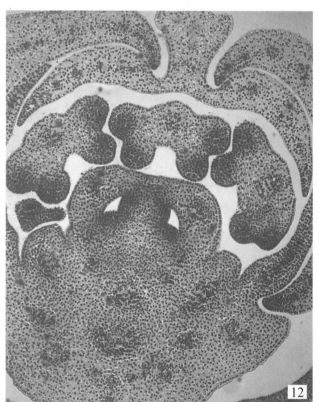

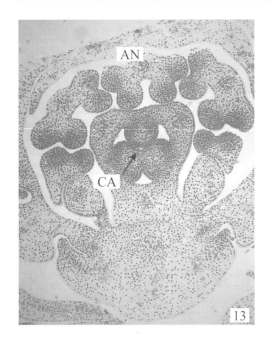
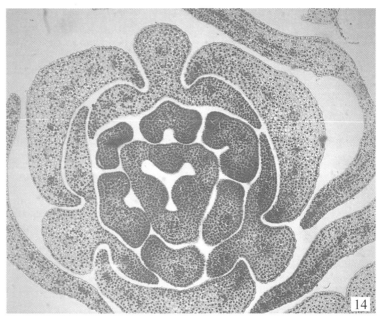

图版4-Ⅰ 新铁炮百合'雷山'花芽分化显微结构观察

图版说明：1～11为花芽的石蜡切片纵切面，12～14为花芽的石蜡切片横切面，15～18为花芽的扫描电镜观察。1～3.花芽未分化期，×100，×200，×100；4～5.花芽分化初期，×100，×200；6.花序原基分化期，×100；7～8.小花原基分化期×100，×50；9.外轮、内轮花瓣原基分化，×100；10～13.雄蕊、雌蕊原基分化，×50，×100，×100，×100；14.花器官分化完成，×50；15～16：外轮花瓣、内轮花瓣和雄蕊原基×150，×170；17～18.整个花序形成，×45，×45。

TU:原套；CO:原体；LP：叶原基；IP一花序原基；V：维管束；SFP一小花原基；OPP：外轮花瓣原基；IPP：内轮花瓣原基；SP:雄蕊原基；PP:雌蕊原基；AN:花药；CA:心皮。

Plate 4–Ⅰ Microstructure observation of flower bud differentiation of *Lilium formolongi* 'Raizan'

Explanation of plate: 1～11: Vertical section of flower bud.，12～14: Transverse section of flower bud, 15～18: The ultra–structure of flower bud.

1～3. Undifferentiation phase，×100，×200，×100；4～5.Initial differentiation phase，×100，×200；6. Inflorescence primordium differentiation phase，×100；7～8.small floral primordium differentiation phase，×100,×50；9.Outside or inside petal primordium differentiation，×10；10～13.Stamen primordium or Pistil primordium differentiation，×50,×100,×100,×100；14. Flower organ differentiation finished，×50；15～16: Outside or inside petal primordium and Stamen primordium，×150，×170；17～18. The whole inflorescence formation，×45，×45.

TU:Tunica；CO:Corpus；IP:Inflorescence primordium；V:Vascular bundle；SFP:small floral primordium；OPP：Outside Petal primordia；IPP：Inside Petal primordia；SP: Stamen primordium；PP; Pistil primordium；AN：Anther；CA:Carpel.

图版4–Ⅱ

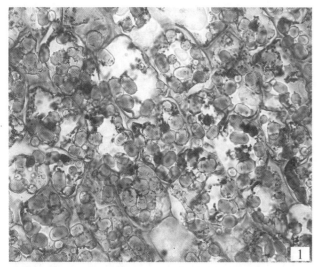
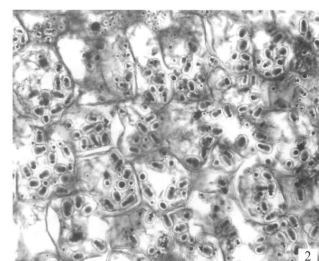

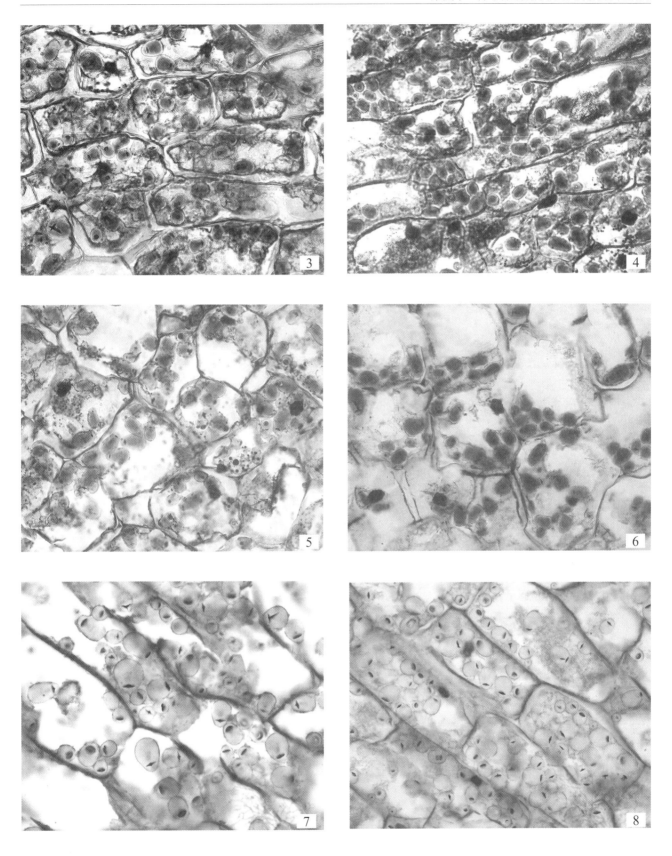

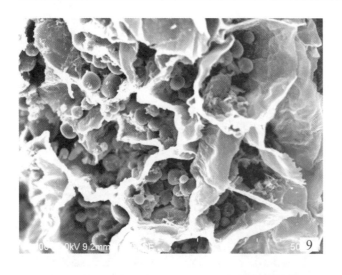
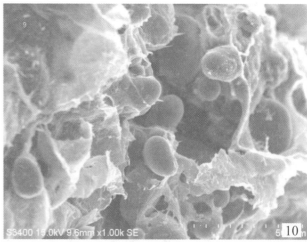
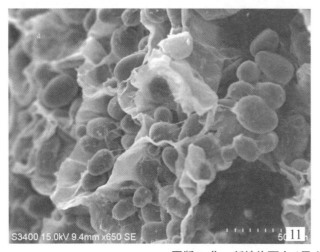

图版4-Ⅱ　新铁炮百合'雷山'各时期中部鳞片淀粉粒变化

　　图版说明：1～4.未分化期，依次为冷藏0周、2周、4周、6周，×400，×200，×400，×400；5.花芽分化初期，×400；6.花序原基分化期，×400；7.花器官分化期，×400；8. 整个花序形成，×400；9～12.扫描电镜观察细胞的淀粉颗粒分布，9.冷藏4周，×1000；10.花芽分化初期，×1000；11.花器官分化期，×650；12.单个淀粉粒，×3500。

Plate 4-Ⅱ Starch grain changes of middle scales of *Lilium formolongi* 'Ranzan'

Explanation of plate: 1～4.Undifferentiation phase, Cold storage for 0 week or 2 weeks or 4 weeks or 6 weeks，respectively；×400,×400,×200,×400; 5.Initial differentiation phase, ×400; 6.Inflorescence primordium differentiation phase, ×400；7. Flower organ differentiation phase，×400；8.The whole inflorescence formation, ×400; 9～12.The ultra-structure of starch grains, 9. Cold storage for 4 weeks, ×1000; 10. Initial differentiation phase, ×1000; 11. Flower organ differentiation phase，×650; 12.Single starch grain, ×3500

第五节 总结

5.1 关于百合鳞茎休眠及休眠解除的标志

正确定义休眠的起始与解除是研究百合鳞茎采后处理技术的基础，而鳞茎的处理技术又是生产百合种球的关键。由于国内外对百合鳞茎休眠机制的研究尚少，关于休眠及休眠解除的标志尚未定论。百合研究人员一直期望找到几种指标作为百合鳞茎成熟和休眠解除的标志（De Hertogh，1996）。从20世纪50年代以来，国外陆续报道了关于百合种球解除休眠技术的一些研究，但结果不尽一致。一方面是由于试验材料及鳞茎休眠本身的复杂性所致，另一重要的原因是不同的研究者用以描述和解释休眠解除的标准不同。大多数情况下，人们把经各种处理后能够发芽的鳞茎当作解除休眠的鳞茎，也有报道用栽种至出苗所需的时间来衡量种球休眠解除的程度。

本文在调查了不同种类的百合经低温处理发芽的差异后，进一步研究了植株生长及花期等后期指标。结果表明：经过一定的低温处理后，鳞茎的萌发状态分为以下3种：①在适宜的条件下快速发芽（一个月内），并形成植株；②在适宜的条件下可以发芽，但发芽所需时间较长，最终形成植株；③在适宜的条件下可以发芽，但形成的植株呈莲座状。因此，我们将百合鳞茎的休眠解除程度划分为顶芽萌动（伸长）、发芽、出苗和形成植株四个阶段，用"发芽"或"出苗"来形容百合鳞茎休眠的解除并不准确。本研究认为以"鳞茎可快速发芽并正常生长"作为百合鳞茎休眠解除的形态标志更为确切。另外，从低温休眠解除过程中鳞茎的相关生理生化指标变化结果，可以把可溶性糖和还原糖含量、POD活性、蛋白质活性以及4种内源激素比值之间大幅度升降的转折点作为鳞茎休眠解除的生理生化标志。

5.2 百合鳞茎各部位在鳞茎解除休眠中的作用

本文对低温解除休眠过程中百合鳞茎各部位的物质代谢变化进行了研究。结果表明，百合鳞茎解除休眠阶段，顶芽、鳞茎盘以及所有部位的鳞片都有明显的碳水化合物、POD活性、蛋白质与氨基酸以及内源激素的变化，以顶芽和内部鳞片的变化幅度较大，因此我们认为顶芽是百合鳞茎休眠解除活动的中心，但顶芽的生长发育离不开鳞片和鳞茎盘的物质供应。

在对百合鳞茎休眠解除的生理过程研究中，鳞片一直被作为主要的研究对象，但由于各部位鳞片的发育程度有较大差异，也导致研究结果不尽一致。本试验将新铁炮百合的鳞茎分为顶芽、鳞茎盘、外部鳞片、中部鳞片、内部鳞片五个部位。试验结果表明，鳞茎各部位物质代谢的变化趋势不同，说明它们在休眠过程中的作用各不相同。尤其引起我们注意的是鳞茎盘，其蛋白质含量、POD活性、内源激素含量都显著高于其他部位，说明它在鳞茎的生命活动中起着重要作用。由于鳞茎盘不仅是百合顶芽的着生部位，也是鳞片和根的着生部位，鳞片中贮藏的营养物质之所以能够被顶芽的生长所利用，是由于鳞茎盘在鳞茎的物质代谢和运转中起重要作用，鳞茎盘很可能是百合鳞茎物质合成与运转的平台，一些关键的酶类及生长促进或抑制物质是否在此处合成，这是进一步研究百合鳞茎休眠的重要之处。

5.3 内源激素对百合鳞茎休眠的调控

关于植物休眠人们研究最深入的是种子休眠，但至今为止种子休眠的机理仍不明确。已有的成果表明植物激素对种子休眠有广泛的影响，如脱落酸促进某些植物种子休眠，而赤霉素、细胞分裂素或乙烯能解除某些种子的休眠状态。种子休眠假说曾一度用激素间的相互影响来解释种子休眠现象。然而激素与种子休眠的关系尚未能充分了解，有人指出激素或许只是调控种子休眠的因素之一。

内源激素对百合鳞茎休眠的调控相当复杂，不仅涉及某一种激素的含量，同时与内源激素之间的比值有关，促进生长的物质互作，甚至起到强烈的抑制发芽作用，这也是施用外源植物生长调节物质处理种球效果并不明显、结果不尽一致的重要原因。许多研究发现，内源激素参与了休眠的诱导、维持与终止，ABA 可能是引起休眠最重要的激素，但其含量的动态变化又不一定与休眠状态一致，因此可能是 ABA 与其他激素的平衡作用更为重要（段成国等，2004；葛会波等，1998）。本研究表明，内源 ABA 的抑制作用是顶芽不能萌发的主要因子。高水平的 ABA 维持了百合的休眠，当 ABA 含量逐渐下降，IAA 含量逐渐上升时，鳞茎的休眠便逐渐解除。此研究结果与陈沁滨等人（2007）研究结果相似。

由此可见，百合鳞茎低温处理过程中的物质变化主要受 ABA 和 IAA 的调控，二者在解除休眠中起着关键作用，这为进一步研究新铁炮百合鳞茎的休眠机理提供了重要线索，但是 ABA 和 IAA 是如何发挥主导作用来控制休眠及其他激素和生理代谢如何起作用，最终使鳞茎解除休眠，达到正常生长，尚需深入研究。ZR 的含量对鳞茎解除休眠的作用不大，百合鳞茎中可能还含有其他细胞分裂素类物质，建议在今后的研究中对其他细胞分裂素类的物质对百合休眠的影响进行更深入的研究。

5.4　百合鳞茎休眠解除的可能机理

根据对百合鳞茎低温处理效应和鳞茎休眠解除过程中的物质代谢变化的研究结果：百合鳞茎休眠的解除可能存在如下机制：外部环境条件的刺激导致休眠鳞茎内源激素含量发生变化，其中顶芽内 ABA 等抑制物质含量下降，IAA 和 GA_3 含量有所增加，导致 GA_3/ABA、IAA/ABA 的比值升高，从而使顶芽内的"库"强增大，这是顶芽能够萌发的关键所在。同时鳞片内淀粉降解，充足的可溶性糖、还原糖以及蛋白质供应是顶芽萌动和继续伸长的重要能源。而且，可溶性糖含量增加使氨基酸合成的碳架增多，进而合成更多的精氨酸和谷氨酸，但百合鳞茎低温解除休眠过程中是否存在精氨酸向多胺的代谢途径有待于深入研究。鳞茎盘作为鳞片和顶芽的枢纽有可能为顶芽和鳞片提供了蛋白质等重要物质。

关于低温作用引起鳞茎内源激素、生理生化的变化，最终导致鳞茎解除休眠是一个复杂的问题，还需做大量进一步的研究工作。

5.5　鳞茎解除休眠与花芽分化的关系

百合鳞茎的休眠和花芽分化是影响百合切花周年生产的关键因素。一般在生产上，百合鳞茎首先通过低温处理解除休眠，然后在 10～25℃ 条件下进行花芽分化。通过本试验观察到，新铁炮百合冷藏第 5 周鳞茎已完全解除休眠，却在栽植后约 1 个月花芽分化才开始进行，这也是新铁炮百合生育期较长的一个原因。

花芽分化过程温度的高低也会影响到花蕾数的多少。本试验的百合鳞茎经人工低温处理解除休眠，花芽分化过程是在南宁的夏秋高温（20～30℃）季节完成，因此花蕾数一般为 2～4 个。而经过人工低温处理（如冷藏 0～3 周）尚未解除休眠的鳞茎，还需经过冬季自然低温才能解除休眠，然后在春季（10～15℃）开始花芽分化，所以花蕾数多达 5 个以上。

由于本试验只进行了一年的观察研究，因而解除休眠的最佳时期与花芽分化的状态二者之间是否存在必然联系，目前还不能下定论。本人认为，很有必要在今后的工作中作进一步深入系统的研究。

附录　缩略词表
Abbrebviation tables

缩写词	全称	中文名
POD	Peroxidase	过氧化物酶
PPO	Polyphenol oxidase	多酚氧化酶
CAT	Catalase	过氧化氢酶
SOD	Superoxide dismutase	超氧化物歧化酶
6–BA	6–benzyl adenine	6–苄基腺嘌呤
CEPA	2–chloroethyl phosphonic acid	乙烯利
CTK	Cytokinin	细胞分裂素
KT	Kinetin	激动素
JA–Me	Jasmonic acid methyl ester	茉莉酸甲酯
DNA	Deoxyribonucleic acid	脱氧核糖核酸
RNA	Ribonucleic acid	核糖核酸
mRNA	Messenger ribonucleic acid	信使核糖核酸
d	Day	天
min	Minute	分钟
s	second	秒
h	Hour	小时
cm	Centimeter	厘米
FW	Fresh weight	鲜重
DW	Dry weight	干重
Arg	Arginine	精氨酸
Glu	Glutamine	谷氨酸
Ala	Alanine	丙氨酸
Asp	Aspartate	天门冬氨酸
Thr	Threonine	苏氨酸
ELISA	Enzyme–linked immunosorbent assay	酶联免疫吸附分析
ABA	Abscisic acid	脱落酸
GA	Gibberellic acid	赤霉素
IAA	Indole–3–acetic acid	吲哚乙酸
ZR	Zeatin riboside	玉米素核苷

参考文献

[1] Abreu R M, Barbosa J G, Reis F P, et al. 2003.Influence of cold temperature on bulb dormancy break and vernalization of four lily varieties [A]. [Portuguese] Revista Geres, Universidada Fedural de Viosa, Vicose, Brazil, 50 (288): 261–271.

[2] Aguetaz P, Pafen A., Delvallee L. 1990. The development of dormancy in bulblets of *Lilium specioswn* generated in vitro. l. The effects of culture conditions[J]. Plant Cell, Tissue, and Organ Culture Conditions, 22(3): 167–172.

[3] Alam S M, Murr D P, Krist L C. 1994.The effect of ethylene and inhibitors of protein and nucleic acid syntheses on dormancy break and subsequent sprout growth[J]. Potato Resarch., (37): 25–33.

[4] Amen R D. 1968.A model of seed dormancy[J]. Botanical review, 34: 1–31.

[5] Amiki, W. and H. Higuchi. 1991. Effects of stylar exudates collected from pollination pistils on pollen tube growth in *Lilium longiflorum*. J. Amer. Science Horticulture, 46:147–154.

[6] Amiki, W. and Y. Yamamoto. 1988. Pollen tube growth in the pistils grafted with style of different cultivar or with cross- or self- pre-pollination styles of *Lilium longiflorm*[J]. J. Japan. Soc Hort. Sci. 57:145–151.

[7] Amiki, W. 1983.Effects of inorganic ions, amino acids and secreting substances from pistil on the pollen tube elongation of *Lilium longiflorm* Thunb. Master's thesis. Nagoya university. Nagoya. Japan.

[8] Armstrong J ,Gibbs A , Peakall R et al. 1996. RAPDistance Programs ;Version 1.04 for the analysis of patterns of RAPD fragments .Caberra :Australian National University .

[9] Ascher, P. D. and S. J. Peloquin. 1970. Temeperature and self-incompatibility reaction in *Lilium longiflorm Thunb*[J]. J.Amer. Soc. Hort. Sci. 95:586–588.

[10] Ascher, P. D. and S.J. Peloquin. 1966. Effect of floral aging on compatible and incompatible pollen tube in *Lilium longiflorum*[J]. Amer. J. Bot, 53:99–102.

[11] Ascher, P. D. 1975. Special stylar property required for compatible pollen tube in *Lilium longifloum Thunb*[J]. Bot. Gaz., 136:317–321.

[12] Aung L H, De Hertogh A A,.1979.Temperature regulation of growth and endogenous abscisic acid-like content of *Tulipa gesneriana* L.[J]. Plant Physiol., 63: 1111–1116.

[13] Belaj A,Trujilo I,Rosa R,et al . 2001. Polymorphism and discrimination capacity of random amplified polymorphic markers in an olive germplsm[J]. Amer Soc Hort Sci, 126 (1):64–71.

[14] Blum A. 1988.Plant breeding for stress environments[J].Florida.CRC Press, 79–97.

[15] Bonnier F J M, Hoekstra F A, Ric De, et al. 1997.Viability loss and oxidative stress in Lily bulbs during long-term cold storage[J]. Plant Science ,122(2): 133–140.

[16] Champagnat P. 1983.Bud dormancy correlation between organs and morphogenesis in wood plants[J]. Soviet Plant Physiol,30:458–471.

[17] Charng Y Y, Liu H C, Liu N Y, Chi W T, Wang C N, Chang S H, Wang T T. 2007. A heat-Inducible transcription factor, Hsf A2, is required for extension of acquired thermotolerance in *Arabidopsis*[J]. Plant Physiol, 143: 251–262.

[18] Chen HH, Shen ZY, Li P H. 1982. Adaptability of crop plants to high temperature stress[J].Crop Science. 22:719–725.

[19] Choi S T, Jung W Y, Ahn H G, et al. 1998. Effects of duration of cold treatment and planting depth on growth and flowering of *Lilium* spp[J]. Journal of Korean Society for Horticultural Science, 39 (6): 760–770.

[20] Choi S T. 1983.Effects of low temperature and hot water treatment of dormant bulbs on leaf emergency in bulblets during propagation of Easter lily (*Lilium longilorum* Thunb.) from scales[J]. Journal of the Korean Society for Horticultural Science, 24(1): 42–48.

[21] Clark MS主编，顾红雅，瞿礼嘉主译. 1998.植物分子生物学—实验手册[M].高等教育出版社：43

[22] Couch JA,Fritz PJ.1990. Isolation of DNA from plants high in polyphenolics[J].Plant Mol Biol Rep8(1):8–12.

[23] Dawson I K ,Chalmers K J ,Waugh R and Powell W.1993.Detection and analysis of genetic variation in Hordeum spontaneum populations from Israel using RAPD markers[J] .Molecular Ecology 2:151–159.

[24] De Hertogh A A, Lee I S, Rob M S. 1996. Marketing and research requirements or *Lilium* in North America. International symposium on the genus *Lilium*[J], Taejon, Korea Republic, 28 Aug. -I Sep. Acta Horticulturae., 414:17–24.

[25] Dickinson, H. G，J. Moriarty and J.Lanson. 1982. Pollen-pistil interaction in *Lilium longiflorm*: the role of the pistil in controlling pollen tube growth following cross- and self-pollination. Proc.R.Soc. Lond. B, 215:45–62.

[26] Djilianov D, Gerrits M M, Ivanova A, et al. 1994. ABA content and sensitivity during the development of dormancy in lily bulblets regenerated in vitro[J]. Physiologia Plantarum, 91(4): 639–644.

[27] Dole J M., Wilkins H F. 1994. Interaction of bulb vernalization and shoot photoperiod on Nellie White Easter lily[J]. HortScience, 29(3): 143–145.

[28] Dudley J W,M A Saghai-Marazf. 1991. Molecular marker and grouping of parents in maize breeding programs[J]. Crop Sci, 31:718–723.

[29] Egory A. Lang, J D, George C. 1987. Endo-, para-, and ecodormancy: physiological terminology and classification for dormancy research[J]. HortScience, 22(3): 371–377.

[30] Eilleen P O, Donoghue R. 1991.Low temperature sweetening in potato tubers[J]. Plant Physiol., 335–341.

[31] Elgar H J, Woolf A B, Bieleski R L. 1999.Ethylene production by three lily species and their response to ethylene exposure[J]. Postharvest Biology and Technology, 257–267.

[32] Emsweller, S. L & N. W. Stuart. 1948. Use of growth regulation substances to overcome incompatibilities in *Lilium*[J]. Proc. Amer. Soc Hort. Sci. 51:581–589.

[33] Emsweller, S. L., J. U. Hring & N. W. Stuart. 1960. The roles of haphthalene acetamide and potassium gibberellate in overcoming self-incompatibility in *Lilium longiflorm*[J]. Proc. Am. Soc Hort Sci. 75:720–725.

[34] Erwin J E, Engelen E G.1998. Influence of simulated shipping and rooting temperature and production year on Easter lily (*Lilium longiflorum Thunb*) development[J]. Journal of the American Society for Horticultural Science, 123 (2): 230–233.

[35] Femandez I S, Nakazaki T, Taniska T. 1996. Development of diploid and triploid interspecific hybrids between *Lilium longiflorum* and *L. concolor* by ovary slice culture[J].Plant Breed , 115(3) :167–171.

[36] Fett, W.F., J.D. Axton and D.B.Dickinson. 1976. Studies on the self-incompatibility response of *Lilium longiflorm*[J]. Amer. J. Bot, 63:1104–1108.

[37] Frei O M,Stuber C W,Goodman M M. 1986. Use of allozymes as genetic marker for predicting performance in

maize single-cross hybrids[J]. Crop Sci , 26:37–42.

[38] Fridovich I. 1975. Superoxide dismutase[J].Ann Rew Biochem, 44:147–159.

[39] Ginzburg C, Ben-GI D D. 1986.The effect of dormancy on glucose uptake in gladiolus cormels[J]. Plant Physiol., 81 (1): 268–272.

[40] Goodman M M and Stuber C W. VI.Isozyme variation among races of maize in bolinvia. Races of Maize, 1983, 28:169–187.

[41] Gude H, Verbruggen J. 2000. Physiological markers for lily bulb maturity[J]. Acta Horticulturae, 517: 343–350.

[42] Guo J K, Wu J, Ji Q, Wang C, Luo L, Yuan Y, Wang Y H, Wang J. 2008. Genome-wide nalysis of heat shock transcription factor families in *Rice* and *Arabidopsis*[J]. J Genet Genomics, 35: 105–118.

[43] Hadjinov M I,Scherbak V S,Benko N I,etal. 1982. Interrelation ship between isozyme diversity and combining ability in maize lines[J]. Crop Sci , 27:135–149.

[44] Hamrick J L,Godt M J W .1990 .Allozyme diversity in plant species .In:Brown A H D ,Clegg M T,Kahler A L.et al .Ed.Plant population genetic resources[M] .Sunderland ,Mass : Sinauer,43–63.

[45] Haw, S. G. 1986. The lilies of China: the genera Lilium, Cardiocrinum, Nomocharis and Nothlirion,B.t. Batsfird Ltd, London .

[46] Healy, W. E.1984.Temperature influences bud development in the Easter lily Nellie white[J]. Hortscience. 19(6): 843–844.

[47] Herrero, M. & H. G. Dickinson. 1981. Pollen tube development in *Petunia* hybrid following compatible and incompatible intraspecific mating[J]. J. Cell. Sci. 47:365–383.

[48] Hirastuka, S., T. Tezuka and Y. Yamamoto. 1983. Use of longitudinally bisected pistils of *Lilium longiflorm* for studies on self-incompatibility[J]. Plant Cell Physiol, 24:765–768.

[49] Hirastuka, S., T. Tezuka. and Y. Yamamoto. 1989. Analysis of self-incompatibility reaction in easter lily by heat treatment[J]. J. Amer. Soc. Hort. Sci, 114:505–508.

[50] Ichimura, K. and Y. Yamamoto. 1992. Correlation between the accumulation of stylar canal exudate and the diminution of self-incompatibility in aging flowers of *Lilium longiflorm*[J]. J. Japan Soc. Hort. Sci, 61:159–165.

[51] Ichimuru, K.and Y.Yamamoto. 1992. Changes in the amount and composition of stylar canal exudate after self- or cross-pollination in self-incompatible *Lilium longiflorum* Thunb. [J] J. Japan. Soc. Hort Sci, 61:609–617.

[52] Imanishi H, Shimada Y, Yoshiyama Y, et al. 1997. Sleeper occurrence after chilling in relation to depth of dormancy and bulb storage in Easter lily bulbs[J]. Journal of the Japanese Society for Horticultural Science, 66(1): 157–162.

[53] Janson, J. M., C. Peinders, A. G. M. Valkering, J. M. Van Yoyl & C. J. Keijzer. 1994. Pistill exudate production embryo sac development, receptivity and pollen tube growth to *Lilium longiflorm* Thunb. [J]. Annals of Botany, 43:437–446.

[54] Jásik J, De Klerk G J. 2006. Effect of methyl jasmonate on morphology and dormancy development in lily bulblets regenerated in vitro[J]. Journal of Plant Growth Regulation, (25): 45–51.

[55] Kahler A L and Wehrhahm C F. 1986a. Associations between quantitative traits and enzyme loci in the F2 population of a maize hybrid[J]. TAG, 72:15–26.

[56] Kahler A L, Hallauer A R,Gardner C O. 1986b. Allozyme polymorphisms within and among open-pollinated and adapted exotic populations of maize[J]. TAG, 72:529–601.

[57] Khan A A, Tao K L. 1977. In: plant hormones and related compounds [A]. North—Holland Pub. Co. Amseardam, 53–65.

[58] Kim E Y, Choi J D, Park K I. 2000. Production of non-dormant bulblets of *Lilium* Oriental Hybrid by control of culture temperature and growth regulators in vitro[J]. Journal of Korean Society for Horticultural Science, 41(1): 78–82 .

[59] Kim K W, Sung S K. 1990. Obtaining plantlets through immature embryo culture of lilies[J]. Korean Soc Hort Sci, 3 1 (4) :423–431.

[60] Kim K S, Davelaar E, De Klerk G J. 1994. Abscisic acid controls dormancy development and bulb formation in lily plantlets regenerated in vitro[J]. Plant Physiol., 90(1): 59–64.

[61] Klerk G J, Pafen A. 1995. The effects of environmental conditions on sprouting of micropropagated lily bulblets with various of dormancy[J]. Acta Bot Neerl, 44(1): 33–39.

[62] Kotak S，Larkindale J，Lee U，Döring P，Vierling E，Scharf K D. 2007. Complexity of the heat stress response in plants[J]. Current Opinion Plant Biology，10：310–316.

[63] Kroh, M., H. Miki-Hirosige, W.Rosen and F. Loewus. 1970b. Incorporation of label in pollen tube walls from myoinsitol-U-14C and 2-3H by detached flowers and pisils of *Lilium longiflorm*[J]. Plant Physiol, 45:92–100.

[64] Kroh, M.,H. Miki-Hirosige, W. Rosen and F. Loewus. 1970a. Inosito metabolism in plants VII: Distribution and utilization of label from myoinositol-U-14C and 2-3H by detached flowers and pistils of *Lilium longiflorm*[J]. Plant. Physiol, 45:86–91.

[65] Labara, C. and F. Loewus. 1973. The nutritional role of pistil exudate in pollen tube wall formation in *Lilium longiflorm* 2.Prodution and utilization of exudate from stigama and stylar canal[J]. Plant Physiol., 52:87–92.

[66] Labara, C. and F. Loewus. 1972. The nutritional role of pistil exudate in pollen tube wall formation in *Lilium longiflorm* 1. Utilization of injected stigmatic exudate[J]. Plant Physiol, 50:7–14.

[67] Lang G. 1987.Dormancy: a universal terminology[J]. HortScience, 22: 817–820.

[68] Langens G M, Hol T, Croes T. 1997.Dormancy breaking in lily bulblets regenerated in vitro: effects on growth after planting[J]. Acta Horticulturae, 430: 429–436.

[69] Lee W B , Choi S Y, Kim Y S. 1993. An application of random amplified polymorphic DNA (RAPD) to syste matics of some species of *Lilium* in Korea[J]. Korean Journal of Plant Taxonomy , 2 3 (2) :3 5–42.

[70] Legnani G, Watkins C B, Miller W B. 2004. Light, moisture, and atmosphere interact to affect the quality of dry-sale lily bulbs[J]. Postharvest Biology and Technology, 34(1): 93–103.

[71] Li C G，Chen Q J，Gao X Q，Qi B S，Chen N Z，Xu S M，Chen J，Wang X C. 2005. At Hsf A2 modulates expression of stress responsive genes and enhances tolerance to heat and oxidative stress in *Arabidopsis*[J]. Science China C Life Science，48：540–550.

[72] Li C, Chen Q, Gao X, Qi B, Chen N, Xu S, Chen J, Wang X. 2005. At Hsf A2 modulates expression of stress responsive genes and enhances tolerance to heat and oxidative stress in Arabidopsis[J]. Sci China C Life Sci, 48: 540–550.

[73] Lin W C, Wilkins H. F., Brenner M L. 1975. Endogenous promoter and inhibitor levels in *Lilium longiflorum* bulbs[J]. Journal of the American Society for Horticultural Science, 100(2): 106–109.

[74] Lin W C, Wilkins H F, Angell M. 1975. Exogenous gibberellins and abscisic acid effects on growth and development of *Lilium longiflorum*[J]. Journal of the American Society for Horticultural Science, 100 (1): 9–16.

[75] Linskens, H. F. 1974. Translacation phenomena in the Petunia flower after cross- and self-pollination. In Fertilization in Higher plant[M]. Edited by Linskens, 285–292.

[76] Lutz,C.T.1989.A Laboratory Manual of Molecular Biology[M].Department of Pathology.University of Iowa.,Iowa City,IA 52242.

[77] Mailer R J. 1994. Discrimination among cultivars of rapeseed (BrassicanapusL.) using DNA polymorphisms a mplified from arbitrary primers[J]. Theor.Appl.Genet. 87:697–704.

[78] Martineau J R, Specht J E.1979. Temperature tolerance in soybeans[J]. Crop Science, 19:75–81.

[79] Mastubara, S. 1973. Overcoming self-incompatibility by cytokinin treatment in *Lilium longiflorm*[J] . Bot. May Tokyo. 86:43–46.

[80] Mastubara, S. 1981. Overcoming self-incompatibility of Lilium longiflorm Thunb. by affiliation of flower-organ extract or temperature treatment of pollen[J]. Euphytica. 30:97–101.

[81] Matsuo E. 1987.Timing of a lighting period for Easter lily bulbs prior to forcing[J]. HortScience, 22(2):316.

[82] Matsuo, E et al.1982. Cultural Practices Influencing Premature Daughter Leaf and/or Shoot Emergence in Scale-Propagated Easter Lily[J]. Hortscience，17(2):196–198.

[83] Matsuo, E et al.1983. Factors Influencing Stem Root Emergence during Scale Propagation in the Easter Lily[J]. Hortscience，18(1):78–79.

[84] Matsuo, E, Ohkurano, T and Arisumi, K et al. 1986.Scale Bulblet Malformatlons in *Lilium Longiflorum* during Scale Propagation[J]. Hortscience，21(1):150.

[85] Matsuo, E，et al. 1986. Effect of Root Removal and Bulblet Size on Leaf Emergence from Scale Bulblets of Easter Lily[J]. Hortscience，21(4):1033–1034.

[86] Matsuo, E. and J.M. Tuyl. 1986.Early Scale Propagation Results in Forcible Bulbs of Easter Lily[J]. Hortscience，21(4):1006–1007.

[87] Matsuo,T and Mizuno,T. 1974. Changes in the amounts of two kinds of reserve glucose-containing polysaccharides during germination of the Easter lily bulb[J]. Plant Cell Physiology, 15:555–558.

[88] Matsuo. E. 1987.Timing of a lighting period for Easter lily bulbs prior to forcing[J]. Hortscience，22(2):316.

[89] Mayer A M, Poljakoff M A. 1975. In: the germination of seeds [A]. Pergamom press. Oxford, 1–192.

[90] Miki-Hirosige, H., I. H. S. Hoek and S. Nakamura. 1987. Secretions from the pistil of *Lilium longiflorm*[J]. Amer. J. Bot, 74:1709–1715.

[91] Mikios F, Dehua L, Merle M M. 1991. Bound versus free water in dormant apple buds—A theory for endodormancy[J]. HortScience,26(7): 887–890.

[92] Miller G, Mittler R, 2006. Could heat shock transcription factors function as hydrogen peroxide sensors in plant[J]. Annals of Botany, 98: 279–288.

[93] Miller O, Kiplinger D C. 1966. Interaction of temperature and time of vernalization on northwest Easter lilies[J]. Journal of the American Society for Horticultural Science, 88: 635–645.

[94] Miller W B, Langhans R W. 1990. Low temperature alters carbohydrate metabolism in Easter lily bulbs[J]. HortScience, 25(4): 463–465.

[95] Mishra S K, Tripp J, Winkelhaus S, Tschiersch B, Theres K, Nover L, Scharf K D 2002. In the complex family of heat stress transcriptiop factors, Hsf A1 has a unique role as master regulator of thermotolerance in tomato[J]. Genes Dev, 16:1555–1567.

[96] Moffatt JM, Sears RG, Cox TS. 1990. Wheat high temperature tolerance during reproductive growth Ⅱ.Cenetic anslysis of chlorophyll fluorescence[J].Crop Science. 30(4):886–889.

[97] Mollet A M. 1975. Development in vitro de extremite delation decrosne du japon [A]. University of Clermont Ferrand.

[98] Morrell S, Tap Rees. 1986. Sugar metabolism in developing tubers of *Solanum tuberosum* L[J]. Phytochemistry，25: 1579–1585.

[99] Muisers J J M ,Van O J C ,Van T J M ,et al. 1995. Molecular markers as a tool for breeding for flower longevit y in Asiatic hybrid lilies[J]. Acta Hort, 420 :68–71.

[100] Musis K et al. 1986. Specific-enzymatic amplification of DNA in vitro: The polymarase chain reaction[J]. Cold Spring Harbor Sgmp. Quant Biol, 51:263.

[101] Nakai A. 1999. New aspects in the vertebrate heat stress factor system: Hsf A3 and Hsf A4[J]. Cell Stress Chaperones, 4: 86–93.

[102] Nei, M. and Li, W.H. 1979. Mathematical model for studying genetic variation in terms of restriction endonucleases[J]. Proc. Natl. Acad. Sci. USA 76: 5269–5273.

[103] Nishizawa A，Yabuta Y，Yoshida E，Maruta T，Yoshimura K，Shigeoka S. 2006. Arabidopsis heat shock transcription factor A2 as a key regulator in response to several type of environmental stress[J]. Plant Journal，48：535–547.

[104] Nover L, Bharti K, Doring P, Mishra S K, Ganguli A, Scharf K D. 2001. Arabidopsis and the heat stress transcription factor world: How many heat stress transcription factors do we need[J]. Cell Stress Chaperones, 6: 177–189.

[105] Nover L, Scharf K D, Gagliardi D, Vergne P, Czarnecka-Verner E, Gurley W B. 1996. The Hsf world: Classification and properties of plant heat stress transcription factors[J]. Cell Stress Chaperones, 1: 215–223.

[106] Ogawa D，Yamaguchi K，Nishiuchi T. 2007. High-level overexpression of the *Arabidopsis* HSFA2 gene confers not only increased themotolerance but also salt/osmotic stress tolerance and enhanced callus growth[J]. Journal of Experiment Botany，12：3373–3383.

[107] Ohkawa K, Kano A, Nukaya A. 1990.Time of flower bud differentiation in Asiatic hybrid lily[J]. Acta Horticulture,266: 211–220.

[108] Pafen A M G, Aguettaz P, Delvallee 1. 1990. The development of dormancy in lily bulblets generated in vitro[J]. Acta Horticulturae, 266: 51–58.

[109] Persson H A, Lundquis T K, Nybom H . 1998. RAPD analysis of genetic variation within and among populat ions of Turk's cap-lily (*Lilium martagon* L.)[J].Hereditas , 12 8(3) :213–220.

[110] Prince T A, Cunningham M S. 1991.Forcing characteristics of Easter lily bulbs exposed to elevated-ethylene and carbon dioxide and low-oxygen atmospheres[J]. Journal of the American Society for Horticultural Science. 116(1):63–67.

[111] Prince T A., Cunningham, M S. 1990. Response of Easter lily bulbs to peat moisture content and the use of peat or polyethylene-lined cases during handling and vernalization[J]. Journal of the American Society for H

orticultural Science, 115(1): 68–72.

[112] Ranwala A P, Miller W B. 2000. Preventive mechanisms of gibberellin4+7 and light on low-temperature-induced leaf senescence in *Lilium* cv. Stargazer[J]. Postharvest Biology and Technology, 19(1):85–92.

[113] Rita Hogan Munm, Lawrence J Hubert and J W Dudley. 1994. A classification of 148 U.S.maize intreds.2.Validation of cluster analysis based on RFLPS[J]. Crop Sci, 34:852–864.

[114] Roberts ,A. N and J R Stang , et al. 1985.Easter Lily Growth and Development[J]. Orogon Agr Expt and Sta Tech Bul，148.

[115] Roh S M. 1982.Dormancy and maturity in the bulblet of *Lilium lancifolium*: the influence of growth regulator treatment on the grow and flower in response[J]. Journal of Korean Society for Horticultural Science, 23 (1): 59–63.

[116] Roh M S, Griesbavh R J, Lawson R H, et al. 1996. Evaluation of interspecific hybrids of *Lilium longiflorum* and L .X elegans[J]. ActaHort, 414:93–110.

[117] Rosen, W. G, S. R. Gawlik. 1966. Relation of lily pollen tube fine structure for pistil compatibility and mode of nutrition. Sixth International Congress for Electron Microscopy Kyoto Maruzen Tokyo Electron Microscopy, 2:213–314.

[118] Roy A,Frascaria N,Mackay J. 1992. Segregating random amplifed polymorphic DNAs in Betula alleghaniensis[J].Theor Appl Genet, 85:173–180.

[119] Saadalla MM, Shanahan JF, Quick JS. 1990. Heat tolerance in winter wheat I.Hardening and genetic effects on membrane thermostability[J].Crop Sci, 30:1243–1247.

[120] Sagawa, Yoneo. 1959. Self-incompatibility among Easter Lilies[J]. Proc. of IX International Botanical Congress, 22:339.

[121] Sakamoto A, Murata N. 2002. The role of glycine betaine in the protection of plants from stress: clues from transgenic plants[J]. Plant Cell & Environment, 25(2):163–171.

[122] Scharf K D, Rose S, Zott W, Schöffl F, Nover L. 1990. Three tomato genes code for heat stress transcription factors with a region of remarkble homology to the DNA-binding domain of the yeast HSF[J]. EMBO J, 9: 4495–4501.

[123] Scharf K D, Heider H, Höhfeld I, Lack R, Schmidt E, Nover L. 1998. The tomato Hsf tomato Hsf system：Hsf A2 needs interaction with Hsf A1 for efficient nuclear import and may be localized in cytoplasmic heat stress granules[J]. Molecular Cell Biology，18：2240–2251.

[124] Schuyler D S. 1994 .Dormancy—the black box[J]. HortScience, 29(11): 1248–1255.

[125] Shanahan IF. 1990. Membrane thermostability and heat tolerance of spring wheat[J].Crop Science, 30:247–251.

[126] Shin K S, Chakrabarty D, Paek KY. 2002. Sprouting rate, change of carbohydrate contents and related enzymes during cold treatment of lily bulblets regenerated in vitro[J]. Scientia Horticulturae, 96:195–204.

[127] Smith J S C,Goodman M M and Stuber C W 1985,Genetic Variability within U.S. maize germplasm. I. Historically important lines[J]. Crop Sci, 25:550–555.

[128] Smith O S,J S C Smith, S L Boven et al. 1990. Similarities among a group of elite maize inbreds as measured by pedigree. F1 grain, grain yield, neteresis,and RFLPS[J]. Theor Appl Genet, 80:833–840.

[129] Sneath,P.H.and R.R.Sokal. Numerical Taxonomy[M]. W.H.Freeman, San Francisco, 1973.

[130] Steponlus PL. 1982. Responses to extreme temperature.In:Encyclopedia of Plant Physiology[J].New Series, 12:371–377.

[131] Straathof Th.P. et al. 994.Genetic analysis of inheritance of partial resistance to Fusuatium oxysprum in lily using RAPD marker.(Abstract),Int.Sym.Genus Lilium, 10.

[132] Stuber C W,Edwards M D and Wondel J F. 1987. Molecular marker facilitated yield and its component traits[J]. Crop Sci，32：639–648.

[133] Suh J K, Lee J S, Roh M S. 1996. Bulblet formation and dormancy induction as influenced by temperature, growing media and light quality during scaling propagation of *Lilium* species[J]. Acta Horticulturae, 414:251–256.

[134] Sun W，van Montagu M，Verbruggen N. 2002. Small heat shock proteins and stress tolerance in plants[J]. Biochemical Biophysiology Acta，1577：1–9.

[135] Tahir M.Signh M. 1993. Assessment of screening techniques for heat tolerance in wheat[J].Crop Science, 33:740–744.

[136] Takayama T, Toyomasu T, Yamane H. 1993. Identification of gibberellins and abscisic acid in bulbs of *Lilium elegans* Thunb. and their quantitative changes during cold treatment and subsequent cultivation[J]. Journal of the Japanese Society for Horticultural Science, 63 (2): 189–196.

[137] Tezuka, T, S. Hirastuka and S.Y. Takahashi. 1993.Promotion of the growth of self-incompatible pollen tubes in lily by CAMP[J]. Plant Cell Physiol, 34:955–958.

[138] Torres A M ,Millan T ,Cubero J I. 1998. Identifying rose cltivars using random amplified polymorphic DNA markers[J].Hor Science, 28(4) :333–334.

[139] Turner NC and Kramer PI. 1980. Adaptation of Plants to Water and High Temperature Stress[J]. Wiley Interscience, 233–249.

[140] Tuyl J M V, Dien M P V, Creij M G et al. 1991. Application of in vitro pollination, ovary culture, ovuleculture and embryo rescue for overcoming incongruity barriers in interspecific Lilium crosses[J]. Plant Sci Limerick, 74(1) :115–126.

[141] Tuyl J M V, Dijken A V ,Chi H S，et al. 2000. Breakthroughs in interspecific hybridization of lily[J]. ActaHort , 508:83–90.

[142] Tuyl, J.M. 1983.Effect of temperature treatments on the scale propagation of *Lilium longiflorum* 'White Europe' and Lilium X 'Enchantment' [J]. Hortscience，18(5): 754–756.

[143] Tuyl, J. M., M. Marculli and T. Visser. 1982. Pollen and pollination experiments VII: The effect of pollen treatment and application method on incompatibility and incongruity in Lilium[J]. Euphytica, 31:613–619.

[144] Vierling A, Nguyen H T. 1992. Heat-shock gene expression in diploid wheat genotypes differing in thermal tolerance[J]. Crop Science, 32: 370–377.

[145] Vierling E.1991. The roles of heat-shock proteins in plants[J]. Annual Review of Plant Physiology and Plant Molecular Biology，42：579–620.

[146] von Koskull-Döring P，Scharf K D，Nover L. 2007. The diversity of plant heat stress transcription factors[J]. Trends Plant Science，12：452–457.

[147] Wang, Y T, L Gregg. 1992.Developmental stage light and foilage removal affect flowering and bulb weight of Easter lily[J]. Hortscience，27(2):824–826.

[148] Wang, Y T. 1988.Growth Potential of the Easter Lily Bulb[J]. Hortscience，23(2):360–362.

[149] Wang, Y.T. 1983.Influence of air and soil temperatures on the growth and development of *Lilium longiflorum* thunb during different growth phases[J]. J. Amer. Hort. Sci. 108(5): 810–815.

[150] Wang, Y.T. 1984.Respiration and weigh changes of Easter lily flowers during development[J]. Hortscience.18(6): 852.

[151] Watad A A, Yun D J, Matsumoto T, et al. 1997. Microprojectile bombardment-mediated transformation of *Lilium longiflorum*[J]. Plant Cell Rep , 17(4) :262–267.

[152] Watts, V. M. 1967. Influence of intrastylar pollination on seed set in lilies[J]. Proc. Amer Soc. Hort. Sci. 91:660–663.

[153] WELSH J, MCCLELLAND M. 1990. Fingerprinting genomes using PCR with arbitrary primers[J]. Nucleic Acids Res, 18:7213–7219.

[154] WEN C S ,HIS AO J Y. 1999. Genetic differentiation of *Lilium longiflorum* Thunb. var. scabrum Masam. (Li liaceae) inTaiwan using random amplified polymorphic DNA and morphological characters[J]. Bot Bull Aca d Sinica , 40 (1) :65–71.

[155] Wilkie S E,Isaac P G,Slater R J. 1993 . Random amplified polymorphic DNA(RAPD) markers for enetic analysis in Allium[J]. Theor Appl Genet, 86 :497–504.

[156] Williams J G K, Dubelik A R, Livak K J, et al. 1990. DNA polymorphisms amplified by arbitrary primers are useful as genetic markers[J]. Nucleic Acids Res, 1 8:6 53 1–6 535.

[157] Wolf, S. T., J. M. Van Tuyl. 1984. Hybridization of *Liliaceae*:Overcoming self-incompatibility and incongruity[J]. Hort Sci, 19:696–697.

[158] Wozniewski,T. et al.1991.In vitro propagation on Lilium testuceum and structural investigation of the storage[J]. Plant Cell Rep, 10: 457–460.

[159] Wu C. 1995. Heat stress transcription factors：Structure and regulation[J]. Annual Review Cell Biology，11：441–469.

[160] Xin H B，Zhang H，Chen L，Li X X，Lian Q L，Yuan X，Hu X Y，Cao L，He X L，Yi M F. 2010. Cloning and characterization of Hsf A2 from lily（Lilium longiflorum）[J]. Plant Cell Reports，29：875–885.

[161] Xu S，Li J，Zhang X，et al. 2006. Effects of heat acclimation pretreatment on changes of membrane lipid peroxidation, antioxidant metabolites, and ultrastructure of chloroplasts in two cool-season turfgrass species under heat stress. Environmental and Experimental Botany，56(3):274–285.

[162] Yamada, Y. 1965. Studies on the histological and cycochemical changes in the tissue of pistil after pollination[J]. Jap J. Bot. 19:69–82.

[163] YAMAGISHI M . 1995. Detection of section specific random amplified polymorphic DNA (RAPD) markers in Lilium[J]. Theor and Appl Genet, 91 (6-7) :830–835.

[164] Yin H, Chen Q M, Yi M F. 2008. Effect of short-term heat stress on oxidative damage and responses of antioxidant system in *Lilium longiflorum*[J]. Plant Growth Regulation, 1: 45–53.

[165] Yokotani N，Ichikawa T，Kondou Y，Matsui M，Hirochika H，Iwabuchi M，Oda K. 2008. Expression of rice heat stress transcription factor Os Hsf A2e enhances tolerance to environmental stresses in transgenic *Arabidopsis*[J]. Planta，227：957–967.

[166] 安彩泰，李学才. 199. 甘蓝型油菜自交不亲和性杂种优势育种研究现状和前景[J]。甘肃农业科技，4：7–9.

[167] 蔡宣梅，方少忠，郑大江，等．2006.东方百合"索邦sorbome"生长发育进程及一些生理生化变化[J]．西北农业学报，5（1）：176–179.

[168] 曹端生.玉米自交系聚类分析。黑龙江农业科学，1989，（2）：25–28.

[169] 曹毅，周荣，黎明星，等.2002.低温及乙烯利处理鳞茎对药百合的影响[J].种子，（1）：35–36.

[170] 曾韶西，王以柔，刘鸿先. 1991. 低温下黄瓜幼苗子叶硫氢基（SH）含量变化与膜脂过氧化[J]. 植物学报，33（1）：50–54.

[171] 陈广，徐家炳.1995.早熟大白菜新品种北京小杂60的选育[J].中国蔬菜，1995，（1）：17–18.

[172] 陈火英. 1991. 萝卜抗热性的杂种优势及配合力的初步研究[J].上海蔬菜，（1）：20–21.

[173] 陈火英. 1990. 萝卜幼苗耐热性与过氧化物酶和超氧化物歧化酶关系的研究[J].上海农学院学报，8（4）：265–269.

[174] 陈火瑛，汪隆植，张建华.1992.萝卜抗热性鉴定技术[J].上海蔬菜，（3）：15–16.

[175] 陈建勋，王峰主编.2002.植物生理学试验指导[M].广州：华南理工大学出版社，54–55.

[176] 陈静娴，聂凡.乌菜组织培养及耐热变异体的诱导和筛选[J].安徽农业科学，1995，23（3）：201–202，205.

[177] 陈立松，刘星辉. 1997. 高温对桃和柚细胞膜透性和光合色素的影响[J].武汉植物学研究，15（3）：233–237.

[178] 陈立松，刘星辉. 1997. 作物抗旱鉴定指标的种类及其综合评价[J]. 福建农业大学学报，（1）：48–55.

[179] 陈亮，山口聪，王平盛，等. 2002. 利用RAPD进行茶组植物遗传多样性和分子系统学分析[J]. 茶叶科学，22（1）：19–24.

[180] 陈沁滨，侯喜林，王建军，等. 2007. 不同熟性洋葱休眠期生理生化的变化[J].园艺学报，34（1）：221–224.

[181] 陈荣江 刘永录 陈士林. 1997. 玉米若干农艺性状的遗传相关分析[J]。河南职师师院学报，25（2）：19–24.

[182] 陈少裕. 1989. 膜脂过氧化与植物逆境胁迫[J].植物学通报，6（4）：211–217.

[183] 陈向明，郑国生，孟丽. 2002. 玫瑰、月季、蔷薇等蔷薇属植物RAPD分析[J].园艺学报，29（1）：78–80.

[184] 陈璋 郑克平. 1990. 绿豆品种的遗传距离估测与聚类分析[J]。遗传，12（5）：4–6.

[185] 崔澄.1983.植物激素与细胞分化及形态发生的关系[J].细胞生物学杂志，2：1–6.

[186] 戴思兰.1 994.中国栽培菊花起源的综合研究 [D].北京林业大学博士学位论文.

[187] 丁静，沈镇德，方亦雄，等.1979.植物内源激素的提取分离和生物鉴定[J].植物生理学通讯，5（2）：27–39.

[188] 杜道林，苏杰，周鹏，郑学勤，等. 2001. 香蕉33个品种的RAPD研究[J].植物学报，43（10）：1036–1042.

[189] 段成国，李宪利，高东升，等.2004.内源ABA和GA3对欧洲甜樱桃花芽自然休眠的调控[J].园艺学报，31（2）：149–154.

[190] 范小峰，郭小强，李师翁. 2000. 子午岭产4种百合科植物的核型多样性研究[J].西北植物学报 20（5）：882–888.

[191] 方少忠，池丽丽，蔡萱梅，等.2005.激素处理对百合鳞茎打破休眠及促进开花的效应[J].福建果树，1：17–19.

[192] 冯富娟.1999.毛百合花芽分化及其后期发育的研究[硕士论文].东北林业大学.

[193] 傅同良.1995.33个糯玉米自交系遗传主成分和距离分析。中国农业科学，28（5）：46–53.

[194] 甘霖，孙中海，邓秀新，等.1995.柑桔体细胞杂种的抗性研究[J].园艺学报，22：209–214.

[195] 高东升.2001.设施果树自然休眠生物学研究[博士论文].泰安：山东农业大学.

[196] 高明刚，杨克诚，张怀渝.2002.四川部分玉米强优势组合及其亲本自交系的RAPD分析[J].四川农业大学学报，20（2）：96–99.

[197] 高文远.1997.浙贝母低温解除休眠过程中酯酶同工酶和可溶性蛋白质的电泳分析[J].中国中药杂志，22（1）：15–16.

[198] 高彦仪，等.1986.兰州百合生长发育特性特征观察[J].甘肃农业科技，10:2–5.

[199] 高之仁 数量遗传学[M]。四川大学出版社1986.

[200] 葛会波，李青云，陈贵林.1998.草莓休眠过程中内源激素含量的变化[J].园艺学报，25（1）：89–90.

[201] 谷崇光，陈文，许启新，等.1991，电导百分率法测定黄瓜耐热性[J].上海蔬菜，（1）：33–34.

[202] 关义新，戴俊英，陈军，等.1996，土壤干旱下玉米叶片游离脯氨酸的累积及其与抗旱性的关系[J].玉米科学，4（1）：43–58.

[203] 管毕财，龚熹，郭琼.2006.低温打破龙牙百合休眠过程中可溶性蛋白的变化[J].南昌大学学报（理科版），30（5）：492–495.

[204] 管毕财，杨柏云，罗丽萍，等.2005.低温解除龙牙百合休眠过程中糖类物质的转化[J].南昌大学学报（理科版），29（1）：92–95.

[205] 郭清泉，刘飞虎.1989.苎麻自交一代分离和变异的研究[J].湖南农学院学报89年增刊：54–59.

[206] 郭蕊，赵祥云，王文和，等.2006.百合花芽分化的形态学观察[J].沈阳农业大学学报，37（1）：31–34.

[207] 郭志刚，张伟.1999.球根类[M].北京：清华大学出版社.

[208] 韩继祥，刘后利.1993.甘蓝型油菜杂种主要农艺性状和品质性状的主成分分析[J]。华中农业大学学报12（5）：427–432.

[209] 韩泰利.1997.耐热大白菜新品种潍白1号[J].中国蔬菜，（2）：30–31.

[210] 韩笑冰.1997.迫下萝卜不同耐热性品种细胞组织结构比较[J].武汉植物学研究，15（2）：173–178.

[211] 何东，彭尽晖，邱波，等.2013.温度对观赏植物花芽分化影响的研究进展[J].中国园艺文摘，03：40–42.

[212] 何启伟，郭素英.1992.字花科蔬菜优势育种。北京：农业出版社.

[213] 何正文，刘运生，陈立华，等.1998.设计直观分析法优化PCR条件[J].湖南医科大学学报，23（4）：403–404.

[214] 洪波.2000.百合花卉的研究综述[J].东北林业大学学报，28（2）：68–70.

[215] 洪艳华，殷广峰，张立军.2003.百合脱毒及病毒检测技术研究进展[J].沈阳农业大学学报，34（3）：225–227.

[216] 胡巍.2003.洋葱春化及其生理生化特性的研究[硕士论文].南京：南京农业大学.

[217] 胡英考，辛志勇.2001.小麦合成种M53抗白粉病基因的RAPD和SSR标记[J].物学报，27（4）:41 5–419.

[218] 华东师范大学生物系植物生理教研组.1985.植物生理学实验指导[M].北京:高等教育出版社.

[219] 黄济明，赵晓艺.1990.玫红百合为亲本育成百合种间杂种[J].园艺学报，172：153–156.

[220] 黄济明，杨建瑛，林国栋.1985.麝香百合花芽分化过程的观察[J].园艺学报，12（3）：203-205.

[221] 黄济明，赵小艺，张国民，等.1990.玫红百合为父本育成百合种间杂种[J]，园艺学报，2（17）：7-10.

[222] 黄济明，赵晓艺.1990.玫红百合为亲本育成百合种间杂种[J].园艺学报，17（2）：153-156.

[223] 黄济明.1985.百合远缘杂种"麝兰"的育成[J].上海农学学报，1（1）：84-87.

[224] 黄济明.1985.怎样种百合[M].北京：上海科学技术出版社，29-35.

[225] 黄济明.1982.王百合与大卫百合种间远缘杂种的育成[J].园艺学报，3（9）：51-55.

[226] 黄剑华，陆瑞菊.1995.应用离体培养技术鉴定不结球大白菜耐热性及诱导耐热变异体[J].上海农业科学，11（4）：18-22.

[227] 黄敏玲，等.1993.透百合离体快速繁殖[J]。植物生理通讯，29（1）：436-437.

[228] 黄蓉.1990.园林植物开花生理与控制[M].北京：中国农业出版社.

[229] 黄莺，赵致.2001.杂交玉米品种抗旱性生理指标及综合评价初探[J].种子，（1）：12-14.

[230] 黄章智.1990.花卉的花期调控[M].北京：中国林业出版社.

[231] 黄作喜，丁忠贵，张云林.2001.促进百合种球整齐发芽技术[J].林业科技开发，15（6）：13-14.

[232] 黄作喜，吴学尉，段辉国，等.2004.百合商品种球冷贮关键技术研究[J].北方园艺，（6）：61-63.

[233] 黄作喜，熊丽，陈伟，等.2002.生长调节剂促进3种球根花卉开花的研究[J].西南林学院学报，22（1），13-15.

[234] 霍昱璟.2014.东方百合的花芽分化机理研究[D].福建省福州市：福建农林大学.

[235] 蒋细旺，司怀军.2004.百合的组织培养技术综述[J].湖北农业科学，1：78-82.

[236] 揭雨成，黄丕生，李宗道.2000.胁迫下苎麻的生理生化变化与抗旱性的关系[J].中国农业科学，33（6）：33-39.

[237] 解新明，云锦凤，尹俊，等.2002.冰草遗传多样性的RAPD分析[J].西北植物学报，22（1）：56-62.

[238] 金石文.1988.环境因子对亚洲型百合鳞茎的影响[J].中国园艺（台湾省），34（4）:337.

[239] 周媛，郭彩霞，董艳芳，等.2014.9种景天属轻型屋顶绿化植物的耐热性研究[J].西北农林科技大学学报（自然科学版），（9）：119-127，136.

[240] 黎桦、周厚高、谢义林等.1999.蜈蚣蕨群体遗传多样性研究及与南宁群体的比较[J]。广西农业生物科学，增刊：153-157.

[241] 黎盛隆.1981.植物生理学导论[M].北京：农业出版社.

[242] 李成琼，宋洪元，雷建军，等.1998.耐热性鉴定研究[J].南农业大学学报，20（4）：198-201.

[243] 李春香，杨群，周建平.1999.自然居群遗传多样性的RAPD研究[J].中山大学学报（自然科学版），38（1）：59-63.

[244] 李合生，孙群.1999.植物生理生化实验原理和技术[M].北京：高等教育出版社.

[245] 李家文.1981.国白菜国际学术讨论会综述[J].园艺学报，（8）：65-69.

[246] 李建民，周志春，吴开云，等.2002.PD标记研究马褂木地理种群的遗传分化[J].林业科学，3 8（4）：61-66.

[247] 李力，王仁卿，王中仁，等.1996.耐冬山茶的多样性（Ⅱ）——居群的遗传多样性分析。生物多样性，4（1）：1-6.

[248] 李琳，焦新之.1980.用蛋白质染色剂考马斯亮蓝G—250测定蛋白质的方法[J].植物生理学通讯，6：52-54.

[249] 李培金，朱苏文，程备久，等.2000.玉米RAPD分析影响因素的研究[J].安徽农业大学学报（自然科学版），27（3）：254-257.

[250] 李绍鹏.1993.芒果叶片抗旱性鉴定的初步研究[J].热带作物研究,（4）: 56–59.

[251] 李世忠, 张彩峰, 陆奕, 等. 2013. 耐热青菜杂交新品种'闵青101'的选育[J].上海农业学报,（1）:98–100.

[252] 李树贤, 吴建平. 1993.大白菜新白一号的选育及栽培要点[J].新疆农业科学,（2）: 70–71.

[253] 刘春英, 陈大印, 盖树鹏, 等.2012. 高、低温胁迫对牡丹叶片PSⅡ功能和生理特性的影响[J].应用生态学报, 23（1）:133–139.

[254] 李裕娟 杨纯明.1996.鳞茎大小对台湾百合生长、开花及子鳞茎之影响[J].中华农学会报（台湾省）, 175: 112–126.

[255] 李正理. 1987.植物制片技术（第二版）[M].北京：科学出版社, 138–149.

[256] 李周岐, 王章荣.2001.种马褂木无性系随机扩增多态DNA指纹图谱的构建[J]. 东北林业大学学报, 29（04）: 5–8.

[257] 李子银, 林兴华, 谢岳峰, 等.1999.分子标记定位农垦58S的光敏核不育基因[J], 植物学报, 41（7）: 731–735.

[258] 李宗霆, 周燮.1996.植物激素及其免疫检测技术[M].南京：江苏科学技术出版, 88.

[259] 栗建光 邓丽卿 李爱青.1990.国外引进高产红麻品种农艺性状遗传变异初探[J]。中国麻作, 3: 4–7.

[260] 梁军.2002.观赏植物生物学[M].北京：中国农业大学出版社, 230–233.

[261] 林角郎. 李睿明译. 1990. 球根[M]. 台北. 淑馨出版社.

[262] 林凤, 杨立国, 王富德, 等.999.PD分子标记在玉米自交系种群关系研究中的应用[J].杂粮作物 19（1）: 1–4.

[263] 林同香, 陈振光, 戴思兰, 等. 1998. PD技术在龙眼品种分类中的应用[J].植物学报, 40（12）: 1159–1165.

[264] 林炎坤.1989.常用的几种蒽酮比色定糖法的比较和改进[J].植物生理学通迅, 4: 53.

[265] 刘成运, 彭龙金.1987.丽江百合鳞茎细胞内贮藏物质的细胞形态学观察[J].云南植物研究, 9（3）: 315–318.

[266] 刘梦芸.1985.马铃薯种薯生理特性研究[J].中国农业科学, 1: 18–23.

[267] 刘梦芸.2000.马铃薯贮藏期间碳水化合物含量变化[J].园艺学报, 27（3）: 218–219.

[268] 刘少卿, 孙君灵, 何守朴, 等.2013.不同棉花种质资源耐热性苗期鉴定[J].核农学报, 27（7）:1029–1040.

[269] 刘维信, 曹寿椿. 1992. 对不结球大白菜细胞膜透性过氧化物酶活性等的影响[J].南京农业大学学报, 15（3）: 115–117.

[270] 刘新芒, 彭泽斌, 傅骏骅. 1997. APD在玉米类群划分与研究中的应用。中国农业科学, 30（3）: 44–51.

[271] 刘选明, 何立珍, 周朴华. 1997.百合鳞片细胞形态发生中胚性细胞的电镜观察[J]. 南农业大学学报, 23（1）: 130–135.

[272] 刘选明, 周朴华, 卢向阳, 等. 1996. 体百合体细胞形态发生中三种同工酶谱变化的研究[J].湖南农业大学学报, 22（2）: 106–112.

[273] 刘选明, 周朴华, 屈妹存. 1997.百合鳞片叶离体诱导形成不定芽和体细胞胚[J].园艺学报, 24（4:）353–358.

[274] 刘祖祺, 张石城.1995.植物抗性生理学[M].北京：中国农业出版社, 199–215.

[275] 陆美莲，许新萍.2002.百合基因工程研究进展[J].世界农业，10：41-42.

[276] 骆俊，韩金蓉，王艳，等.2011.高温胁迫下牡丹的抗逆生理响应[J].长江大学学报（自然科学版），（2），223-226，287-288.

[277] 陆世钧，乔炳根.1990.大白菜耐热性与EC值关系初探[J].上海蔬菜，（2）：35.

[278] 陆作楣 承泓良 焦达仁等.1990.花自交的遗传效应及良种繁育技术研究[J]。中国农业科学，23（1）：69-75.

[279] 罗少波，李智军，周微波，等.1996.菜品种耐热性的鉴定方法[J].中国蔬菜，（2）：16-18.

[280] 罗少波，周微波，罗剑宁，等.1997.品种耐热性强度鉴定方法比较[J].广东农业科学，（6）：23-24.

[281] 马德华，庞金安，霍振荣，等.1999.对不同温度逆境的抗性研究[J].中国农业科学，32（5）：28-35.

[282] 买自珍，黄玉库，徐立华.1993.食用百合物质生产与产量形成[J].中国蔬菜，3：7-10.

[283] 毛盛贤 刘来福 黄远樟等.1979.麦数量性状遗传差异及其在作物育种上的应用[J]。遗传，1（5）：26-30.

[284] 门福义，刘梦芸.1993.马铃薯种薯栽培生理[M].北京：中国农业出版社.

[285] 莫结胜，刘杰，刘公社，等.2001.油葵A15种子纯度的RAPD鉴定[J].作物学报，27（01）：85-90.

[286] 宁云芬，周厚高，黄玉源，等.2003.新铁炮百合鳞片扦插繁殖的小鳞茎形态发生[J].园艺学报，20（3）：229-231.

[287] 宁云芬.2001.新铁炮百合种球形成机理与繁育技术的研究[硕士论文].广西大学.

[288] 潘新法，孟祥勋，曹广力，等.2002.PD在枇杷品种鉴定中的应用[J].果树学报，19（2）：136-138.

[289] 裴颜龙 王岚 葛颂等.1996.大豆遗传多样性研究 I 4个天然居群等位酶水平的分析[J]。大豆科学，15（4）：302-308.

[290] 彭隆金.1993.科杂交研究[J]，植物引种驯化集刊，（8）：99-107.

[291] 彭永宏，章文才.1995.猴桃叶片耐热指标研究[J].武汉植物学研究，（13）：70-74.

[292] 彭泽斌，刘新芝，等.1998.玉米自交系杂种优势类群与杂优模式构建的初步研究[J].作物学报，24（6）：70 9-717.

[293] 钱迎倩，马克平（主编）.1995.生物多样性研究的方法和原理[M].北京：中国科学技术出版社.122-140.

[294] 阮成江，李代琼，姜峻，等.2000.半干旱黄土区沙棘的水分生理生态及群落特性研究[J].西北植物学报，20（4）：621-627.

[295] 尚庆茂，王光耀.1996.蔬菜抗热性的鉴定方法[J].中国蔬菜，（5）：49-51.

[296] 沈法富，于元杰，尹承俏.1998.小麦双引物RAPD分析方法的研究[J].西北植物学报，18（3）：42 8-432.

[297] 沈革志 章振华.1990.水稻体细胞再生植株后代酯酶、过氧化物酶同工酶的遗传变异。上海农业学报，6（1）：1-8.

[298] 沈革志，杨红娟，张永春，等.1999.百合不同品种的花芽分化观察及切花评价[J].上海农业学报，15（2）：65-69.

[299] 师丽华，杨光耀，林新春，等.2002.毛竹种下等级的RAPD研究[J].南京林业大学学报（自然科学版），2 6（3）：65-68.

[300] 石磊，王学仁，孙文爽编著.1997.试验设计基础[M].重庆大学出版社，189-195.

[301] 司家钢，孙日飞，吴飞燕，等.1995.高温胁迫对大白菜耐热性相关生理指标的影响[J].中国蔬菜，（4）：4-6，15.

[302] 松尾英辅，等. 1980.麝香百合鳞茎生长发育的研究IX:鳞片干物率与共着生部位的关系在鳞茎贮藏期间的变化[J].园芸学会杂志，48（4）:483–487.

[303] 松尾英辅，等. 1981.麝香百合鳞茎生长发育的研究：母鳞片与新植株的干物质变化[J]。园芸学会杂志，49（3）: 409–413.

[304] 宋洪元，雷建军，李成琼. 1998. 植物热胁迫反应及抗热性鉴定与评价[J]. 中国蔬菜，（1）: 48–50.

[305] 宋志宏. 2010.浅谈花卉植物花芽分化与栽培管理的关系[J]. 山西农业科学，02: 92–94.

[306] 孙红梅，贾子坤，陆阳，等. 2009.百合鳞片扦插繁殖的研究进展. 北方园艺，（2）: 141–146.

[307] 孙红梅，李天来，李云飞，等. 2003.百合鳞茎低温处理效应初报[J].沈阳农业大学学报，34（3）: 169–172.

[308] 孙红梅，李天来，李云飞. 2004.不同贮藏温度下兰州百合种球淀粉代谢与萌发关系初探[J].园艺学报，31（3）: 337–342.

[309] 孙红梅，李天来，李云飞. 2004.低温解除休眠过程中百合鳞茎不同部位内源激素的变化[A].中国观赏园艺研究进展，北京：中国林业出版社，403–409.

[310] 孙红梅，李天来，李云飞. 2004.低温解除休眠过程中兰州百合鳞茎酚类物质含量及相关酶活性变化[J].中国农业科学，37（11）: 1777–1782.

[311] 孙红梅，李天来，李云飞. 2004.低温贮藏期间百合鳞茎中的游离氨基酸组分和含量变化[J].植物生理学通讯，40（4）: 414–418.

[312] 孙家，余隆其，何广文. 1981. 黄麻主要数量性状遗传力和相关性的研究[J]。中国农业科学，3: 25–32.

[313] 孙其信. 1991.四倍体小麦耐热性基因的染色体定位[M].第二届全国青年作物遗传育种学术论文集.北京：中国科学出版社，93–96.

[314] 孙五成，徐静斐. 1986.水稻品种的主成分分析[J]。安徽农业科学，29（3）: 23–28.

[315] 孙远明，刘佩瑛，刘朝贵，等. 1995.花魔芋球茎休眠特性的研究[J].西南农业大学学报，17（2）: 118–121.

[316] 孙致良，张超良，金德敏，等. 1999. RAPD技术在玉米自交系亲缘关系研究中的应用[J] .遗传学报，26（1）: 61–68.

[317] 索广力，黄占景，何聪芬，等. 2001. 利用RAPD-BSA技术筛选小麦耐盐突变位点的分子标记[J] .植物学报，43（6）: 598–602.

[318] 童玉森，尹燕枰. 1988.春玉米若干农艺、生理性状的遗传相关性分析[J]。山东农业大学学报，19（2）: 33–40.

[319] 涂淑萍，穆鼎，刘春. 2005.百合鳞茎低温解除休眠过程中的生理生化变化研究[J].江西农业大学学报，27（3）: 404–407.

[320] 汪小全，邹喻苹，张大明，等. 1996.银杉遗传多样性的RAPD分析[J] .中国科学（C辑），26（5）: 436–44.

[321] 汪小全，邹喻苹，张大明，等. 1996. RAPD应用于遗传多样性和系统学研究中的问题[J].植物学报，38（12）: 954–962.

[322] 汪耀富，阎栓年，王廷晓，等. 1994.干旱胁迫下烤烟叶片水分代谢研究[J].河南农业大学学报，（1）: 50–78.

[323] 王爱国，邵从本，罗广华. 1986.丙二醛作为植物脂质过氧化指标的探讨[J]. 植物生理学通讯，（2）: 55–57.

[324] 王宝山.1988.生物自由基与植物膜伤害[J].植物生理学通讯，（2）：12-16.

[325] 王季林，金国良.1987.百合鳞片不同部位繁殖系数的观察[J].江苏农业科学，（1）：30.

[326] 王金刚，廉利，车代弟.唐2006.菖蒲花芽分化超微结构观察[J].东北农业大学学报，37（2）：171-174.

[327] 王茅雁，张海明，李德军，等.2001.RAPD在油用向日葵自交系鉴定和遗传分析中的应用[J]，内蒙古农业大学学报（自然科学版），22（02）：52-55.

[328] 王鹏，连勇，金黎平.2003.马铃薯块茎休眠及萌发过程中几种酶活性变化[J].华北农学报，18（3）：33-36.

[329] 王韶唐.1986.植物生理学试验指导[M].西安：陕西科学技术出版社.

[330] 王淑俭，高远志，彭文博.1994.小麦不同品种抗热性综合评价[J].河南农业大学学报，28（4）：339-343.

[331] 王向阳，王淑俭，彭文博，等.1992.高温对小麦幼苗生理特性影响的初步研究[J].河南农业大学学报，26（1）：9-15.

[332] 王兆禄，金波.1986.宜兴百合生长发育特性及其增产技术的初步研究[J].中国蔬菜，3:30-33.

[333] 王中仁.1994.植物遗传多样性分析和系统学中的等位酶分析[J]。生物多样性，2（1）：38-43.

[334] 王中仁.1996.植物等位酶分析[M]。北京：科学出版社.

[335] 魏伟，王洪新，胡志昂，等.1999.毛乌素沙地柠条群体分子生态学初步研究[J].生态学报，19（1）：16-22.

[336] 翁尧富，陈源，赵勇春，等.2001.板栗优良品种（无性系）苗木分子标记鉴别研究[J].林业科学，37（02）：51-55.

[337] 吴国胜，曹婉虹，王永健，等.1995.细胞膜热稳定性及保护酶与大白菜耐热性的关系[J].园艺学报，22：353-358.

[338] 吴国胜.1997.大白菜耐热性遗传效应研究[J].园艺学报，24（2）：141-144.

[339] 吴敏生，戴景瑞.2000.中国17个优良玉米自交系的分子标记杂合性及其与杂交种性状的关系研究[J].西北植物学报，20（5）：691-70 0.

[340] 吴敏生，王守才，戴景瑞.1999.RAPD分子标记与玉米杂种产量优势预测的研究[J].遗传学报，26（5）：578-584.

[341] 武禄光.1987.过氧化物酶在色木槭种子休眠向萌发转变中的作用[J].东北林业大学学报，15（6）：8—14.

[342] 夏宜平，黄春辉，何桂芳，等.2006.东方百合鳞茎冷藏解除休眠的养分代谢和酶活性变化[J].园艺学报，33（3）：571-76.

[343] 夏宜平，黄春辉、郑慧俊，等.2005.百合鳞茎形成与发育生理研究进展[J].园艺学报，32（5）：947-953.

[344] 肖顺元，赵大中.1990.柑桔叶片耐热的生理生化指标[J].果树科学，（7）：217-220.

[345] 谢义林，周厚高，谢庆武等.1999.桂林地区蜈蚣蕨群体遗传多样性及与南宁地区群体的比较[J]。广西农业科学，增刊：148-152.

[346] 熊运海，唐道诚.1999.球根花卉种球休眠机理与激素调控[J].青海大学学报（自然科学版），17（6）：31-36.

[347] 徐炳声 张芒玉 陈家宽.1996.染色体研究的进展与植物分类学（下）[J]。武汉植物学研究，14（3）:261-268.

[348] 徐静斐，汪路应.1981.水稻杂种优势与遗传距离[J]。安徽农业科学（水稻数量遗传论文专辑）。1981：65-71.

[349] 徐克学.1994.数量分类学[M]。北京：科学出版社.

[350] 杨建伟.1996.利用PAS反应显示植物组织细胞内的淀粉粒[J].农业与科技，1：38-39.

[351] 杨丽薇，王景义，梁惠芳，等.1996.早熟大白菜耐热性鉴定技术[J].北方园艺，（6）：5-6.

[352] 杨利平，张敦方，高亦珂.1998.10种百合属植物的传粉生物学[J].植物研究，18（1）：65-67.

[353] 杨利平，丁冰，等.1998.条叶百合×王百合种间杂种的育成[J].东北林业大学学报，（28）：35-40.

[354] 杨琳，张延龙，牛立新.2005.低温对百合种球休眠的影响[J].陕西农业科学，（3）：49-51.

[355] 杨秋生，高致明，萧蓉萍，等.1997.郁金香花芽分化的解剖学研究[J].河南农业大学学报，31（3）：251-254.

[356] 杨世杰.2000.物生物学[M].北京：科学出版社.

[357] 杨伟儿，张乔松.1996.百合花及其促成栽培初探[J].广东园林，（4）：27-30.

[358] 杨再强，朱静，张波，等.2012.高温处理对结果期草莓叶片衰老特征的影响[J].中国农业气象，33（4）:512-518.

[359] 杨增海，王聚瀛.1987.植物生长调节剂对百合组织培养繁殖的效应[J].西北农业大学学报，15（3）：72-74.

[360] 姚元干，石雪晖，杨建国，等.1998.辣椒叶片耐热性生理生化指标探讨[J].湖南农业大学学报，24（2）：119-122.

[361] 叶陈亮，柯玉琴，陈伟.1996.大白菜耐热性的生理研究.Ⅱ.叶片水分和蛋白质代谢与耐热性[J].福建农业大学学报，25（4）：490-493.

[362] 叶陈亮，柯玉琴，陈伟.1997.大白菜耐热性的生理研究.Ⅲ.酶性和非酶性活性氧清除能力与耐热性[J].福建农业大学学报，26（4）：498-501.

[363] 叶陈亮，柯玉琴，陈伟.1996.大白菜耐热性的生理研究.I.根系生理活动与耐热性[J].福建农业大学学报，25（增刊）：490-493.

[364] 叶银银，陈星球.1985.水仙双鳞片切块繁殖的研究——小鳞茎的形态发生和成苗过程[J].园艺学报，12（2）：113-118.

[365] 余新文，沈征言.1999.三种蔬菜作物高温下蒸腾、种子活力和ATP的变化及其与抗热性的关系[J].中国农业大学学报，4（5）：98-102.

[366] 袁力行，傅骏骅，Warburton M.2000.利用RFLP、SSR、AFLP和RAPD标记分析玉米自交系遗传多样性的比较研究[J].遗传学报，27（08）：725-733.

[367] 张爱民.1993.植物杂交育种亲本选配研究进展。农业高新技术论，北京：科学技术文献出版社.

[368] 张福锁.1993.环境胁迫与植物育种[M].北京：农业出版社，138-176.

[369] 张继娜.2006.郁金香花芽分化的观察与研究[J].甘肃农业大学学报，41（4）：41-44.

[370] 张景云，赵晓东，万新建，等.2014.小白菜耐热性鉴定及其耐热性分析[J].核农学报，（1）：146-153.

[371] 张继仁.1993.杂交辣椒新组合湘研5号的选育与应用[J].湖南农业科学，（5）：20-21，32.

[372] 张教放.1985.园林植物育种学[M].东北：东北林业大学出版社.

[373] 张丽莉，陈伊里，连勇.2003.马铃薯块茎休眠及休眠调控研究进展[J].中国马铃薯，17（6）：352-356.

[374] 张施君，王凤兰，周厚高，等.2004.新铁炮百合和金百合的组织培养与快速繁殖技术[J].湖南农业大学学报（自然科学版），30（2）：135-137.

[375] 张太平，彭少麟，王峥峰，等.2001.柚类品种遗传相互关系的RAPD标记研究[J].热带亚热带植物学报，9（4）：22-29.

[376] 张西丽，周厚高，周焱，等.1999.百合远缘杂交研究进展[J].广西农业生物科学，18（2）：157-160.

[377] 张西丽，周厚高，周焱，等.2000.百合品种间的数量分类研究[J].广西植物，20（4）：325-328.

[378] 张西丽，周厚高，周焱，等.2000.几个百合品种花粉电镜观察及其亲缘关系分析[J].广西农业生物科学，19（3）：175-180.

[379] 张宪政，陈凤玉，王荣富.1994.植物生理学实验技术[M].沈阳：辽宁科学技术出版社.

[380] 张宪政.1992.作物生理研究法[M].北京：农业出版社，205-207.

[381] 张敦方，刘小东.1995.毛百合地理变异规律的研究[J].东北林业大学学报，23（6）：32-39.

[382] 张敦方，闫永庆，刘宏伟等.1994.毛百合繁殖学研究——毛百合的鳞片扦插[J].东北林业大学学报，22（6），18-22.

[383] 张敦方，于海滨，刘宏伟.1995.毛百合繁殖生物学研究——毛百合地下部分的动态研究[J].东北林业大学学报，23（3）：22-27.

[384] 张兴国，罗庆熙，苏承刚，等.高温对魔芋叶片生理的影响[J].西南农业大学学报，1992，14（4）：336-338.

[385] 张雪清.1995.抗热萝卜新品种——夏抗40天[J].上海蔬菜，（1）：10.

[386] 张月，孙红梅，沈向群，等.2007.百合鳞茎发育和低温贮藏过程中淀粉粒亚显微结构的变化[J].园艺学报，34（3）：699-704.

[387] 张祖新 郑用琏 李建生等.1996.玉米地方品种同工酶的遗传多样性及其与数量性状的关系[J].湖北农学院学报，16（1）：1-8.

[388] 赵桂仿，Francois Felber Philippe Kuepfer.2000.应用RAPD技术研究阿尔卑斯山黄花茅居群内的遗传分化[J].植物分类学报，38（1）：64-70.

[389] 赵桦，张羽.1996.三种百合科植物染色体组型分析[J].汉中师范学院学报，1：55-59.

[390] 赵久然，郭景伦，郭强.1999.应用RAPD分子标记技术对我国骨干玉米自交系进行类群划分[J].华北农学报，7（2）：12-15.

[391] 赵鹂，姜华年.2002.东贝母鳞茎低温处理生理生化变化研究[J].上海农业科技，（4），95-96.

[392] 赵姝华，张波.1999.RAPD标记技术的实用性及稳定性探讨[J].国外农学—杂粮作物，19（4）：13-15.

[393] 赵祥云，陈新露，方海，等.1995.用RAPD标记评价百合品种间遗传关系[J].北京农学院学报，10（2）：58-63.

[394] 赵祥云，程廉，邢尤美，等.1993.百合珠芽组培及脱毒研究[J].园艺学报，20（3）:284-288.

[395] 赵祥云，等.1992.百合珠芽组培及脱毒研究[J].园艺学报，（20）：284-288.

[396] 赵祥云，王树栋，陈新露，等.2000.中国百合二十年研究进展[J].科学出版社，515-525.

[397] 赵祥云，王树栋，陈新露，等.2000.百合[M].北京：中国农业出版社.

[398] 赵祥云，王树栋，等.1998.防止百合种球退化技术的研究[J].园林科技信息，2:10.

[399] 赵祥云，赵五一.2001.浅谈我国百合产业发展前景和发展策略[A].中国花卉科技进展，北京:中国农业出版社，129-132.

[400] 种康，雍伟东，谭克辉.1999.高等植物春化作用研究进展[J].植物学通报，16（5）：481-487.

[401] 周厚高，宁云芬，张施君，等.2003.新铁炮百合生长发育过程的一些生理生化变化[J].广西植物，23（4）：357-361.

[402] 周厚高，王凤兰，张施君，等．2005．麝香百合杂种系的常规育种技术体系探讨[J]J.北方园艺，（5）：71-73.

[403] 周厚高，张西丽，王中仁，等.1999.百合品种亲缘关系的等位酶分析[J]．西南农业学报，12（4）:92-95.

[404] 周厚高，张西丽，周焱，等．2000.百合品种交配亲和性研究[J].广西农业生物科学，19（4）：223-228.

[405] 周厚高，周焱，宁云芬，等．2001.新铁炮百合主要性状的相关分析和相关遗传进度[J].仲恺农业技术学院学报，14（1）：1-6.

[406] 周厚高，周焱，宁云芬，等．2002.新铁炮百合自交初代的遗传多样性等位酶分析[J].遗传学报，29（1）：72-78.

[407] 周厚高，周焱，宁云芬，等．2001a.新铁炮百合自交初代居群遗传结构与遗传分化的研究[J]．仲恺农业技术学院学报，14（3）.1-7.

[408] 周厚高，周焱，宁云芬，等．2001b.新铁炮百合自交后代主要性状遗传变异初步研究[J]．仲恺农业技术学院学报，14（2）.1-8.

[409] 周厚高，周焱，宁云芬，王凤兰，等.2002.新铁炮百合自交初代遗传分化的等位酶分析[J].遗传学报，29（1）：72-78.

[410] 周琼、周厚高、谢庆武等.1999.南宁地区蜈蚣蕨居群的遗传多样性分析[J]。广西农业生物科学，18（4）：239-242.

[411] 周人纲，樊志和，李晓芝，等.1993.高温锻炼对小麦细胞膜热稳定性的影响[J].华北农学报，8（3）：33-37.

[412] 周人纲，樊志和，李晓芝，等.1995.热锻炼对小麦叶片细胞膜及有关酶活性的影响[J]．作物学报，（5）：568-572.

[413] 周伟华，黄贞，陈兴平.1999.电导法鉴定小白菜耐热性初步研究[J]．长江蔬菜，（7）：30-32.

[414] 周晓音，王路永，沈洪涛，等．2001.切花百合鳞茎低温处理效应初探[J]．浙江农业科学，5：240-242.

[415] 周焱，周厚高，宁云芬，等.2001.新铁炮百合主要性状的相关主成分分析[J]．仲恺农业技术学院学报，14（1）：7-12.

[416] 周焱，周厚高，宁云芬，等．2001.新铁炮百合分离世代株系间的变异与亲缘关系[J]．仲恺农业技术学院学报，14（2）.9-14.

[417] 周长久.1996.现代蔬菜育种学[M]．北京：科学技术文献出版社

[418] 朱徵.1978.植物组织培养中的胚状体[J]．遗传学报，5（1）：79-88.

[419] 朱青竹，赵国忠，赵丽芬.2002.不同来源棉花种质资源基于RAPD的遗传变异[J].河北农业大学学报，25（04）：16-33.

[420] 朱晓琴，贺善安.1995.苍术（Atractylodes lancea（Thunb.）DC.）种内遗传多样性分析[J]．植物资源与环境，4（2）：1-6.

[421] 朱晓琴，马建霞，姚青菊，等.1995.鹅掌楸（Liriodendron chinese）遗传多样性等位酶论证[J]．植物资源与环境，4（3）：9-14.

[422] 朱学南，金孝锋，高瞻.2002.百合科三种植物的核型分析[J]．浙江林业科技，22（2）：22-25.

[423] 邹继军，董伟，张志永，等．1998.大豆RAPD影响因素的探讨[J]．大豆科学，17（3）：197-201.

[424] 邹琦.2000.植物生理学实验指导[M]．北京：中国农业出版社.

[425] 邹喻苹，葛颂，王晓东，等.2001.系统与进化植物学中的分子标记[M]．科学出版社27.

[426] 左开井，孙济中，张金发，等．1997.棉花RAPD分析条件优化探讨[J]．棉花学报，9（6）：304-307.